U0223978

芯科技

半导体先进光刻理论与技术

Optical and EUV Lithography:
A Modeling Perspective

（德）安德里亚斯·爱德曼 著
Andreas Erdmann

李思坤 译

·北京·

内容简介

本书是半导体先进光刻领域的综合性著作，介绍了当前主流的光学光刻、先进的极紫外光刻以及下一代光刻技术。主要内容涵盖了光刻理论、工艺、材料、设备、关键部件、分辨率增强、建模与仿真、典型物理与化学效应等，包括光刻技术的前沿进展，还总结了极紫外光刻的特点、存在问题与发展方向。书中融入了作者对光刻技术的宝贵理解与认识，是作者多年科研与教学经验的结晶。

本书适合从事光刻技术研究与应用的科研与工程技术人员阅读，可作为高等院校、科研院所相关领域的科研人员、教师、研究生的参考书，也可作为微电子、光学工程、微纳加工、材料工程等专业本科生的参考教材，还可为芯片制造领域的科技工作者与管理人员提供参考。

Optical and EUV Lithography: A Modeling Perspective by Andreas Erdmann
ISBN 978-1-5106-3901-0

图书在版编目（CIP）数据

半导体先进光刻理论与技术 /（德）安德里亚斯·爱德曼（Andreas Erdmann）著；李思坤译 .—北京：化学工业出版社，2023.7（2024.6重印）
书名原文：Optical and EUV Lithography:A Modeling Perspective
ISBN 978-7-122-43276-6

Ⅰ. ①半… Ⅱ. ①安… ②李… Ⅲ. ①半导体光电器件－光刻设备－研究 Ⅳ. ① TN305.7

中国国家版本馆 CIP 数据核字（2023）第 062564 号

责任编辑：毛振威　　装帧设计：史利平
责任校对：王鹏飞

出版发行：化学工业出版社（北京市东城区青年湖南街 13 号　邮政编码 100011）
印　　装：北京瑞禾彩色印刷有限公司
710mm×1000mm　1/16　印张 $20^1/_4$　彩插 1　字数 486 千字　2024 年 6 月北京第 1 版第 3 次印刷

购书咨询：010-64518888　　售后服务：010-64518899
网　　址：http：//www.cip.com.cn
凡购买本书，如有缺损质量问题，本社销售中心负责调换。

定　　价：198.00 元　　

序言

光是人类认识与改变世界的重要媒介，与信息、健康、先进制造、国家安全都密切相关。光学的发展带来了许多改变人类社会生活的变革性技术。

光刻就是这样一种技术，是光科学在先进制造中应用的典型案例，涉及几何光学、波动光学、信息光学、薄膜光学、量子光学、傅里叶光学、非线性光学等多个光学分支。光刻过程，从光学的视角来看，就是光的产生、传播、调控，以及光与物质相互作用的过程；服从光学理论，受到衍射极限的约束。光刻的发展可看作是不断追求更高分辨率的过程。

为了提高分辨率，需要减小波长。所以我们看到，曝光波长在不断缩短，由可见光波段缩短至紫外波段、深紫外波段，再到极紫外波段。结合分辨率增强技术与负显影工艺，光学光刻已实现 7nm/5nm 节点芯片的制造。曝光波长为 13.5nm 的极紫外光刻在历经二十多年实验室研发与十多年量产研发后进入了量产。波长的缩短伴随着整个生态系统的变化。在设备、材料、工艺，以及许多先进技术的共同作用下，可以刻写的图形更加微细，芯片集成度越来越高。面向未来更小节点，基于不同工作原理的导向自组装、多电子束、纳米压印等高分辨率光刻技术也正在通往量产的研发道路上。

后摩尔时代，芯片的集成度、性能、功耗、成本不再统一地提升或者缩减；由传统等比例微缩的单一发展路径向等效微缩、高性能、低功耗、多功能等多发展路径方向转变；由单一的光刻技术驱动变为多元驱动；多源头创新，跨学科、跨领域协作的特点更加明显。

这本书是关于光刻技术的综合性著作，是 Erdmann 教授近三十年科研与教学经验的结晶。将这本书引进来翻译为中文是一件很有意义的事情，特别是在我们比以往更加追求集成电路产业突破的今天，值得花些时间去做。

中国科学院院士

2023 年 2 月 3 日

中文版作者序

非常高兴看到我的专著 *Optical and EUV Lithography: A Modeling Perspective* 被翻译为中文。2010 年至 2012 年期间，我经常访问中国科学院上海光学精密机械研究所。访问期间开设了与本著作主题相同的光刻技术讲座。2014 年至 2015 年，我在北京理工大学访问期间也开设了同样的光刻技术课程。许多研究生和本科生参加了课程。他们教育背景良好、聪明，对科学充满好奇心。我非常喜欢与他们交流讨论。但是在授课过程中也发现一个问题，由于光刻是多学科交叉融合的一门技术，涉及大量的专业名词和专业表达，语言的障碍在一定程度上给学生的学习带来了不便。

非常感谢李思坤研究员将我的专著翻译为中文。此前在访问中科院上海光学精密机械研究所期间，我与李思坤研究员进行了很多有益的交流与讨论。相信在李思坤研究员的努力以及诸多教授、专家和研究生同学们的热情参与下，本书会有很高的翻译质量。该译著可帮助相关领域的学生、科研人员和工程师跨过语言障碍，深入理解书中的技术内容，帮助他们快速提高自身技能，将他们掌握的技术更快速地付诸应用。

本人在埃尔朗根 - 纽伦堡大学从事教学工作多年。以教师的视角来看，学习英文是必须的。学习英文有利于快速获取光学光刻与极紫外光刻技术领域的最新进展。将中文版与英文原版对照阅读，对学习光刻领域的专业词汇和表达、训练英文表达技能都有很大帮助，可帮助学生更快速地学习现代半导体光刻技术方面的知识。

我一直觉得教育工作是最令人感到荣耀的工作。相信李思坤研究员的译作将帮助对光刻感兴趣的学生、科研人员与工程师快速开启光学光刻与极紫外光刻学习的道路，帮助他们扩大视野，对中国以及世界科技的创新与繁荣作出应有的贡献。

安德里亚斯・爱德曼

德国，埃尔朗根

2023 年 1 月 8 日

译者序

光刻位于集成电路制造工艺的中心，其主要作用是将承载电路与器件信息的掩模图形高保真地转移到硅片上的光刻胶内。为实现特征尺寸微缩，光刻曝光波长不断减小，先后经历了可见光波段、紫外波段、深紫外波段、极紫外波段，需要解决光源、光刻胶、光衍射、成本等方面的问题。436nm/365nm 波长光刻普遍采用高压汞灯光源与酚醛树脂光刻胶。248nm 波长光刻首次引入 (KrF) 准分子激光器与化学放大光刻胶（芳香族化合物）。到 193nm 波长光刻，演化为 ArF 准分子激光器与丙烯酸酯化学放大光刻胶。由 193nm 深紫外波长至 13.5nm 极紫外波长是前所未有的进步，带来了全方位的技术革新，首次采用激光等离子体光源、全反射式光学系统与真空工作环境。离轴照明、相移掩模、光学邻近效应修正、光源掩模优化等分辨率增强技术，以及增大物镜数值孔径的方法，都可以归结为优化光衍射的方法。新技术、新工艺的应用，提高了光刻复杂度与成本。在极紫外光刻实现量产的同时，许多研发机构也在尝试研发导向自组装、多电子束，以及纳米压印等成本相对较低的高分辨率光刻技术。光刻技术的进步伴随着整个生态系统的变化。在设备（光刻机、涂胶显影机、量测 / 检测设备等）、材料（光学材料、光刻胶材料等）、工艺（旋涂、烘焙、显影等），以及各种先进技术的共同作用下，光刻技术由微米水平发展至纳米水平，芯片集成度越来越高，单个晶体管的造价越来越低。

Erdmann 教授的著作是最新出版的光刻技术综合性学术专著。该著作涵盖了当前主流的半导体光学光刻、最先进的极紫外光刻，以及下一代半导体光刻，包括光刻原理、设备、工艺、材料、关键部件、分辨率增强技术等方面的内容。详细地介绍了光刻领域的最新进展，系统地分析了各种技术的优点和不足，重点描述了工程技术背后的物理原理，特别是光刻成像与图形工艺的光学原理、化学原理，以及影响光刻成像质量的各种物理化学效应背后的物理本源。作者借助简单易懂的表达式和仿真实例，从建模角度切入，行文中融入了作者对光刻技术的宝贵理解和认识。全书深入浅出，便于读者理解。通过阅读该专著，可以加深工程师和科研人员对光刻技术的理解，对工程技术实施和新技术研发大有裨益；有助于研究生和本科生掌握光刻技术的物理与化学原理，较全面地了解光刻关键技术与发展现状。书中对各种先进光刻技术的综述、分析与发展方向的讨论，对我国光刻技术领域的发展规划与决策也有一定参考价值。

书中内容涉及光学、化学、材料、数学、等离子体物理、微电子学等多个学科。以光学为例，书中涉及几何光学、波动光学、信息光学、薄膜光学、量子光学、傅里叶光学、非线性光学等多个光学分支，内容覆盖范围广。同一个英语词汇在不同研究领域对应的中文名词会不同，例如“system”在设备领域常翻译为“系统”，而在光刻胶等材料领域常翻译为“体系”。为了准确翻译并贴近国内研究人员常用的专业术语与表达方式，译者在翻译过程中与国内外光刻设备、材料、工艺、软件、微纳加工、新型芯片 / 器件等研究领域的专家进行了大量交流，得到了许多专家、学者的帮助。特别感谢：张江实验室熊诗圣研究员、王成副研究员，复旦大学伍强研究员、李自力青年副研究员，德国西门子公司 (Mentor Graphic) 邵峰博士，美国天普大学 Xiao-Hua Hu 博士，东方晶源微电子科技（北京）有限公司施伟杰博士、张生睿先生、牛志元博士、丁明博士，长春理工大学林景全教授，上海微电子装备（集团）有限公司段立峰博士，中国科学院微电子所韦亚一研究员、董立松副研究员，中国科学院长春应用化学研究所季生象研究员、刘亚栋副研究员，华中科技大学刘世元教授，广东工业大学沈逸江副教授，北京理工大学马旭教授，全芯智造技术有限公司孟晓东先生、成维博士，上海镭望光学科技有限公司黄惠杰博士、曾爱军研究员，上海集成电路研发中心解小明工程师，中国科学院上海光学精密机械研究所冷雨欣研究员、新刚研究员、林楠研究员、余俊杰副研究员、魏劲松研究员、李笑然研究员、苏榕研究员、赵娇玲副研究员、王俊研究员、王少卿副研究员、赵成强副研究员、田野研究员、吴卫平研究员、唐锋研究员、胡国行副研究员。

该著作的主要内容来源于 Erdmann 教授在埃尔朗根 - 纽伦堡大学开设多年的光刻课程，内容和章节安排都适合教学使用。为了提高本译著对学生群体的可读性，特邀请多位研究生同学进行了试读，他们从课程学习的角度提出了很多宝贵建议，感谢本课题组研究生张涛、雷威、郑杭、潘东超、江一鹏。感谢刘宇洋、王浩岚同学帮忙编辑了公式。

特别感谢李儒新院士、Erdmann 教授为本书作序。特别感谢浙江大学（中国科学院上海光学精密机械研究所）王向朝教授、张江实验室刘德安研究员对翻译工作的支持。感谢国家二级翻译王丽女士提出的宝贵建议。感谢化学工业出版社提供的专业化支持。在大家的共同努力下，这本译书才得以圆满出版。

感谢张江实验室科技攻关项目、“极大规模集成电路制造装备及成套工艺”国家科技重大专项课题（2017ZX101004，2017ZX101004-002）、国家自然科学基金区域创新发展联合基金重点项目 (U22A2070) 的支持。

Erdmann 教授是中国科学院上海光学精密机械研究所的特聘研究员。译者与他在同一领域工作多年，进行了密切的合作研究。非常荣幸能够翻译 Erdmann 教授的著作。鉴于译者水平有限，疏漏之处在所难免，恳请各位读者朋友批评指正。

李思坤
中国科学院上海光学精密机械研究所
2022 年 12 月 28 日

前言

先进半导体光刻是超精密微纳结构制备技术，是超精密光学系统与精巧设计、高度优化的光化学材料和工艺的高度融合，支撑了现代信息社会的发展。该技术有机地结合了应用光学、化学与材料科学，为应用科学与技术领域的科学家和工程师提供了理想的施展空间。多年来，光刻图形化技术的发展主要由尺寸微缩驱动，专注于提高分辨率，不断延续戈登·摩尔的预言，将更多组件集成进集成电路中。尽管这种微缩尚未达到极限，但在半导体芯片上制备更多、更小、均匀、无缺陷微细图形的难度越来越大，成本也不断提高。用于新兴应用的下一代光刻技术需要聚焦三维形状控制、新型（功能）材料集成、非平面图形化工艺、应用导向型目标图形设计等不同需求。光刻技术 50 多年发展历程中积累的知识和经验，为开发新型微纳技术的应用打下了坚实的基础。

本书的内容主要来源于本人在埃尔朗根 - 纽伦堡大学（埃尔朗根 - 纽伦堡　弗里德里希 - 亚历山大大学）开设的光刻课程，课程内容包括光刻技术、物理效应和建模等。本书还收录了本人为一些公司以及学术会议同期活动开设的光刻专题讲座的内容。本书旨在帮助物理、光学、计算工程、数学、化学、材料科学、纳米技术和其他专业背景的学生开启通往纳米制造光刻技术领域的大门，帮助工程师和管理人员了解光刻领域的常见方法与应用，拓展知识面。

这本书的目标不是全面地介绍光刻图形化技术，而是侧重于解释成像与图形转移的基本原理。利用简单易懂的例子证明这些基本原理，讨论某些方法与技术的优缺点。本书提供了丰富的参考文献，可供有意进一步了解有关技术的读者查阅。为了限制篇幅与撰写时间，书中没有涵盖所有重要的光刻图形化技术，或者仅对其中的一些作了简略介绍：计量和工艺控制对于大规模量产光刻的重要性越来越高。为获得高质量掩模，先进深紫外（DUV）与极紫外（EUV）投影光刻需要灵活的掩模制造、检测、调整与修复技术。为了获得对光刻“友好”的设计，电路设计人员与光刻工艺专家之间需要保持密切互动。除此之外还有许多非光学光刻技术。这些内容在其他几位作者的书和综述文章中已有介绍。

本领域已经出版了几本关于半导体光刻的优秀书籍，为什么还需要再写一本关于该主题的书？主要是因为光刻是最具活力的技术领域之一。光刻技术融合了不同领域的新思想和新技术，不断演化发展。高度多学科化是现代光刻技术研究与开发的特点。深入了解相关的物理和化学效应是精确制备和表征纳米图形的前提。本书从建模角度帮助读者加深对光刻技术的理解，但同时又尽量避免使用复杂的数学公式。本书的内容反映了本人在应用光学、衍射光学、严格建模以及光与微纳米结构相互作用方面的研究兴趣和背景。因此，本书更加系统地讨论了掩模与硅片形貌效应，以及相关的光散射效应。最后，本书旨在弥合半导体制造领域专业工程师与致力于光刻技术新应用研发的科学家、工程师之间的知识差异。

光学（投影）光刻将掩模或模板成像到感光材料（光刻胶）中，经过光刻胶工艺处理后，将光学像转换成三维图形。第 1 章介绍空间像和光刻胶工艺，给出了定量描述空间像、光刻胶形貌和光刻工艺变化的参数定义。对这些参数的分析有助于理解本书后面介绍的成像和工艺增强方面的内容。第 2 章介绍了成像的物理过程，穿过投影物镜数值孔径的衍射光相互叠加，被聚焦到光刻胶上成像。投影系统的分辨率服从阿贝 - 瑞利公式。第 3 章介绍光刻胶与光刻工艺的基本原理。第 4 章和第 5 章介绍在波长和数值孔径一定的情况下实现分辨率增强的方法。光学分辨率增强技术包括离轴照明（OAI）、光学邻近效应修正（OPC）、相移掩模（PSM）和光源掩模优化（SMO）等。多重图形技术与定向自组装（DSA）使用特殊材料和工艺制备更小的图形。波长为 13.5nm 的 EUV 光刻将光学投影光刻扩展到软 X 射线波段。由于任何材料都不能透过该波段的光，EUV 光刻必须使用反射式光学元件与掩模，以及新型光源和光刻胶材料，请见第 6 章。第 7 章概述了三维光刻等备选光学光刻方法。

其余章节主要介绍先进光学光刻和 EUV 光刻中的重要物理与化学效应。第 8 章讨论了波像差、偏振效应与随机散射光对光刻胶内强度分布的影响。掩模与硅片上的微细图形对光的散射引起了掩模与硅片形貌效应，相关内容见第 9 章。本书的最后一章介绍随机效应。随机效应导致了线边粗糙度（LER）在纳米量级的光刻胶形貌，产生了微桥连、未完全打开的接触孔等致命缺陷。

本书章节的安排参照了本人在埃尔朗根 - 纽伦堡大学的课程安排。这样安排可将光学 / 化学背景理论与应用有机地融合在一起，方便对各种技术展开论述。第 1 ～ 5 章描述了光学和光刻胶的背景知识，建议按顺序阅读。读者可以根据个人兴趣阅读第 6 ～ 10 章。第 7 章概述了备选（光学）光刻方法，这些方法主要应用于纳米电子领域之外的微纳加工中，仅对（先进）半导体光刻技术感兴趣的读者可以跳过此章。

与同事和项目合作伙伴的合作研究与讨论也是本书宝贵的材料来源。本人非常感谢专家们的宝贵建议，特别致谢：ASML 公司的 Antony Yen、Synopsys 公司的 Hans-Jürgen Stock、Mentor Graphics 公司的 John Sturtevant、哥廷根大学的 Marcus

Müller、Zeiss SMT 公司的 Michael Mundt、Enx Labs 公司的 Uzodinma Okoroanyanwu、CEA-Leti 公司的 Raluca Tiron。

感谢弗劳恩霍夫协会系统集成与元件研究所（Fraunhofer IISB）计算光刻与光学研究组的成员、前成员与研究生们，特别是 Peter Evanschitzky、Zelalem Belete、Hazem Mesilhy、Sean D'Silva、Abdalaziz Awad、Tim Fühner、Alexandre Vial、Balint Meliorisz、Bernd Tollkühn、Christian Motzek、Daniela Matiut、David Reibold、Dongbo Xu、Feng Shao、Guiseppe Citarella、Przemislaw Michalak、Shijie Liu、Temitope Onanuga、Thomas Graf、Thomas Schnattinger、Viviana Agudelo Moreno 和 Zhabis Rahimi。所有成员都为我们研发 Dr.LiTHO 光刻仿真软件做出了贡献。本书中的大部分仿真都采用了该软件。弗劳恩霍夫协会光刻组成员和选修光刻课程的学生也帮助我提高了材料的质量。

特别感谢 SPIE 出版社的 Dara Burrows 和 Tim Lamkins，他们提供了许多有益的建议，协助我进行了编辑工作。

安德里亚斯·爱德曼

德国，埃尔朗根

目录

常用符号中英文对照表

A_{Dill}	photoresist bleachable absorption	光刻胶漂白吸收系数
B_{Dill}	photoresist unbleachable absorption	光刻胶不可漂白吸收系数
C_{Dill}	photoresist exposure sensitivity	光刻胶曝光敏感度
D	exposure dose	曝光剂量
I	intensity	光强 / 强度
P	pupil function	光瞳函数
T	temperature	温度
Z_i	Zernike coefficients	泽尼克系数
$[A]$	photoacid concentration	光酸浓度
$[M]$	concentration of dissolution inhibitor or deprotected sides	溶解抑制剂或者脱保护位点的浓度
$[Q]$	quencher concentration	猝灭剂浓度
α	absorption coefficient	吸收系数
ε	(relative) electric permittivity	（相对）介电常数
ε_0	vacuum electric permittivity	真空介电常数
η	diffraction efficiency	衍射效率
γ	photoresist contrast	光刻胶对比度
$\kappa_{1\text{-}5}$	kinetic reaction coefficients	动力学反应常数
λ	wavelength	波长
$\Im$	Fourier transform	傅里叶变换
μ_0	vacuum magnetic permeability	真空磁导率
∇	nabla-operator	矢量微分算子
ϕ	phase (of light)	（光的）相位
ρ	diffusion length	扩散长度
σ	spatial coherence factor	空间相干因子
σ_{LER}	line edge roughness	线边粗糙度
τ	amplitude transmission	振幅透过率
θ	diffraction or opening angle	衍射角或者张角
$\tilde{D}$	diffusion coefficient	扩散系数
$\tilde{k}$	magnitude of wave vector	波矢大小
$\boldsymbol{E}$	electric field vector	电场矢量
$\boldsymbol{H}$	magnetic field vector	磁场矢量

$\boldsymbol{k}$	wave vector	波矢
$\tilde{T}$	intensity transmission	光强透过率
c	vacuum velocity of light	真空中的光速
d	(photoresist) thickness	（光刻胶）厚度
$f_{x/y}$	spatial frequencies	空间频率
h	Planck constant	普朗克常数
k	extinction coefficient	消光系数
$k_{1,2}$	technology factor in first/second Abbe–Rayleigh criterion	第一/第二阿贝-瑞利准则的工艺因子
n	refractive index	折射率
p	pitch or period	周期
t	time	时间
$x/y/z$	spatial coordinates	空间坐标

第1章 光刻工艺概述

本章介绍光刻工艺对纳米器件小型化和新兴纳米技术的重要意义。光刻技术具有高精度和高产率的优点，常用于制造微细化程度很高的电子设备等等。本章简要回顾光刻技术的发展历程，介绍光学投影光刻系统的基本组成部分与光刻工艺的基本步骤，概述光刻成像质量以及光刻胶形貌质量的标准评估方法。最后介绍几种重要的光刻工艺评价方法。

1.1 从微电子器件的微型化到纳米技术

1947 年，贝尔实验室的约翰·巴丁、沃尔特·布拉顿和威廉·肖克利发明了第一个半导体信号放大器，即点接触式晶体管。他们用弹簧固定锗晶体上的两个金触点，该晶体管的大小约为 13mm。11 年后的 1958 年，德州仪器公司的杰克·基尔比将硅基晶体管、电阻和电容集成到第一个集成电路中，该集成电路的大小为 11mm。十几年之后，费德里科·费丁、泰德·霍夫和斯坦·马佐尔领导的团队将 2300 个晶体管集成到第一个英特尔 4004 微处理器中，该处理器只有 4mm 大小。从那时起，半导体集成电路上的晶体管数量大幅增加。图 1.1 的左图总结了这一发展趋势，图中纵轴采用了对数坐标。戈登·摩尔在 1965 年的一篇卓有远见的文章 [1] 中预言了这一趋势。今天，摩尔的预测被解释为晶体管数量每 18 个月翻一番。

集成电路中晶体管数量的不断增长不是通过增大芯片面积实现的，相反，半导体芯片上最小结构的尺寸正在逐渐减小。某种技术可印制的最小特征尺寸定义为该技术的分辨率。2.3.1 节详细讨论了分辨率及其与几个特征参数之间的关系。

最小特征尺寸的演化趋势如图 1.1 右图所示。20 世纪 70 年代中期，光学投影技术首次应用于制造最小尺寸约为 2 ～ 3μm 的图形。这些图形比当时 436nm 波长光刻可以印制的图形约大了 4 倍。2018 年，193nm 波长投影光刻技术被用来制造 20nm 宽的图形。特征尺寸几乎是波长的十分之一。光学投影和光刻胶工艺技术的

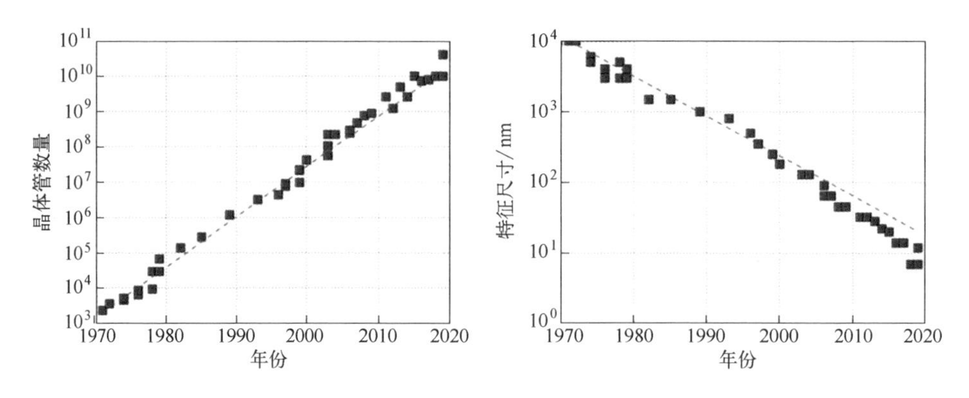

图 1.1 芯片上晶体管数量的演化历史（左图）以及相应的最小特征尺寸（右图）。数据来自 http：//en.wikipedia.org/wiki/Transistor_count

巨大进步需要深入理解其背后的物理与化学原理。2019 年，利用极紫外（EUV）光刻技术制造了第一批半导体芯片。EUV 光刻技术有望将微细化趋势延伸到几纳米量级。

1959 年 12 月 29 日，理查德・费曼在加州理工学院举行的美国物理学会年会上发表了一次极具战略眼光的演讲。“我想说的是在小尺度水平对事物进行操纵和控制的问题。每当我提到这一点，人们就会告诉我器件的微细化以及它今天取得的巨大进步。拿只有指甲大小的电动机来举例，告诉我市场上有一种装置，使用这种装置可以在针尖上写主祷文。但我觉得这些都不算什么，这还仅仅是最初级的一步。继续缩小下去，后面会有一个小到令人震惊的世界。2000 年，当他们回顾这个时代，他们会想知道为什么直到 1960 年才有人开始认真朝着这个方向前进。”[2]

如今，微米和纳米技术在我们生活中几乎已无处不在。基于不同类型微型发光器件的平板显示器已经取代了老式的阴极射线管显示器。微型电、磁、光和电化学传感器阵列被用来监测食品安全和人体健康，广泛应用于汽车、智能手机等设备上。微米和纳米技术可以用于制造新材料，这些新材料具有自然界中不存在的性质，它们即所谓的超材料。基于纳米技术的薄膜太阳能电池对太阳能的收集效率更高。这方面的例子还有很多，充分显示了微米和纳米器件对现代技术的重要性。

如何以快速、廉价、可靠、环保的方式制造这些小器件呢？一般有两种方法。一种是自下而上的纳米制造方法。受生物学的启发，这种方法从基本原子或分子出发构建具有特定功能的纳米结构。找出合适的分子和原子，并将其排列成具有所需性质和功能的特定纳米结构。自下而上的技术和工艺提供了一种在表面上制备分子尺度结构的方法[3]。但是当用其制造用户自定义的复杂图形时，这种工艺常难以控制。

大多数功能性微纳米器件，比如半导体芯片，都是利用另一种自上而下的纳米工艺制造的。这种自上而下的方法通过光刻和其他工艺将芯片设计图转换为由某种材料组成的“积木”。利用不同设计和材料的组合以及后续的图形化工艺将材料加工成所需的几何结构。一般来说，这个过程需要进行一次或多次光刻才能将芯片设计转移到光敏材料——光刻胶上。光刻胶图形充当刻蚀、沉积、掺杂等其他图形化步骤的掩模。

1.2 发展历程

“光刻”一词在希腊语中是“在石头上刻字”的意思（起源于希腊语的 λιθος——lithos、“石”，以及 γραφειυ——graphein、“刻写”）。1796 年，阿洛伊斯・塞内费尔德发明了这项技术，它是一种可在纸或其他材料上打印文字或艺术品的低成本方法。《大英百科全书》中对“光刻”的解释很好：“一种利用油脂和水之间不相溶性的平面印刷工艺。在这一时期的光刻工艺中，先用油脂处理印刷平面上的图像区域，然后将油墨涂在图像区域；无图像（空白）区域为水性，对油墨有排斥性。喷涂了油墨的一面被打印在纸上。”塞内费尔德的书[4]中详细描述了他在材料与工艺技术等方面的研究。

20 世纪 50 年代，光刻开始用于（微）电子电路制造[5]。约翰・布鲁宁[6]以及 Pease 和 Chou[7]的文章生动地回顾了光刻技术和半导体集成电路制造设备的发展历史。1960 年至 1975 年间，用于半导体集成电路制造的光刻机为接近式光刻机。这种光刻机通过阴影印刷的方式曝光光刻胶。掩模上包含需要曝光的图形。半导体硅片上涂覆有光刻胶。硅片被放置在靠近掩模的位置。典型的掩模由均匀透明的石英基底和带有图形的不透明薄膜（例如铬薄膜）组成。当用汞灯照明时，入射光将掩模的阴影投射到距离掩模 20 ～ 100mm 处的硅片上。这种技术的光学分辨率仅有 3 ～ 5μm。为了提高分辨率，需要减小掩模与硅片的间距，或者使两者直接接触。直接接触也称为硬接触。间距较小时很容易导致掩模污染。所以生产中间距不能小于 20μm，更不能发生硬接触。图 1.2 展示了用于制造第一代半导体电路的典型光刻设备。本书的 7.1 节详细介绍接近式光刻机。这种光刻机在今天仍然被作为高性价比设备应用于大尺寸图形的光刻。

投影光刻的发展始于 20 世纪 70 年代初。这种光刻技术的工作波长在可见光和紫外波段。这类光刻机使用反射镜或者透镜将掩模 1 ： 1 成像到光刻胶内。后来 1 ： 1 投影系统被缩小投影系统取代。缩小投影系统能够对掩模进行缩小成像。缩小倍率降低了掩模制造的复杂度。微缩光学系统问世之初的一小段时间被视为掩模制造商的假日。蔡司推出了第一个微缩光学系统，采用了 10× 缩小倍率。今天，投影系统的缩小比例因子普遍为 4。

(a) Rubylith® master，采用人工检测和修复方法

(b) 用于制造掩模的10～50倍缩小复刻相机

(c) 用于光刻掩模制造的10倍缩小设备

(d) 用于光刻胶曝光的接触式光刻机

图 1.2 20 世纪 60 年代的光刻图形生成设备。转载自参考文献 [6]

现代投影光刻机的像场可达 26mm × 33mm，但与直径为 200 ～ 300mm 的典型硅片尺寸相比，仍然很小。分布重复式投影光刻机通过依次曝光硅片的不同区域完成整个硅片的曝光。对每个区域的曝光为静态曝光，曝光过程中掩模和硅片保持静止。现代步进扫描投影光刻机具备复杂的掩模台和工件台，两者能够完美地同步运动。完成 300mm 硅片曝光仅需要几秒，产率可以接近每小时 300 片硅片。

图 1.3 为两种最先进的步进扫描投影光刻机。尼康 NSR-S635E 光刻机的工作波长为 193nm，数值孔径（NA）为 1.35。右图是 ASML 公司的 NXE-3400B EUV 步进

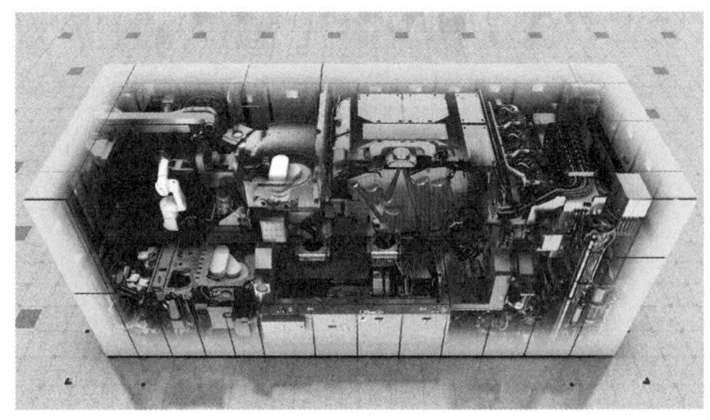

图 1.3 高性能缩小倍率光刻机。左图为尼康公司的 NSR-S635E 浸没式光刻机，数值孔径为 1.35，曝光波长为 193nm（尼康公司的 Donis Flagello 提供图片）；右图为 ASML 公司的 NXE-3400B EUV 光刻机，曝光波长为 13.5nm（ASML 提供图片）

扫描投影光刻机，波长为 13.5nm，NA 为 0.33。本书后续章节将讨论这些光刻机的分辨率。

1.3 步进扫描投影光刻机的空间像

步进扫描投影光刻机广泛应用于半导体制造领域，它将模板（掩模）高质量地投影成像到半导体硅片上的光敏材料（光刻胶）内。扫描是指曝光过程中掩模和硅片需要进行连续扫描运动。曝光过程中，步进重复投影光刻机的掩模和硅片保持位置固定，需要按照一定顺序连续曝光拼接出大像场。与之相比，扫描曝光提高了产率和产能。8.4 节将简要讨论扫描运动对成像、有关效应和建模方法的影响。

光刻掩模或光掩模包含需要转印的目标图形信息。这些信息被编码到透明石英基底（掩模白板）顶部的吸收层图形中。吸收层的透过率或相位随空间变化。掩模保护膜是一层与吸收层间距为 6mm 的薄膜，起到保护吸收层的作用。

图 1.4 为 ASML 公司的高数值孔径浸没式步进扫描投影光刻机。该光刻机的工作波长为 193nm。准分子激光器放置在光刻机的外面，图中未显示。位于右上方的照明系统将准分子激光器输出的激光转换为掩模面强度均匀的照明光场。投影物镜将掩模成像到硅片上。右图为该系统的简化图。光源发出的光转化为平面波照明掩模。光穿过掩模发生衍射。投影物镜收集一部分衍射光，会聚到光刻胶附近的像面，在光刻胶的内部和顶部产生掩模的像。光刻胶内部和顶部某个平面上像强度的二维分布被称为空间像。光刻胶内部的三维强度分布被称为体像。下面讨论空间像的几个重要性质。体像用于连接光学像到光刻胶形貌的形成过程。

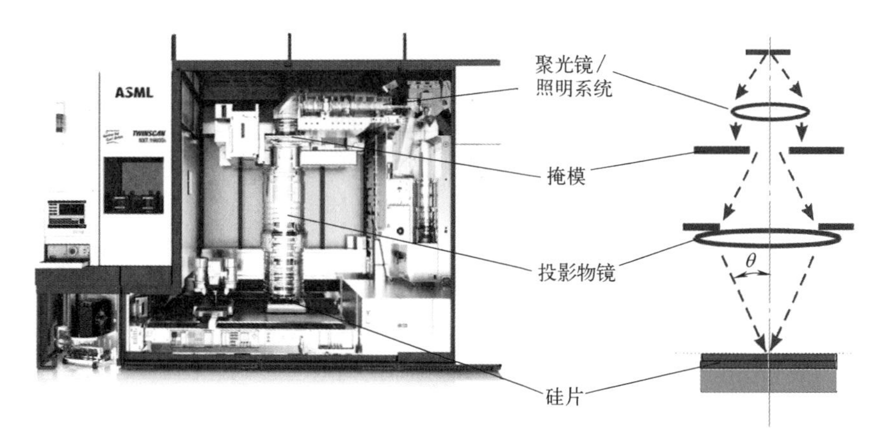

图 1.4　DUV 投影光刻机。左图：ASML 公司的高性能浸没式光刻机 TWINSCAN:1980Di 详细结构图（由 ASML 公司提供），曝光波长为 193nm；右图：原理图

空间像的质量取决于步进扫描投影光刻机的光学参数。照明系统最重要的参数是工作波长、空间相干性（见 2.2.2 节）和光的偏振态。投影物镜的主要参数是缩小倍率（典型值为 4×）与数值孔径 NA。NA 取决于光线的像面孔径角 θ，以及投影物镜最后一个透镜元件与光刻胶之间材料的折射率，即所谓的浸没折射率 n_{imm}：

$$NA=n_{imm}\sin\theta \tag{1.1}$$

空间像随离焦的变化而变化。离焦是指投影物镜理想像面与实际观测面之间的距离。

图 1.5 为不同数值孔径的投影系统对同一掩模版图的成像结果。掩模版图中字母“I”的宽度为 90nm。用低数值孔径（NA=0.3）系统对该掩模进行成像，会在字母区域产生一个光强几乎均匀的光斑，从这幅模糊的空间图像中无法识别出任何细节。当 NA 为 0.5 时，空间像的第一个细节变得可见，可以识别出单个字母，但很难判断最后一个符号是“B”还是“8”。当 NA 进一步增大，更多原始掩模版图的细节出现在空间像中。这些现象可定性地解释为：数值孔径较高的投影物镜收集了大量掩模衍射光。多收集的光在像面产生清晰度和对比度更高的光强分布。在 2.2.1 节中，我们将通过衍射级次来量化这些多出来的光。投影物镜的数值孔径收集的衍射级次越多，空间像就越加清晰。

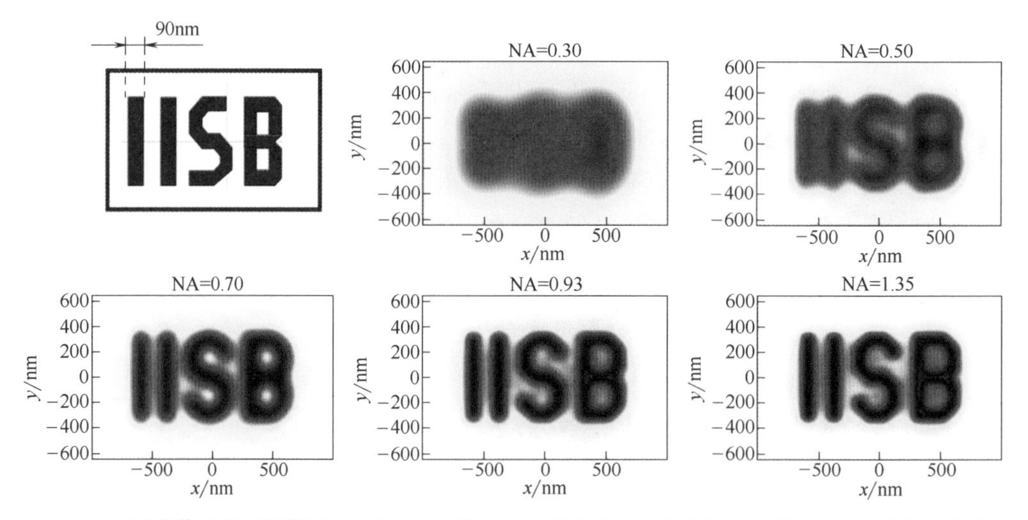

图 1.5 不同数值孔径下掩模版图（左上）的像。IISB 代表“系统集成与元件研究所”，是德国弗劳恩霍夫协会下属研究所德文名的缩写。该研究所研发了光刻仿真软件 Dr.LiTHO，本书的大部分仿真都采用了 Dr.LiTHO。字母“I”的宽度为 90nm，曝光波长为 193nm

目前已经发展了几种方法来量化评估光刻图形转移过程中空间像的质量[8]。将在本节的其余部分和 1.5 节中介绍这些方法。

阈值法是预测光刻胶工艺（见下一节）完成后硅片上印出图形之形状的最简单

方法。图 1.6 左图的轮廓为对图 1.5 中 NA=0.7 时的空间像应用这种阈值操作后的结果。黑色和白色区域分别表示强度低于和高于阈值 0.35，对应于有或没有光刻胶的区域。

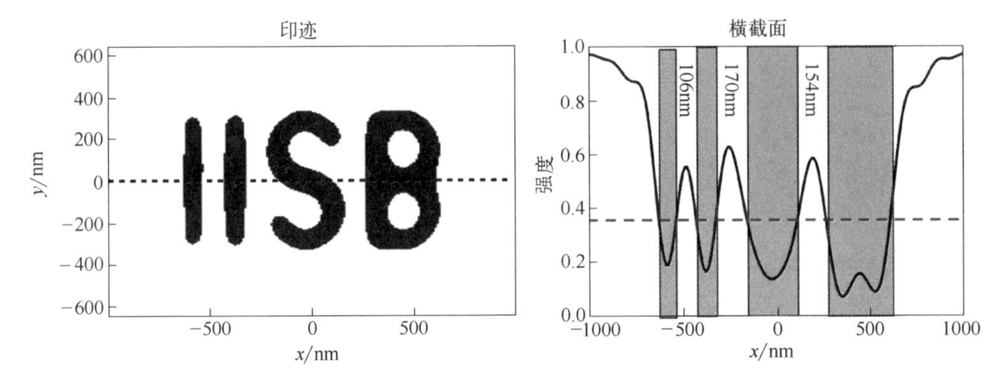

图 1.6　对图 1.5 所示的空间像应用简单的阈值模型，数值孔径为 0.7。左图：阈值为 0.35 时图形的轮廓。右图：y=0 时的空间像横截面图，阈值为 0.35，图顶部的数字为利用阈值截取透光图形得到的特征尺寸或者关键尺寸（CD）

通过改变阈值可以仿真曝光过度或者曝光不足的情况。可直接假设曝光剂量 D 与阈值（THR）之间成反比关系：$D \approx 1/\mathrm{THR}$。考虑剂量测量引入的偏差，David Fuard 等人 [9] 提出了如下关系式：

$$\mathrm{THR} = \frac{a}{D+b} \tag{1.2}$$

式中，a 和 b 是取决于光刻胶和工艺条件的两个典型工艺参数。这种简单的阈值模型对研究掩模和成像系统参数对光刻性能的影响很有用。在 3.3 节中讨论了扩展后的阈值模型，这些模型对光刻工艺仿真预测的能力更强。

横截面图为像面上沿某条直线的强度分布图。图 1.6 的右图显示了 y=0 处的空间像横截面图和阈值操作示意图。如横截面图的上半部分所示，阈值处理后得到的轮廓可以用来提取图形的大小或关键尺寸（CD）。阈值的变化会导致提取的 CD 值发生变化。可产生与目标 CD 值相同 CD 值的特定阈值称为目标尺寸阈值（threshold-to-size，THRS）。

为了介绍下一个成像质量参数，我们考虑由无限长线（line）和空（space）组成的周期性阵列（即所谓的线空图形）的成像。这些线空图形的特征参数包括周期、尺寸大小或占空比。密集线空图形的占空比为 1 ∶ 1，孤立图形的占空比约为 7 ∶ 1 或更大，半密集图形的占空比介于两者之间。

图 1.7 中左侧所示的成像对比度 c_{img} 可以有效地评价密集线空图形的成像质量。它的定义为：

$$c_{\text{img}} = \frac{I_{\max} - I_{\min}}{I_{\max} + I_{\min}} \tag{1.3}$$

式中，$I_{\min}$ 和 $I_{\max}$ 分别为像的最小和最大强度。这种对比度的定义方式也可以应用到光刻胶内化学物质的浓度（化学对比度）等其他评价量。如果没有特别指明，在本书中的“对比度”指的是空间像对比度。

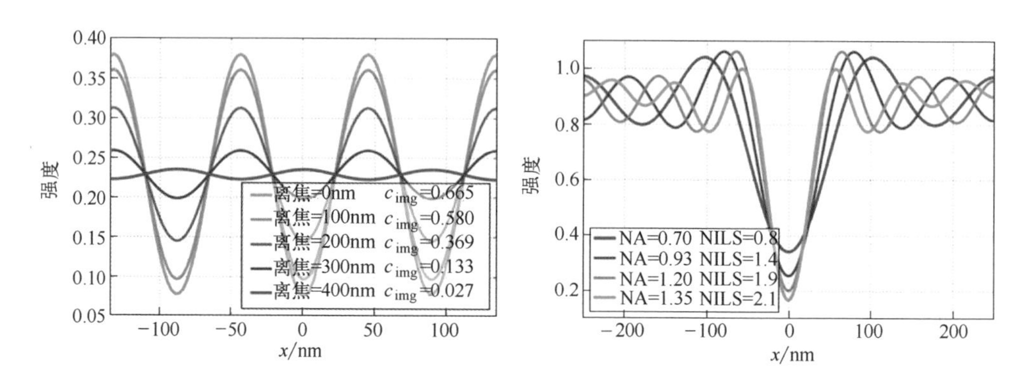

图 1.7 空间像横截面图以及典型的评价参数。左图：宽度为 45nm、周期为 90nm 的线图形的空间像，以及不同焦面位置的对比度，数值孔径为 1.2。右图：45nm 孤立线以及理想焦面处不同数值孔径下的归一化像对数斜率（NILS）

归一化像对数斜率（NILS）表示局部对比度，也为半密集和孤立图形成像提供了更有用的信息。它与周期无关，可有效表征目标图形理想像边缘附近光强分布的陡峭程度。NILS 值越大，意味着图形尺寸对光强波动的敏感度越低。NILS 可从空间像中计算得到：

$$\text{NILS} = w\frac{\mathrm{d}\left[\ln I(x)\right]}{\mathrm{d}x} \tag{1.4}$$

式中，$I(x)$ 表示横截面处的光强；x 表示横截面的空间坐标；采用目标图形的宽度 w 对空间像强度对数的空间坐标的导数进行归一化。光刻胶章节的 3.1.4 节将介绍一种唯象光刻胶模型。该模型解释了 NILS 在光刻工艺中的重要性。模型中用相关光刻胶参数对 NILS 的定义式进行了完善。

1.4 光刻胶工艺

图 1.8 为一个典型的光刻工艺流程图。硅片上面是 SiO_2 层。光刻工艺被用来制作光刻胶线条。首先采用化学或者机械方法去除硅片表面的污染物。在清洗和表面预处理步骤的最后，利用增黏剂，例如六甲基二硅氮烷（HMDS）进行成底膜处

理，增强光刻胶的黏附性。之后采用旋转涂胶的方法将液相光刻胶旋涂到硅片表面。光刻胶厚度的典型值为 50nm ～ 1μm。通过调整转速和光刻胶黏度可对光刻胶厚度进行调整。前烘是第一个烘焙步骤，作用是去除光刻胶中的溶剂，提高硅片和光刻胶之间的黏附性。

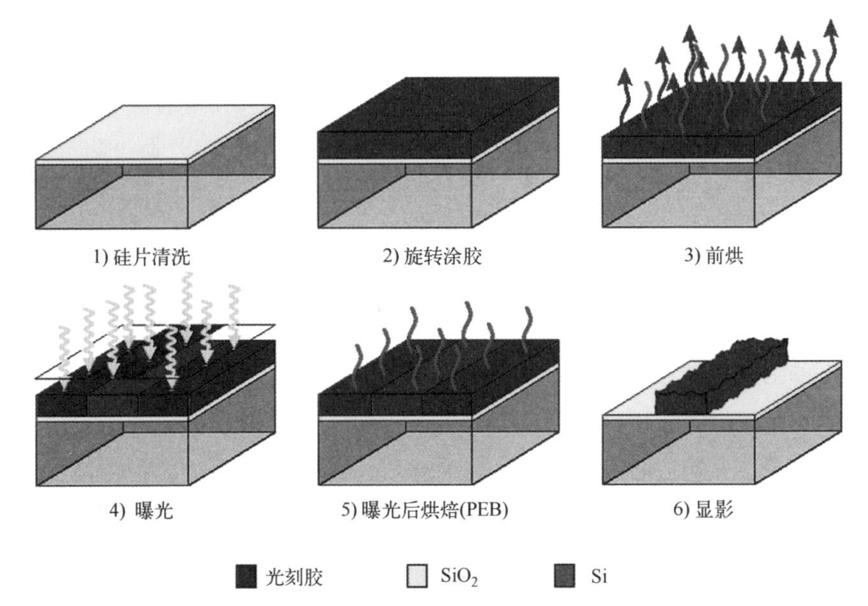

图 1.8　在硅片表面制作光刻胶线的光刻工艺流程。从左上至右下：硅片清洗，旋转涂胶，前烘，曝光，曝光后烘焙（PEB），显影。转载自参考文献 [10]，版权（2015）Elsevier

曝光是把投影光刻机产生的像转移到光刻胶内的步骤。根据掩模版图的透光区分布，光刻胶的某些区域被曝光。曝光区域的光刻胶性质发生变化。3.1.1 节讨论了典型的曝光机制。一般情况下，曝光后的光刻胶需要再经过一次烘焙，即曝光后烘焙（PEB）。PEB 需要具备的功能和实施的必要性取决于光刻胶的类型和其他工艺要求。一些光刻胶需要 PEB 来触发某些重要的化学反应。此外，PEB 可以完全去除溶剂，并加速光刻胶内物质的扩散，平滑光刻胶轮廓。

最后，将曝光和局部化学改性后的光刻胶浸入显影液中进行显影。显影结果取决于光刻胶的极性。正胶被曝光和化学改性的部分在显影过程中被移除。负胶则相反，未被曝光的区域被显影液移除。对光刻胶下的材料层进行后续刻蚀和掺杂等处理时，显影得到的光刻胶图形起到掩模的作用。

用于表征光刻胶图形的技术包括扫描电子显微镜（SEM）等技术。SEM 可拍摄俯视图（在线）和横截面图。硅片的横截面 SEM 图可提供更多的光刻胶图形形状信息。但拍摄横截面图需要进行切片，会破坏硅片，使得硅片无法用于进一步的加工处理。除了上述 SEM 之外，现在还存在双束聚焦离子束（FIB）扫描电镜[11]和倾斜扫描电镜[12]等无损扫描电子显微镜技术。虽然这些技术的产率有限，但它们可以为工艺开发提供非常有价值的信息。与可能导致光刻胶收缩[13]的电子计量技术不同，光学散射法[14，15]是一种无损的光刻胶轮廓间接测量方法。

图 1.9 为 45nm 线宽、120nm 周期的暗线条在不同离焦位置的光刻胶轮廓仿真截面图。光刻胶轮廓的宽度和形状都不同。图 1.9 中应用了一个带模型以反映仿真光刻胶轮廓的重要细节。定义了两个带，分别位于光刻胶顶部和底部（见图 1.9 中的灰色带）。这些带的典型宽度约为光刻胶厚度的 10% ～ 20%。通过测量这些带内的平均线宽，得到顶部 CD 和底部 CD，分别表示为 CD_{top} 与 CD_{bot}。从这些数据中提取出左侧、右侧以及平均侧壁倾角 SW_{angle}。一般来说，底部线宽对后续工艺步骤（如刻蚀或掺杂）最重要。因此，评估光刻工艺时常令 $CD=CD_{bot}$。

除了图形的大小或 CD 外，图形的放置或位置也很重要。图形位置不仅对保证单次光刻图形间距的正确性很重要，而且对保证不同光刻图形之间的正确定位也很重要。套刻精度描述了不同光刻步骤产生的图形之间的位置准确度。套刻精度是光刻机和工艺最重要的性能参数之一。

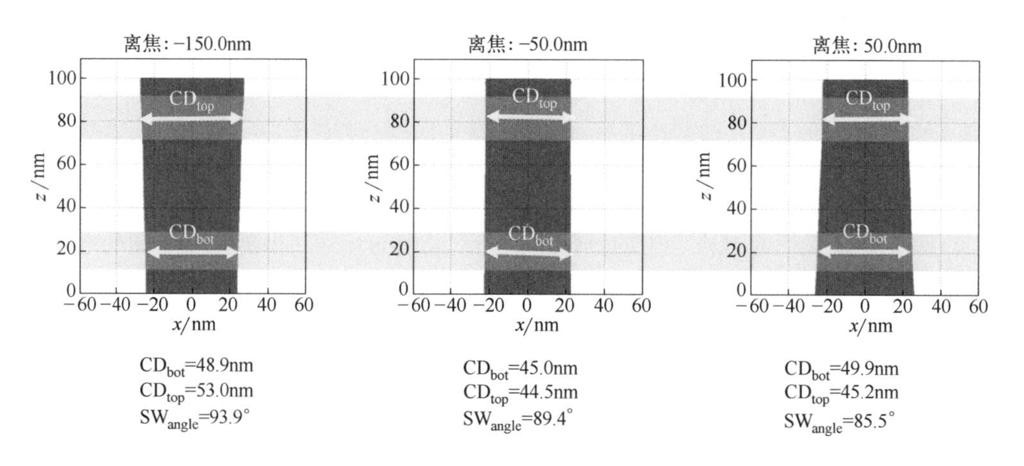

图 1.9 周期为 120nm、宽度为 45nm 暗线条的光刻胶形貌仿真结果。从左至右分别采用了三种不同的离焦设置。图中给出了顶部 CD_{top} 和底部 CD_{bot} 以及侧壁倾角 SW_{angle}

1.5 工艺特性参数

光刻工艺会受工艺条件和光刻机参数变化的影响。例如，曝光过程中焦面位置或离焦无法保持恒定。掩模和硅片相对于物平面和像平面的位置可能略有变化。掩模和硅片都不是完全平整的。成像系统光学像差和光刻胶厚度的变化也会造成焦面变化。激光输出的微小波动、光学元件透过率的不均匀性、杂散光以及系统某些部位对光的微弱背向反射都会导致曝光剂量的变化。掩模质量受限于制造精度。

本章剩余部分将介绍光刻工艺的几个重要评价参数及它们对相关效应的灵敏度。这些评价参数中的大部分都可以用于表征从空间像或者光刻胶轮廓中获得的印迹。

关键尺寸均匀性（CDU）：所有光刻条件的变化都会导致目标尺寸和位置偏差。常利用关键尺寸均匀性和全局套刻精度量化光刻机和工艺对这些偏差的影响。掩模、光刻机、硅片平面度等都会影响这两个参数的值。

工艺变化带（PV band）：接下来我们研究光刻得到的图形轮廓，或者称为印迹，将它们与目标图形相比较。图 1.10 给出了不同阈值和离焦位置下仿真空间像的印迹。左图为掩模版图，在中图和右图中用虚线表示。中图和右图中的实线表示在不同阈值和离焦条件下提取的印迹。这类图被称为工艺变化带[16]。可以从仿真空间像或光刻胶形貌中提取工艺变化带。

图 1.10 所示的印迹与掩模版图之间存在偏差。由于光学投影系统的衍射受限特性，线端和较孤立的线条存在严重的光学邻近效应。4.2 节将讨论这些效应以及抵消它们对光刻图形影响的方法，使印迹与目标图形或者掩模版图偏差最小的离焦和阈值为最佳工艺条件。不同阈值和离焦导致的印迹变化表征了该工艺对这些参数的灵敏度。可以观察到，线端和孤立线对工艺条件的灵敏度高于处于密集环境中的线条（线条的周围存在其他线条）。

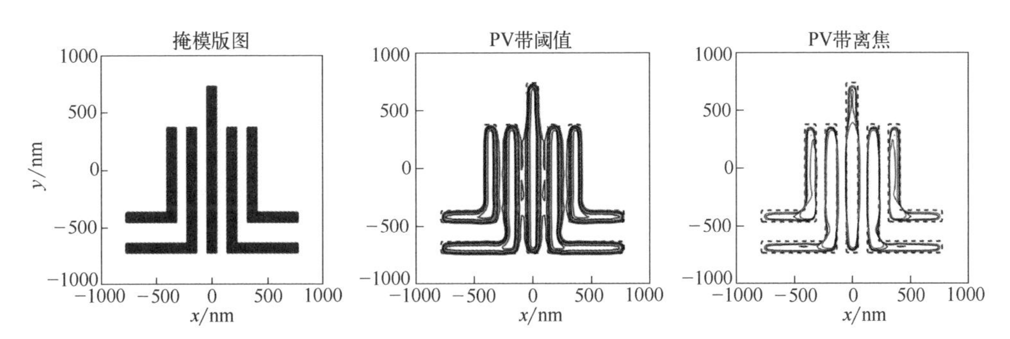

图 1.10　工艺变化带。曝光剂量 / 阈值与焦面的变化对印迹的影响仿真结果。掩模版图（左图）；最佳焦面处阈值 0.12、0.19、0.26、0.33、0.40 对应的印迹（中图）；阈值为 0.26 时离焦量为 0nm、50nm、70nm 以及 90nm 对应的印迹（右图）。线条宽度为 90nm（硅片面）。成像条件：波长 193nm，数值孔径为 1.2，CQuad 照明（照明的定义请见 4.1 节）

图 1.11 显示了使用工艺变化带研究掩模缺陷及其对光刻工艺影响的方法。图中的掩模缺陷可能是由掩模制造过程中出现的问题引起的。图 1.11 以孤立暗线条附近的一个暗缺陷为例。如左图所示，无缺陷时工艺变化带平行于线条。线宽随阈值或曝光剂量均匀变化。在阈值 0.45 处，印迹与掩模版图或目标线宽完全一致。20nm

的缺陷会导致印迹在缺陷区域发生轻微弯曲。缺陷较大时，这种弯曲变得更加明显。弯曲的大小取决于阈值。该例子表明，阈值较大或剂量较小时，该类缺陷的影响更大。

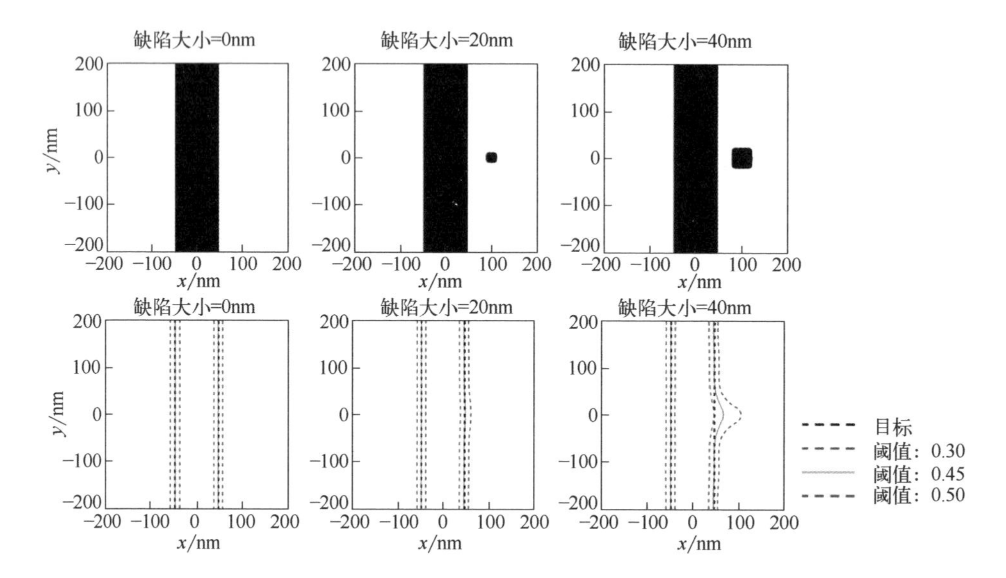

图 1.11 90nm 孤立不透光线条附近暗缺陷的工艺变化带。第一行：无缺陷掩模的透过率（左图），含不同大小缺陷掩模的透过率（中图和右图）；第二行：对应不同曝光剂量或者阈值的 PV 带。成像条件：波长 193nm，数值孔径 1.2，CQuad 照明

边缘放置误差（EPE）：常利用给定焦面和剂量 / 阈值条件下的印迹的形状确定 EPE。Nick Cobb 引入了 EPE 的概念，指的是线条或其他图形的边缘相对于电路设计者所设目标位置的差异[17]。在所考察长度（LOI）范围内的平均 EPE（表示为 $\mathrm{EPE_{LOI}}$）定义为目标向右 A_r 和向左 A_l 的线条边缘偏移量之差除以长度 LOI[18]：

$$\mathrm{EPE_{LOI}} = \frac{A_r - A_l}{\mathrm{LOI}} \tag{1.5}$$

为了最小化 EPE，光刻后图形的尺寸和位置应该尽可能接近目标尺寸和位置。光学邻近效应修正（OPC）使用模型或规则对掩模版图进行修改，以最小化 EPE（见 4.2 节）。可以利用空间像以及仿真或实测光刻胶图形计算工艺变化带的形状与 EPE。

工艺变化带和 EPE 全面地评估了硅片面光刻图形的保真度。接下来我们将研究特定图形的光刻特性。为了简化讨论，我们将分析周期性线空图形中单个线条的光刻特性。这种线空图形的参数包括周期、线宽、空宽或占空比以及方向。我们一

般只需要取无限大周期性线空图形中的一个周期来研究其成像性能。类似分析也可以应用于其他类型的图形。用同样的方法分析接触孔阵列或线 / 空图形的端点等二维图形时，需要指定几个切线来提取图形的尺寸信息。

光刻胶形貌随曝光剂量和焦面的变化：图 1.12 显示了仿真的光刻胶形貌随曝光剂量和离焦等两个最重要工艺变量的变化。本书中，我们使用了符号惯例，即负离焦为（硅片和光刻胶）更靠近投影物镜方向的离焦。光刻胶形貌的宽度随曝光剂量的增加而减小。这是正胶的典型特点。在离焦范围的中心位置，所有曝光剂量下光刻胶形貌的侧壁几乎都垂直。

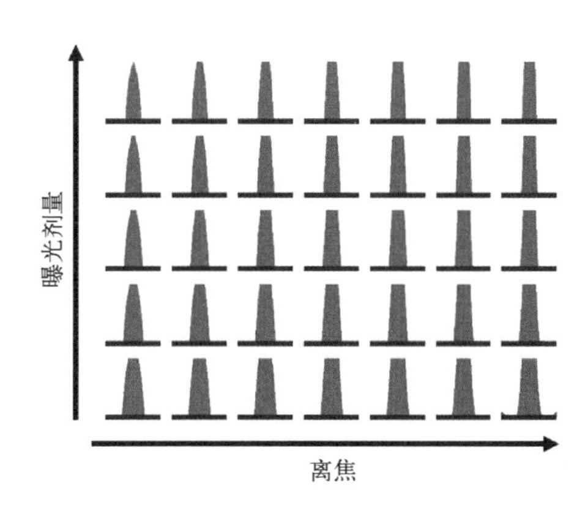

图 1.12　不同曝光剂量和离焦条件下的光刻胶形貌，线宽为 90nm，周期为 250nm，曝光剂量 20 ～ 26mJ/cm^2，离焦 -120 ～ 0nm。成像条件：波长为 193nm，数值孔径为 1.2，二极照明，光刻胶厚度为 150nm

然而，在左右两侧的离焦位置情况发生了变化。离焦量较小或负离焦时，光刻胶离投影物镜太近。只有光刻胶底部会成清晰的像。位于光刻胶顶部的像发生离焦，越靠近顶部成像越模糊。因此，理论上没有光的区域也会存在一些光，这些区域的光刻胶也会被移除，特别是曝光剂量较大时。正离焦时可以观察到相反的现象。曝光剂量较大时，离焦使得光刻胶底部像变得模糊，导致显影后光刻胶底部发生内缩，图形可能会坍塌。

Bossung 曲线：接下来，我们从仿真的光刻胶形貌中提取底部 CD 数据，并绘制出它们相对于离焦的关系曲线，如图 1.13 所示。图中不同的曲线代表了特定曝光剂量下 CD 与离焦量的关系。这种类型的曲线被称为 Bossung 曲线 [19]。平坦的 Bossung 曲线表明该工艺对离焦的灵敏度较低。曝光剂量方向上各曲线之间的距离表示该工艺对曝光剂量的灵敏度。图 1.13 中阴影区域表示目标尺寸为 90nm，变化范围为 ±10%。能够使 CD 在这个灰色区域内的所有曝光剂量和离焦量都是可以接受的，都满足工艺需求。

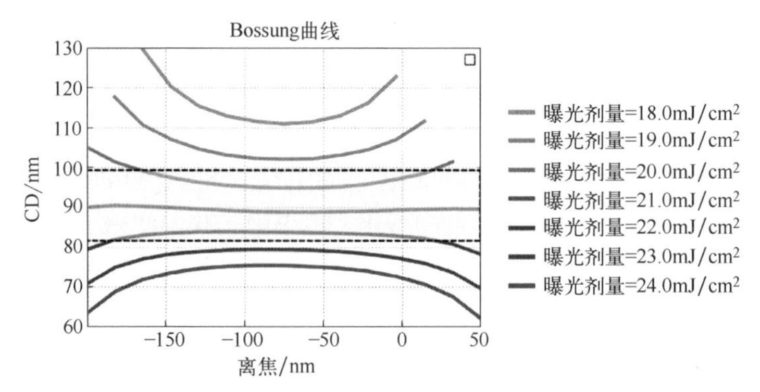

图 1.13 光刻胶底部 CD 随着曝光剂量和离焦量的变化图。仿真线图形的周期为 250nm，宽度为 90nm。成像条件：波长为 193nm，数值孔径为 1.2，二极照明，光刻胶厚度为 150nm

工艺窗口：CD 相对于曝光剂量和离焦量的变化关系也可以用另一种图示表示。图 1.14 左图的三条曲线分别代表产生 90% 的目标 CD（上曲线）、目标 CD（产生目标 CD 的曝光剂量，中间的曲线）和 110% 的目标 CD（下曲线）图形所需的曝光剂量数据。利用上下曲线之间的所有曝光剂量和离焦量组合均可获得关键尺寸精度优于 ±10%CD 的图形。如图中阴影区域所示，可以利用椭圆或者矩形对这一区域进行拟合，得到工艺窗口。工艺窗口的高度和宽度定义了该工艺的曝光剂量裕度和焦面裕度。焦面裕度决定了可用焦深（DoF），将在 2.3.1 节中进行讨论。曝光剂量裕度和焦深不是相互独立的。在许多应用中，常根据 5% 或 10% 的曝光剂量裕度确定可用焦深。有时也会绘制焦深相对于曝光剂量裕度的关系曲线，或者曝光剂量裕度相对于焦深的关系曲线。

实际的掩模版图包含多种线宽和周期。所有图形都需要在相同的曝光剂量和离焦条件下进行曝光。为了实现曝光，各个图形的工艺窗口必须重叠，如图 1.14 右图所示。与左图的阴影区域相比，两图形共同工艺窗口的面积明显缩小。

常利用可实现的工艺窗口大小对新光刻工艺和工艺技术进行评估。实际可用于芯片制造的工艺需要具备一定大小的工艺窗口。工艺窗口越大，表示工艺的鲁棒性更高。上面的例子中根据目标图形的大小或 CD 数据生成 Bossung 曲线和工艺窗口。一般来说，工艺窗口还可以包含边缘位置、图形位置、光刻胶侧壁倾角和线边粗糙度（LER）等其他考察项。

工艺线性度：如图 1.15 所示的线性度曲线描述了工艺实现尺寸微缩的能力大小。图中所示为密集线和孤立线底部 CD 与特征尺寸的关系。图中点线表示理想的线性工艺。特征尺寸≥ 150nm 时，密集线和孤立线都非常接近理想的线性曲线。硅片上的图形与掩模图形完全一致。特征尺寸为 90 ～ 150 nm 时，曲线斜率与理想曲线斜率之间有微小差异。密集和孤立图形成像的 CD 略有不同，但是，这两条曲线

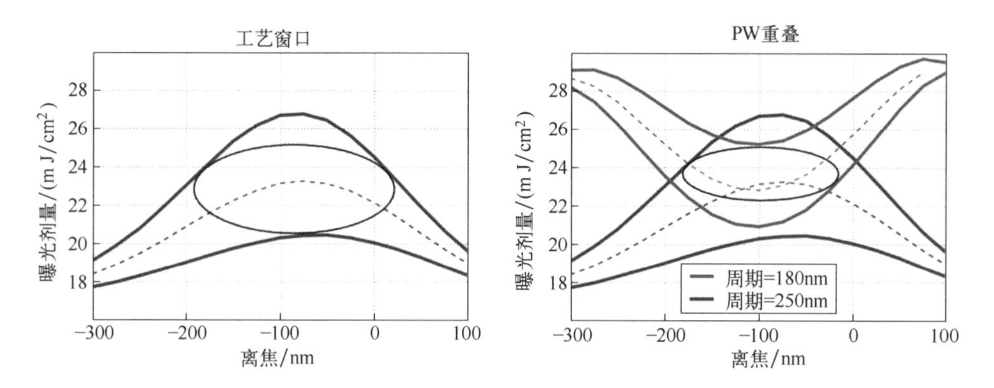

图 1.14　90nm 线图形的工艺窗口仿真结果。左图：周期 180nm 时的工艺窗口（PW）。右图：周期 250nm、线宽 180nm 线图形的共同工艺窗口。成像条件：波长为 193nm，数值孔径为 1.2，圆形照明，光刻胶厚度为 150nm

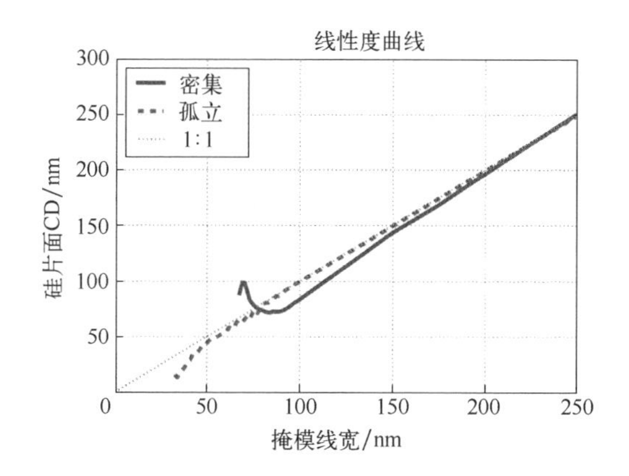

图 1.15　密集和孤立线图形的光刻胶底部 CD 随着线条尺寸的变化曲线。成像条件：波长为 193nm，数值孔径为 1.35，圆形照明，光刻胶厚度为 150nm

几乎都是线性的。当尺寸小于 90nm 时，曲线的非线性度越来越高。密集图形的最小 CD 约为 75nm。设计掩模时必须考虑从掩模到硅片特征尺寸转移的非线性（见 4.2 节）。

光学邻近效应（OPE）曲线：图 1.16 为 90nm 线条的光刻胶 CD 仿真值随周期的变化。以能够光刻 250nm 半密集图形的曝光剂量为标准来确定曝光剂量。由于邻近图形对成像的影响，CD 值与周期密切相关，这种现象即所谓的光学邻近效应。因此，这种曲线通常称为 OPE 曲线。在不同的掩模类型、照明模式和工艺条件下，OPE 曲线的形状会有所不同。

掩模误差增强因子（MEEF）：非线性和邻近效应也会影响掩模的制造公差 [20]。MEEF 表示工艺对掩模制造误差的灵敏度：

$$\mathrm{MEEF}=M\frac{\Delta \mathrm{CD}_{\mathrm{wafer}}}{\Delta \mathrm{CD}_{\mathrm{mask}}} \tag{1.6}$$

式中，ΔCD_{wafer} 表示掩模尺寸变化量 ΔCD_{mask} 引起的硅片面 CD 变化量；M 为投影物镜的缩放倍率。关键尺寸接近分辨率极限时 MEEF 甚至可以超过 5。

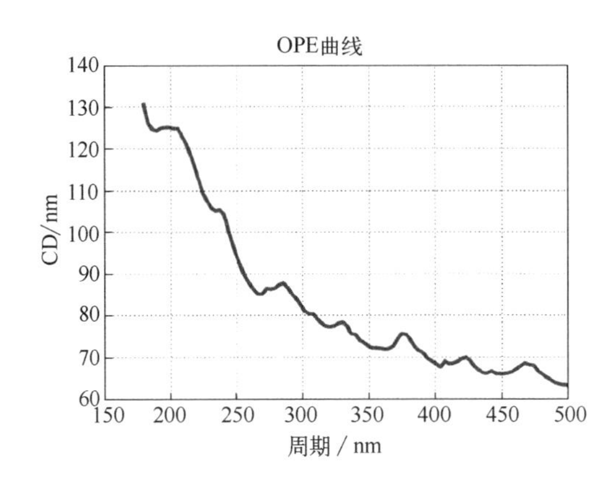

图 1.16　90nm 线图形的光刻胶底部 CD 随线条周期的变化曲线。成像条件：波长为 193nm，数值孔径为 1.35，二极照明，光刻胶厚度为 150nm

1.6　总结

光学投影光刻是半导体制造中的标准图形化方法。光学系统包括照明系统和投影物镜系统。投影物镜将掩模成像到硅片上的光刻胶内。投影光刻成像系统最重要的参数是照明系统的波长、投影物镜的数值孔径和离焦量。常用的空间像表征方法包括对比度、（归一化的）像对数斜率（NILS）以及采用简单阈值模型得到的 CD。

典型的光刻工艺流程包括硅片清洗、旋转涂胶、曝光、烘焙和光刻胶化学显影。用俯视（在线）或横截面扫描电子显微镜测量显影后的光刻胶轮廓。光刻胶形貌的线宽或者关键尺寸（CD）随曝光剂量、离焦和其他工艺参数的变化而变化。

表征光刻工艺性能随工艺参数典型波动的变化关系的标准方法包括 Bossung 曲线（表征 CD 与曝光剂量和离焦的关系）和工艺窗口（能够实现给定精度图形转移的曝光剂量和焦面的组合）。关键尺寸均匀性（CDU）、套刻精度、边缘放置误差（EPE）、线性度、光学邻近效应曲线（OPE 曲线）和掩模误差增强因子（MEEF）也是重要的工艺性能参数。

参 考 文 献

[1] G. E. Moore, "Cramming more components onto integrated circuits," *Electronics Magazine* **38**, 4, 1965.

[2] R. P. Feynman, "There's plenty of room at the bottom," *Caltech Engineering and Science* **23**, 22, 1960.

[3] K. Ariga and H. S. Nalwa, Eds., *Bottom-up Nanofabrication*, American Scientific Publishers, Valencia, California, 2009.

[4] A. Senefelder, *The Invention of Lithography* [Translated from the original German by J. W. Muller], Fuchs & Lang Manufacturing Co., New York, 1911.

[5] J. W. Lathrop, "The Diamond Ordnance Fuze Laboratory's photolithographic approach to microcircuits," *IEEE Annals of the History of Computing* **35**(1), 48–55, 2013.

[6] J. H. Bruning, "Optical lithography ... 40 years and holding," *Proc. SPIE* **6520**, 652004, 2007.

[7] F. Pease and S. Y. Chou, "Lithography and other patterning techniques for future electronics," *Proc. IEEE* **96**, 248, 2008.

[8] D. G. Flagello and D. G. Smith, "Calculation and uses of the lithographic aerial image," *Adv. Opt. Technol.* **1**, 237–248, 2012.

[9] D. Fuard, M. Besacier, and P. Schiavone, "Assessment of different simplified resist models," *Proc. SPIE* **4691**, 1266–1277, 2002.

[10] A. Erdmann, T. Fühner, P. Evanschitzky, V. Agudelo, C. Freund, P. Michalak, and D. Xu, "Optical and EUV projection lithography: A computational view," *Microelectron. Eng.* **132**, 21–34, 2015.

[11] J. S. Clarke, M. B. Schmidt, and N. G. Orji, "Photoresist cross-sectioning with negligible damage using a dual-beam FIB-SEM: A high throughput method for profile imaging," *J. Vac. Sci. Technol. B* **25**(6), 2526–2530, 2007.

[12] C. Valade, J. Hazart, S. Berard-Bergery, E. Sungauer, M. Besacier, and C. Gourgon, "Tilted beam scanning electron microscopy, 3-D metrology for microelectronics industry," *J. Micro/Nanolithogr. MEMS MOEMS* **18**(3), 1–13, 2019.

[13] B. Bunday, A. Cordes, C. Hartig, J. Allgair, A. Vaid, E. Solecky, and N. Rana, "Time-dependent electron-beam-induced photoresist shrinkage effects," *J. Micro/Nanolithogr. MEMS MOEMS* **11**(2), 23007, 2012.

[14] J. Bischoff, J. W. Baumgart, H. Truckenbrodt, and J. J. Bauer, "Photoresist metrology based on light scattering," *Proc. SPIE* **2725**, 678, 1996.

[15] A. Vaid, M. Sendelbach, D. Moore, T. A. Brunner, N. Felix, P. Rawat, C. Bozdog, H. K. H. Kim, and M. Sendler, "Simultaneous measurement of optical properties and geometry of resist using multiple scatterometry targets," *J. Micro/Nanolithogr. MEMS MOEMS* **9**(4), 41306, 2010.

[16] J. A. Torres and C. N. Berglund, "Integrated circuit DFM framework for deep sub-wavelength processes," *Proc. SPIE* **5756**, 39–50, 2005.
[17] N. B. Cobb, *Fast Optical and Process Proximity Correction Algorithms for Integrated Circuit Manufacturing*. PhD thesis, University of California at Berkeley, 1998.
[18] A. H. Gabor, A. C. Brendler, T. A. Brunner, X. Chen, J. A. Culp, and H. J. Levinson, "Edge placement error fundamentals and impact of EUV: Will traditional design-rule calculations work in the era of EUV?" *J. Micro/Nanolithogr. MEMS MOEMS* **17**(4), 41008, 2018.
[19] J. W. Bossung, "Projection printing characterization," *Proc. SPIE* **0100**, 80–85, 1977.
[20] A. K. K. Wong, R. A. Ferguson, L. W. Liebmann, S. M. Mansfield, A. F. Molless, and M. O. Neisser, "Lithographic effects of mask critical dimension error," *Proc. SPIE* **3334**, 106–116, 1998.

第 2 章 投影光刻成像理论

本章首先简要介绍现代深紫外（DUV）投影光刻机的特点及关键性能参数。结合 1.3 节中的投影光刻机光学系统示意图介绍光刻成像的理论背景。之后，推导描述光学投影光刻分辨率极限的瑞利准则，并讨论半导体光刻技术的发展趋势。第 8 章将详细讨论投影光刻机中的各种光学效应。

2.1 投影光刻机

投影光刻机是最先进的光学仪器之一。1.3 节已介绍了光学投影成像的基本原理。为了实现高分辨率，所有投影光刻机都配有高数值孔径（NA）投影物镜和灵活的照明系统（聚光光学系统），并配备支持高产率扫描曝光的掩模台与硅片台，以及用于控制曝光过程中掩模与硅片位置的原位计量技术。典型的技术参数包括工作波长（例如常见的波长值 193nm），大小在一定范围内的数值孔径（例如 0.85 ～ 1.35），单次曝光分辨率（例如≤ 38nm），最大像场尺寸（例如 26mm × 33mm），单机套刻精度（例如≤ 1.4nm），以及产率（例如≥ 275 片 /h）。以上示例数据是 ASML TWINSCAN NXT:2000i 光刻机的技术参数。

如图 1.4 所示，聚光镜（照明系统）和投影物镜系统均由许多片透镜组成。需要使用特殊的光线追迹软件设计这些复杂的透镜系统 [1]。设计参数包括大小在一定范围内的数值孔径、缩放倍率（通常为 4×）和像场大小。其他约束条件还包括系统的总尺寸、总重量、环境条件（如温度和气压）、激光光源带宽、玻璃的均匀性，以及制造和装配公差等。

虽然理论上可以采用光线追迹方法描述光刻系统的成像过程，但实际上这种方法是不现实的，主要有两个原因。物镜设计数据是镜头供应商的技术机密，投影光刻机用户无法获得。此外，利用光线追迹进行成像计算非常耗时。因此，常利用照明、掩模和投影物镜的传递函数表征光学系统。可以利用不同的方法获得这些传递函数。一般情况下，理想传递函数都可以满足使用要求。理想传递函数需要对光学系统进行一些假设，例如基尔霍夫方法假设掩模无限薄或假设整个成像过程为理想衍射受限成像（见下一节）。也可以利用更加物理的建模方法得到传递函数，例如利用严格电磁场方法计算掩模衍射场，对整个系统进行光线追迹等。此外，也可以通过实验测量出传递函数，实验方法包括掩模散射光测量、干涉测量、测试对象的成像测量等。下一节中，我们利用传递函数描述光学投影光刻的成像过程。

2.2 成像理论

研究成像时首先对成像过程做几个假设，便于对其中最重要的成像效应展开讨论。2.2.1 节首先介绍单方向平面波照明条件下相干投影成像系统的傅里叶光学描述方法，详见参考文献 [2]。然后将该理论推广到部分相干成像系统。这种描述成像的方法的理论基础是阿贝成像理论。在本节末尾，简要概述了其他备选成像仿真方法。

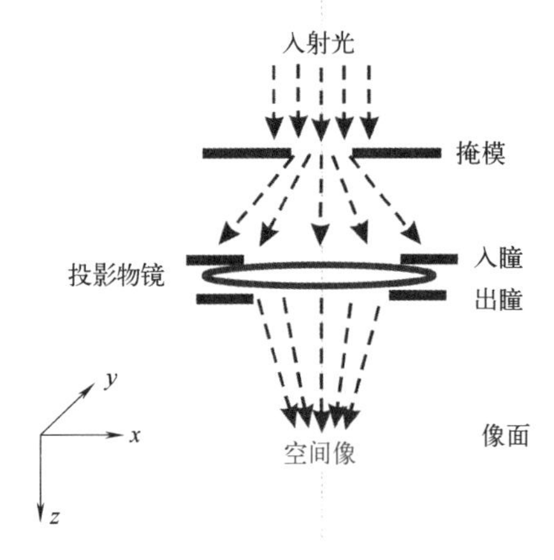

图 2.1　相干成像原理示意图

2.2.1 傅里叶光学描述方法

图 2.1 为相干光照明条件下的光学投影系统，系统光轴沿 z 方向。沿光轴传播的平面波照明掩模后发生衍射。部分衍射光进入投影物镜入瞳，投影物镜改变衍射光的方向，通过出瞳的光到达像面成像。下文假设掩模为无限薄层。这种掩模可以用横向坐标为 x 和 y 的透过率函数 $\tau(x, y)$ 来表示。此外，假设系统中光的传播为近轴传播。光被认为是标量。第一种描述成像的方法没有考虑偏振效应，比较简单。

x、y 表示物面坐标，x'、y' 表示观测面坐标。观测面与物面之间的距离为 z。掩模位于物面，首先计算掩模衍射光，获得观测平面光的分布。在物面和观测面之间的均匀介质内，光的传播满足标量亥姆霍兹方程。

$$\left(\nabla^2+\boldsymbol{k}^2\right)U=0 \tag{2.1}$$

式中，$\boldsymbol{k}$ 是波矢，大小为 $\dfrac{2\pi}{\lambda}$。观测面上 x'、y' 处光的复振幅 U 可以表示为：

$$U\left(x',y'\right)=\frac{1}{\mathrm{j}\lambda}\iint_{\Sigma}U\left(x,y\right)\frac{\exp \mathrm{j}\boldsymbol{k}\boldsymbol{r}_{01}}{r_{01}}\cos\theta\mathrm{d}x\mathrm{d}y \tag{2.2}$$

积分区间为物面上整个开孔区域 Σ。矢量 $\boldsymbol{r}_{01}$ 的长度 r_{01} 为观测面上点 P_0 到物面

上点 P_1 的距离。该矢量与 z 轴之间的夹角 θ 如图 2.2 所示。可用惠更斯 - 菲涅耳原理来解释式（2.2）。物面上开孔 Σ 内的每一点都发出一个球面波。各球面波相干叠加后可以得到观测面上某一点的复振幅 U。根据基尔霍夫边界条件，物面复振幅分布可以表示为：

$$U(x,y)=\begin{cases}\tilde{U}(x,y),\ \text{区域}\Sigma\text{内}\\ 0,\ \text{其他}\end{cases} \tag{2.3}$$

式中，$\tilde{U}(x,y)$ 表示光源发出的入射光场，是物面不存在开孔情况下的平面波。

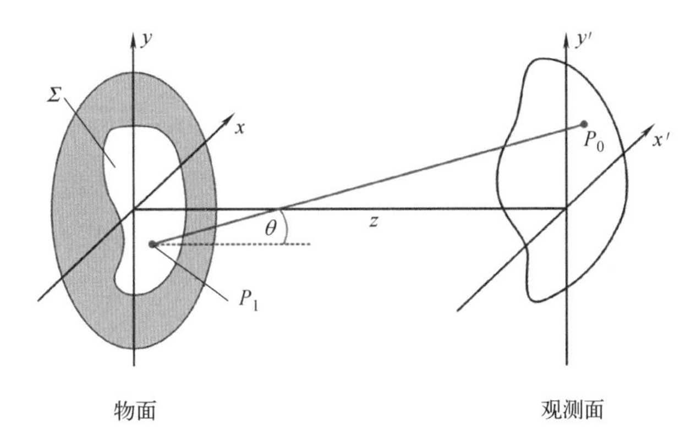

图 2.2　衍射问题：从左边入射的光经过位于物面（x, y）的孔径衍射。在距离物面距离为 z 的观测面探测到衍射光。观测面上点 P_0 处的光是来自孔径 Σ 上所有点 P_1 的光的叠加

对 r_{01} 进行二项式展开：

$$r_{01}\approx z\left[1+\frac{1}{2}\left(\frac{x'-x}{z}\right)^2+\frac{1}{2}\left(\frac{y'-y}{z}\right)^2\right]$$

当物面和观测面之间的距离足够大时该表达式有效，此时：

$$z\gg z\frac{4\pi}{\lambda}\left[(x'-x)^2+(y'-y)^2\right]$$

将该展开式应用于式（2.2），得到菲涅耳衍射积分公式：

$$U(x',y')=\frac{\exp \mathrm{j}\tilde{k}z}{\mathrm{j}\lambda z}\iint_{\Sigma}U(x,y)\exp\left(\mathrm{j}\frac{\tilde{k}}{2z}\left[(x'-x)^2+(y'-y)^2\right]\right)\mathrm{d}x\mathrm{d}y \tag{2.4}$$

当物面和观测面之间的距离进一步增大，$z\gg\tilde{k}\left(x^2+y^2\right)/2$，式（2.4）可以进一步简化为夫琅禾费衍射积分公式：

$$U(x',y')=\frac{\exp \mathrm{j}\tilde{k}z \exp \mathrm{j}\dfrac{\tilde{k}}{2z}\left[(x')^2+(y')^2\right]}{\mathrm{j}\lambda z}\times \\ \iint_{\Sigma} U(x,y)\exp\left[-\mathrm{j}\frac{2\pi}{\lambda z}(x'x+y'y)\right]\mathrm{d}x\mathrm{d}y \tag{2.5}$$

式（2.5）可以写成傅里叶变换的形式：

$$U(x',y')=\frac{\exp \mathrm{j}\tilde{k}z \exp \mathrm{j}\dfrac{\tilde{k}}{2z}\left[(x')^2+(y')^2\right]}{\mathrm{j}\lambda z}\mathscr{F}\left[U(x,y)\right]_{f_x=x'/(\lambda z),f_y=y'/(\lambda z)} \tag{2.6}$$

式（2.6）右边的第一项与复振幅 $U(x,y)$ 无关。它是一个纯相位因子，其大小取决于物平面与观测面之间的距离。在计算理想像面上的强度分布时，可予以忽略。假设物面掩模的透过率函数为 $\tau(x,y)$，则掩模远场衍射光可以通过式（2.7）得到：

$$s(f_x,f_y)=\mathscr{F}\left[\tau(x,y)\right] \tag{2.7}$$

复函数 $s(f_x,f_y)$ 即掩模衍射谱。

线空图形和小周期接触孔阵列的衍射谱仅包含几个离散的衍射级（见 2.3.1 节）。光发生衍射的效率由衍射效率表示，即某个衍射级次或者某个方向上衍射光强度与入射光强度之比。

图 2.3 左侧所示为成像的第一步。投影物镜的入瞳位于掩模衍射的远场位置。入瞳面的衍射光采用空间频率坐标 f_x、f_y 表示。f_x、f_y 与衍射角 θ_x、θ_y 密切相关，$f_x=x/\theta_x=\sin\theta_x/\lambda$，$f_y=y/\theta_y=\sin\theta_y/\lambda$。

空间像计算的第二步是计算穿过投影物镜的衍射级次。投影物镜的光学性质用光瞳函数 $P(f_x,f_y)$ 表示。光瞳在数值孔径之外的透过率为零。光瞳函数值在数值孔径内部的值取决于投影物镜的离焦量、波像差、切趾以及缩小倍率。光瞳滤波也可对光瞳 $P(f_x,f_y)$ 产生调制：

$$P(f_x,f_y)=\begin{cases}0, & \sqrt{\sin^2\theta_x+\sin^2\theta_y}>\mathrm{NA}\\ \text{离焦量、像差、切趾等的函数，} & \text{其他}\end{cases} \tag{2.8}$$

投影物镜对数值孔径内的衍射级次没有任何调制时，即数值孔径内 $P(f_x,f_y)=1$ 时称为衍射受限。投影物镜收集光瞳内所有衍射级次，将光传播方向修改为理想方向，向像面传播。

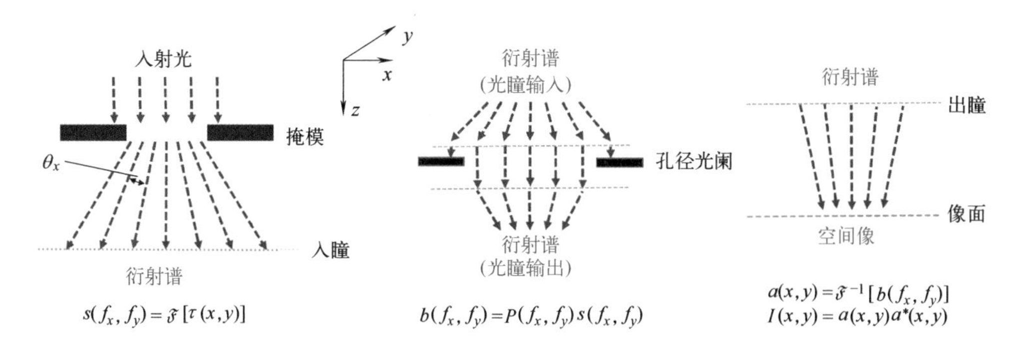

图 2.3　相干光成像的基本计算步骤。左图：对掩模透过率函数 $\tau(x,y)$ 进行傅里叶变换得到掩模的衍射谱 $s(f_x, f_y)$。中图：光场乘复光瞳函数 $P(f_x, f_y)$，描述光穿过投影物镜光瞳的过程。右图：从光瞳出射的衍射光形成空间像，强度为 $I(x, y)$

出瞳处衍射谱的计算公式如下：

$$b\left(f_x, f_y\right) = P\left(f_x, f_y\right) s\left(f_x, f_y\right) \tag{2.9}$$

出瞳出射的衍射级次会聚于像面。这一过程可以看作是光从掩模近场传播至投影物镜入瞳所在远场的逆过程，可以用傅里叶逆变换描述。空间像复振幅 $a(x, y)$ 的计算公式为：

$$a(x,y) = \mathfrak{F}^{-1}\left[b\left(f_x, f_y\right)\right] \tag{2.10}$$

则空间像的强度分布为：

$$I(x,y) = a(x,y)a^*(x,y) \tag{2.11}$$

图 2.4 所示为相干成像系统中空间像的计算方法。掩模复透过率的傅里叶变换为投影物镜入瞳处的掩模衍射谱。图 2.4 仅显示了衍射谱的强度。衍射谱的相位对最终成像也非常重要。将该衍射谱与光瞳函数相乘得到投影物镜出瞳或者出射的衍射谱。图中数值孔径（NA=0.75）之外的衍射级次都已被阻挡住，对成像没有贡献。最后，通过逆傅里叶变换得到空间像。投影物镜数值孔径收集的衍射级次越多，空间像对比度越高（参见 1.3 节中对图 1.5 的讨论）。

图 2.5 为投影成像原理的另一种示意图。物体上一点发出球面波。投影物镜收集到该球面波的一部分。理想或衍射受限投影系统，如图中右侧实线半圆所示，将发散球面波的一部分转换成以像点为中心的会聚球面波。真实系统的波像差会导致像空间的波前变形（虚线）。实线所示的会聚球面波的角度范围受投影物镜数值孔径的限制。虚线波前相对于会聚球面波的偏差定义为系统的波像差（见 8.1 节）。

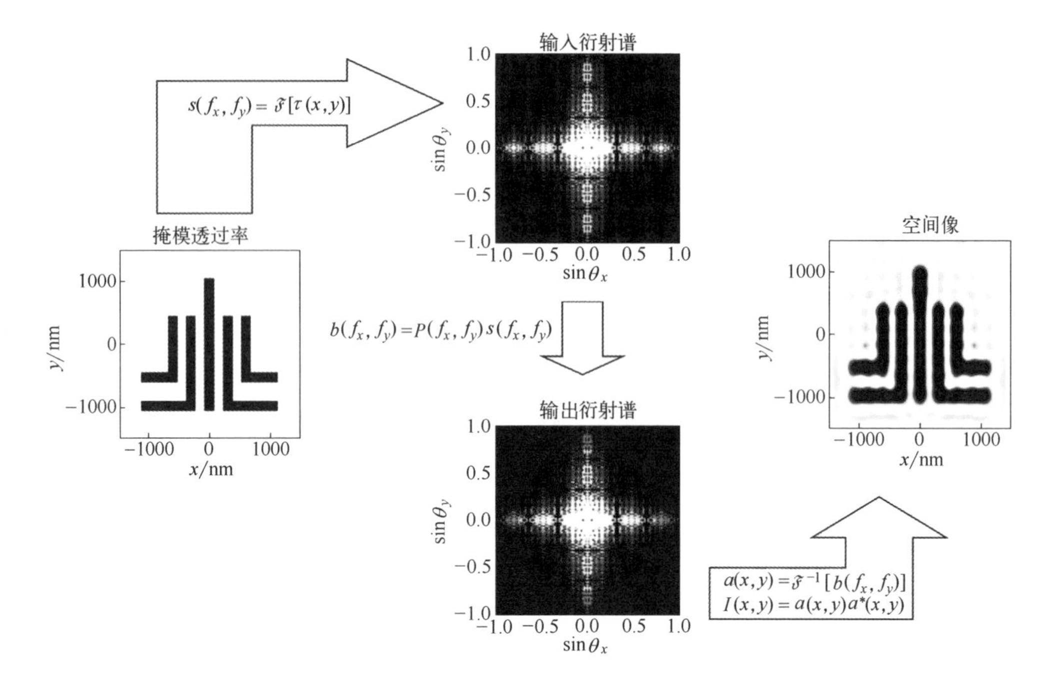

图 2.4　相干成像系统的空间像计算流程。经过许可转载自参考文献 [3]，版权（2020）Elsevier

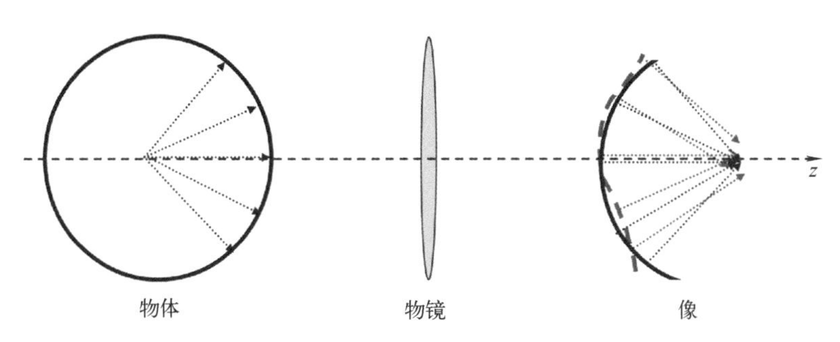

图 2.5　投影光刻成像的另一种视图

2.2.2　倾斜照明与部分相干成像

目前为止的讨论中均采用沿光轴传播的平面波照明掩模，如图 2.3 所示，光轴与 z 轴重合。图 2.6 右侧显示了倾斜照明对衍射谱的影响。衍射光的方向随照明方向的变化而变化。后文通过平移垂直照明下的衍射谱 $s(f_x, f_y)$ 得到与光轴夹角为 θ_x^{inc}、θ_y^{inc}的倾斜照明下的掩模衍射谱。空间频率的平移量为 $f_x^{\text{inc}}=\sin\theta_x^{\text{inc}}/\lambda$、$f_y^{\text{inc}}=\sin\theta_y^{\text{inc}}/\lambda$。这就是所谓的霍普金斯方法，在 9.2.2 节的先进掩模建模方法中将再次讨论这种方法。

图 2.7 给出了出瞳处的衍射谱以及与光轴存在一定夹角的几束照明光对应的空间像。光照方向对衍射级次的选择有很大影响。被选出的衍射级次穿过投影透镜的

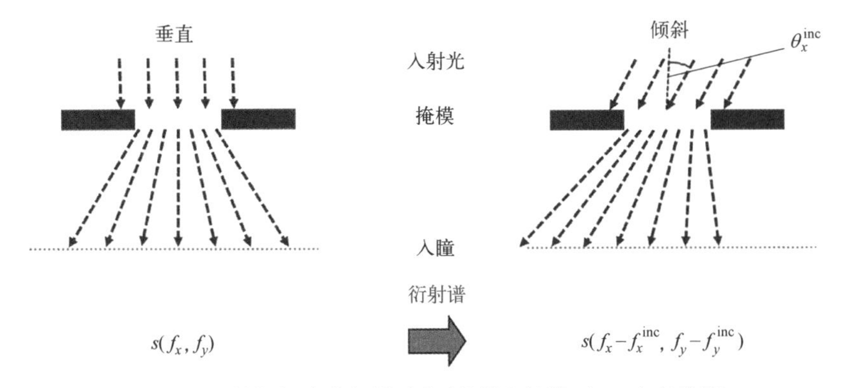

图 2.6　入射角为 θ_x^{inc}的倾斜照明对掩模衍射谱 $s(f_x, f_y)$ 的作用

数值孔径形成空间像。图 2.7 左图中，照明光方向沿 y 轴倾斜。x 方向正负一级衍射光被数值孔径阻挡。与 y 方向平行的线空图形不能清晰成像。y 方向的几个衍射级次穿过光瞳，使得 x 方向线图形的成像分辨率很高，见图中空间像靠下的部分。图中右侧，90° 旋转后的照明将 x 方向的高衍射级次移动到光瞳内，为 y 方向平行线图形提供了良好的成像条件。但是，丢失了对成像非常重要的 y 方向一级衍射光，相应的 x 方向平行线条不可分辨。图 2.7 中间，照明在对角线方向的倾斜将 x 和 y 方向的分辨率进行了折中。但是，照明不对称会引起成像不对称。为避免成像不对称，一般采用对称照明。

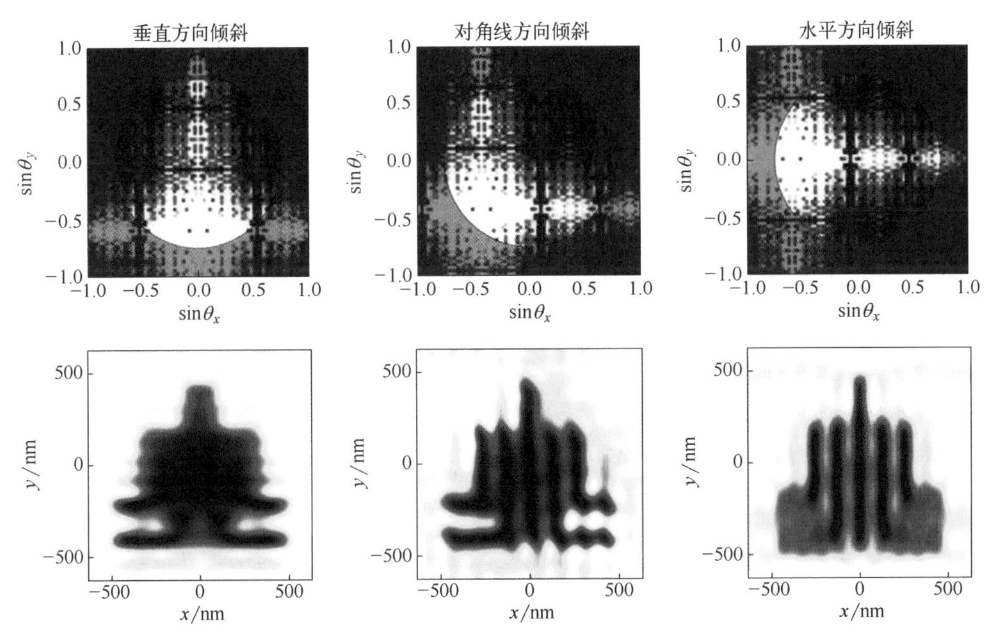

图 2.7　不同离轴照明条件下出瞳处的衍射谱（第一行）以及相应的空间像（第二行）。除了缩放因子之外，掩模版图与图 2.4 相同

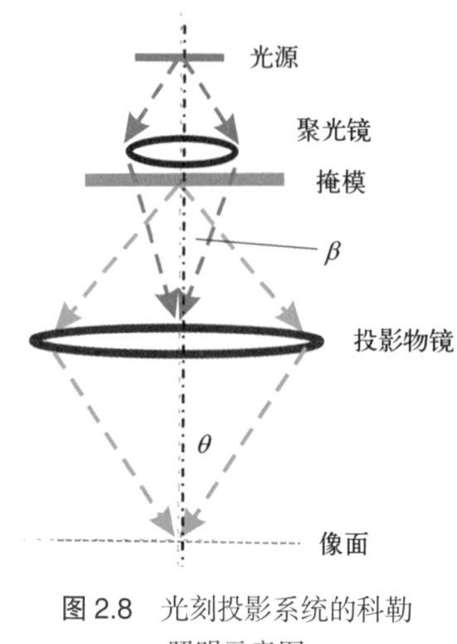

图 2.8 光刻投影系统的科勒照明示意图

离轴照明、光源掩模优化等光学分辨率增强技术利用了成像对掩模面照明方向的敏感性。

为了实现掩模面均匀照明，使得大像场范围内的光强分布均匀，所有光刻投影系统都采用科勒照明[4, 5]。如图 2.8 所示，聚光镜将光源成像在投影物镜的入瞳面。这种特殊的照明方式中，聚光镜将光源中的一个点转换为平面波，照明掩模。

不同光源点发出的光的相位没有固定关系。多个光源点发出的光相互叠加产生空间非相干光。空间非相干性随着照明角度范围的增大而增大。

图 2.8 中的角度 β 定义了聚光镜的数值孔径。聚光镜数值孔径与投影物镜数值孔径之比定义为系统的空间相干因子 σ：

$$\sigma=\frac{\sin\beta}{\sin\theta} \tag{2.12}$$

空间相干因子 $\sigma=0$ 表示系统为空间相干系统，该系统用单个平面波照明掩模。$\sigma>0$ 意味着掩模被来自多个方向的平面波照明。来自不同方向的光，即不同光源点发出的光，没有固定的相位关系。系统的空间非相干性随着光源点之间的最大距离以及相应照明角度范围的增大而增大。

一般来说，光源的相干特性可以用空间相干和时间相干来描述。时间相干性描述了来自单一光源的光在不同时间的相位关系。它与光源出射光的波长范围有关。本书中的大多数例子采用的是单色光成像，即采用了具有理想时间相干性的光。利用这种方法可合理地解释本书所讨论的成像效应。先进的 DUV 光刻与 EUV 光刻中，用于光学邻近效应修正的高精度成像仿真需要考虑一定的（小的）波长范围或照明带宽。

接下来，将成像理论扩展至（空间）部分相干成像。（空间）部分相干成像和相干成像的区别见图 2.9。相干成像情况下，仅用一个平面波照明掩模。大多数情况下，这个平面波沿着光轴方向传播。光通过周期性掩模（周期为 p）产生离散的衍射级次。这些衍射级次在特定的位置进入投影物镜。部分相干成像情况下，几个入射角不同的平面波同时照明掩模。投影物镜光瞳内衍射级次的位置随光照方向的不同而不同（有关效应的讨论，请参见图 2.10）。

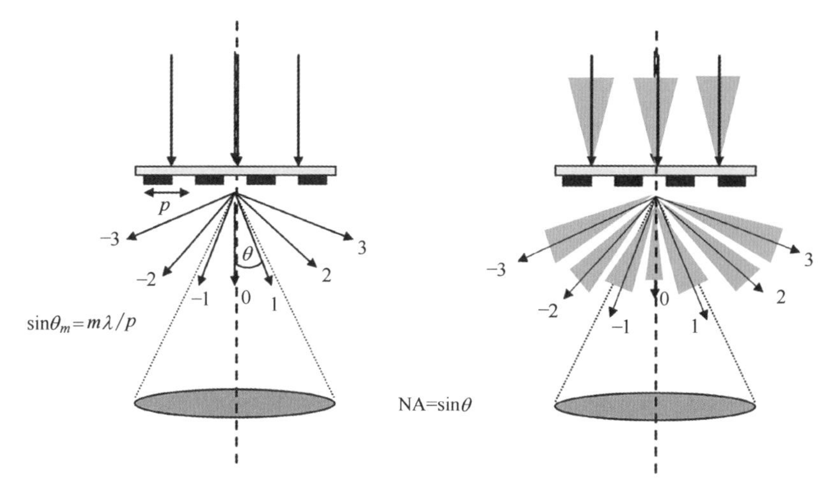

图 2.9　相干成像（左）和部分相干成像（右）。箭头和光锥表示照明光和 m 级衍射光的方向（θ_m），掩模图形为周期为 p 的线空图形。参考美国劳伦斯伯克利国家实验室 X 射线光学中心的课程材料重新绘制的图片，2005

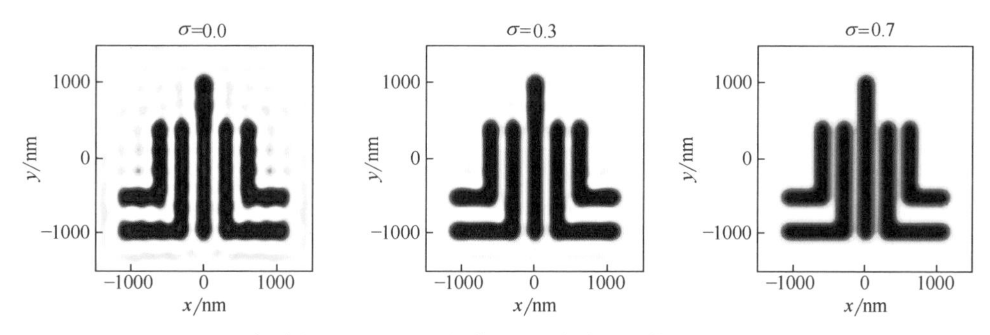

图 2.10　部分相干因子 σ 对空间像的影响仿真。掩模版图如图 2.4 所示

部分相干系统成像可以用阿贝方法描述。光源用离散光源点表示。光源点发出的光照明掩模，光线的角度为 θ_x^{inc}、θ_y^{inc}，对应的空间频率分别为 $f_x^{\text{inc}}=\sin\theta_x^{\text{inc}}/\lambda$、$f_y^{\text{inc}}=\sin\theta_y^{\text{inc}}/\lambda$。像面标量光场的复振幅为：

$$a\left(x,y,f_x^{\text{inc}},f_y^{\text{inc}}\right)=\mathfrak{F}^{-1}\left[P\left(f_x-f_x^{\text{inc}},f_y-f_y^{\text{inc}}\right)\mathfrak{F}(\tau(x,y))\right] \tag{2.13}$$

上式利用了卷积运算的平移不变性。衍射谱不变，光瞳函数发生位移，在数学上与衍射谱发生位移、光瞳函数不变的情况是等效的。

不同光源点发出的光没有固定的相位关系。因此，将所有离散光源点照明下的成像结果进行非相干叠加即可得到整个光源照明下的成像结果：

$$I(x,y)=\iint_{\text{source}} a\left(x,y,f_x^{\text{inc}},f_y^{\text{inc}}\right)a\left(x,y,f_x^{\text{inc}},f_y^{\text{inc}}\right)^{*}\mathrm{d}f_x^{\text{inc}}\,\mathrm{d}f_y^{\text{inc}} \tag{2.14}$$

图 2.10 给出了不同部分相干因子 σ 情况下计算的空间像。完全相干光（σ=0）照明下的空间像出现了明显的旁瓣。该旁瓣是主图形附近的局部极小值和极大值。部分相干照明（σ> 0）减少了旁瓣。老式光刻投影系统的部分相干因子在 0.3 和 0.7 之间。较新的系统采用更复杂的照明模式，将在 4.1 节和 4.5 节中进行介绍。

2.2.3 其他成像仿真方法

从霍普金斯成像公式可以导出另一种空间像计算方法 [6]：

$$I(x,y)=\iint\iint t\left(\xi_1,\xi_2\right)J_0\left(\xi_1,\xi_2,\eta_1,\eta_2\right)\tau^*\left(\eta_1,\eta_2\right)\times K\left(x,y,\xi_1,\xi_2\right)K^*\left(x,y,\eta_1,\eta_2\right)\mathrm{d}\xi_1\mathrm{d}\xi_2\mathrm{d}\eta_1\mathrm{d}\eta_2 \tag{2.15}$$

式中，$\tau(\cdots)$ 表示掩模的复透过率；$K(\cdots)$ 是相干点扩散函数，点扩散函数是投影物镜光瞳函数的傅里叶变换；$J_0(\cdots)$ 表示由照明决定的互强度。式（2.15）所示的四重积分可以通过交叉传递函数的卷积进行计算。交叉传递函数由投影物镜光瞳和光源决定，可以在积分前预先算好。

前面几节介绍的部分相干成像仿真方法为阿贝方法。与之相对照，应用交叉传递函数的方法称为霍普金斯方法。这两种方法的积分顺序不同。阿贝方法首先对掩模和投影物镜光瞳进行积分，而霍普金斯方法首先对光源和投影物镜光瞳进行积分 [7]。阿贝方法便于计算不同光源和投影物镜参数下的空间像，常用于光学系统的表征与光源优化。在给定光源和投影物镜情况下，霍普金斯方法是计算不同掩模版图空间像的优选方法，可用于光学邻近效应修正等技术。

为了提高霍普金斯方法的计算效率，开发了相干系统叠加（SOCS）分解 [8-10] 等专用分解技术。类似地，提出了适用于阿贝方法的奇异值分解方法 [11]。这些分解方法的计算速度比传统阿贝方法快，但是一般需要牺牲一定的仿真精度。这些方法的精度取决于分解时所取计算核心的数量。当光学成像系统的参数设置发生改变时，必须重新计算这些核函数。

2.3 阿贝 – 瑞利准则

给定数值孔径和波长，从物面投影成像到像面的图形的最小尺寸是多少？这取决于物体或掩模图形的形状以及照明方式等因素。需要采用某种标准来确定物体是否可以被分辨或者清晰成像。本节首先讨论一些简单掩模图形的成像，建立简单的规则来描述光学投影技术的分辨率极限。研究表明这些规则主导了投影光刻技术和特征尺寸微缩的发展历程。

2.3.1　分辨率极限与焦深

最小可分辨特征尺寸的第一阿贝 - 瑞利准则： 首先，考虑一维（1D）空图形阵列在空间相干投影系统中的成像。如图 2.11 左图所示，采用沿光轴传播的单色平面波照明线空掩模。周期性物体的衍射光为离散的衍射级次，各衍射级次沿不同方向传播：

$$\sin\theta_m = m\frac{\lambda}{p} \tag{2.16}$$

式中，整数 m 表示衍射光的级次；m 级衍射光与光轴的夹角为 θ_m；p 是线空图形的周期。由光栅方程式（2.16）可知，只有有限衍射级次的衍射角 θ_m 为实数值。这些是可传播的衍射级。$|m\lambda/p|>1$ 时，衍射角 θ_m 是复数。它们是所考察投影系统中的倏逝波，不会传播到远场，也不会对成像有贡献。当光沿 z 轴入射到掩模时，正负衍射级次关于 z 轴对称。

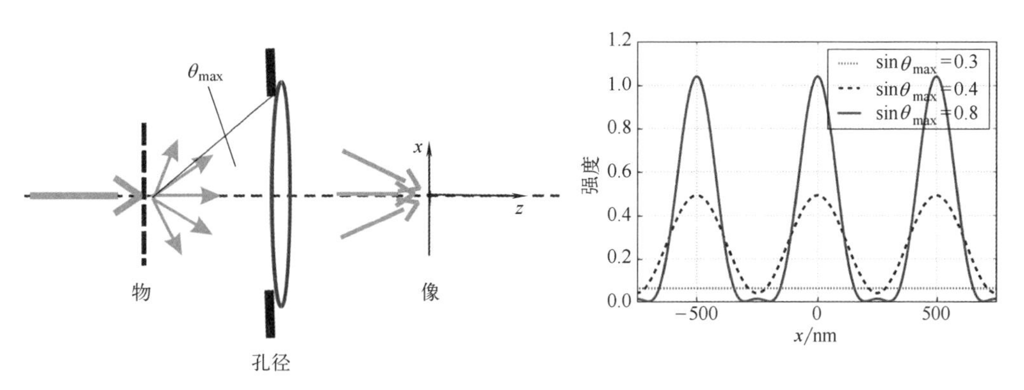

图 2.11　相干照明条件下线空光栅的成像。左图：基本光路结构。右图：波长 193nm、不同物方孔径角 θ_{max} 照明条件下，对周期为 500nm、宽度为 125nm 的线空图形的仿真空间像

按照上一节提到的阿贝成像方法所表述的成像原理，通过投影物镜数值孔径的所有衍射级发生干涉后形成空间像。由不同数量的衍射级次形成的空间像的截面图如图 2.11 所示。如果仅有 0 级光（$\theta_{max}<0.39$）参与成像，则像的强度是一个常数，大小由掩模的局部平均透过率决定。投影系统没有传递掩模图形的周期信息，因此像不能分辨。

当孔径或孔径角 $\sin\theta_{max} \geqslant \lambda/p$ 时，投影物镜像面至少有三个衍射级参与成像。三个平面波（0 级和 ±1 级）之间的干涉形成了空间像。空间像中包含掩模图形的周期信息。因此，可以认为像是空间可分辨的。进一步增大孔径角，捕获二级衍射光后（$\theta_{max}>0.77$），提高了图形边缘的成像对比度。

一般至少需要两个衍射级次才能形成包含光栅周期信息的像。对于给定波长和数值孔径的投影成像系统，穿过数值孔径的 1 级衍射光决定了系统可以传递或成像的最小周期：

$$p_{\min}=\frac{\lambda}{\sin\theta_{\max}}=\frac{\lambda}{\mathrm{NA}} \tag{2.17}$$

接下来研究空间相干光照明条件下透明点物的成像问题。成像系统原理如图 2.12 左图所示。成像物体是一个不透明平板上的小孔，小孔的尺寸小于波长。入射平面波通过物面上的小孔发生衍射，产生球面波。球面波均匀照明投影物镜的入瞳。圆形物体（如投影物镜的孔径）对光的衍射可以用艾里斑来描述：

$$I(x,y)=\left[\frac{2J_1\left(a\sqrt{x^2+y^2}\right)}{a\sqrt{x^2+y^2}}\right]^2 \tag{2.18}$$

式中，$J_1(\cdots)$ 为一阶贝塞尔函数；参数 a 由投影物镜的最大张角 $\theta_{\max}$ 和波长 λ 决定，$a=2\pi\sin\theta_{\max}/\lambda$。图 2.12 右图显示了波长为 193nm、数值孔径为 0.9 时的光强分布。图中设置了合适的缩放比以突出显示环形旁瓣的强度。在像中心主图形的周围可以观察到旁瓣。中心亮斑的宽度、旁瓣之间的距离都取决于波长和数值孔径。

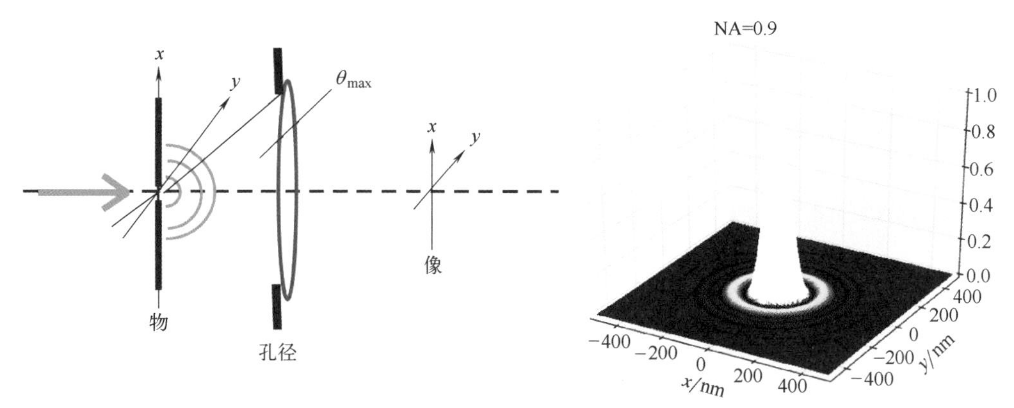

图 2.12 相干照明条件下孤立点物的成像。左图：基本光路结构。右图：波长 193nm、数值孔径 0.9 仿真条件下计算的空间像

图 2.13 是具有一定间距的两个透光物体的像。右图对应的间距为 160nm，可以观察到两个明显分开的像点，可以认为两个点物在空间上是可分辨的。左图中的间距为 100nm，成像系统的空间分辨率不足以分辨这两个物体，两个亮斑融合成了一个。间距在 100nm 和 160nm 之间时情况不明确。例如，间距为 130nm 时在两个峰之间可以观察到一个局部极小值。系统的分辨率取决于图像探测器识别这个局部极小值的能力，以及区分相邻点成像强度峰值的能力。

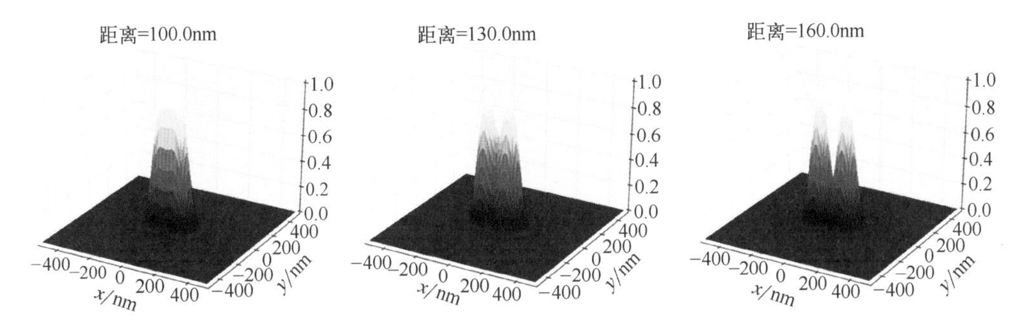

图 2.13　相干照明条件下不同距离的两个点物的像。数值孔径为 0.93，波长为 193nm

为了给出分辨率的定量评价标准，瑞利[12]认为一个点物的艾里斑中心与另一个点物艾里斑的第一极小值重合时，两个相邻点物恰好可分辨。对式（2.18）中一阶贝塞尔函数的极值进行数学分析，得到两点物之间的最小可分辨距离 $d_{\min}$ 为：

$$d_{\min}=0.61\frac{\lambda}{\sin\theta_{\max}}=0.61\frac{\lambda}{\mathrm{NA}} \tag{2.19}$$

除了前面的常数因子之外，式（2.19）与式（2.17）相同，表示一维周期物体的分辨率。在其他类型的物体和光照条件下也可以得到类似的表达式。基于此，恩斯特 • 阿贝建立了描述光学显微镜成像和分辨能力的第一套理论[13]。在光刻中，常用下面的公式来描述最小可分辨特征尺寸 $x_{\min}$：

$$x_{\min}=k_1\frac{\lambda}{\mathrm{NA}} \tag{2.20}$$

式中，参数 k_1 是工艺因子，取决于掩模图形、照明几何形状、光刻胶、工艺条件等。式（2.20）即为光学投影光刻的阿贝 - 瑞利准则。

考虑恰好通过投影物镜光瞳两侧边界的两束平面波照明情况下的成像，可以得到密集线空图形的工艺因子 k_1 的理论极限。这两个平面波形成的干涉图的调制项为：

$$I\propto\cos\left(\sin\theta_{\max}\frac{4\pi}{\lambda}x\right)=\cos\left(\mathrm{NA}\frac{4\pi}{\lambda}x\right) \tag{2.21}$$

图形半周期（周期的一半）的大小为 0.25λ/NA。因此，密集线空图形工艺因子的理论极限为 k_1=0.25。

孤立图形的成像没有理论极限。例如，通过适当选择阈值，可以使图 1.7 右侧所示孤立线的宽度无限减小。阈值设置为极端值时，可能会产生任意小的亮（暗）斑。然而，大多数情况下这些极端阈值都与实际不符。阈值或相应剂量的微小变化容易导致特征尺寸变化，这些变化不可接受。

关于焦深的第二阿贝 - 瑞利准则：到目前为止本书讨论的都是在投影物镜理想像面的成像。一般来说，观测面偏离理想像面会导致成像变得模糊。只有在焦深范围内才能够观察到清晰的像。图 2.14 为焦深示意图。

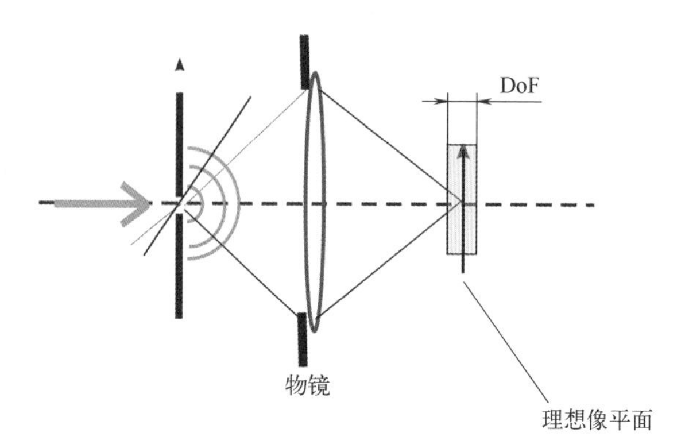

图 2.14 光学投影系统的焦深（DoF）

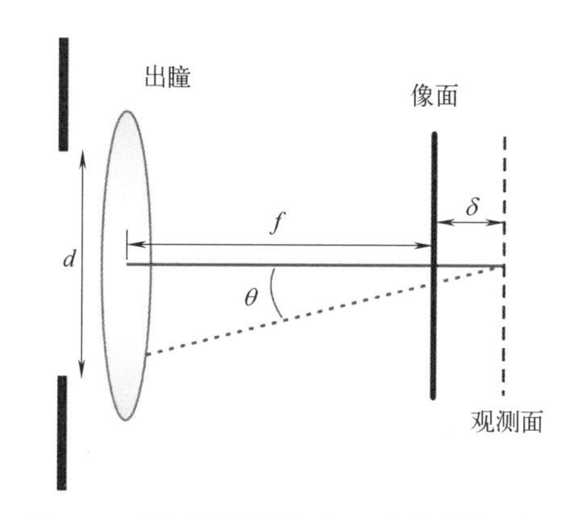

图 2.15 用于推导焦深（DoF）公式的几何图

下面估算焦深的大小。投影物镜出瞳中心和边缘发出的两列光波之间的光程差为 OPD。观测面和理想像面的偏差表示为 δ。由图 2.15 可知，这两列光波之间的 OPD 可以表示为：

$$\mathrm{OPD}=\delta(1-\cos\theta)\approx\frac{1}{2}\delta\sin^2\theta$$

这里张角 θ 很小，采用了傍轴近似。最大 OPD 不能超过四分之一波长，即：

$$\frac{1}{2}\delta\sin^2\theta\leqslant\lambda/4$$

利用数值孔径改写 OPD 的表达式，并引入第二工艺因子 $k_2\leqslant 1$。由 DoF=2δ 得到：

$$\mathrm{DoF}=k_2\frac{\lambda}{\mathrm{NA}^2} \tag{2.22}$$

通常用尺寸最小的图形定义系统的 DoF。较大尺寸图形的衍射谱位于投影物镜光瞳的中心附近。尺寸较大的图形对应的 OPD 和离焦效应不明显。利用工艺窗口直接定义 DoF 更具实际意义。例如，图 1.14 中，左右两幅图中椭圆的宽度分别表示了密集图形和半密集图形的 DoF。通常，DoF 受半密集或者孤立图形的限制，这些图形在投影物镜光瞳内产生的衍射级次和相移更多。最近 DoF 的定义被改为聚焦范围，在聚焦范围内，实际 NILS 值均大于给定的 NILS 目标值[14]。

由于推导过程用到了傍轴近似条件，所以式（2.22）对高数值孔径成像系统不成立。Brunner 等人[15]给出了更具一般意义的 DoF 公式：

$$\mathrm{DoF}=k_2\frac{\lambda}{2\left(1-\sqrt{1-\mathrm{NA}^2}\right)} \tag{2.23}$$

2.3.2　结论

式（2.20）所示的第一阿贝 - 瑞利准则描述了最小可分辨特征尺寸 $x_{\min}$ 与曝光波长和数值孔径之间的基本关系，它解释了光刻发展历史上的重要趋势和未来发展方向。2003 年，Alfred Wong 将这些趋势总结为一幅图（见图 2.16）。图 2.16 采用了对数坐标，特征尺寸微缩源自减小波长、增大数值孔径以及减小工艺因子 k_1 三方面的贡献。2003 年开始，该领域的技术预测显示波长为 13.5nm 的极紫外光刻将在 2011 年进入量产。尽管如此，直至 2018 年仍然在用波长为 193nm 的深紫外光刻系统制造尺寸最小、最关键的半导体芯片图形。21 世纪初期，引入了以水作为浸没液体的浸没式光刻，光刻机的数值孔径增大到 1.35。2007 年引入高数值孔径的浸没式 ArF 光刻机之后，10 多年来曝光波长和最大数值孔径没有再发生变化。光源掩模优化、双重图形技术等更强的分辨率增强技术，使工艺因子 k_1 减小到预期值之下。第 4 章和第 5 章将讨论这些技术以及光学与材料驱动的分辨率增强技术。2019 年起，EUV 光刻机进入芯片量产，将在第 6 章进行介绍。

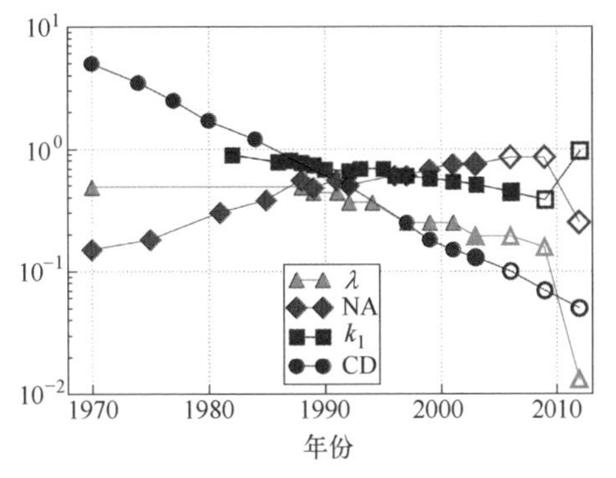

图 2.16　光刻随着波长 λ、数值孔径 NA、工艺因子 k_1 的变化而微缩的规律。实心标记为 1970 至 2003 年之间的实际数据，空心标记为 2003 年预测的发展趋势。改编自参考文献 [16]，数据由 Alfred Wong[17] 提供

下面将详细介绍波长、数值孔径与 k_1 对芯片持续微缩的贡献。

减小波长： 早期的光刻系统使用汞灯的紫外光谱线作为光源，包括 436nm 波长的 g 线、405nm 的 h 线以及 365nm 的 i 线。DUV 光刻技术的发展离不开两个重要的技术创新。准分子激光器被用作新型光刻光源。重氮萘醌型光刻胶常用于 300nm 及更大波长的光刻。由于重氮萘醌型光刻胶在 DUV 波段的透光率太低，所以引入了化学放大光刻胶。深紫外光刻机采用的第一个准分子激光器是波长为 248nm 的 KrF 准分子激光器。21 世纪初，引入了波长为 193nm 的 ArF 光刻机。目前这些光刻机仍广泛应用于芯片制造中。2004 年左右，业内曾计划引入以 F_2 准分子激光器作为光源的光刻系统，波长为 157nm。尽管对 157 nm 光刻技术进行了大量的研究，但由于该波段光学透镜的材料问题未得到解决，这项技术最终未能应用到生产中。

20 世纪 80 年代末，Kinoshita 等人 [18] 和 Hawryluk、Seppala[19] 首次发表了软 X 射线投影光刻方面的论文。20 世纪 90 年代中期，开始了波长为 13.5nm 的 EUV 光刻系统的密集开发工作。从那时起，极紫外光刻被认为是深紫外光刻的继任者。2010 年与 2011 年，该波段的第一个投影系统交付到晶圆厂。高功率、寿命长的光源，高灵敏度光刻胶，以及掩模基础设施的开发，又花费了几年时间。2019 年，采用了 EUV 光刻芯片的首款智能手机面世。第 6 章将详细介绍 EUV 光刻。

增大数值孔径： 对光刻掩模上的微细图形进行大视场（10mm × 10mm，甚至更大）、无像差成像需要高质量的投影系统设计与制造。数值孔径的增大，使得设计和制造变得更加复杂。为了在给定的视场范围内获得高成像质量，需要采用更多透镜。20 世纪 70 年代末，第一台步进光刻机进入芯片量产，其工作波长为 436nm（汞灯 g 线），数值孔径为 0.28。这些步进光刻机的投影物镜大约包含 10 片镜片。从那时起，投影物镜的数值孔径和镜片数不断增加。21 世纪初，引入了 NA=0.85 的高数值孔径系统，该系统由 40 多片透镜组成。这些高数值孔径系统镜片表面光线的入射角很大。为减小这些表面对光的散射以及反向反射，需要开发非常先进的抛光和镀膜技术。

张角正弦值的实际极限约为 0.93。在投影物镜最后一片镜片和光刻胶之间加入浸没液体可以增大数值孔径（见图 2.17）。浸没液的吸收率必须很低，并与投影物镜最后一片镜片、光刻胶化学相容。为实现光从投影物镜到光刻胶的良好耦合，最后一片镜片、浸没液体以及光刻胶的折射率应该足够大。这三种材料的最小折射率值决定了实际可达到的最大张角的正弦值。

在 193nm 波段，超纯水的折射率为 1.44。超纯水不仅不吸收该波长的光，而且不会影响光刻胶的性能。这些特点使得水成了先进 DUV 光刻系统的理想浸没液体。水几乎具备实现浸没式光刻的最佳光学特性。这是一个工程上的偶然发现，非常

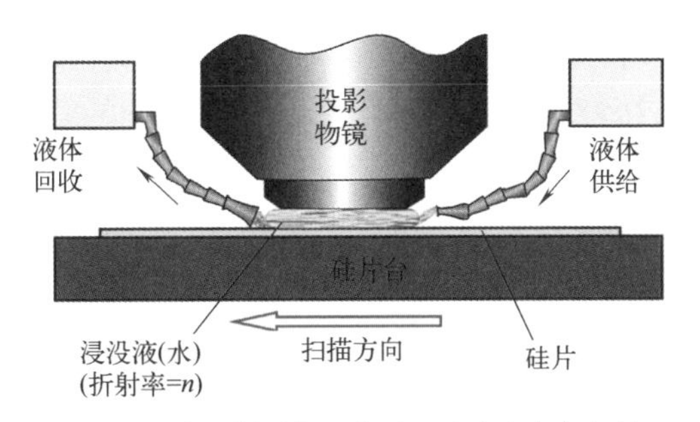

图 2.17 浸没式光刻系统示意图。改编自参考文献 [20]

少见。利用水作为浸没液体，数值孔径可以高达 1.35。历史上也曾经尝试过其他高折射率浸没液体，但没有找到吸收率足够低且化学兼容性良好的液体，而且投影系统最后一片镜片所需的高折射率材料也无法及时交付。因此，目前没有把 NA>1.35 的超高 NA 浸没式光刻作为下一代候选光刻技术。

减小工艺因子 k_1： 通过减小工艺因子 k_1 可以进一步减小最小线宽。在整个 20 世纪 90 年代，人们普遍认为 k_1 需要大于 0.7。图 2.18 为对一个设计图形进行仿真得到的空间像与印迹。当 k_1>0.6 时，空间像差不多可以是物体的正确复制。随着 k_1 的减小，像变得越来越模糊。空间像对比度（局部）大大降低。在给定位置，空间像的强度受其邻近图形的影响，即产生了光学邻近效应。光学邻近效应对空间像的影响很大。可以观测到目标图形和成像印迹之间的偏差越来越大，特别是在线端和

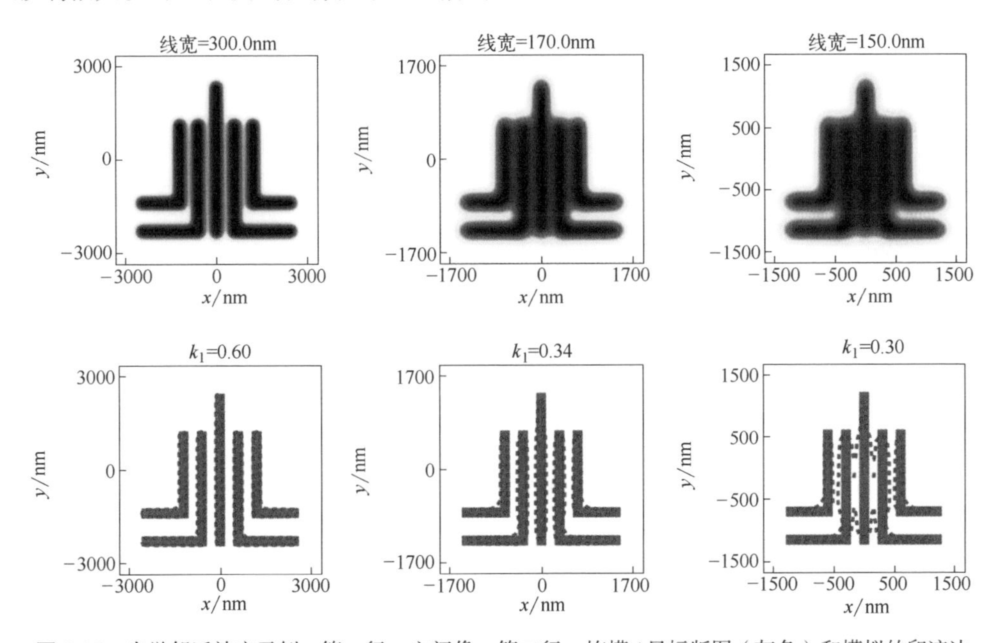

图 2.18 光学邻近效应示例。第一行：空间像。第二行：掩模 / 目标版图（灰色）和模拟的印迹边缘（虚线）。线宽和 k_1 从左到右分别为：300nm，0.60；170nm，0.34；150nm，0.3。其他成像参数：λ=248nm，NA=0.5

拐角位置。孤立图形与位于密集图形区域的图形的光刻成像结果存在差异。已开发了不同的方法来抵消这种对比度损失和与目标图形之间的偏差。第 4 章讨论了几种实现低 k_1 光刻的光学分辨率增强技术。为将 k_1 缩小至 0.25 以下，开发了专用于双重图形技术的光刻胶材料和工艺。

2.4 总结

光刻投影系统是最先进的光学系统之一，其主要参数为工作波长和数值孔径（NA）。为了可以每小时曝光 200 片以上硅片，现代 DUV 步进扫描投影光刻机采用的缩放倍率为 4×、像场大小为 33mm×26mm。

采用傅里叶光学理论描述光刻投影系统：投影物镜入瞳处的衍射谱为掩模透射光的傅里叶变换。衍射谱乘以由系统数值孔径、离焦量和波像差决定的光瞳函数，再经过傅里叶逆变换得到空间像。

光刻投影系统的照明系统为空间部分相干的科勒照明。在这种照明方式下非相干光从不同方向照明掩模。

阿贝 - 瑞利准则决定了最小可分辨线宽和焦深（DoF），定义了成像系统的主要特征。

当特征尺寸接近或者小于曝光波长时会产生对比度损失、拐角圆化、线端缩短等现象。图形成像结果受其周围图形的影响。先进光刻技术必须考虑成像的非线性效应和邻近效应。

参考文献

[1] G. H. Spencer and M. Murty, "General ray-tracing procedure," *J. Opt. Soc. Am.* **52**, 672–678, 1962.
[2] J. W. Goodman, *Introduction to Fourier Optics*, Roberts & Company Publishers, Greenwood Village, Colorado, 2005.
[3] A. Erdmann, T. Fühner, P. Evanschitzky, V. Agudelo, C. Freund, P. Michalak, and D. Xu, "Optical and EUV projection lithography: A computational view," *Microelectron. Eng.* **132**, 21–34, 2015.
[4] A. Köhler, "Ein neues Beleuchtungsverfahren für mikrophotographische Zwecke," *Zeitschrift für wissenschaftliche Mikroskopie und für Mikroskopische Technik* **10**, 433–440, 1893.
[5] D. G. Smith, "Illumination in microlithography," *Proc. SPIE* **9293**, 92931G, 2014.

[6] H. H. Hopkins, “On the diffraction theory of optical images,” *Proceedings of the Royal Society of London. Series A, Mathematical and Physical Sciences* **217**, 408–432, 1953.
[7] D. G. Flagello and D. G. Smith, “Calculation and uses of the lithographic aerial image,” *Adv. Opt. Technol.* **1**, 237–248, 2012.
[8] Y. C. Pati, A. A. Ghazanfarian, and R. F. Pease, “Exploiting structure in fast aerial image computation for integrated circuit patterns,” *IEEE Trans. Semicond. Manuf.* **10**, 62, 1997.
[9] N. B. Cobb, *Fast Optical and Process Proximity Correction Algorithms for Integrated Circuit Manufacturing*. PhD thesis, University of California at Berkeley, 1998.
[10] K. Yamazoe, “Computation theory of part coherent imaging by stacked pupil shift matrix,” *J. Opt. Soc. Am. A* **25**, 3111, 2008.
[11] C. C. P. Chen, A. Gurhanli, T.-Y. Chiang, J.-J. Hong, and L. S. Melvin, “Abbe singular-value decomposition: Compact Abbe’s kernel generation for microlithography aerial image simulation using singular-value decomposition method,” *J. Vac. Sci. Technol. B* **26**(6), 2322–2330, 2008.
[12] L. Rayleigh, “On the resolving power of telescopes,” *Philisophical Magazine* **10**, 116–119, 1880.
[13] E. Abbe, “Beiträge zur Theorie des Mikroskops und der mikroskopischen Wahrnehmung,” *Archiv für Mikroskopische Anatomie* **9**, 413–468, 1873.
[14] E. van Setten, J. McNamara, J. van Schoot, G. Bottiglieri, K. Troost, T. Fliervoet, S. Hsu, J. Zimmermann, J.-T. Neumann, M. Roesch, and P. Graeupner, “High-NA EUV lithography: The next step in EUV imaging,” *Proc. SPIE* **10809**, 2018.
[15] T. A. Brunner, N. Seong, W. D. Hinsberg, J. A. Hoffnagle, F. A. Houle, and M. I. Sanchez, “High numerical aperture lithographic imagery at Brewster’s angle,” *J. Micro/Nanolithogr. MEMS MOEMS* **1**(3), 188, 2002.
[16] A. K.-K. Wong, “Microlithography: Trends, challenges, solutions, and their impact on design,” *IEEE Micro* **23**(2), 12–21, 2003.
[17] A. K.-K. Wong, *Resolution Enhancement Techniques in Optical Lithography*, SPIE Press, Bellingham, Washington, 2001.
[18] H. Kinoshita, R. Kaneko, K. Takei, N. Takeuchi, and S. Ishihara, “Study on x-ray reduction projection lithography (in Japanese),” in *Autumn Meeting of the Japan Society of Applied Physics*, 1986.
[19] A. M. Hawryluk and L. G. Seppala, “Soft x-ray projection lithography using an x-ray reduction camera,” *J. Vac. Sci. Technol. B* **6**, 2162, 1988.
[20] S. Owa and H. Nagasaka, “Advantage and feasibility of immersion lithography,” *J. Micro/Nanolithogr. MEMS MOEMS* **3**(1), 97–103, 2004.

第3章 光刻胶

第 2 章描述了空间像成像的基本原理。第 8 章和第 9 章将进一步讨论波像差、高数值孔径成像系统的偏振效应、掩模与硅片形貌对光的散射等方面的内容。光刻成像的目的是将空间像或像的强度分布转换为微纳结构。这些微纳结构由不同的材料或具有空间调制特性的材料构成。通过专用的光学与工艺技术调节光刻胶的溶解度可对材料进行空间调制。利用光刻胶的非线性特性，把低对比度、平滑的空间像光强分布转化为边缘接近垂直的二元轮廓。

1.4 节介绍了光刻胶成像的基本工艺流程。本章概述典型光刻胶材料及其在各个工艺步骤中发生的物理化学变化。内容包括比较重要的几类光刻胶的物理建模方法，以及计算光刻中广泛使用的光刻胶紧凑型模型。本章最后一部分将比较负性和正性光刻胶以及光刻胶工艺。

为了将光学像准确地转移到基底表面形成图形，光刻胶需要满足如下要求：首先，应当具备足够高的分辨率，光刻胶的分辨率或可以实现的特征尺寸受限于分子扩散、材料非均匀性与机械稳定性等因素；为满足半导体制造高产率的需求，光刻胶还需具备较短的曝光时间和较高的剂量灵敏度；在曝光波长下光刻胶的透过率应该足够高，否则光刻胶底部将无法被曝光；为了在显影后可以得到光刻胶图形，光刻胶还要能够吸收一定量的光能，以触发光化学反应；为了降低光刻胶轮廓对曝光剂量或离焦量变化的灵敏度，一款好的光刻胶还应该具备较高的对比度；此外，合理的光刻胶图形转移线性度有利于降低与光刻胶有关的邻近效应，进而降低它们对光学邻近效应修正的影响，参见 4.2 节。

光刻胶还需要满足工艺和材料兼容性的需求。为了在硅片上沉积均匀的光刻胶薄层，需要将光刻胶材料与适当的溶剂混合，形成黏度适当的溶液。光刻胶薄膜与硅片之间需要具有良好的黏附性。光刻胶需要具有足够的耐热性，以避免在烘焙过程中发生回流（仅有某些特殊工艺需要回流）等有害效应。光刻胶应足够坚固，能阻止来自基底或所处环境的化学组分扩散至其内部。此外，还必须避免光刻胶中化学组分释放的气体污染投影系统的光学元件。根据在光刻后工艺步骤中的用途不同，光刻胶还需要满足其他要求。光刻胶常常被用作干法刻蚀工艺的掩模，将光刻胶图形转移到其下面的材料中，这时光刻胶需要具有足够的耐蚀性。光刻胶（抗蚀剂）这个术语也是由抗刻蚀能力派生而来的。离子注入、剥离或回流等图形化工艺，还要求光刻胶具有特定的化学和物理性质。

这些要求只能通过对光刻胶材料进行巧妙的化学设计并结合优化的工艺技术来实现。现在所有的光刻胶都是多组分化合物，这些组分包括成膜树脂、溶剂、敏化剂、光引发剂，以及猝灭剂碱、表面活性剂、稳定剂等添加剂和相关化学品。利用光引发、热或催化反应对光刻胶溶解度进行空间调制。本章的第一部分概述了不同类型的光刻胶及其基本化学成分、反应路径；介绍了一种简单的唯象模型，该模型可以表征曝光系统和光刻胶对表面轮廓的影响。第二部分详细讨论了相关的工艺步骤和半经验建模方法。其余部分概述了用于 OPC、负性光刻胶材料和工艺建模的紧凑型光刻胶模型。

3.1 光刻胶概述、常见反应机制与唯象描述

3.1.1 光刻胶的分类

不同光刻胶的极性、厚度、光学性质、化学组分和对入射光的反应机制都各不相同。曝光后，正性光刻胶（正胶）的溶解度会升高，负性光刻胶（负胶）的溶解度会降低。化学显影过程中，光刻胶中溶解度较高的部分被显影掉，保留下来的光刻胶充当刻蚀或掺杂等工艺的掩模。

图 3.1 比较了正胶工艺和负胶工艺的流程。两种工艺的起点都是光刻胶旋涂和第一次烘焙。第一次烘焙也常被称为涂胶后烘（PAB，post-apply bake）或前烘。曝光和曝光后烘焙（PEB，post-exposure bake）会改变光刻胶曝光区域的溶解度。根据光刻胶的极性，化学显影冲洗掉光刻胶的曝光部分（正胶）或未曝光部分（负胶）。留下的光刻胶充当选择性刻蚀、注入、沉积等其他工艺的掩模，最后光刻胶被剥离掉。由正胶或负胶工艺形成的图形彼此互补。

可以根据不同的机制改变光刻胶在显影液中的溶解度（参见参考文献 [1]），常见机制如下。

改变极性：大多数现代光刻胶体系都包含一个可以改变极性的官能团。重氮萘醌（DNQ）光刻胶适用的波长范围在 350nm 和 450nm 之间，通过光诱导将不溶于碱的分子转化为可溶于碱的分子（见参考文献 [2]）。最先进的正性化学放大光刻胶（CAR）采用酸催化的脱保护反应将亲脂（吸脂或疏水）聚合物基团转化为亲水基团 [3]。更多关于这两类光刻胶的细节将在后续两个小节中讨论。

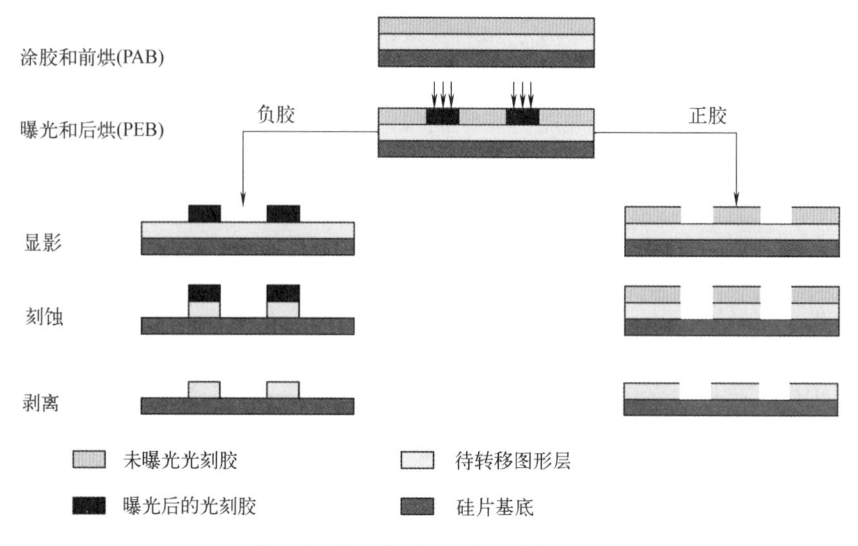

图 3.1　正胶（右侧）和负胶（左侧）光刻工艺流程示意图

聚合与解聚：光引发的分子间反应可以生成或破坏聚合物的长链。大多数光刻胶体系都利用光引发剂来激活官能团的聚合反应。在光刻胶材料中加入猝灭剂分子可控制聚合反应的扩散。单体的聚合和解聚反应会影响材料的平均分子量和溶解度。自由基聚合光刻胶常用于激光直写光刻[4]（参见 7.2.2 节）。SU-8 光刻胶是一种典型的负性聚合材料[5]。SU-8 在紫外光谱范围内的透过率很高，适用于厚胶工艺，特别是在微机电系统（MEMS）、微型光学和微流控中的应用。不过，许多基于聚合反应的负胶工艺都存在膨胀问题。早期的光化学放大胶也曾应用了解聚反应，参考文献 [6] 给出了一些示例。

交联：经辐射产生的活性物质触发，线性聚合物链之间可生成键，发生交联。交联改变了不同区域的分子大小，并影响聚合物材料的平均分子量。生成的聚合物三维网状结构被称为凝胶。需要一定的曝光剂量才能够启动凝胶化过程，该曝光剂量即胶凝点。光诱导的凝胶化反应会降低材料的溶解度。氢倍半硅氧烷（HSQ）就是这种类型的光刻胶[7]。与许多基于聚合反应的负胶不同，这种光刻胶不会膨胀。

主链断裂：在 250nm 以下的波长范围内，光子 / 粒子的能量超过了光刻胶 C—C 键的结合能[1]。因此可以利用光致主链断裂提高光刻胶在曝光区域的溶解度。以聚甲基丙烯酸甲酯（PMMA）为例，虽然它的分辨率很高[8]，但是耐蚀性和灵敏度较差，限制了这种材料的使用空间。基于链断裂的正性光刻胶还有很多，例如聚丁烯砜（PBS）、砜 - 酚醛树脂体系（SNS）和聚氯丙烯酸酯 -α- 甲基苯乙烯共聚物（ZEP）等，这些材料常用于电子束光刻。

光致异构化：可以采用光激发的方式触发异构体之间的结构转换。异构体为对应每种元素的原子数相同但排列不同的分子。对偶氮类聚合物的最新研究表明，光致异构化在纳米图形技术中的应用存在几种新的切入点，特别是在光子应用方面[4,9]。偶氮类聚合物的结构变化对入射光的偏振态十分敏感，有可能成为实现偏振敏感型光刻胶的技术途径。

光掺杂：该技术采用了硫系玻璃薄膜（如 As_2S_3、Ge_xSe_{1-x}）及其顶部的含金属（如 Ag、AgCl 等）薄膜组成的双层体系。对金属膜的部分区域进行曝光，产生光致金属迁移，金属会迁移到硫系玻璃中。金属的迁移提高了硫系玻璃在碱性溶液中的溶解度。利用这一现象可以实现高精度正性图形转移[10]。金属从未曝光区域向曝光区域的横向扩散和光漂白可以进一步锐化图形边缘、提高对比度[11, 12]。但是光掺杂时发生金属离子和原子污染的风险很高，而且一些硫族化合物光刻胶有剧毒。

光刻胶可以被化学放大（或不放大）。化学放大光刻胶被曝光后会产生催化剂，催化剂作用于周围的分子，引发级联反应或引发改变光刻胶溶解度的连锁反应（定义改编自参考文献 [1]）。化学放大提高了光刻胶对入射光的灵敏度。所有曝光波长为 248nm 和 193nm 的标准光刻胶都是化学放大光刻胶（参见 10.4 节中关于新型光刻胶材料的评论，这些新材料提高了线边粗糙度和其他指标）。

本书不会全面地介绍光刻胶的化学特性和原理，也没有对特定的光刻胶进行详细讨论。对光刻胶化学细节感兴趣的读者可参考文献 [1，2，6，13]。

3.1.2 重氮萘醌类光刻胶

曝光波长在 350nm 和 450nm 之间的光学光刻使用的绝大多数正胶都是酚醛树脂和重氮萘醌（DNQ）的混合物，参考文献 [2，13] 对这些材料进行了详细介绍，其化学结构及主要反应路径如图 3.2 所示。酚醛树脂的环状结构具有良好的耐蚀性，在水性显影液中的溶解度为中等大小。DNQ 是一种溶解抑制剂，可将材料的溶解速率降低两个数量级。曝光富含 DNQ 的酚醛树脂聚合物会触发被称为沃尔夫重排的化学反应。沃尔夫重排将 DNQ 感光结构转化为光解产物，同时消耗水，释放氮气。光解产物增加了光刻胶材料的溶解度，其溶解速率大大高于纯酚醛树脂材料。因此，基于 DNQ 的光刻胶被曝光后，在水性显影液中曝光区域会被冲洗掉。

基于 DNQ 的光刻胶在光刻过程中的化学状态主要由 DNQ 分子的浓度来表征。这些 DNQ 分子提供了光刻胶的光活性成分（PAC），并充当溶解抑制剂。图 3.3 显示了光刻过程中光刻胶的化学状态，图中以 PAC/ 抑制剂的浓度表示这些化学状态。旋涂好光刻胶后，PAC/ 抑制剂均匀地分布在光刻胶内。被光照射后，光刻胶被曝光区域的 PAC/ 抑制剂会分解。PAC/ 抑制剂发生光化学反应后，所得产物通常会降低光刻胶对光的吸收率。利用这种漂白效应可在相对较厚的光刻胶层中形成图形。曝光后烘焙（PEB）不会改变光刻胶内 PAC/ 抑制剂分子的总数。但是，PEB 过程

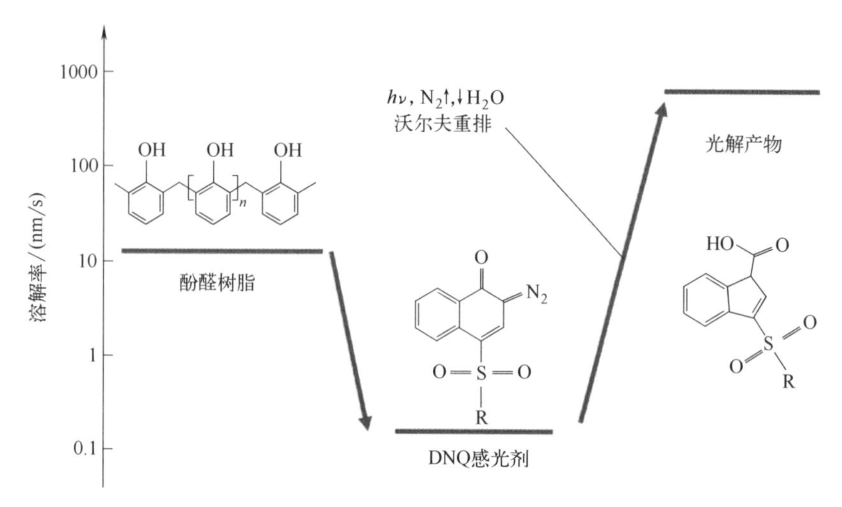

图 3.2　DNQ 光刻胶的化学成分、主要反应路径和溶解度（改编自参考文献 [1, 14]）

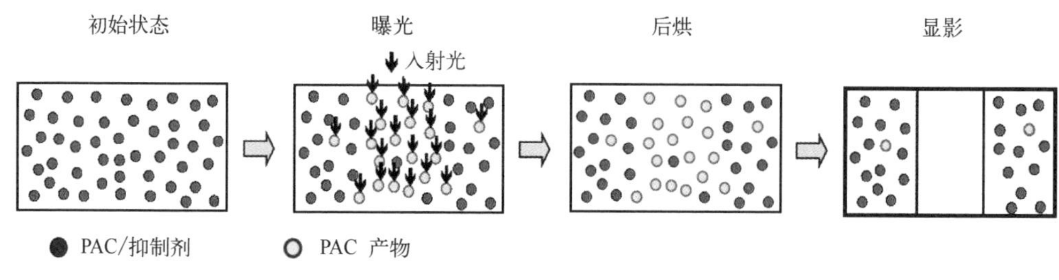

图 3.3　DNQ 型光刻胶工艺原理示意图

中 PAC 分子的扩散会对光刻胶形貌产生重要影响，参见 3.2.3 节。显影后光刻胶中 PAC/ 抑制剂浓度较小的部分会被去除。

DNQ 型光刻胶对波长小于 300nm 的光会强吸收，造成光刻胶底部曝光不充分。此外，这些材料的灵敏度太低，无法用于 248nm 与 193nm 波长的量产投影光刻。

3.1.3　最先进的正性化学放大光刻胶

曝光波长小于 300nm 的 DUV 光刻采用的光刻胶为化学放大光刻胶（CAR）。典型 248nm 曝光波长的化学放大光刻胶由聚羟基苯乙烯（PHOST）基聚合物和鎓盐等分布稀疏的光酸生成剂（PAG）组成。光酸生成剂被曝光后会生成光酸。一个光酸分子可以催化多个脱保护反应，从而改变其周围聚合物的溶解度。图 3.4 所示为酸催化脱保护反应的一个例子。

PHOST 等芳香族聚合物对 193nm 波长的透过率不足。因此，ArF 光刻采用（聚）丙烯酸酯 [15] 和酯保护脂环聚合物 [16, 17] 等类型的化学放大光刻胶。

正性化学放大光刻胶的化学状态在光刻工艺过程中的演变过程如图 3.5 所示。在曝光前的初始状态下，高浓度的保护位点均匀分布在光刻胶中。保护位点使得光

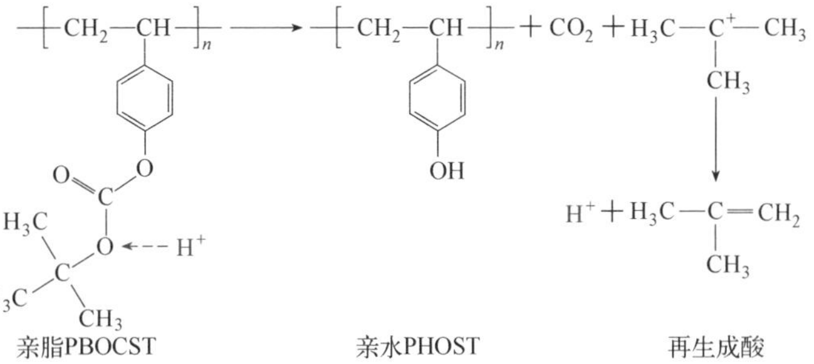

亲脂PBOCST　　亲水PHOST　　再生成酸

图 3.4　化学放大光刻胶中的酸催化脱保护反应示例。H^+，光酸；PBOCST，聚丁氧羰基苯乙烯；PHOST，聚羟基苯乙烯。改编自参考文献 [1]

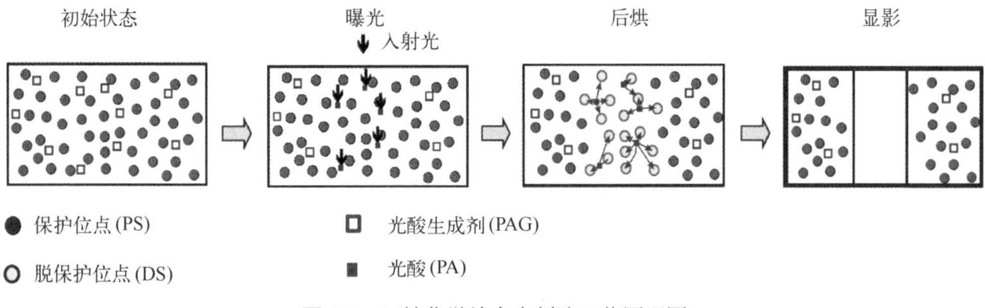

图 3.5　正性化学放大光刻胶工艺原理图

刻胶材料不溶于显影液。此时，光酸生成剂（PAG）稀疏地分布于光刻胶内。入射光子撞击 PAG 后产生光酸，提高了透光区域的光酸浓度。入射光不会直接影响保护位点的浓度。光酸引发催化反应，使与其邻近的保护位点失去保护作用。大多数化学放大光刻胶都是高活化能光刻胶，这些材料的催化脱保护反应只发生在曝光后烘焙工艺中。除了高活化能光刻胶材料之外还存在一些低活化能光刻胶材料，例如缩酮抗蚀体系（KRS）[18]。低活化能材料中，脱保护反应不需要通过后烘加热提供能量。显影后，光刻胶中保护位点浓度低的区域被冲洗掉。

化学放大使得材料和工艺对酸浓度的微小变化非常敏感。很小的曝光剂量产生的酸分子就足以改变光刻胶的溶解度。化学放大光刻胶的高光敏性提高了光刻投影系统的产率，即增大了每小时曝光的硅片数量。另一方面，意外污染携带的少量碱基分子会中和光刻胶中的酸，进而对工艺结果产生较大影响。因此，大多数化学放大光刻胶对来自环境的碱污染非常敏感。通过适当的退火处理减少自由体积（光刻胶基体中的空隙）可提高光刻胶的稳定性。IBM 开发的 ESCAP（不受环境影响的化学放大光刻胶）就采用了这种技术 [19]。

为了解除保护位点的保护，光酸必须在光刻胶内移动一定的距离。光酸的高迁移率使许多保护位点可以脱保护，提高了光刻胶的灵敏度。另一方面，高迁移率意味着扩散，扩散降低了对比度，会限制分辨率。在刚引入化学放大光刻胶时，这些限制对当时的典型特征尺寸来说不是问题。但在先进光刻技术中，如何平衡灵敏度和分辨率是材料方面的基础问题之一。更多的讨论请参阅第 10 章。

3.1.4 唯象模型

特征对比度曲线是表征光刻胶性能的最直接方法。在不同曝光剂量条件下，对旋涂了一定厚度（d_0）的光刻胶进行曝光和显影，测量对应于每个曝光剂量 D 的剩余光刻胶厚度 d，获得特征对比度曲线数据。图 3.6 为两种典型正胶的对比度曲线，即剩余光刻胶的相对厚度 d/d_0 与曝光剂量 D 的对数关系图。最小曝光剂量 D_0 即光刻胶完全被去除的剂量（$d/d_0=0$），称为清除剂量（dose-to-clear）。当曝光剂量小于清除剂量时，对比度曲线在一定剂量范围内几乎是线性的。以对数坐标表示曝光剂量，对比度曲线可以写为：

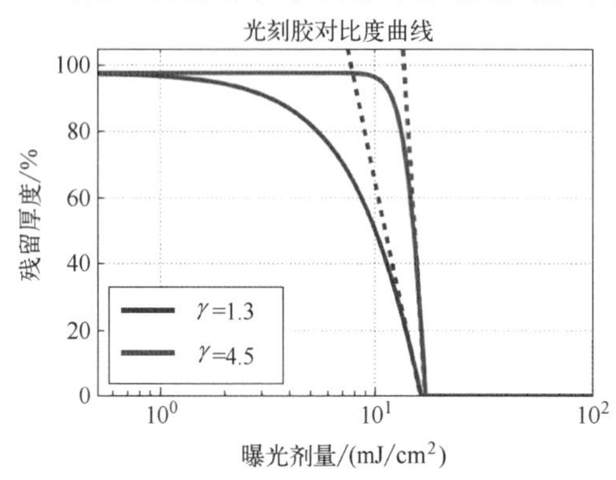

图 3.6 低对比度（γ=1.3）和高对比度（γ=4.5）光刻胶的特征对比度曲线。虚线是特征对比度曲线的线性区

$$\frac{d}{d_0}=\gamma\ln\left(\frac{D}{D_0}\right) \tag{3.1}$$

光刻胶对比度 γ 表征了在清除剂量附近特征对比度曲线的陡度。当剂量值远小于清除剂量时，两种光刻胶的相对厚度接近 100%；也就是说，光刻胶几乎不受曝光剂量和后续工艺的影响。两条对比度曲线的陡度和对应的 γ 值不同。参考文献 [20] 的 7.2 节讨论了光刻胶对比度的一些其他定义方式及其优缺点。

曝光剂量是随空间变化的：

$$D(x,y)=t_{\exp}I(x,y) \tag{3.2}$$

式中，$t_{\exp}$ 是曝光时间；$I(x, y)$ 代表光刻成像系统形成的空间像强度分布。通过使目标图形名义边缘处的局部曝光剂量 $D(x, y)$ 接近清除剂量确定出曝光时间。常利用光刻胶特征对比度曲线的线性部分表征名义边缘处光刻胶厚度 d 的灵敏度。光刻工艺的最终目标是在目标图形边缘处形成厚度快速变化的光刻胶图形。在标称特征边缘 x_0 处，光刻胶厚度的灵敏度可以写成：

$$\left.\frac{\partial d}{\partial x}\right|_{x_0}=\frac{\partial d}{\partial D}\times\left.\frac{\partial D}{\partial x}\right|_{x_0}=-d_0\gamma\frac{1}{D}\times\left.\frac{\partial D}{\partial x}\right|_{x_0} \tag{3.3}$$

这里用式（3.1）将厚度灵敏度分为两部分：$d_0\gamma$ 表示光刻胶的贡献量，其余项取决于曝光。第二项可以进一步改写为

$$\frac{1}{D}\times\left.\frac{\partial D}{\partial x}\right|_{x_0}=\left.\frac{\partial \ln D}{\partial x}\right|_{x_0}=t_{\exp}\left.\frac{\partial \ln I}{\partial x}\right|_{x_0} \tag{3.4}$$

将式（1.4）所示的归一化像对数斜率（NILS）代入式（3.3）与式（3.4），可以得到在宽度为 w 的目标图形标称边缘 x_0 处的光刻胶厚度变化率：

$$\left.\frac{\partial d}{\partial x}\right|_{x_0}=-d_0\gamma\left.\frac{\mathrm{NILS}}{w}\right|_{x_0} \tag{3.5}$$

为了在目标图形标称边缘获得较大的光刻胶厚度变化，需要空间像具有较高的NILS、光刻胶具有较高的对比度 γ。

在整个曝光剂量范围内光刻胶对比度 γ 不变的假设条件下，Mack 导出了一个集总参数模型。该模型通过空间像强度分布函数 $I(x)$ 计算实现特定图形 CD 所需的曝光剂量 $D(\mathrm{CD})$ [21, 22]：

$$\frac{D(\mathrm{CD})}{D_0}=\left[1+\frac{1}{\gamma d_{\mathrm{eff}}}\int_0^{\mathrm{CD}/2}\left(\frac{I(x)}{I(0)}\right)^{-\gamma}\mathrm{d}x\right]^{\frac{1}{\gamma}} \tag{3.6}$$

式中，D_0 是裸曝光对应的清除剂量。该模型有对比度 γ 和有效厚度 d_{eff} 两个参数。式（3.6）中积分项的积分区间为从强度最高 $I(0)$ 的空间像中心到标称特征图形边缘 x=CD/2。利用该集总参数模型，可从不同焦面位置的空间像横截面图中计算出完整的 Bossung 曲线或焦面 - 曝光矩阵。该模型的扩展版本还可以预测光刻胶形貌的侧壁角度。

对于目前最先进半导体制造中使用的光刻胶来说，光刻胶对比度 γ 恒定的假设是无效的。这些材料在一个很小的曝光剂量范围内表现出很高的对比度，表现得更像阈值材料。集总参数模型可以预测低对比度光刻胶和较大特征图形的工艺性能。集总参数模型不只对投影光刻有效，也可以应用于掩模对准光刻或激光直写光刻，相关内容请见第 7 章。

3.2 光刻工艺与建模方法

本节首先在技术层面上介绍几种工艺步骤，然后介绍曝光、曝光后烘焙（PEB）和显影的物理 / 化学模型，并利用这些模型研究光刻工艺中的几个重要的效应。其他工艺的模型还不太成熟，而且在标准的光刻建模中也很少会用到。

3.2.1 光刻工艺简介

光刻工艺的第一步是硅片清洗，采用机械或化学方法去除颗粒、污染物和其他缺陷。然后利用六甲基二硅氮烷（HMDS）处理硅片表面，提高光刻胶对硅片上氧化物（二氧化硅）的黏附性。之后，光刻胶被旋涂在硅片上，即旋转涂胶：在硅片上涂上一定量的光刻胶，通过旋转使光刻胶均匀地分布于硅片表面。通过调整涂胶机的转速和光刻胶溶液的黏度来控制光刻胶的厚度。

光刻工艺包含几个烘焙步骤。烘焙可以在热板或对流烘箱中进行，光刻胶较厚时有时也会采用微波烘焙。不同烘焙步骤的目的不同。预烘或前烘（PAB）发生在旋转涂胶之后、曝光之前。预烘的温度通常在 90 ～ 100℃，以蒸发出用于旋转涂胶的光刻胶溶剂。后烘（PEB）有多个用途。对于大多数化学放大光刻胶，PEB 的作用是启动脱保护反应。此外，化学物质的热扩散有利于提高关键尺寸 CD 的均匀性，增大显影后图形的侧壁陡度。需要注意的是，烘焙过程中的热处理还可以改变光刻胶材料的消光系数、折射率、扩散和力学性能等物理性能。先进工艺需要非常精准地控制不同时刻的温度，常用冷板进行温度控制。

曝光 / 烘焙后的光刻胶与液态显影液（如水性碱溶液）之间的化学反应即为显影。将硅片表面浸入显影液的方法有两种。第一种方法是旋覆浸没式显影，即将显影液滴到硅片 / 光刻胶表面，然后旋转硅片——类似于旋涂光刻胶的过程。第二种方法是将显影液喷洒在硅片上，边喷洒边旋转硅片。可以在几秒内除去曝光区域的正性光刻胶。显影 30s 或 60s 后，显影液与光刻胶之间的反应几乎就停止了。用超净水冲洗硅片并干燥，以确保不会继续显影。

先进光刻工艺中的光刻胶工艺在涂胶显影机上进行。涂胶显影机包括停放未处理硅片或已处理硅片的上下料工位、承接经扫描 / 步进光刻机曝光的硅片的转移工位，以及进行硅片预处理、旋转涂胶、显影和清洗、去边、烘焙和冷却工艺的几个工位。

3.2.2 曝光

曝光将光刻投影系统形成的强度分布转换为光刻胶中感光材料化学性质的变化。光子能量的大小决定了入射光能量向光刻胶中转移的物理机制。光刻胶吸收的光子能量如果与其价带能级或外层电子激发能量匹配，即可引发光化学反应。大多数深紫外光学光刻都采用了这种光化学反应，即光刻胶敏化机制。John Sturtevant 等人 [23] 讨论了 APEX-E DUV 光刻胶的光敏化机制，这是另一种光敏化机制，即光诱导电子从聚合物转移到 PAG 上。用高能光子（例如极紫外光）或粒子（例如电子或离子）进行曝光会形成不同的辐射化学敏化机制。

Dill 模型描述了光学曝光时光刻胶化学性质的变化[24]。该模型包括两个方程：

$$\alpha = A_{\text{Dill}}[\text{PAC}] + B_{\text{Dill}} \tag{3.7}$$

$$\frac{\partial[\text{PAC}]}{\partial t} = -C_{\text{Dill}} I[\text{PAC}] \tag{3.8}$$

第一个方程是从朗伯 - 比尔定律推导而来，描述了光在光刻胶内传播时被化学组分吸收的过程。α 是含光敏成分（PAC）或者光敏成分的相对浓度为 [PAC] 的光刻胶的吸收系数，它包括可漂白（光敏）成分吸收部分和不可漂白成分吸收部分。将未曝光状态下的光敏成分浓度归一化为 1，则未曝光区域或未漂白区域的吸收系数为 $A_{\text{Dill}}+B_{\text{Dill}}$。在充分曝光的区域，PAC 的浓度为 0，光刻胶吸收系数为 B_{Dill}。式（3.8）描述了 PAC 的一级动力学过程与入射光光强 I 的关系。光敏度 C_{Dill} 是光刻胶的另一个基本材料参数。

根据光刻胶类型的不同，PAC 可以是 DNQ 敏化剂、光酸生成剂（PAG），也可以是其他光敏化学成分。现代化学放大光刻胶也可能包含一定量的光漂白猝灭剂[25, 26]。有些光刻胶材料供应商会提供这些与波长有关的 Dill 材料参数。Cliff Henderson 的博士论文系统地综述了 Dill 参数和其他典型光刻胶材料参数的测量技术[27]。Dill 模型及上述三个材料参数较好地描述了大多数现代光刻胶的光学响应特性。在厚胶情况下，入射光与光刻胶之间的相互作用长度增加，还需要考虑曝光过程中的光致折射率变化[28, 29]。特殊的光学材料和曝光技术（例如双光子吸收光刻）还需要考虑高阶动力学项。

Dill 方程中光强和 PAC 的分布通常是位置（x, y, z）与时间 t 的函数。因此方程式（3.7）和式（3.8）是互相耦合的。PAC 浓度的变化导致吸收率 $\alpha(x, y, z, t)$ 空间分布的变化，进而引起光强分布 $I(x, y, z, t)$ 发生改变。需要通过迭代方法求解 Dill 方程，而且每次迭代都需要重新计算体像，因此方程的求解非常耗时。标量离焦模型能够将光强和 PAC 的变化在横向（x, y）和轴向（z）解耦，可以在实现合理精度的同时高效地对中小 NA（$\leqslant 0.7$）投影光刻系统中具有漂白行为的光刻胶曝光过程进行建模。应用于 193nm/248nm 波长的高 NA 光刻中的大多数化学放大光刻胶都没有漂白行为。这种情况下 A_{Dill} 接近于 0，式（3.8）可以直接积分为：

$$[\text{PAC}] = \exp(-It_{\text{exposure}}C_{\text{Dill}}) = \exp(-DC_{\text{Dill}}) \tag{3.9}$$

式中，t_{exposure} 和 D 分别是曝光时间和曝光剂量。

光向光刻胶耦合的效率高低取决于硅片膜层的材料与结构。如 8.3.3 节所述，光刻胶顶部表面和底部对光的折射和反射影响光刻胶内的光强分布。对不同厚度的光刻胶进行曝光，曝光后 PAC 的浓度以及显影后光刻胶形貌的仿真结果如图 3.7 所示。硅基底对曝光波长的折射率和消光系数很高，导致了强反射和明显的驻波，驻波干涉图与透光空图形的空间像叠加在一起。叠加后形成的光强分布被转换为 PAC 浓度分布，如图 3.7 第一行所示。颜色较暗的区域表示 PAC 浓度降低。驻波图形中极小值点的数量随光刻胶厚度的增加而增加。

图 3.7 第二行的光刻胶形貌剖面图反映了光刻胶内的干涉现象带来的两个重要后果。驻波的强度分布被转移到具有周期性波纹形貌的侧壁上。耦合到光刻胶中的能量随光刻胶厚度周期性地变化。对于 430nm 和 530nm 厚的光刻胶（图 3.7 最左边与最右边的图），来自光刻胶表面的背反射光与来自光刻胶 / 硅片界面的反射光发生相长干涉。相长干涉增加了硅片膜层的反射光总量。反射光的增加降低了光刻胶内部的光强，从而使光刻胶中形成的空图形变窄。光刻胶厚度介于两者之间时，来自光刻胶表面和光刻胶 / 硅片界面的反射光会发生相消干涉，导致反射光减少，光刻胶内部的强度增加。因此，光刻胶剖面图上的开口略微变宽。在图 3.8 所示的 CD 摆动曲线中也可以观察到光刻胶厚度对光刻图形尺寸的影响，非常明显 [见无底部抗反射层（BARC）情况下的曲线]。

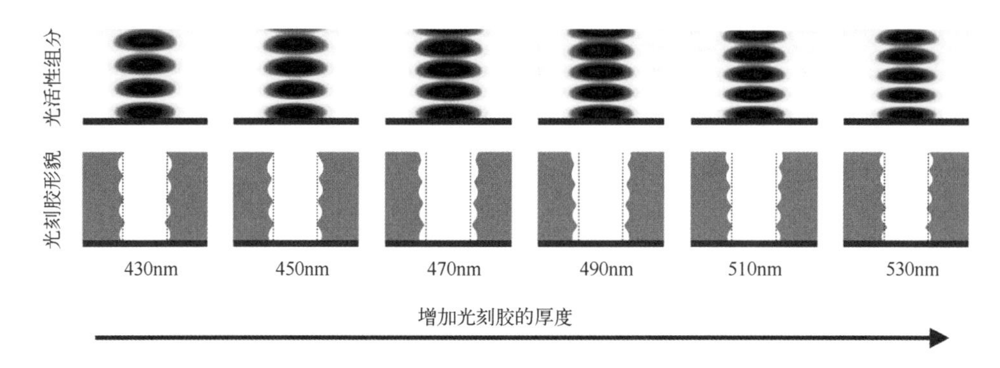

图 3.7　不同光刻胶厚度情况下（从左 430nm 到右 530nm）光敏成分浓度的仿真结果（第一行）及显影后的光刻胶形貌（第二行）。图中显示的是 350nm 宽 y 向孤立空图形的 xz 截面图。工艺条件：λ=365nm，曝光剂量 =218mJ/cm^2，NA=0.7，圆形照明 σ=0.7，光刻胶折射率 n=1.7，Dill 参数 A_{Dill}=0.68cm^{-1}、B_{Dill}=0.07cm^{-1}、C_{Dill}=0.012cm^2/mJ，硅基底 n=6.53，消光系数 k=2.61。其他工艺和光刻胶参数被设置为最有利于展示所述现象的值

CD 随着光刻胶厚度的变化以及光刻胶侧壁的波纹状形貌都会对工艺的稳定性产生负面影响。影响的大小取决于光刻胶内向上和向下传播的光形成的干涉图的幅度。Tim Brunner[32] 用摆动比例 S 表征相应的驻波图形。S 的解析表达式为：

$$S = 4\sqrt{R_{\mathrm{top}}R_{\mathrm{bot}}}\exp(-\alpha d) \tag{3.10}$$

式中，$R_{\mathrm{top}}/R_{\mathrm{bot}}$ 分别是光在光刻胶上 / 下表面的反射率；α 是光刻胶的吸收系数；d 是光刻胶厚度。根据式（3.10），可以采用如下策略减轻驻波效应及其对工艺稳定性的

影响：

- 降低 R_{bot}：在基底和光刻胶之间增加底部抗反射层（BARC）可减弱底部反射光，是最有效的摆动效应（驻波效应）抑制方法。图 3.8 中的曲线也表明采用了 150nm 厚的底部抗反射层后，CD 变化量明显减少。BARC 增加了工艺的复杂性。工艺设计阶段需要考虑 BARC 的刻蚀性能，以及它与光刻胶和基底的兼容性。在实际应用中，至少需要增加 BARC 沉积和 BARC 清除等两个工艺步骤。

- 降低 R_{top}：顶部抗反射层（TARC）位于光刻胶上表面，可降低顶部的反射。虽然 TARC 的抗反射效果没有 BARC 好，但 TARC 容易实施，不需要 TARC 清除工艺。

- 增加 α：通过染色增加光刻胶的吸收率是另外一种相对有效的摆动效应抑制方法。该方法虽然非常容易实施，但会降低光刻胶的灵敏度、曝光剂量和焦深。

一般仅在垂直入射条件下对底部和顶部抗反射层进行优化。但是这种做法不适用于高 NA 光刻。因为高 NA 光刻中，照射到光刻胶的平面波的入射角范围较大。非平面硅片上 BARC 和光刻胶厚度的变化对反射率控制提出了更多约束。在铜、多晶硅、钨硅化物和铝硅 [33] 等高反射基底上涂覆两层底部抗反射层，反射率可以低于 2%。不能用薄膜领域的标准方法对非平面硅片上 BARC 的性能进行建模，需要对硅片面进行严格电磁场仿真 [34]。

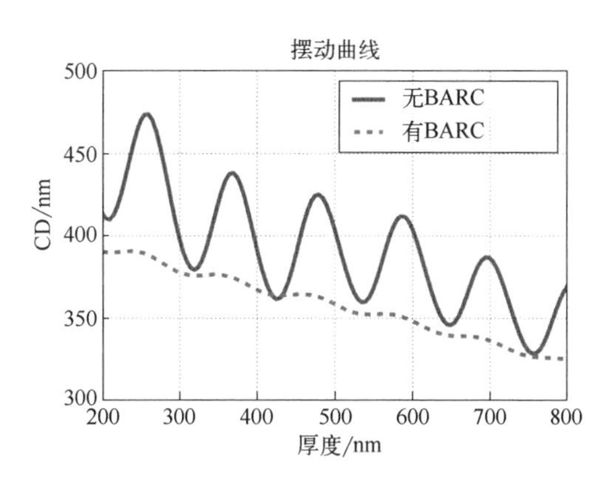

图 3.8　在有无底部抗反射层情况下，光刻胶厚度对孤立空特征尺寸的影响。BARC 参数：n=1.84，k=0.37，厚度为 165nm。其他参数与图 3.7 相同

3.2.3　后烘

在曝光后烘焙（即后烘，PEB）过程中，热能转移到光刻胶上，光刻胶内的化学物质发生扩散。此外，光刻胶材料的热活化可以驱动某些动力学反应，影响聚合物的溶解度。光刻胶的扩散特性和动力学特性取决于光刻胶的类型和成分。本节讨论了 DNQ 型光刻胶和化学放大光刻胶的后烘工艺建模方法。

3.2.3.1 重氮萘醌光刻胶

采用 Fickian 扩散方程描述浓度为 [PAC] 的光活性组分（DNQ 分子）的热扩散：

$$\frac{\partial[\mathrm{PAC}]}{\partial t}=\tilde{D}\Delta[\mathrm{PAC}] \tag{3.11}$$

式中，符号 Δ 为拉普拉斯算子；扩散系数 $\tilde{D}$ 与 PAC 浓度无关，取决于残留溶剂的浓度、前烘条件和 PEB 温度 T_{PEB}。在一定的温度范围内，扩散系数可用阿伦尼乌斯公式表示：

$$\tilde{D}=A_{\mathrm{R}}\exp\left(\frac{-E_{\mathrm{a}}}{RT_{\mathrm{PEB}}}\right) \tag{3.12}$$

式中[1]，A_{R} 为指前因子；R 是通用气体常数。扩散系数 $\tilde{D}$ 可以采用扩散长度 ρ 和扩散时间 t_{PEB} 来表示：

$$\tilde{D}=\frac{\rho^2}{2t_{\mathrm{PEB}}} \tag{3.13}$$

图 3.9 所示为不同扩散长度情况下的 PAC 浓度和光刻胶形貌。图片最左边的是不存在扩散时的计算结果，分别对应 PAC 的浓度和没有进行 PEB 的形貌。由于采用了 BARC 层，所以驻波效应比图 3.7 弱。但残留的 PAC 的浓度在竖直方向上存在变化。显影后，还是在光刻胶侧壁上形成了波纹图样。扩散长度为 25nm 时，PAC 浓度在竖直方向的变化和光刻胶形貌几乎消失了，如图中第二列所示。继续增加扩散长度至 50nm（第三列）和 100nm（最右侧），PAC 浓度的化学对比度降低，光刻胶侧壁形貌发生改变，特别是光刻胶顶部的形貌变化更加明显。由这些结果可知，少量的扩散可以提高光刻胶显影后侧壁形貌的质量。较大的扩散长度会降低化学对比度和工艺稳定性。扩散不会影响耦合进光刻胶中的光的平均强度，也不会影响图 3.8 所示的 CD 摆动。

3.2.3.2 化学放大光刻胶

DNQ 型光刻胶主要以一种化学物质的浓度为特征。与之相比，化学放大光刻胶（CAR）的成像机制与多种化学物质及反应路径有关。其中，最重要的组分和反应如图 3.10 所示。3.1.3 节已经介绍了 CAR 的光敏组分是光酸生成剂（PAG）。当 PAG 被光子击中时，释放出酸 A。这种酸是化学反应的催化剂，使保护位点 M 脱保护。此外，化学放大光刻胶含有一定数量的猝灭剂碱 Q，以减少参与脱保护反应的酸分子的数量。

---

[1] E_{a} 为实验活化能。——译注

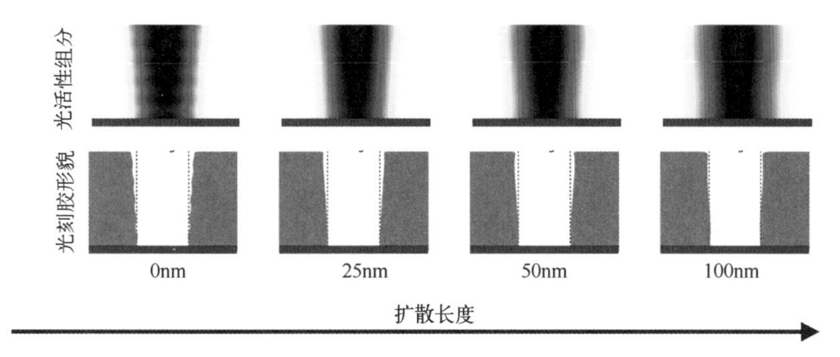

图 3.9 光活性组分浓度的仿真结果（上）和相应的显影后光刻胶形貌（下）。扩散长度（从左到右为 0nm、25nm、50nm 和 100nm）。图中显示的是 350nm 宽 y 向孤立空图形的 xz 截面图。光刻胶厚度为 590nm，BARC 厚度为 150nm；其他参数与图 3.7 和图 3.8 相同

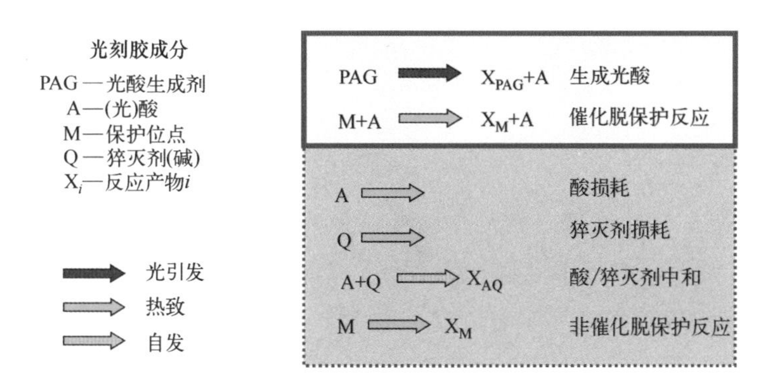

图 3.10 化学放大光刻胶的一般反应机制。光酸的产生和酸催化脱保护反应在上部右侧的线框中显示。光刻胶性能还会受到热致酸和猝灭剂扩散的影响

曝光过程中，在光的作用下会产生光酸。除此之外，化学放大光刻胶的基本成像机制还包括热致脱保护反应与自发脱保护反应。此外，一些其他的反应也会影响光刻胶的性能。其中最重要的是相邻的酸分子和猝灭剂碱分子之间的中和反应。此外，PEB 时加热光刻胶也会引发脱保护反应。

PEB 过程中的动力学反应常伴随着酸和猝灭剂分子的扩散。这些分子的扩散特性通常取决于光刻胶的化学状态，特别是取决于保护位点的局部浓度高低。可以用非 Fickian 扩散项表征这些扩散特性。$\tilde{D}_{A,Q}([M])$ 分别表示酸 A 和淬灭剂 Q 的非 Fickian 扩散系数。Zuniga 等人已经研究了这种非线性扩散的机制 [35]。酸的扩散会增加光刻胶灵敏度、降低对比度。酸需要具有一定流动性，可以向多个保护位点移动，进而催化脱保护反应。随着酸的迁移率或扩散率的增加，单个光酸会使更多的保护位点失去保护，进而对光刻胶的溶解度产生更大的影响。因此，较大的扩散系数增加了光刻胶材料的灵敏度。另一方面，组分的扩散降低了化学对比度和工艺裕度。如何有效平衡这些效应是先进光刻胶设计需要解决的重要问题。

基于上述考虑，CAR 的 PEB 动力学和扩散模型可以表示为：

$$\frac{\partial[M]}{\partial t}=-\kappa_1[M]^p[A]^q-\kappa_2[M] \tag{3.14}$$

$$\frac{\partial[A]}{\partial t}=-\kappa_3[A]^r-\kappa_4[A][Q]+\nabla(\tilde{D}_A([M])\nabla[A]) \tag{3.15}$$

$$\frac{\partial[Q]}{\partial t}=-\kappa_5[Q]^s-\kappa_4[A][Q]+\nabla(\tilde{D}_Q([M])\nabla[Q]) \tag{3.16}$$

第一个方程描述了相对浓度为 $[M]$ 的保护位点的酸催化和自发脱保护反应。系数 κ_1 和 κ_2 是脱保护反应常数；p 和 q 是反应级次，典型值接近 1。第二个和第三个方程表示酸和猝灭剂（碱）的中和反应与自发损耗（扩散）。方程中包括了非线性扩散项，κ_3、κ_5 及 r、s 分别是相应反应常数和反应级次。式（3.14）~式（3.16）即为 Henke 和 Torkler 提出的元模型 [36]。参考文献 [37] 中描述了该模型在计算光刻建模中的应用。

Petersen 等人 [38]、Zuniga 等人 [39]、Fukuda 等人 [40] 提出的模型都可以看作是上述元模型的特例。向方程中增加其他组分（多种 PAG、残留溶剂等）与反应路径（例如可光分解的猝灭剂碱 [25]）可以进一步完善元模型。给定初始条件和边界条件，需要利用有限差分等数值算法求解元模型的一般式。虽然元模型是一种非常灵活的化学放大光刻胶后烘工艺建模方法，但确定该模型参数是一项非常有挑战性的工作。在大多数情况下，这些参数都不能直接测得。因此，常采用特殊形式的元模型对化学放大光刻胶进行建模。比如假定所有反应级次都为 1。有时可以忽略酸、猝灭剂和保护位点的自发损耗。将扩散假定为 Fickian 扩散（$D_{A,Q}$ 为常数）或线性扩散。利用实验数据标定出剩余的模型参数。

图 3.11 为元模型的一种典型应用。改变光刻胶猝灭剂碱的浓度，研究其对光刻工艺窗口的影响。仿真结果表明猝灭剂总负载对工艺窗口形状和曲线都有较大的影响。它还会影响工艺窗口的曝光剂量大小。较大的猝灭剂浓度需要较高的曝光剂量。调整猝灭剂碱的浓度可以减小与焦面有关的图形 CD 变化。全面系统的材料参数研究可作为新型光刻胶材料实验研究的有益补充。

3.2.4 化学显影

光刻胶的溶解速度取决于局部脱保护位点的浓度 $[M]$。许多唯象显影模型都给出了 $[M]$ 和显影速率 r 之间的定量关系。Chris Mack 推导出的模型综合考虑了显影液到光刻胶表面的扩散、显影液与光刻胶的反应、反应产物扩散回光刻胶等过程，

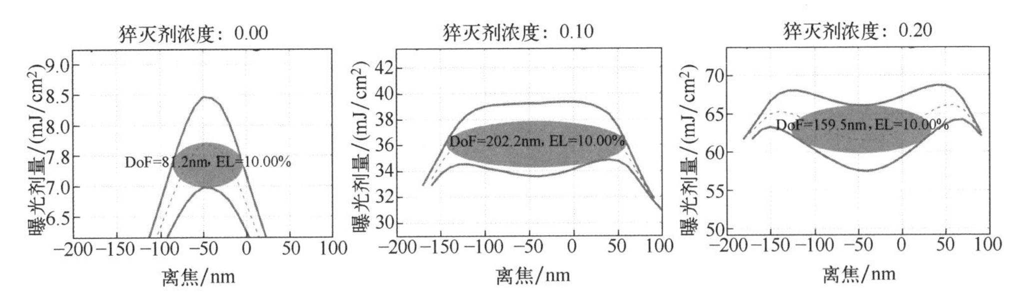

图 3.11 猝灭剂碱浓度（负载）对 60nm 线宽、250nm 周期的线条图形的工艺窗口形状影响的仿真。仿真条件：ArF 浸没式光刻，NA=1.35，二极照明，100nm 厚的化学放大光刻胶。EL：曝光裕度

得到了如下显影速率模型：

$$r = r_{\max} \frac{(a+1)(1-[M])^N}{a+(1-[M])^N} + r_{\min} \tag{3.17}$$

其中

$$a = \frac{N+1}{N-1}(1-M_{\text{th}})^N \tag{3.18}$$

式中，$r_{\min}$ 和 $r_{\max}$ 分别是完全被保护的光刻胶和脱保护的光刻胶的显影速率；M_{th} 是显影反应刚开始时的抑制剂或保护位点浓度阈值；参数 N 表征显影速率曲线的斜率或陡度大小，如图 3.12 所示。

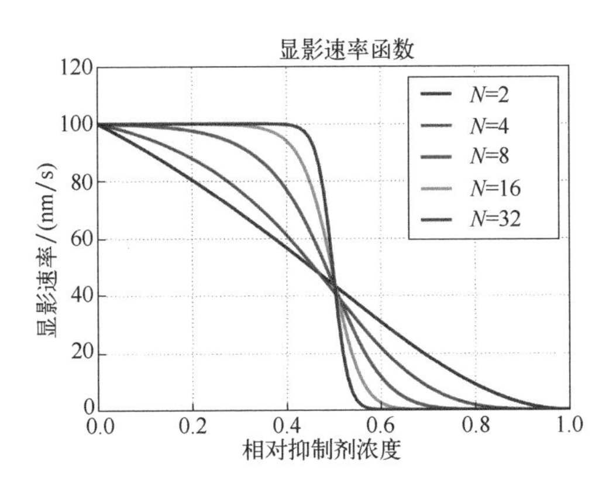

图 3.12 Mack 模型在不同斜率参数 N 条件下预测的显影速率曲线。其他参数：$r_{\min}$=0.1nm/s，$r_{\max}$=100nm/s，M_{th}=0.5

Robertson 等人讨论了几种扩展后的 Mack 模型，采用不同的光刻胶对这些模型的性能进行了研究[42]。这些模型已成功应用于许多先进化学放大光刻胶的建模。

Manfred Weiss 等人提出的有效酸模型可以应用于某些化学放大光刻胶的建模[43]。该模型将酸损耗机制和酸催化脱保护反应集总为一种有效酸及其对显影速率的影响：

$$r = r_{\min} + \frac{1}{2} r_{\max} \tanh\left[\frac{r_s}{r_{\max}}(a_{\text{eff}} - a_0)\right] + \frac{1}{2}\sqrt{\rho_1^2 + r_{\max} \tanh\left[\frac{r_s}{r_{\max}}(a_{\text{eff}} - a_0)\right]} \tag{3.19}$$

式中，有效酸浓度 a_{eff} 可以从 Dill 模型与后续的酸扩散中得到；除了最小和最大显影速率 $r_{\min}$ 和 $r_{\max}$ 外，该模型还包括酸阈值浓度 a_0、速率曲线斜率 r_s 和速率曲线在酸阈值附近的曲率 ρ_1 等纯拟合参数。虽然式（3.19）所示的 Weiss 速率模型是为化学放大光刻胶开发的，但将其与其他模型相结合，已成功应用于 DNQ 型光刻胶建模。

Reiser 与他的同事提出了一种基于渗流理论的 DNQ 光刻胶显影模型[44, 45]。该模型描述了显影液与酚醛树脂聚合物的疏水和亲水组分之间的相互作用。显影液不会均匀地扩散进光刻胶中，而是通过在亲水位点之间不断地跳跃和转移而扩散的，这导致了亲水位点簇集的形成。显影液渗透到光刻胶内的状态及光刻胶溶解速率 r 可以用渗流参数 p 表示：

$$r = c(p - p_0)^2 \tag{3.20}$$

式中，p_0 代表渗流阈值；c 是比例因子。基于渗流理论进行建模，不仅速率方程的形式简单，而且对某些光刻胶的仿真结果与实验数据吻合得也很好。Motzek 和 Partel[46] 成功地将该模型应用在多种掩模对准光刻 DNQ 光刻胶中。

临界电离模型可更详细地描述光刻胶显影过程中发生的物理化学现象[47, 48]。该模型假设只有当光刻胶表面聚合物链的脱保护位点超过一定数量时，光刻胶才可溶解。其他显影模型一般都会用到某种分子的浓度和溶解速率之间的经验关系。而临界电离模型可以在分子水平上模拟显影过程。Flanagin 等人将该模型用作连续的分子模型，并讨论了技术实现细节[49]。临界电离模型已成功地应用于光刻胶随机效应建模（见第 10 章）。

实验表明显影速率 r 随着光刻胶厚度的变化而变化。当光刻胶厚度较大时这一现象更加明显。显影速率在靠近光刻胶表面的位置通常会减小。得克萨斯大学奥斯汀分校（University of Texas at Austin）的肖恩・伯恩斯（Sean Burns）等人[50] 对酚醛树脂光刻胶的表面抑制效应进行了详细研究。厚光刻胶层中的材料不均匀性和超薄光刻胶表面引起的效应，也会导致光刻胶溶解速率表现出非线性。

可以将光刻胶的化学显影过程简化为显影液 - 光刻胶界面以给定显影速率 r（x, y, z）演化的过程。这一问题可以用程函方程来描述。Sethian[51] 开发的快速行进算法（fast marching method）是一种快速有效的算法，可作为显影模型的实现算法。

图 3.13 显示了不同时刻的光刻胶形貌仿真结果。第一行是没有 BARC 和扩散情况下的仿真结果。PAC 的浓度呈现出明显的驻波现象，如图 3.7 所示。随着显影的进行，界面的演化大部分发生在驻波图形的暗节点上，这些位置的 PAC/ 抑制剂浓度很高，显影速率较低。90s 之后显影液还没有到达光刻胶底部。本书选择了这个带有明显驻波的仿真实例进行说明。应用 BARC 或者扩散长度较大的光刻胶都可以减弱驻波。显影液渗透的速度快很多，通常不到 1s 或几秒就能到达光刻胶的底部，如图 3.13 的第二行所示。实践中，为实现良好的工艺稳定性，通常将显影时间设置在 30 ～ 90s。

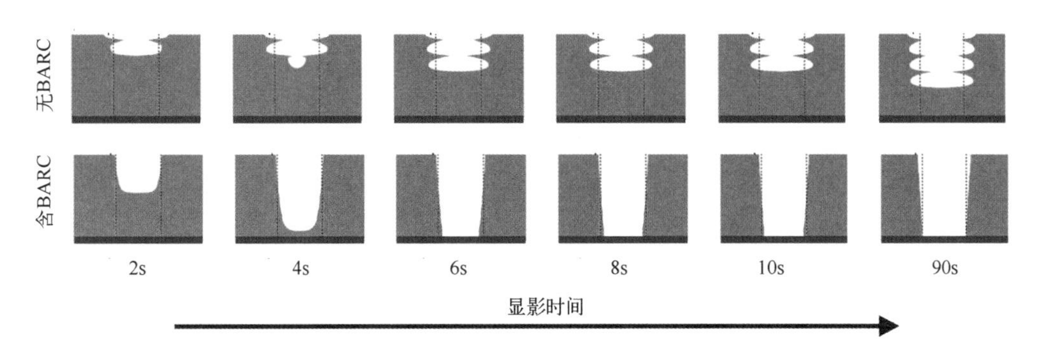

图 3.13　不同时刻光刻胶形貌的仿真结果。第一行：硅片膜层无 BARC，PAC 扩散长度为 5nm。第二行：硅片膜层含 BARC，PAC 扩散长度为 20nm。其他参数与图 3.7 和图 3.8 中的设置相同

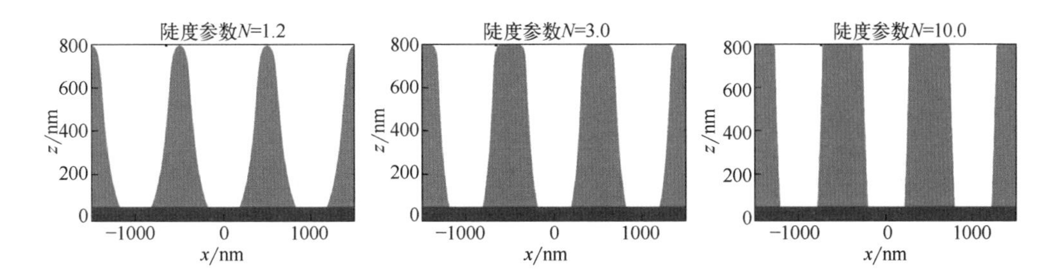

图 3.14　Mack 模型的陡度参数 N 对光刻胶形貌影响的仿真结果。采用符合 $\sin^2$ 函数的光强分布对光刻胶进行曝光，光强分布图的周期为 1μm，DNQ 光刻胶的厚度为 1.5μm

陡度参数 N 对光刻胶形貌的影响如图 3.14 所示。仿真中对曝光剂量都进行了调整，使得显影后光刻胶底部 CD 相同。N 较小时，光刻胶侧壁倾斜得非常明显。随着 N 不断增大，光刻胶的行为更像一个阈值检测器，能够产生竖直的侧壁。大多数光刻应用都需要陡峭的侧壁，需要采用 N 值较大的光刻胶。N 值较小的光刻胶有利于产生表面变化连续的形貌，适用于灰度光刻，请见 7.4.1 节。

3.3 建模方法与紧凑光刻胶模型

通过对光刻胶的物理化学现象进行半经验抽象建模得到了上述光刻胶建模方法。这些方法利用理想的光刻胶模型和相应数学方程描述 CAR 光刻胶（以及 DNQ 型光刻胶）的基本反应机制和现象。将这些模型应用于不同的场景，可定性或定量地研究脱保护动力学、扩散效应和猝灭剂负载对光刻性能的影响。仿真结果是对实验数据和专业知识的有益补充，有助于新型光刻胶材料和工艺的开发。

然而上述模型不能完整地反映光刻胶的分子组分以及它们与显影液相互作用的所有细节，难以高精度地测出动力学反应常数和扩散系数等模型参数，而且这些参数还受工艺条件的影响。发生在光刻胶顶部和底部界面的有关效应越来越重要，需要利用数学公式设置合适的边界条件，这些都增加了模型参数的数量和计算复杂度。标定含有许多未知参数的光刻胶模型需要用到大量的实验数据。需要特别注意一些共性可移植的参数，标定结果须可以方便地适用于其他成像和工艺条件[52-54]。

在特征尺寸小于 100nm 的情况下，不能再将光刻胶视为组分分布连续的材料，即光酸浓度、猝灭剂和保护位点浓度都是空间上连续、平滑的物理量。为了解决这个问题，得克萨斯大学奥斯汀分校 Grant Willson 的学生引入了介观尺度光刻胶模型[49, 55]。这些模型用聚合物的分子量和分散性、PAG 负载、残余溶剂浓度和聚合物自由体积等直接可测量的量来描述光刻胶，不仅可以仿真（平均）特征尺寸，还能够仿真（线边）粗糙度。关于随机效应的各种成因、大小和影响的讨论，请参见第 10 章。

本节剩余部分将介绍几种软件中常用的紧凑型光刻胶模型。这些模型可以描述一些重要的光刻胶效应，常用于光学邻近效应修正（OPC）以及光刻掩模和光学系统新技术研发。这些紧凑模型形式非常简单，只需几个参数就可以描述光刻胶，计算量小、速度快，在其应用范围内，计算精度也足够。

最简单的光刻胶建模方法为 1.3 节中介绍过的阈值模型。该模型采用光强阈值 I_{THR} 描述光刻胶。正性光刻胶中成像光强 I 高于阈值的区域将被显影掉，其余区域保持不变。因此，可以采用阶跃函数描述归一化的光刻胶高度：

$$h(I)=\begin{cases}0, & I \geqslant I_{THR} \\ 1, & I < I_{THR}\end{cases} \tag{3.21}$$

光强阈值 I_{THR} 取决于光刻胶、工艺条件和归一化成像光强，典型值介于 0.2 与 0.4 之间。

阶跃函数在光强阈值I_{THR}处的跳变会导致OPC等计算光刻技术中常用的优化算法产生数值问题，因此，常用含一个参数a的S型函数代替阶跃函数。a表征了完全显影光刻胶和完全未溶解光刻胶之间的过渡区域的陡度或锐利度[56-58]：

$$S(I)=\frac{1}{1+\exp[-a(I-I_{THR})]} \tag{3.22}$$

图3.15比较了阶跃函数以及参数a不同的两个S型函数。阶跃函数可以被看作是具有无限大陡度的S型函数，$a\to\infty$。注意S型函数与图3.12所示的光刻胶显影速率函数很相似。

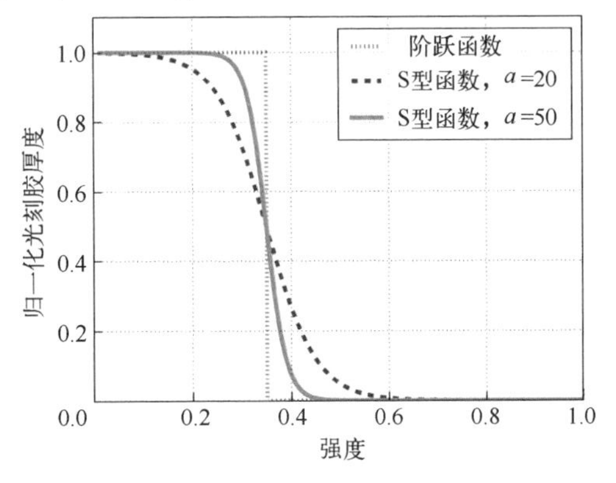

图3.15 光强阈值模型：阶跃函数与两个不同陡度参数a的S型函数。光强阈值都为I_{THR}=0.35。以曝光显影前的高度对光刻胶高度进行归一化

阈值模型不能准确近似真实光刻胶工艺。为了准确地预测CD，需要根据工艺、掩模图形和周期调整阈值的大小。模型误差也会随着光刻胶厚度的增大以及图像对比度的降低而增大。Brunner和Ferguson[59]在阈值模型中加入了一个校正项。该校正项与光刻胶厚度、光刻胶对比度以及像对数斜率有关。该模型对显影工艺的仿真结果与Mack的集总模型相似，参见3.1.4节。

变阈值光刻胶模型（VTRM）可有效克服常数阈值模型的不足。这类模型都假设阈值是成像强度最大值、斜率等成像参数的函数[60]。继Nick Cobb提出第一个VTRM后，人们又提出了其他几种形式的变阈值模型[61, 62]。通常，可将VTRM看作是以像和工艺参数为变量的响应面模型。利用适当的实验数据可拟合出模型参数。

其他紧凑型模型利用不同的数学运算处理空间像或者体像，使处理之后的像与光刻胶轮廓相似。这些数学运算需要能够基于物理机制仿真出典型的光刻胶效应。为了最大程度地缩短计算时间，这类模型需要具备较高的计算效率。最简单的形式就是利用空间像的卷积来仿真光刻胶特定组分的扩散导致的对比度损失[63]。高级模型可以采用数学运算仿真耦合在一起的扩散/动力学效应与中和反应。

图3.16所示为RoadRunner模型将体像转变为光刻胶形貌的过程。该模型是由Donis Flagello等人提出的[67]。仿真中采用了一个简单的线空图形。

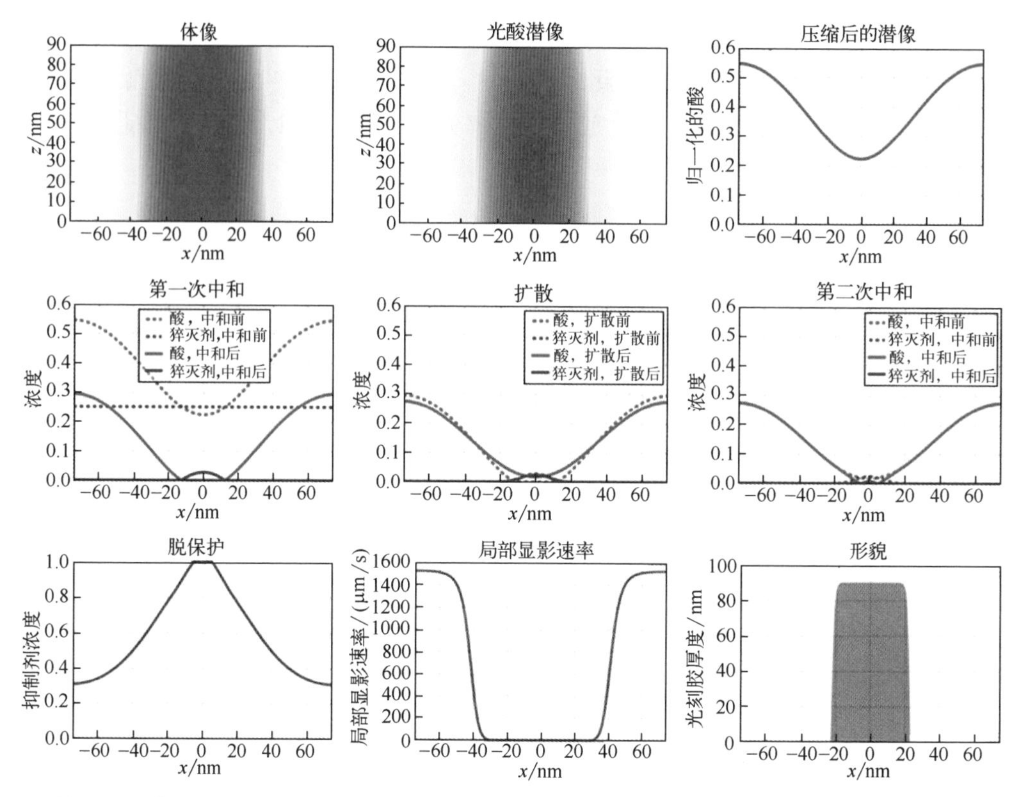

图 3.16 采用 RoadRunner 模型将光刻胶中的体像转变为光刻胶轮廓。掩模：6% 透光率的衰减型相移掩模，线图形的宽度为 45nm、周期为 150nm（基尔霍夫掩模模型）；光刻机：193nm 浸没式，NA=1.35，y 向偏振二极照明；光刻胶：90nm 厚的化学放大光刻胶

从体像开始建模。体像即光刻胶中的光强分布。建模步骤如下：

① 根据 Dill 方程计算光刻胶内酸的潜像，对于非漂白光刻胶：$A(x,z)=1-\exp[-C_{\mathrm{Dill}}DI(x,z)]$，这里 C_{Dill} 代表光刻胶的灵敏度，D 是曝光剂量，$I(x,z)$ 是体像。

② 在光刻胶高度 z 方向上对潜（酸）像进行平均：$A(x,z)\to\tilde{A}(x)$。在这一步中，可以利用高斯或线性加权函数突出某 z 向位置上的潜（酸）像，形成压缩潜像。压缩潜像仅与横向坐标 x 有关，降低了后续步骤的计算量。利用 Fukuda 的模型 [40] 对后续的两次酸与猝灭剂（碱）的中和反应，以及介于两次中和反应之间的酸与猝灭剂各自的扩散过程进行建模。

③ 在第一个中和反应步骤中，压缩潜（酸）像 $\tilde{A}$ 与负载分布均匀的猝灭剂 Q_0 之间的反应可表示为：

$$\tilde{A}'(x)=\max[\tilde{A}(x)-Q_0,0]$$

$$\tilde{Q}'(x)=\max[Q_0-\tilde{A}(x),0]$$

上式中的取最大值（max）运算保证了酸 $\tilde{A}$ 和碱 $\tilde{Q}$ 的浓度（相减之后）不为负数。

④ 酸和猝灭剂（碱）各自发生扩散，分别用卷积高斯核 $\tilde{K}_A$ 、$\tilde{K}_Q$ 进行建模。卷积核的关键参数为酸和碱的（有效）扩散长度：

$$\tilde{A}''(x) = \tilde{A}'(x) * \tilde{K}_A(x)$$

$$\tilde{Q}''(x) = \tilde{Q}'(x) * \tilde{K}_Q(x)$$

⑤ 将步骤③所示的模型应用于扩散后的酸与猝灭剂，对第二个中和反应进行建模：

$$\tilde{A}'''(x) = \max[\tilde{A}''(x) - Q_0, 0]$$

$$\tilde{Q}'''(x) = \max[Q_0 - \tilde{A}''(x), 0]$$

⑥ 利用步骤⑤中得到的酸浓度计算催化脱保护反应之后脱保护位点或抑制剂的有效浓度 $\tilde{M}$ 。会用到酸催化脱保护反应的放大系数 κ_a 和后烘时间 t_{PEB}：

$$\tilde{M}(x) = 1 - \exp[-\kappa_a t_{\text{PEB}} \tilde{A}'''(x)]$$

⑦ 将式（3.17）所示的 Mack 的显影速率模型应用到 $\tilde{M}(x)$ ，得到图 3.16 中所示的局部速率。

⑧ 假设显影仅发生在竖直方向，利用之前步骤中计算出的显影速率（为常数），计算出显影一段时间后剩余的光刻胶厚度。

可以很方便地将 RoadRunner 模型扩展应用到接触孔阵列或有限长线条等三维图形。该模型易于实现且计算时间短。校准后，DUV 和 EUV 工艺模型可以预测不同周期、离焦和曝光剂量情况下的实测 CD 值，仿真精度约为 1nm。由于 RoadRunner 模型只沿 z 轴进行平均计算，忽略了横向的显影，因此不能准确地预测三维光刻胶形貌的侧壁角。

考虑到三维光刻胶效应的重要性，最新的三维紧凑型光刻胶模型利用光刻胶内多个水平面上计算的像进行建模。这类模型包括了 z 向扩散效应，以及光刻胶顶部与底部各自的边界效应[68, 69]。

3.4 负性与正性光刻胶材料与工艺

许多年来正性光刻胶一直是半导体制造中应用最广泛的光刻胶。负性光刻胶常因对比度较低以及膨胀的问题而被诟病。有意思的是，早期用于量产的化学放大光刻胶却是基于叔丁氧羰基（t-BOC）聚合物（负胶材料）和负显影工艺实现的。但新材料研发工作都聚焦于正性光刻胶。今天，几乎所有光刻方法都在不断优化，人们又开始重新研究工艺极性的影响、重新考虑负性材料与工艺。本节将讨论选择极性时需要考虑的问题，介绍几种改变工艺极性的方法。

为了研究不同工艺极性的光学性能，图 3.17 比较了两块极性相反的掩模的成像结果。第一行为标准暗场掩模上接触孔阵列的成像结果。衍射受限投影系统将掩模上透光的方形孔成像为一系列明亮的衍射受限光斑。如果是正性光刻胶，这些亮斑会在光刻胶上形成圆孔。后续刻蚀和沉积工艺会将光刻胶上的孔转换成不同层之间的导线。右图为孔的直径对应的光刻工艺窗口。这里采用了简单的光强阈值模型，不包含光刻胶信息。

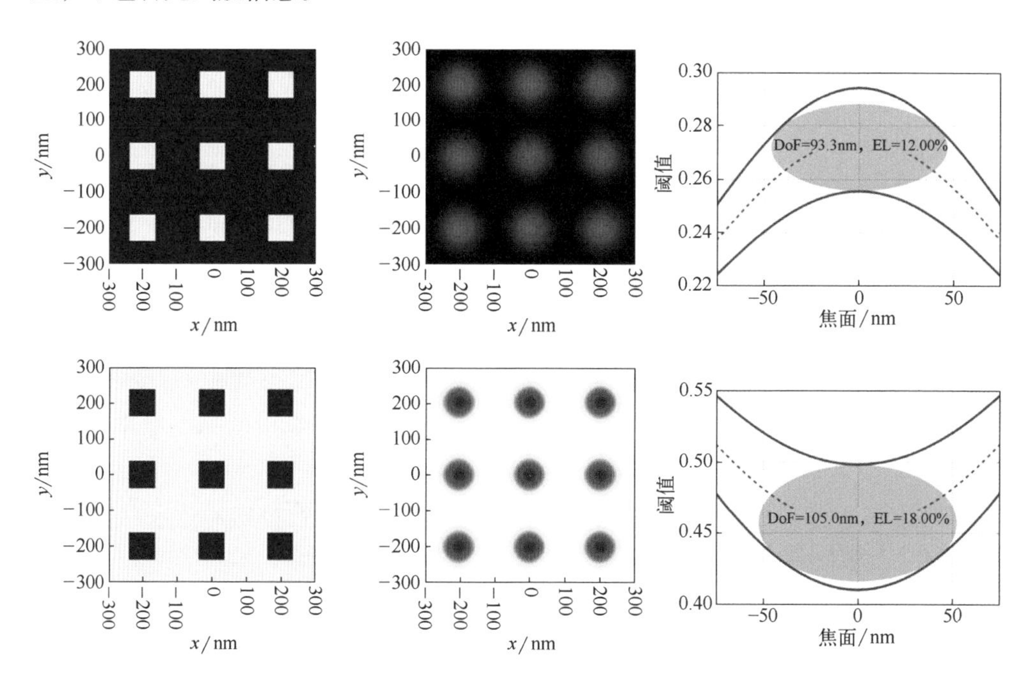

图 3.17 暗场掩模（第一行）和亮场掩模（第二行）上方孔阵列的成像性能比较。左列：掩模版图，方孔的尺寸为 75nm、周期为 200nm，6% 衰减型相移掩模。中列：空间像。成像条件：NA=1.35，λ=193nm，环形照明，σ_{in}/σ_{out}=0.4/0.8。右列：采用简单光强阈值模型计算的工艺窗口

图 3.17 第二行是亮场掩模情况下的仿真结果。掩模上的不透光方孔成像为暗斑。对比上下两行中的空间像可以看出暗斑的对比度比亮斑高。通过阈值模型计算的工艺窗口（右侧）也证明了这一结论。尽管亮场掩模和暗场掩模上方孔的尺寸相同，而且成像条件也完全相同，但亮场掩模对应的工艺窗口更大。只有采用负性光刻胶或工艺才能将暗斑成像为光刻胶上的通孔，最终形成连接不同层的导线。

分析结果表明亮场掩模的成像对比度高于暗场掩模。因此，孤立 / 半密集

线、柱状图形的成像适合采用正性工艺，而孔和孤立 / 半密集沟槽适合采用负性工艺。归一化像对数斜率的不对称性是不同极性的工艺存在成像差异的根本原因。空间像中较暗部分的 NILS 较高。许多年之前就观察到了这种普遍存在的现象[70, 71]。暗场和亮场图形之间的成像差异可归因于光学成像系统的部分相干性。非相干光照明条件下，极性相反的两个掩模的空间像叠加后可以形成强度分布均匀的光斑。

除了上述成像对比度和工艺窗口之外，极性还会对成像产生其他方面的影响。亮场掩模吸收的入射光比较少，对光的利用率比较高。但是亮场掩模对颗粒缺陷更加敏感。透光与不透光图形的光学邻近效应也不同。

工艺极性在其他方面的性能表现主要取决于光刻胶效应。光刻胶会吸收入射光，降低了光刻胶底部的曝光光强。所以使用正胶时，光刻胶图形底部会更宽一些。负性光刻胶产生的底部形貌与之相反，底部轮廓会出现内切现象。利用负胶在非平面硅片上曝光对光刻胶底部欠曝光区域的敏感度低于正胶。

光刻胶曝光区域的光致反应会导致光刻胶顶部丢失和收缩效应。移除化学放大光刻胶聚合物中遇酸会不稳定的“保护”基团时就会发生这种现象[72]。正性工艺中，光刻胶曝光区域显影后会被清除掉，因此其体积的收缩对剩余光刻胶形貌的影响不大。负性工艺中，曝光区域不会被清除，其体积的收缩对工艺的影响较大。本节的最后对相关的建模方法进行简要讨论。

正性和负性材料 / 工艺对硅片面某些类型缺陷的敏感度也不同。比如，负性光刻胶会产生微桥连，即在两根光刻胶线条之间残留了许多细串状的光刻胶材料，这些材料没有被显影[71]。

负性光刻胶常用于激光直写（参见 7.2.2 节）。多年来，与正性光刻胶相比，负性光刻胶在半导体光刻方面的应用非常有限。图 3.18 显示了将正性化学放大光刻胶的原理应用于负性工艺的方法[73]。光刻胶包含光碱生成剂（PBG）和热酸生成剂（TAG）。这样的光刻胶被曝光后会产生碱分子。后烘过程的热活化反应可生成分布均匀的酸。碱分子 / 猝灭剂分子在曝光区域与热致酸分子中和。未被曝光的区域没有碱分子，仅有热致酸分子。在这些残留酸分子的作用下，光刻胶发生脱保护反应，变得可溶解。由于没有碱，显影后未被曝光的区域被去除。这种工作机制中，常难以控制酸与碱的扩散。

今天，负性工艺已被广泛应用于（最具挑战性的）接触孔层的图形转移。负性显影（NTD）采用传统的正性光刻胶材料和有机溶剂负性显影液[74]。正性光刻胶材料带有保护基团，在酸催化反应后可溶解于显影液。图 3.19 比较了 NTD 工艺与正性显影（PTD）标准工艺。PTD 为水基正性显影工艺。注意 PTD 和 NTD 工艺的侧壁倾角不同。

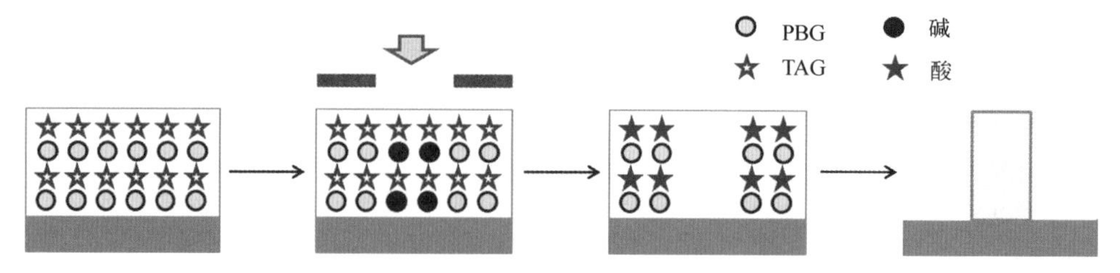

图 3.18 将光碱生成剂和热酸生成剂相结合实现负性化学放大光刻胶的原理示意图。改编自参考文献 [73]

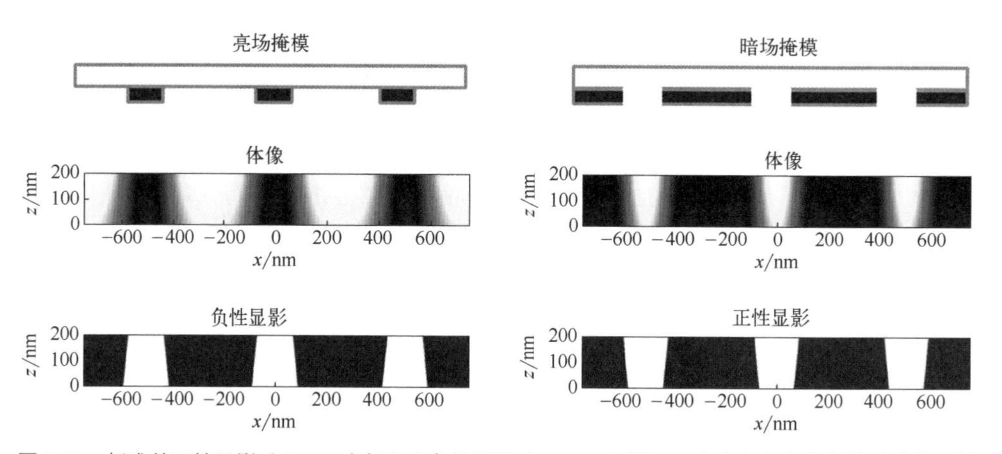

图 3.19 标准的正性显影（PTD，右侧）和负性显影（NTD，左侧）工艺产生半密集沟槽图形的机制对比：掩模版图（第一行），体像（中间行），光刻胶形貌（第三行）

随着 NTD 工艺重要性的日益提高，人们开发了专用的建模方法来精确描述 NTD 的相关效应。仅考虑显影过程中发生的极性反转的简化建模方法 [75]，无法描述实验中观察到的光刻胶形貌效应。NTD 模型需要能够准确描述光刻胶收缩效应及其对 OPC 的影响。这些效应取决于光刻胶曝光区域的体积收缩量，以及为释放收缩引起的应变 / 应力而产生的光刻胶形变。

常采用连续介质力学模型和有限元仿真研究相关现象及其对工艺性能的影响 [72, 76-80]。图 3.20 显示了收缩效应对光刻胶形貌的影响。图 3.20 中第一行的横截面图是不存在收缩效应时的仿真结果，图中含有与图 3.19 左侧的 NTD 横截面相似的侧壁内切。图 3.20 第二行的仿真中，考虑了 PEB 过程中脱保护引起的收缩效应。第三行的仿真还考虑了应变，对显影速率进行了修正，得到的侧壁倾角与第一行横截面图中的侧壁倾角符号相反。

对吸收导致的光刻胶底部强度损失以及顶部与底部的不同光刻胶变形进行充分平衡，有助于将光刻胶侧壁倾角调整至所需的大小。由于材料的用量和图形几何结构都可以不同，所述的收缩效应与图形和环境密切相关。收缩邻近效应比光学邻近效应更为复杂 [76]。

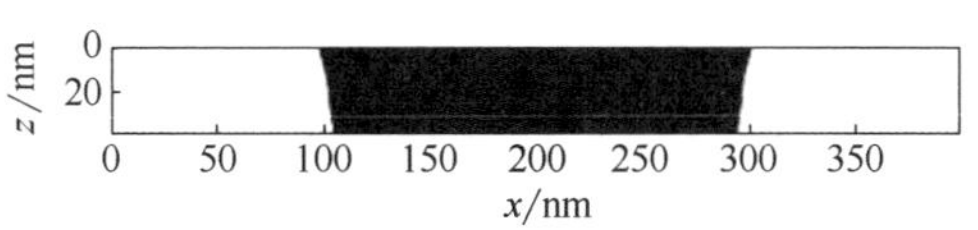

不含收缩变形的光刻胶形貌

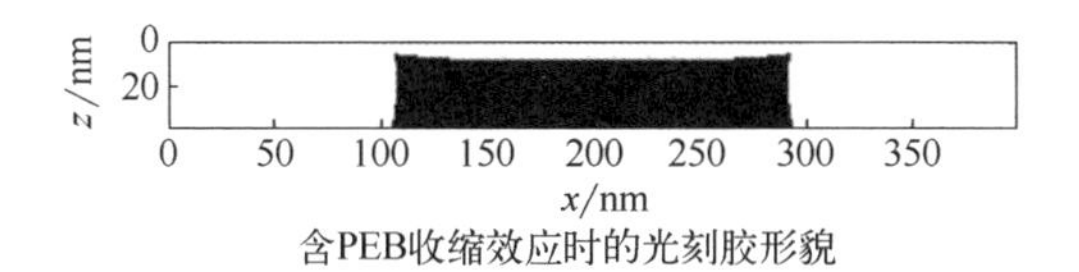

含PEB收缩效应时的光刻胶形貌

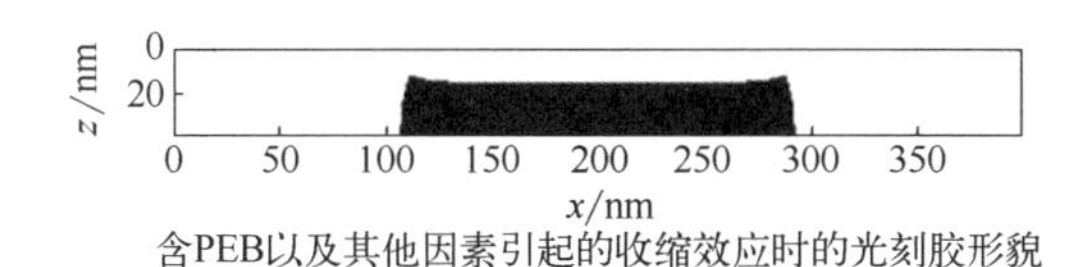

含PEB以及其他因素引起的收缩效应时的光刻胶形貌

图 3.20 收缩效应对光刻胶轮廓的影响：不考虑收缩效应情况下的仿真结果（上），考虑 PEB 过程中脱保护引起的收缩效应（中），以及光刻胶显影时存在其他收缩效应情况下的仿真结果（下）。改编自文献 [79]

3.5 总结

光刻胶的作用是将空间像或其形式的光强分布转移到硅片上的膜层中形成图形。这种转移是通过聚合、改变极性以及改变材料结构等不同的机制实现的。DUV 和 EUV 光刻广泛采用化学放大光刻胶（CAR）。化学放大光刻胶包括光酸生成剂（PAG）、猝灭剂和其他具有保护位点的分子。这些组分决定了光刻胶的显影性能表现。酸催化脱保护反应、酸与猝灭剂的中和反应以及物质扩散等动力学反应是 CAR 工艺性能的重要影响因素。曝光波长 ≥ 300nm 的光刻通常使用重氮萘醌（DNQ）型光刻胶，其光敏组分直接影响了光刻胶的显影性能表现。

剩余厚度与曝光剂量（对数坐标）之间的关系曲线称为特性曲线，是描述光刻胶性能的最简单方法。常见的工艺都会选择在特征曲线的线性部分，用斜率 γ 表征工艺的特征。一般首先会采用光刻胶对比度 γ 和归一化像对数斜率（NILS）对光刻工艺进行初步评价。

典型的光刻工艺步骤包括硅片表面清洗、旋转涂胶、前烘、曝光、曝光后烘焙（PEB）与显影。光与光刻胶的相互作用可采用 Dill 模型进行描述。光刻胶下方材料对光的反射也会影响曝光结果。这种反射会引起驻波、侧壁波纹，以及特征尺寸或 CD 随光刻胶厚度发生周期性变化。添加底部抗反射涂层，可以减弱反射带来的影响。PEB 过程中化学物质的扩散也可以减少驻波效应。可以利用与材料有关的显影速率曲线表征光刻胶的显影行为。Mack 显影速率模型等模型可以产生显影速率曲线。

光刻胶的极性也可以不同。正性光刻胶被曝光的区域会被移除，负性光刻胶被曝光的区域会被惰性化，不受化学显影的影响。光源的空间相干性导致暗斑比亮斑更容易成像。正性光刻胶或正性工艺适用于线条和柱状图形的成像。负性光刻胶或工艺在沟槽和接触孔图形的成像中表现更优。负性光刻胶和负显影（NTD）工艺正变得越来越受欢迎。

参考文献

[1] U. Okoroanyanwu, *Chemistry and Lithography*, SPIE Press, Bellingham, Washington, 2011.

[2] R. Dammel, *Diazonaphthoquinone-based Resists*, SPIE Press, Bellingham, Washington, 1993.

[3] H. Ito, "Chemical amplification resists for microlithography," *Adv. Polym. Sci.* **172**, 37–245, 2005.

[4] Z. Sekkat and S. Kawata, "Laser nanofabrication in photoresists and azopolymers," *Laser & Photonics Reviews* **8**(1), 1–26, 2014.

[5] J. Liu, B. Cai, J. Zhu, X. Z. G. Ding, and C. Y. D. Chen, "Process research of high aspect ratio microstructure using SU-8 resist," *Microsyst. Technol.* **10**, 265–268, 2004.

[6] C. G. Willson, R. R. Dammel, and A. Reiser, "Photoresist materials: A historical perspective," *Proc. SPIE* **3051**, 28, 1997.

[7] I.-B. Baek, J.-H. Yang, W.-J. Cho, C.-G. Ahn, K. Im, and S. Lee, "Electron beam lithography patterning of sub-10-nm line using hydrogen silsesquioxane for nanoscale device applications," *J. Vac. Sci. Technol. B* **23**, 3120, 2005.

[8] I. Zailer, J. E. F. Frost, V. Chabasseur-Molyneux, C. J. B. Ford, and M. Pepper, "Crosslinked PMMA as a high-resolution negative resist for electron beam lithography and applications for physics of low-dimensional structures," *Semicond. Sci. Technol.* **11**, 1235, 1996.

[9] A. Priimagi and A. Shevchenko, "Azopolymer-based micro- and nanopatterning for photonic applications," *J. Polym. Sci. B Polym. Phys.* **52**(3), 163–182, 2014.

[10] H. Nagai, A. Yoshikawa, Y. Toyoshima, O. Ochi, and Y. Mizushima, "New application of Se-Ge glasses to silicon microfabrication technology," *Appl. Phys. Lett.* **28**, 145, 1976.

[11] Y. Utsugi, A. Yoshikawa, and T. Kitayama, "An inorganic resist technology and its applications to LSI fabrication processes," *Microelectron. Eng.* **2**, 281–298, 1984.

[12] W. Leung, A. R. Neureuther, and W. G. Oldham, "Inorganic resist phenomena and their applications to projection lithography," *IEEE Trans. Electron Devices* **33**, 173–181, 1986.
[13] A. Reiser, *Photoactive Polymers: The Science and Technology of Resists*, John Wiley & Sons, New York, 1989.
[14] H. Steppan, G. Buhr, and H. Vollmann, "The resist technique: A chemical contribution to electronics," *Angewandte Chemie International Edition in English* **21**(7), 455–469, 1982.
[15] R. R. Kunz, R. D. Allen, W. D. Hinsberg, and G. M. Wallraff, "Acid-catalyzed single-layer resists for ArF lithography," *Proc. SPIE* **1925**, 167, 1993.
[16] U. Okoroanyanwu, T. Shimokawa, J. Byers, and C. G. Willson, "Alicyclic polymers for 193 nm resist applications: Synthesis and characterization," *Chem. Mater.* **10**, 3319–3327, 1998.
[17] U. Okoroanyanwu, J. Byers, T. Shimokawa, and C. G. Willson, "Alicyclic polymers for 193 nm resist applications: Lithographic evaluation," *Chem. Mater.* **10**, 3328–3333, 1998.
[18] R. Medeiros, A. Aviram, C. R. Guarnieri, W.-S. Huang, R. Kwong, C. K. Magg, A. P. Mahorowala, W. M. Moreau, K. E. Petrillo, and M. Angelopoulos, "Recent progress in electron-beam resists for advanced mask-making," *IBM J. Res. Dev.* **45**, 639, 2001.
[19] H. Ito, G. Breyta, D. Hofer, R. Sooriyakumaran, K. Petrillo, and D. Seeger, "Environmentally stable chemical amplification positive resist: Principle, chemistry, contamination resistance, and lithographic feasibility," *J. Photopolym. Sci. Technol.* **7**, 433–448, 1994.
[20] C. A. Mack, *Fundamental Principles of Optical Lithography*, John Wiley & Sons, New York, 2007.
[21] C. A. Mack, A. Stephanakis, and R. Hershel, "Lumped parameter model of the photolithographic process," in *Kodak Microelectronics Seminar, Interface*, 228–238, 1986.
[22] C. A. Mack, "Enhanced lumped parameter model for photolithography," *Proc. SPIE* **2197**, 501, 1994.
[23] J. L. Sturtevant, W. Conley, and S. E. Webber, "Photosensitization in dyed and undyed APEX-E DUV resist," *Proc. SPIE* **2724**, 273–286, 1996.
[24] F. H. Dill, W. P. Hornberger, P. S. Hauge, and J. M. Shaw, "Characterization of positive photoresist," *IEEE Trans. Electron Devices* **22**, 445, 1975.
[25] T. Kozawa, "Optimum concentration ratio of photodecomposable quencher to acid generator in chemically amplified extreme ultraviolet resists," *Jpn. J. Appl. Phys.* **54**(12), 126501, 2015.
[26] S. G. Hansen, "Photoresist and stochastic modeling," *J. Micro/Nanolithogr. MEMS MOEMS* **17**(1), 013506, 2018.

[27] C. L. Henderson, *Advances in Photoresist Characterization and Lithography Simulation*. PhD thesis, University of Texas at Austin, 1998.
[28] A. Erdmann, C. L. Henderson, and C. G. Willson, "The impact of exposure induced refractive index changes of photoresists on the photolithographic process," *J. Appl. Phys.* **89**, 8163, 2001.
[29] S. Liu, J. Du, X. Duan, B. Luo, X. Tang, Y. Guo, Z. Cui, C. Du, and J. Yao, "Enhanced Dill exposure model for thick photoresist lithography," *Microelectron. Eng.* **78-79**, 490–495, 2005.
[30] S. Wong, M. Deubel, F. Perrez-Willard, S. John, G. A. Ozin, M. Wegener, and G. von Freymann, "Direct laser writing of three-dimensional photonic crystals with a complete photonic bandgap in chalcogenide glasses," *Adv. Mater.* **18**, 265–269, 2006.
[31] D. A. Bernard, "Simulation of focus effects in photolithography," *IEEE Trans. Semicond. Manuf.* **1**, 85, 1988.
[32] T. A. Brunner, "Optimization of optical properties of resist processes," *Proc. SPIE* **1466**, 297, 1991.
[33] H. L. Chen, F. H. Ko, T. Y. Huang, W. C. Chao, and T. C. Chu, "Novel bilayer bottom antireflective coating structure for high-performance ArF lithography applications," *J. Micro/Nanolithogr. MEMS MOEMS* **1**(1), 58, 2002.
[34] A. Erdmann, P. Evanschitzky, and P. De Bisschop, "Mask and wafer topography effects in immersion lithography," *Proc. SPIE* **5754**, 383, 2005.
[35] M. Zuniga, N. Rau, and A. Neureuther, "Application of general reaction/diffusion resist model to emerging materials with extension to non-actinic exposure," *Proc. SPIE* **3049**, 256–268, 1997.
[36] W. Henke and M. Torkler, "Modeling of edge roughness in ion projection lithography," *J. Vac. Sci. Technol. B* **17**, 3112, 1999.
[37] A. Erdmann, W. Henke, S. Robertson, E. Richter, B. Tollkühn, and W. Hoppe, "Comparison of simulation approaches for chemically amplified resists," *Proc. SPIE* **4404**, 99–110, 2001.
[38] J. S. Petersen, C. A. Mack, J. W. Thackeray, R. Sina, T. H. Fedynyshyn, J. M. Mori, J. D. Byers, and D. A. Miller, "Characterization and modeling of positive acting chemically amplified resist," *Proc. SPIE* **2438**, 153–166, 1995.
[39] M. Zuniga, G. Walraff, and A. R. Neureuther, "Reaction diffusion kinetics in deep-UV positive resist systems," *Proc. SPIE* **2438**, 113–124, 1995.
[40] H. Fukuda, K. Hattori, and T. Hagiwara, "Impact of acid/quencher behavior on lithography performance," *Proc. SPIE* **2346**, 319–330, 2001.
[41] C. A. Mack, "New kinetic model for resist dissolution," *J. Electrochem. Soc.* **139**, L35, 1992.
[42] S. A. Robertson, C. A. Mack, and M. J. Maslow, "Toward a universal

resist dissolution model for lithography simulation," *Proc. SPIE* **4404**, 111, 2001.
[43] M. Weiss, H. Binder, and R. Schwalm, "Modeling and simulation of chemically amplified DUV resist using the effective acid concept," *Microelectron. Eng.* **27**(1), 405–408, 1995.
[44] T. F. Yeh, H. Y. Shih, and A. Reiser, "Percolation view of novolak dissolution and dissolution inhibition," *Macromolecules* **25**, 5345–5352, 1992.
[45] A. Reiser, Z. Yan, Y.-K. Han, and M. S. Kim, "Novolak-diazonaphthoquinone resists: The central role of phenolic strings," *J. Vac. Sci. Technol. B* **18**, 1288, 2000.
[46] K. Motzek and S. Partel, "Modeling photoresist development and optimizing resist profiles for mask aligner lithography," in *9th Fraunhofer IISB Lithography Simulation Workshop*, 2011.
[47] P. C. Tsiartas, L. W. Flanagin, C. L. Henderson, W. D. Hinsberg, I. C. Sanchez, R. T. Bonnecaze, and C. G. Willson, "The mechanism of phenolic polymer dissolution: A new perspective," *Macromolecules* **30**, 4656–4664, 1997.
[48] S. D. Burns, G. M. Schmid, P. C. Tsiartas, and C. G. Willson, "Advancements to the critical ionization dissolution model," *J. Vac. Sci. Technol. B* **20**, 537, 2002.
[49] L. W. Flanagin, V. K. Singh, and C. G. Willson, "Molecular model of phenolic polymer dissolution in photolithography," *J. Polym. Sci. B Polym. Phys.* **37**, 2103–2113, 1999.
[50] S. D. Burns, A. B. Gardiner, V. J. Krukonis, P. M. Wetmore, J. Lutkenhaus, G. M. Schmid, L. W. Flanagin, and C. G. Willson, "Understanding nonlinear dissolution rates in photoresists," *Proc. SPIE* **4345**, 37, 2001.
[51] J. A. Sethian, "Fast marching level set methods for three-dimensional photolithography development," *Proc. SPIE* **2726**, 262, 1996.
[52] T.-B. Chiou, Y.-H. Min, S.-E. Tseng, A. C. Chen, C.-H. Park, J.-S. Choi, D. Yim, and S. Hansen, "How to obtain accurate resist simulations in very low-k1 era?" *Proc. SPIE* **6154**, 61542V, 2006.
[53] U. Klostermann, T. Mülders, D. Ponomarenco, T. Schmoeller, J. van de Kerkhove, and P. De Bisschop, "Calibration of physical resist models: Methods, usability, and predictive power," *J. Micro/Nanolithogr. MEMS MOEMS* **8**(3), 33005, 2009.
[54] P. De Bisschop, T. Muelders, U. Klostermann, T. Schmöller, J. J. Biafore, S. A. Robertson, and M. Smith, "Impact of mask 3D effects on resist model calibration," *J. Micro/Nanolithogr. MEMS MOEMS* **8**(3), 30501, 2009.
[55] G. M. Schmid, M. D. Smith, C. A. Mack, V. K. Singh, S. D. Burns, and C. G. Willson, "Understanding molecular-level effects during post-exposure processing," *Proc. SPIE* **4345**, 1037–1047, 2001.

[56] A. Poonawala and P. Milanfar, "Mask design for optical microlithography: An inverse imaging problem," *IEEE Trans. Image Process.* **16**, 774, 2007.
[57] X. Ma and Y. Li, "Resolution enhancement optimization methods in optical lithography with improved manufacturability," *J. Micro/Nanolithogr. MEMS MOEMS* **10**(2), 23009, 2011.
[58] W. Lv, S. Liu, Q. Xia, X. Wu, Y. Shen, and E. Y. Lam, "Level-set-based inverse lithography for mask synthesis using the conjugate gradient and an optimal time step," *J. Vac. Sci. Technol. B* **31**, 041605, 2013.
[59] T. A. Brunner and R. A. Ferguson, "Approximate models for resist processing effects," *Proc. SPIE* **2726**, 198, 1996.
[60] N. B. Cobb, A. Zakhor, and E. A. Miloslavsky, "Mathematical and CAD framework for proximity correction," *Proc. SPIE* **2726**, 208, 1996.
[61] J. Randall, H. Gangala, and A. Tritchkov, "Lithography simulation with aerial image—variable threshold resist model," *Microelectron. Eng.* **46**(1), 59–63, 1999.
[62] Y. Granik, N. B. Cobb, and T. Do, "Universal process modeling with VTRE for OPC," *Proc. SPIE* **4691**, 377–394, 2002.
[63] D. Fuard, M. Besacier, and P. Schiavone, "Validity of the diffused aerial image model: An assessment based on multiple test cases," *Proc. SPIE* **5040**, 1536, 2003.
[64] D. Van Steenwinckel and J. H. Lammers, "Enhanced processing: Sub-50 nm features with 0.8 μm DOF using a binary reticle," *Proc. SPIE* **5039**, 225–239, 2003.
[65] B. Tollkühn, A. Erdmann, A. Semmler, and C. Nölscher, "Simplified resist models for efficient simulation of contact holes and line ends," *Microelectron. Eng.* **78-79**, 509, 2005.
[66] Y. Granik, D. Medvedev, and N. Cobb, "Toward standard process models for OPC," *Proc. SPIE* **6520**, 652043, 2007.
[67] D. Flagello, R. Matsui, K. Yano, and T. Matsuyama, "The development of a fast physical photoresist model for OPE and SMO applications from an optical engineering perspective," *Proc. SPIE* **8326**, 83260R, 2012.
[68] Y. Fan, C.-E. R. Wu, Q. Ren, H. Song, and T. Schmoeller, "Improving 3D resist profile compact modeling by exploiting 3D resist physical mechanisms," *Proc. SPIE* **9052**, 90520X, 2014.
[69] C. Zuniga, Y. Deng, and Y. Granik, "Resist profile modeling with compact resist model," *Proc. SPIE* **9426**, 94261R, 2015.
[70] C. A. Mack and J. E. Connors, "Fundamental differences between positive- and negative-tone imaging," *Proc. SPIE* **1674**, 328, 1992.
[71] T. A. Brunner and C. A. Fonseca, "Optimum tone for various feature types: Positive versus negative," *Proc. SPIE* **4345**, 30, 2001.
[72] C. Fang, M. D. Smith, S. Robertson, J. J. Biafore, and A. V. Pret, "A physics-based model for negative tone development materials," *J. Photopolym. Sci. Technol.* **27**(1), 53–59, 2014.

[73] E. Richter, K. Elian, S. Hien, E. Kuehn, M. Sebald, and M. Shirai, "Negative-tone resist for phase-shifting mask technology: A progress report," *Proc. SPIE* **3999**, 91, 2000.
[74] D. De Simone, E. Tenaglia, P. Piazza, A. Vaccaro, M. Bollin, G. Capetti, P. Piacentini, and P. Canestrari, "Potential applications of negative tone development in advanced lithography," *Microelectron. Eng.* **88**(8), 1917–1922, 2011.
[75] W. Gao, U. Klostermann, T. Mülders, T. Schmoeller, W. Demmerle, P. De Bisschop, and J. Bekaert, "Application of an inverse Mack model for negative tone development simulation," *Proc. SPIE* **7973**, 79732W, 2011.
[76] P. Liu, L. Zheng, M. Ma, Q. Zhao, Y. Fan, Q. Zhang, M. Feng, X. Guo, T. Wallow, K. Gronlund, R. Goossens, G. Zhang, and Y. Lu, "A physical resist shrinkage model for full-chip lithography simulations," *Proc. SPIE* **9779**, 97790Y, 2016.
[77] X. Zhang, S. Debnath, and D. Güney, "Hyperbolic metamaterial feasible for fabrication with direct laser writing processes," *J. Opt. Soc. Am. B* **32**(6), 1013–1021, 2015.
[78] T. Mülders, H.-J. Stock, B. Küchler, U. Klostermann, W. Gao, and W. Demmerle, "Modeling of NTD resist shrinkage," *Proc. SPIE* **10146**, 10146OM, 2017.
[79] S. D'Silva, T. Mülders, H.-J. Stock, and A. Erdmann, "Analysis of resist deformation and shrinkage during lithographic processing," in *Fraunhofer Lithography Simulation Workshop*, 2018.
[80] Y. Granik, "Analytical solutions for the deformation of a photoresist film," *Proc. SPIE* **10961**, 109610D, 2019.

第4章 光学分辨率增强技术

本章将介绍在波长、数值孔径一定的情况下提高与优化光刻系统成像质量的方法。光学分辨率增强技术广泛应用于光刻系统中。前文章节中列举的许多例子都表明照明光的空间相干性或者几何形状会影响成像质量。本章4.1节解释了离轴照明提高成像分辨率和成像质量的原理。后续两节介绍几种与掩模有关的重要分辨率增强技术。其中，光学邻近效应修正（OPC）技术通过修改掩模图形的形状，补偿投影物镜的衍射极限以及相邻图形衍射光的相互作用导致的成像质量损失。相移掩模（PSM）利用不同区域的透射光的相位作为额外自由度，实现更高质量的成像。4.4节讨论了投影物镜光瞳滤波技术的优缺点。

本章剩余部分讨论了两种重要的分辨率增强技术。为实现目标图形的高保真度成像，光源掩模优化（SMO）技术利用多种方法来确定最合适的光源和掩模几何形状。多重曝光技术组合利用不同的光源、掩模或者焦面配置提高分辨率，实现了给定光源、掩模与焦面条件下单次曝光不能达到的成像效果。

4.1 离轴照明

图4.1为离轴照明（OAI）实现分辨率增强的基本原理图。入射平面波被周期掩模衍射，产生离散的衍射级。图中仅显示了0级和 ±1级衍射光。

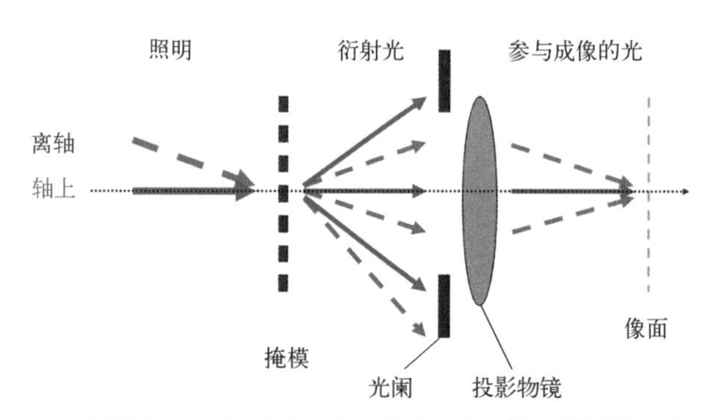

图4.1 周期性线空图形成像的离轴照明光学分辨率增强原理示意图

平行光沿着光轴（细点线）方向照明掩模，产生的衍射级关于光轴对称。图形周期足够小时，只有 0 级光可以穿过投影物镜光阑，在像面形成均匀的强度分布，不包含图形的任何周期信息。只需简单地将入射光倾斜一个角度就可以改变这种情况。衍射级方向随光照方向的倾斜而变化。适当的离轴照明（虚线）使两个衍射级（0 级和 -1 级）穿过光瞳传播至投影物镜像面，在像面形成干涉图。干涉图的周期与掩模图形的周期相同。

掩模图形的周期和方向决定了所需倾斜照明的方向和数量。如果线空图形发生了旋转，则需对照明倾斜方向进行相应的旋转。照明方向与掩模图形周期和方向的相关性，使得离轴照明分辨率增强技术只能适用于特定的掩模图形。

实际情况中，照明不只有一个倾斜角度。掩模被来自多个方向的光照明。以足够大范围的照明角度进行照明可以产生一定的空间非相干性，进而减少空间像中的旁瓣以及其他干扰现象。轴对称照明用于避免远心误差（与焦面有关的放置误差）。图 4.2 展示了现代步进扫描投影光刻机的几种标准照明形状，左上方的两个圆形照明（或传统照明）代表了老式照明系统中的“相干”和“非相干”两种照明设置。相干和非相干这两个术语并不完全正确，它们仅反映了早期光刻投影系统的缺陷。这两个照明系统都是部分相干的。右上方的两种二极照明分别是垂向（与 y 方向平行）和水平向（与 x 方向平行）线空图形的最佳照明模式。当掩模图形同时含有垂直和水平线空图形时，CQuad 照明是最佳照明模式。左下角的环形照明是轴对称的，适用于任意方向的图形。四极照明，即旋转了 45° 的 CQuad 照明，是周期性正交接

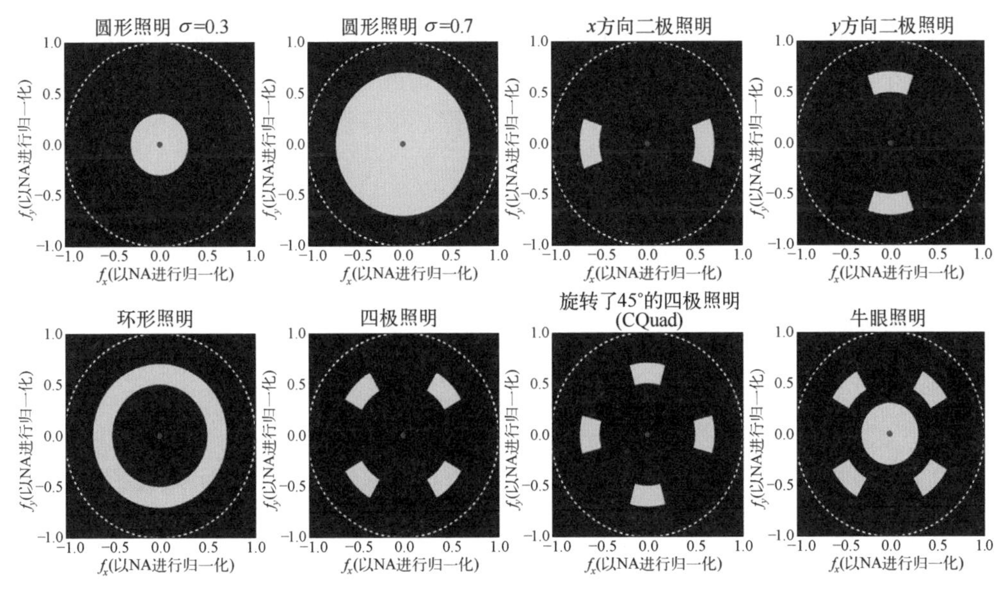

图 4.2 投影光刻机的典型标准照明模式。浅色区域代表照射到掩模上光的方向。这些方向是相对于光轴的方向（每幅图的中心点），图中利用 NA 对它们进行了归一化处理（虚线圆）。转载自参考文献 [1]

触孔阵列的最佳照明模式。当掩模包含周期性图形和孤立图形时，右下角的牛眼照明提供了一种可以兼顾两种图形成像性能的照明模式。

4.1.1 线空图形的最佳离轴照明

对于给定的掩模图形，最佳照明方向是什么？图 4.3 显示了二极照明情况下线空图形的成像，线空图形的周期为 p，入射角为 θ_{in}，m 级衍射光的衍射角 θ_{out}^{m} 可以通过光栅方程计算：

$$\sin\theta_{\text{out}}^{m} = \sin\theta_{\text{in}} + \frac{m\lambda}{p} \tag{4.1}$$

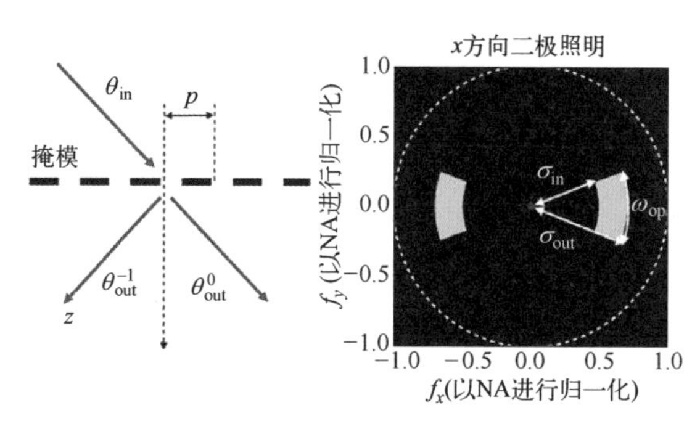

图 4.3 二极照明条件下周期为 p 的线空图形的成像。利特罗入射条件的光路侧视图（左图）与二极照明的俯视图（右图）

当 0 级和 -1 级衍射光对称地穿过光瞳时，可得出给定 NA 的成像系统可以分辨的最小图形周期，此时 $\sin\theta_{\text{out}}^{-1}=-\sin\theta_{\text{out}}^{0}$。这种情况被称为利特罗入射条件，如图 4.3 左图所示。结合利特罗入射条件和光栅方程，可以得到所需的入射角度：

$$\sin\theta_{\text{in}} = \frac{\lambda}{2p} \tag{4.2}$$

投影光刻中，通常利用投影物镜的 NA 对照明方向进行归一化 [见式（2.12）]。最佳照明方向的表达式变为：

$$\sigma_{\text{opt}}^{\text{dipole}} = \frac{\sin\theta_{\text{in}}}{\text{NA}} = \frac{\lambda}{2p\text{NA}} \tag{4.3}$$

实际照明系统所发出的照明光的入射角分布在一定范围内。图 4.3 右图给出了一个典型的二极照明模式。描述单极的参数包括内部分相干因子 σ_{in}、外部分相干因子 σ_{out}、极张角 ω_{op}，以及相对于坐标系 x 轴的方向角等。图中未标出坐标系。这种单极描述方法同样适用于四极照明、CQuad 等高阶多极照明。给定图形周期 p，内部分相干因子和外部分相干因子可通过下式获得：

$$\sigma_{\text{out/in}}^{\text{dipole}} = \sigma_{\text{opt}} \pm \sigma_{\text{width}} / 2 = \frac{\lambda}{2p\text{NA}} \pm \sigma_{\text{width}} / 2 \tag{4.4}$$

式中，σ_{width} 表示极的宽度。ω_{op} 的典型值为 20° ～ 90°。极的方向角与线空图形的方向一致。设定极的宽度是为了使数值孔径内光的分布变得平滑，以减小透镜热效应。照明图形面积与光瞳总面积之比为光源填充比。典型光源填充比的大小为 20% 或更高。

4.1.2　适用于接触孔阵列的离轴照明

设接触孔阵列在 x 和 y 方向上的周期分别为 p_x 和 p_y。将式（4.1）推广，可以得到正交接触孔阵列的衍射光方向的表达式：

$$\begin{aligned} \sin\theta_{x,\text{out}}^{m} &= \sin\theta_{x,\text{in}} + \frac{m\lambda}{p_x} \\ \sin\theta_{y,\text{out}}^{n} &= \sin\theta_{y,\text{in}} + \frac{n\lambda}{p_y} \end{aligned} \tag{4.5}$$

衍射级分布在索引为 m 和 n 的正交网格上，方向为（$\sin\theta_{x,\text{out}}^{m}$，$\sin\theta_{y,\text{out}}^{n}$）。利用单次曝光制造正交接触孔阵列至少需要三列平面波参与干涉。图 4.4 为尺寸接近分辨率极限的接触孔成像时可能出现的情况。垂直入射（左图）时，只有（0，0）级光位于 NA 内部参与成像，在像面得到了均匀的光强分布。平行于 x 轴移动（中图），将一个额外的衍射级移进 NA，所成的空间像类似于 y 向线空图形的空间像。接触孔图形的像可以通过将该空间像与 y 向倾斜照明条件下产生的另一个像进行非相干叠加得到。右图中衍射谱在对角线方向偏移，将（−1，−1）、（−1，0）、（0，−1）和（0，0）四个衍射级移进 NA。单次曝光时这四个衍射级发生干涉形成接触孔阵列的像。这种对角线方向的移动可以利用图 4.2 中所示的四极照明实现。

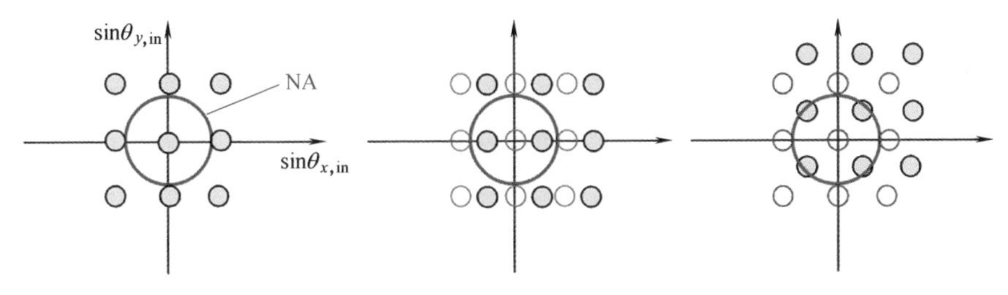

图 4.4　在衍射极限附近平移密集接触孔阵列图形衍射谱的几种情形。未平移和平移后衍射级的方向分别用空心圆和实心圆表示。垂直入射 / 垂直照明条件下的数值孔径如左图中的圆圈所示。斜入射光根据方向不同将衍射谱沿着 x 方向（中图）或者对角线方向（右图）平移

与式（4.3）类似，对 x、y 向周期都为 p 的接触孔阵列的成像，CQuad 照明和四极照明的最佳极位置 $\sigma_{\text{opt}}^{\text{CQuad}}$、$\sigma_{\text{opt}}^{\text{Quasar}}$ 可以根据下列公式推出：

$$\begin{aligned}\sigma_{\text{opt}}^{\text{CQuad}}&=\frac{\lambda}{2p\text{NA}}\\ \sigma_{\text{opt}}^{\text{Quasar}}&=\frac{\lambda}{\sqrt{2}p\text{NA}}\end{aligned}\tag{4.6}$$

图 4.5 和图 4.6 显示了使用圆形（常规）、环形和四极照明获得的空间像和光刻工艺窗口。

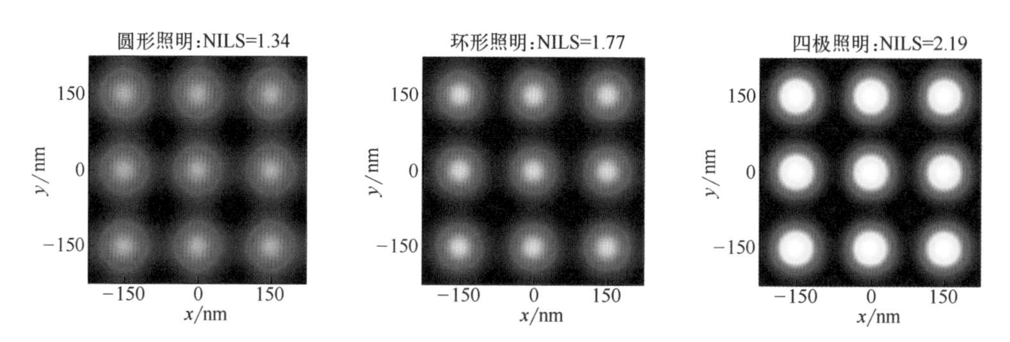

图 4.5　不同照明模式下接触孔阵列的空间像。接触孔尺寸为 75nm × 75nm，周期为 150nm × 150nm。左图：圆形照明 σ=0.5。中图：环形照明 $\sigma_{\text{in}}/\sigma_{\text{out}}$=0.66/0.86。右图：四极照明 $\sigma_{\text{in}}/\sigma_{\text{out}}$=0.66/0.86，$\omega_{\text{op}}$=20°（极相对于 x/y 轴成 45° 角）。其他成像参数：波长 193nm，数值孔径 1.2

圆形和环形照明包含多个照明方向。进入投影物镜的衍射级少于 4 个。由于已根据图形周期对四极照明进行了优化，所以与四极照明相比，圆形和环形照明的成像对比度 /NILS 和焦深都更小。

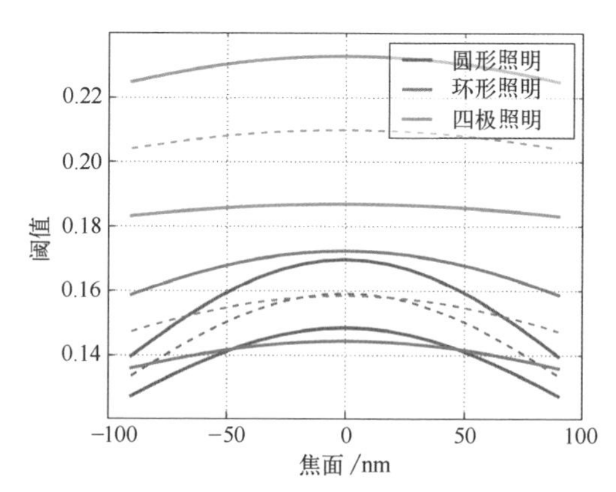

图 4.6　不同照明模式下尺寸为 75nm × 75nm 的接触孔图形的工艺窗口。仿真参数与图 4.5 所示的仿真相同

研究目标图形衍射级在瞳面的位置与可能的偏移方式有助于利用解析法优化光源形状。Yulu Chen 等人[2]应用衍射级分析方法确定了金属层端到端结构对应的最佳光源形状。常利用圆之间的重叠区域描述解析法优化得到的光源。

4.1.3　由传统和参数化光源形状到自由照明

上述举例已证明了离轴照明在简单图形密集阵列成像中的优势。掩模图形决定了最佳照明模式。几何结构复杂的图形需要复杂度更高的照明形状。图 4.7 说明了这一点。传统圆形照明条件下无法分辨掩模上的肘形图形。应用优化后的 x 方向二极照明后，虽然与 y 方向垂直线条的成像对比度很高，但仍然不能解决水平线条分辨率低的问题。增加水平方向的二极照明有助于分辨 x 方向平行线条，但与二极照明相比，降低了垂直线条的成像对比度。利用如右图所示的像素化自由照明可获得最佳的成像质量。

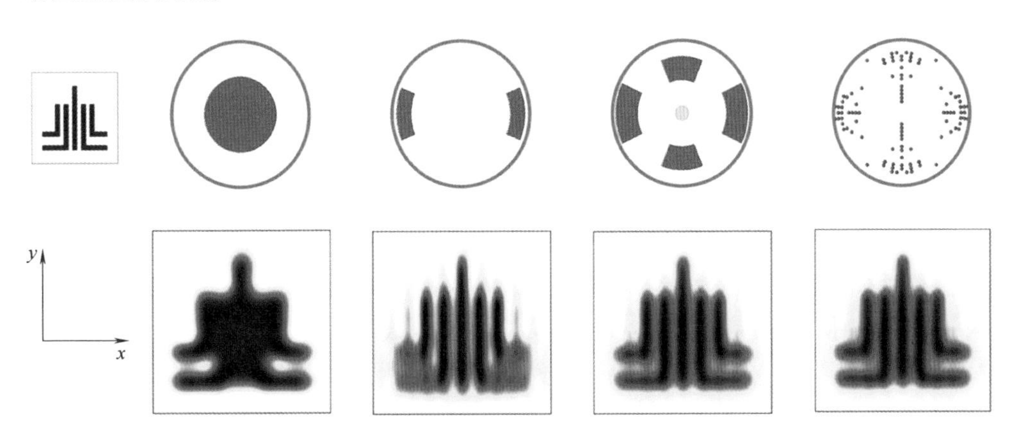

图 4.7　照明模式对左上角所示图形成像的影响。第一行为照明模式。从左至右分别为：传统圆形照明（σ=0.5），针对宽 45nm、周期 90nm 的垂直线条优化后的二极照明，适用于垂直和水平线的正交二极照明组合，优化后的自由照明。第二行为曝光波长 193nm、数值孔径 1.35 情况下的成像结果

给定掩模图形后，照明方向决定了哪些衍射级会参与成像。计算出典型照明方向下或者离散网格光源点条件下的 NILS 或者 DoF 等像质评价参数，有助于量化评估不同光源区域对成像质量的贡献大小。早期关于光源优化的文献中已经应用了这一思想 [3, 4]。在给定照明阵列（即照明模式）条件下对像质评价参数进行仿真，仿真结果可应用于先进 EUV 光刻成像系统成像特性的研究与优化 [5, 6]。4.5 节讨论了几种用于掩模和光源几何形状优化的计算方法。

利用可调锥形镜系统或衍射光学元件（DOE），可生成如图 4.2 所示的简单照明模式。DOE 提供了更多的优化自由度，便于生成自由照明模式，例如适用于复杂掩模图形的优化后照明模式。但是 DOE 制造不仅非常耗时，而且制造完成后 DOE 元件就固定不变了，在应对需要对光源形状进行精细调节的特殊问题时灵活性不足。为实现自由照明模式，最先进的步进扫描投影光刻机中配备了微反射镜阵列 [7, 8]。

对具体图形的专用性太强是离轴照明分辨率增强技术的主要不足。优化光源形

状可最大程度地改善密集图形阵列的成像质量。使用更激进的 OAI 分辨率增强技术会增加对设计的约束[9]。光源和掩模优化的应用（见 4.5 节）使得光源的形状更加复杂。必须严格评估照明及其相对于设计光源的制造偏差对所有相关掩模图形成像质量的影响。对真实光源形状进行准确预测并应用于光刻建模，将有助于相关效应的研究[10]。

照明光的最大倾角或者典型光刻照明系统的外部分相干因子受投影物镜系统数值孔径的限制。外部分相干因子等于 1 意味着掩模衍射光的 0 级恰好照射到投影物镜光瞳的边界。照明模式的 $\sigma \leqslant 1.0$ 时，0 级衍射光可穿过投影物镜光瞳参与成像，为亮场照明。$\sigma>1.0$ 的照明方向被认为是暗场照明，0 级衍射光无法通过投影物镜光瞳。这种情况下，大面积、均匀透光区域的成像会变暗。接触孔暗场成像的掩模误差增强因子和邻近效应很低，Crouse 等人[11] 通过实验研究了这些效应。

4.2 光学邻近效应修正

第 2 章的图 2.18 显示了光刻微缩过程中低 k_1 成像条件下的光学邻近效应。显然，k_1 较低的情况下成像质量会下降。可以观察到线端缩短、拐角圆化、密集和孤立图形的线宽（CD）偏差等现象。光刻胶和刻蚀效应使得目标图形的转移受其周围图形的影响。

光学邻近效应修正（OPC）的目标是通过修正掩模图形补偿上述效应。为了使空间像或者光刻胶形貌更加接近目标，必须改变掩模图形的设计。图 4.8 为对掩模进行 OPC 的例子。OPC 后成像质量明显提高。可以根据经验丰富的光刻工程师建立的修正规则进行简单的掩模图形修正，这种方法即为基于规则的 OPC。基于模型的 OPC 使用（简化的）仿真模型来确定所需的图形修正量。反向光刻采用先进的优化技术确定能够光刻出目标图形的最优掩模图形。在深入研究各种 OPC 方法之前，让我们先详细地讨论两种特殊类型的邻近效应。

4.2.1 孤立 – 密集图形偏差的补偿

在 1.5 节讨论 OPE 曲线的线性度和周期相关性时，已经观察到了密集图形和孤立图形之间的成像差异。补偿这些差异的最直接方法是调整掩模上孤立图形的尺寸，即对孤立图形进行偏置。补偿后的成像横截面和工艺窗口如图 4.9 所示。在无偏置情况下（左），孤立线的宽度比密集图形中线条的宽度要小得多。这是由于线条周围的图形将大量的光衍射到了线条图形名义上的暗区内。与被其他线条包围的密集线相比，孤立线暗区内接收到的来自其周围透光区域的光更多。孤立线与密集线的工艺窗口没有重叠。图 4.9 所示的例子中，为了使硅片上孤立线和密集线的线

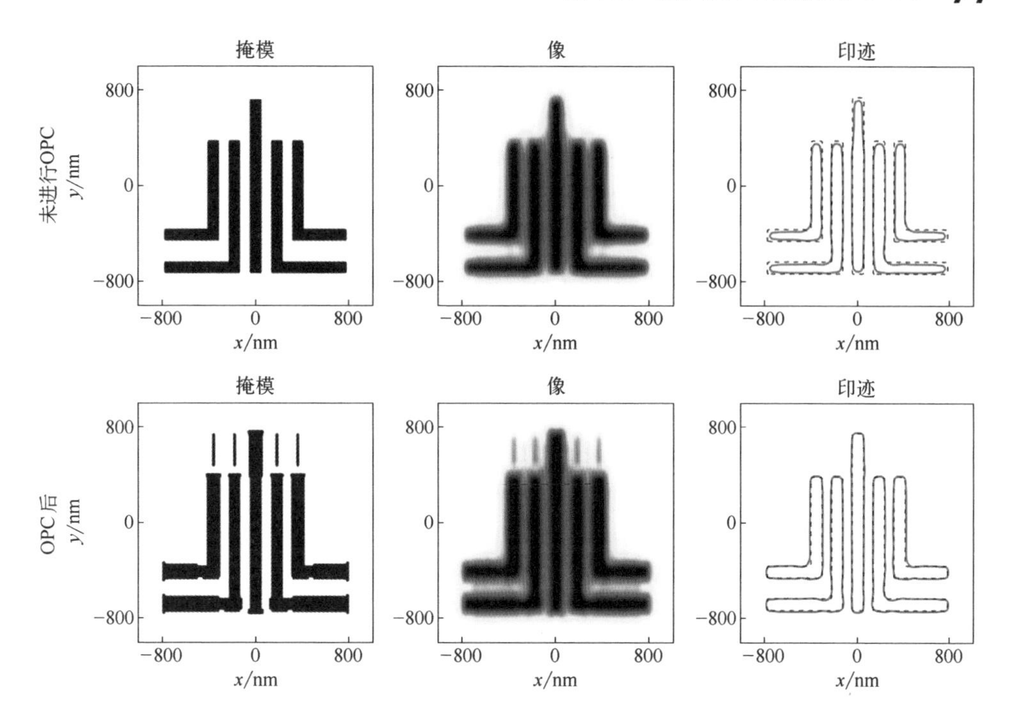

图 4.8　光学邻近效应示例。第一行：掩模版图（左）；空间像（中）；未进行 OPC 时的仿真印迹（实线）与设计目标（虚线）之间的对比（右）。第二行：OPC 之后相应的数据图。未进行 OPC 的线条宽度为 90nm。成像条件：波长 193nm，数值孔径 1.35，CQuad 照明，σ_{in}/σ_{out}=0.7/0.9，ω_{op}=40°

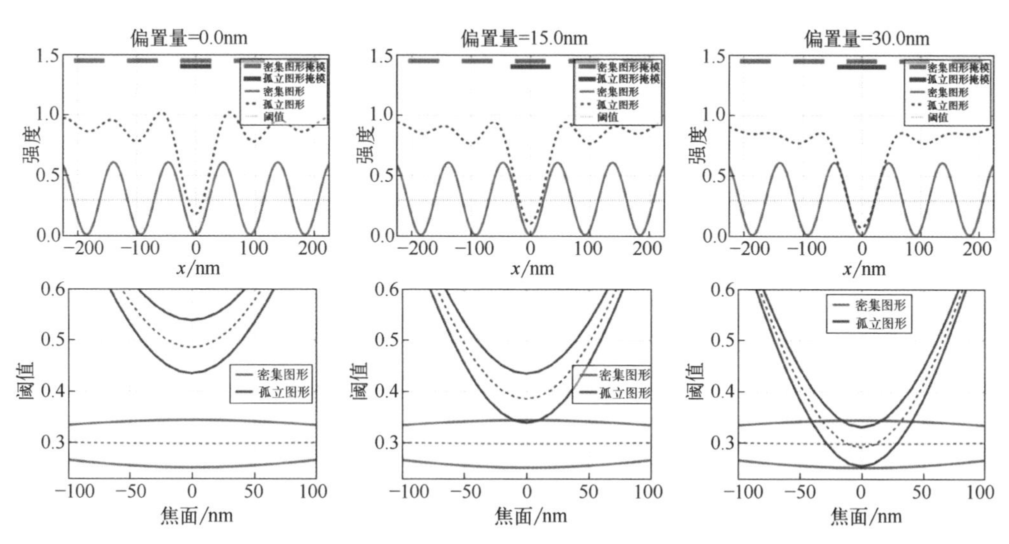

图 4.9　通过偏置孤立线条的宽度补偿 45nm 孤立线和密集线空图形之间的成像偏差。第一行：孤立线和密集线空图形的成像横截面图，从左至右对孤立线进行的偏置量分别为 0nm、15nm 与 30nm；偏置量是指使硅片面线宽发生的变化量。第二行：相应的工艺窗口。成像条件：波长 193nm，数值孔径 1.35，二极照明 σ_{in}/σ_{out}=0.7/0.9，ω_{op}=40°

宽一致，需要将掩模孤立线条的宽度增加 30nm。对孤立线进行偏置有助于使孤立线和密集线的工艺窗口重叠，但是并不会改善孤立线工艺窗口的曲率。孤立线对焦面变化的灵敏度明显高于密集线。

在所用的二极照明条件下，0 级光和 1 级光发生双光束干涉，实现密集线图形的成像。这些衍射光与光轴之间的距离都基本一致，穿过投影物镜时相位的变化几乎相同。此外，空间像强度的均值与目标尺寸阈值（THRS）接近。偏离最佳焦面会影响空间像强度的最大值和最小值，但不会影响目标尺寸阈值附近的空间像强度。这就是密集线图形焦深更大的原因。

孤立线图形的成像是通过多个衍射级之间的干涉实现的。这些衍射级与光轴之间的距离不同，穿过投影物镜后相位差很大。离焦系统中孤立图形使得光（或者暗区）发散，导致目标尺寸阈值附近的光强变化很大。尺寸接近分辨率极限时孤立图形的成像焦深很小。

为了降低对焦面变化的灵敏度，需要使孤立图形看上去更接近密集图形。图 4.10 展示了辅助图形（线）在孤立 - 密集图形成像偏差补偿中的作用。为确保不会被印出，辅助图形的尺寸必须足够小。同时为确保对局部图形环境的有效调制，辅助图形的尺寸又需要足够大。辅助衬线或者辅助图形使得孤立图形与密集图形的衍射谱更加相似。图中组合使用了辅助图形与主图形偏置两种方法。更宽的辅助图形可提高焦面稳定性、减少工艺窗口的曲率。然而，采用目标尺寸阈值时，辅助图形宽度越大，误印的可能性更高。图 4.10 中，辅助图形宽度的最佳值为 15nm（中间列）。它既不会印出，又明显增大了孤立图形的焦深。

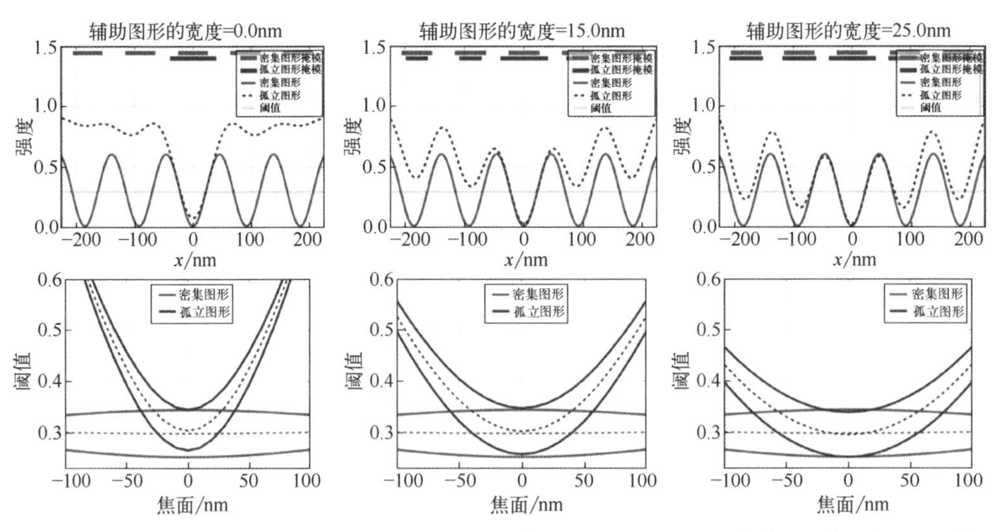

图 4.10　通过亚分辨率辅助图形补偿 45nm 孤立线和密集线空图形之间的成像偏差。第一行：孤立线和密集线空图形的成像横截面图，从左至右分别为增加了 0nm、15nm 与 25nm 宽的辅助图形。第二行：相应的工艺窗口。其他成像条件同图 4.9

辅助图形也可应用于半密集图形。两条半密集线之间可以放置的辅助图形的数量，取决于半密集线之间的可用空间。辅助图形尺寸和位置需要根据其他因素确定，见参考文献 [12-14]。

4.2.2 线端缩短的补偿

图 4.11 为空间像与线端印迹的仿真结果。光学系统的衍射受限特性导致线端圆化。硅片面线端区域的衍射光来自三个方向——左边、右边和上面的明亮区域。该区域内光线变多，导致了线条的长度与设计图形相比变短。可以在右图所示的仿真印迹中观察到这种现象。为了抵消这些效应，在线条末端加上一个额外的不透光结构，即所谓的衬线或锤头结构。增加额外结构后线端变长，实现了设计目标，拐角圆化效应也相应地减弱，如图 4.11 第二列所示。在周围添加亚分辨率辅助图形可以增大线端图形的焦深。

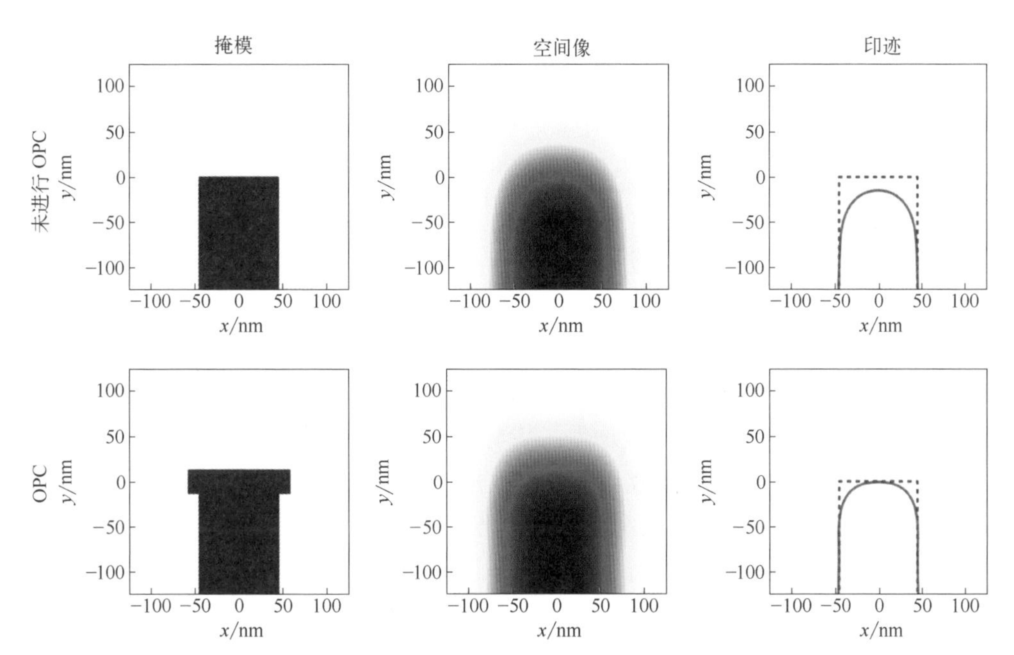

图 4.11 线端图形的简单 OPC。第一列为掩模版图，第二列为空间像，第三列为仿真印迹（实线）与设计目标（虚线）之间的对比；第一行为未添加亚分辨率辅助图形，第二行为添加后的结果。仿真条件：90nm 孤立线，波长 193nm，CQuad 照明，数值孔径 1.35

4.2.3 从基于规则的 OPC 到基于模型的 OPC，再到反向光刻

建立掩模图形校正规则之前，需要先测试偏置、辅助图形、衬线等类型的掩模校正量对光刻成像的影响。图 4.12 为一个简单的例子。如果使用左上的目标图形或设计目标作为掩模图形，则光刻胶印迹（右上）与目标图形之间存在明显偏差。与

目标图形相比，光刻胶印迹的两端缩短了。此外，拐角的轮廓形状发生了明显的变形。基于一些规则对图形进行修正，获得修正了光学邻近效应后的新掩模（OPC 掩模，左下）。修正后的掩模产生的印迹更接近目标（右下）。

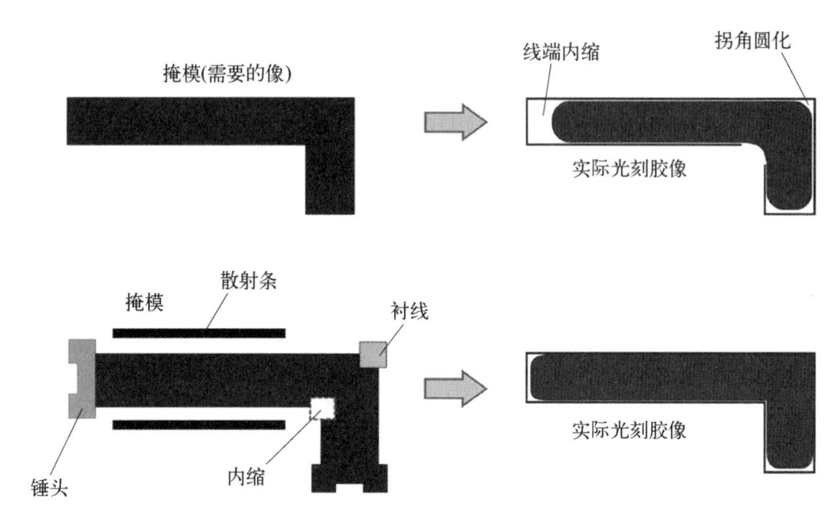

图 4.12 基于规则的 OPC 示例。左上：目标与初始掩模版图。右上：初始版图的印迹（阴影区域）与目标之间的比较（矩形轮廓线）。左下：对掩模版图应用基于规则的 OPC（OPC 后的掩模）。右下：OPC 后掩模的印迹（阴影区域）与目标之间的比较（矩形轮廓线图）。改编自参考文献 [15]

将校正规则应用于给定的设计图形并不难，但是，随着工艺因子 k_1 的减小，光刻工艺会产生更严重的邻近效应。不同图形之间相互影响的距离相对于图形的尺寸来说变得更大。需要考虑相互影响的情况越来越多，而且需要进行更复杂的掩模校正来补偿邻近效应。OPC 规则的数量呈指数增长。这使得基于规则的 OPC 在先进半导体制造中应用的难度迅速增大，甚至变得不可行。

基于模型的 OPC 采用高效（紧凑）的光刻成像和光刻胶工艺模型来预测掩模图形所需的修正量。Rieger 和 Stirniman[16] 以及 Nick Cobb[17] 提出了这种 OPC 的基本思想、概念和方法。该方法的基本思想如图 4.13 所示。首先，原始掩模图形的边被分成若干小段，这个过程称为分段。然后，根据目标改变各部分的位置，使目标图形与修正后掩模的印迹之间的差异最小。每次迭代中都会执行一次仿真。Cobb 使用了一种 SOCS 成像算法高效地计算空间像（见 2.2.3 节）。Rieger 和 Stirniman 采用了经验模型。该模型采用基于卷积核函数的卷积运算作为基础运算。由于卷积运算的数值计算效率很高，且只需要计算图形边缘的像或者计算边缘放置误差，所以基于模型的 OPC 适用于大面积掩模的修正，适用于全芯片图形。

第一个基于模型的 OPC 通过对已知解进行微扰得到修正后的掩模图形。这种方法一般无法得到最优掩模图形。例如最早的基于模型的 OPC 方法，如图 4.13 所示，虽然已经证明了辅助图形可增加孤立和半密集图形的焦深，但是该方法不能产

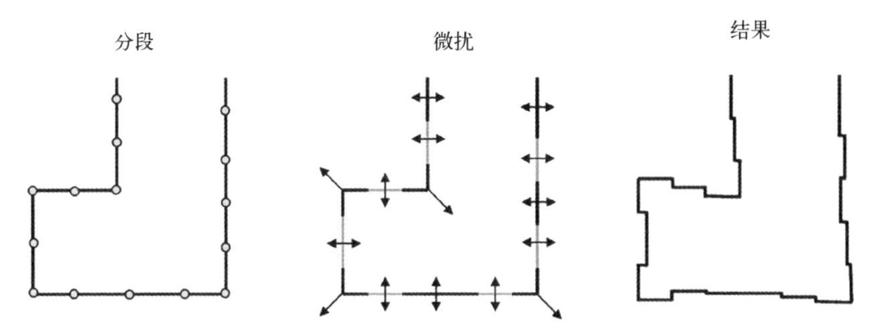

图 4.13　基于模型的 OPC 的一般流程：分段（左）；对初始版图施加微扰（中）；优化后的掩模版图（右）。改编自参考文献 [18]

生亚分辨率辅助图形。目前已有多种基于规则和模型的辅助图形插入策略。这些策略包括物理干涉图的策略 [19]、基于数值网格贡献度计算的策略 [20]，以及机器学习的策略 [21]。

通常，可将 OPC 看作图像合成问题，对一个特征已知的系统，设计输入图像（或掩模），使系统的输出尽可能逼近目标图像 [22]。研发先进 OPC 算法首先需要建立逆向问题 [23] 的抽象数学公式（见图 4.14）。为实现此目的，数学上将成像过程表示为：

$$I(x,y)=\Theta\{m(x,y)\} \tag{4.7}$$

式中，$\Theta\{.\}$ 表示正向成像模型，将掩模透过率函数 $m(x,y)$ 映射为系统输出的光强函数 $I(x,y)$。Θ 通常是不可逆的。寻找可以使成像强度分布接近目标强度分布 $\tilde{Z}(x,y)$ 的最优掩模图形 $\hat{m}(x,y)$ 的问题可以转化为如下最优化问题：

$$\hat{m}(x,y)=\arg\min_{m(x,y)}\tilde{d}\left[\tilde{Z}(x,y),\Theta\{m(x,y)\}\right] \tag{4.8}$$

式中，$\tilde{d}[.,.]$ 是距离的度量，评价所成的像与目标像之间的相似度。更多有关光源掩模优化（SMO）与反向光刻技术（ILT）评价函数的讨论，请见 4.5 节。为了实际可用，优化后的掩模图形 $\hat{m}(x,y)$ 还应具备良好的可制造性。

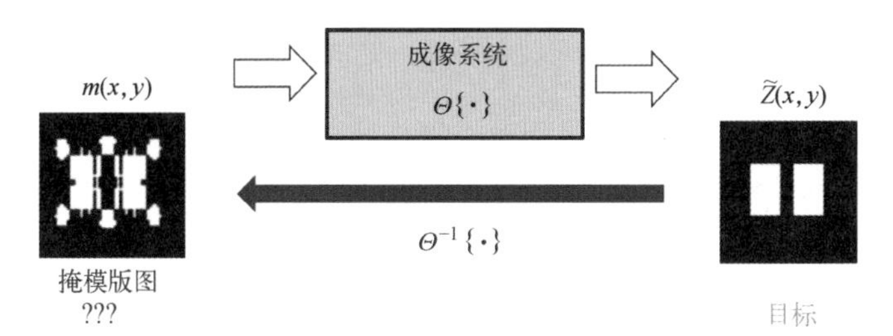

图 4.14　反向光刻技术的一般方案。详细讨论请见 4.5 节及参考文献 [28]

早期解决上述优化问题的研究有像素翻转技术、模拟退火技术和交替投影技术[22, 24 - 26]。在图形优化过程中可采用不同的正则化方法获得可制造的掩模。Granik[27]对近年的反向求解掩模问题的方法进行了系统地概括和分类。最先进的ILT将计算高效的成像（和光刻胶）模型和各种先进优化技术相结合，来确定对应于给定设计的最佳掩模图形。掩模优化和光源优化的技术方案相似。这些技术常被组合应用于光源掩模联合优化技术。4.5节概述了这些技术，讨论了几项重要的内容，并列出了相关文献和本书用例的详细参考文献。

虽然ILT提供了（理论上）最好的解决方案，但它很少应用于整个版图。在实际应用中，常采用ILT优化热点区域的掩模版图。版图中的热点位置非常容易出现图形转移错误。ILT还被用来生成辅助图形的放置规则[29, 30]。

4.2.4 OPC模型与工艺流程

目前，基于模型的OPC已成为先进半导体制造的标准工艺步骤。图4.15为当前常用的OPC模型，包含了处理各种光学、光刻胶效应的方法。先进的光学模型不仅涵盖了高NA成像系统中的偏振效应，还包括杂散光（来自粗糙表面的随机散射光）和激光带宽效应（波长微小变化引起的波像差和其他成像特性的微小变化）（见第8章）。对掩模和不平整硅片引起的光散射效应（即所谓的三维掩模效应和硅片形貌效应）进行正确建模，需要用到严格电磁场仿真技术（见第9章）。三维光刻胶模型和刻蚀模型常被用来精确地描述图形的转移。对掩模刻写和掩模工艺修正

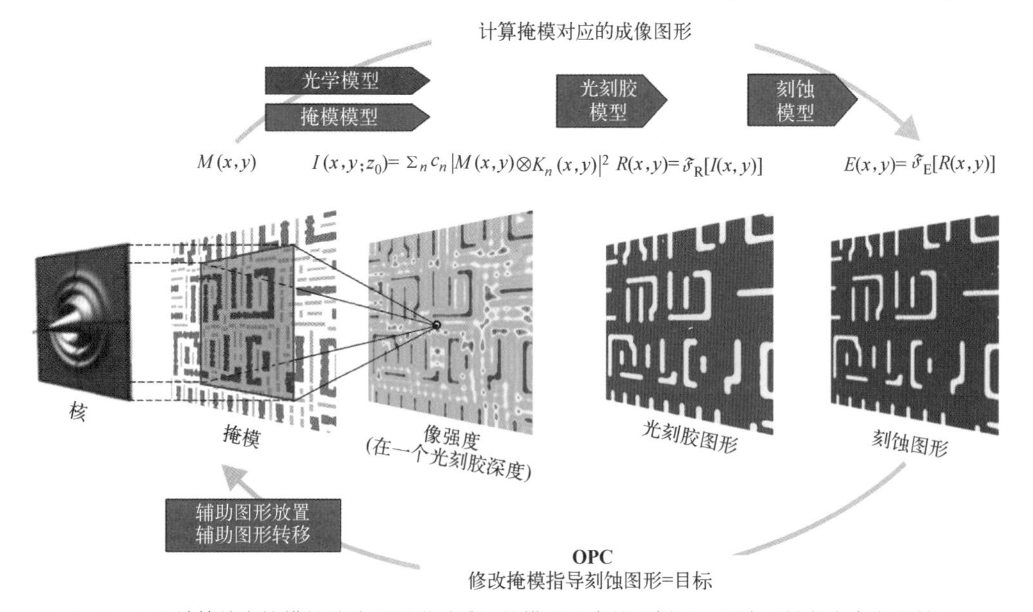

图4.15　OPC计算给定掩模的硅片面图形时采用的模型和步骤示例图。经许可转载自参考文献[31]，版权（2016），日本应用物理学会

过程中各种效应的建模也变得越来越重要。EUV 光刻中，OPC 技术会面临一些特有的挑战（见第 6 章）。

Peter De Bisschop 对 OPC 建模，以及建模和模型验证所需要考虑的实际问题进行了文献综述 [32]。通常，OPC 模型的思想来自传统光刻仿真的物理模型。为了在合理的时间内对整块掩模进行邻近效应修正，需要将模型重新构造为卷积核的形式，以支持快速计算。这些紧凑模型的大部分参数都无法直接测量，特别是光刻胶模型的参数。这些模型参数需要根据实验数据来校准。必须通过严格仿真或实验对 OPC 模型中三维掩模模型和硅片效应模型的参数进行标定。为了建立准确的 OPC 模型，需要开发专门的计量方法和抽样策略来获取所需的实验数据。在某些情况下，需要利用全物理模型的仿真数据对这些实验数据进行补充。掩模规则约束（MRC）是掩模数据准备（mask data preparation）的重要组成部分，用于确保掩模的制造精度。最后，必须通过严格物理仿真和专门的硅片曝光实验对建好的模型进行验证 [31]。

除了提高掩模工艺的分辨率外，OPC 不需要增加新材料或新工艺。它可以应用于标准（二元）玻璃 - 铬掩模与其他掩模技术。对掩模设计的影响等级为中等，影响的程度取决于 OPC 的复杂度（分块的大小和数量、辅助图形的数量等）。对具有许多细碎 OPC 图形的掩模进行规格说明和制造需要的数据量大、掩模刻写时间长。OPC 也增加了掩模检测的复杂性。例如，难以将掩模上的某些亚分辨率 OPC 图形和缺陷区分开。OPC 对工艺改进的影响程度为中等水平。OPC 使得更小 k_1 工艺因子的技术能够得到应用，提高了工艺的线性度、增大了可实现的工艺窗口。

4.3 相移掩模

OPC 通过修改不透光或透光图形的几何形状来优化掩模图形。该技术不改变图形透射光的强度或相位。相移掩模（PSM）通过调整掩模图形透射光的相位与透过率改善成像质量。利用（强度）透过率 $\tilde{T}$ 与相位 ϕ 来描述掩模图形：

$$\tilde{T} = \frac{I_{\text{trans}}}{I_{\text{inc}}} \qquad \phi = \phi_{\text{trans}} - \phi_{\text{ref}} \tag{4.9}$$

式中，$I_{\text{trans}}/I_{\text{inc}}$ 分别为透射光强度和入射光强度；相位 ϕ 是图形的透射相位 ϕ_{trans} 与给定参考平面的相位 ϕ_{ref} 之差。

掩模上透过率值和相位值的数量是有限的。一般来说，每多一个透过率 / 相位的组合（或称为阶数）都会增加若干个（掩模制造）工艺步骤，使掩模更加昂贵。在半导体制造中，大多数掩模是二阶或三阶掩模。它们具有两种或三种不同的透过率与相位值组合。灰度掩模的透过率值更高，可用于制作表面不平的三维光刻胶形貌，也可用在一些其他应用中来生成图形（见 7.4.1 节），但是这些情况比较少见。

用于半导体制造的相移掩模可分为两类。强相移掩模由具有两个不同相位值的全透光图形（$\tilde{T}=1$，$\phi=0°/180°$）与不透光图形（$\tilde{T}=0$）组成。弱相移掩模包含多个半透明图形（$0<\tilde{T}<1$），这些图形相对于全透光图形存在 180° 相移。下面介绍这些相移掩模的优缺点。

4.3.1 强相移掩模：交替型相移掩模

相移掩模实现分辨率增强的基本原理如图 4.16 所示。图示为两个相邻狭缝的成像。照明为相干光照明，在照明系统光瞳上显示为一个位于光轴上的点。左图是狭缝在像面的标量光场振幅。右图为不同类型掩模情况下两个狭缝对应光场叠加后的强度。当两个狭缝的透射光相位相同时，将两狭缝的振幅相加，得到二元掩模成像的强度：

$$I_{\text{binary}}=\left(a_{\text{left}}+a_{\text{right}}\right)\left(a_{\text{left}}^{*}+a_{\text{right}}^{*}\right) \tag{4.10}$$

相距 80nm 的相邻狭缝的透射光发生相长叠加，像融合在一起形成一个单峰。显然成像系统不能分辨这两条狭缝。

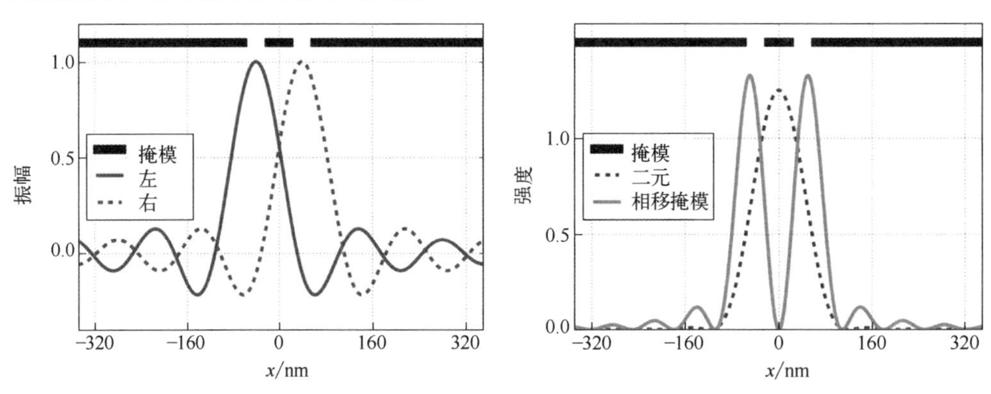

图 4.16 相干照明条件下两个相邻狭缝的成像。左右狭缝在像面的光场振幅（左），以及二元掩模和相移掩模的像面光强（右）。两个狭缝之间的间隔为 80nm。成像条件：波长 193nm，数值孔径 1.35，狭缝宽度 45nm

交替型 PSM 上相邻狭缝的透射光之间存在 180° 相移。此时，式（4.10）中复振幅存在 180° 相移，表现为左右两个振幅之间的正号变为负号：

$$I_{\text{PSM}}=\left(a_{\text{left}}-a_{\text{right}}\right)\left(a_{\text{left}}^{*}-a_{\text{right}}^{*}\right) \tag{4.11}$$

振幅相减操作使相邻狭缝之间的强度分布为零，与狭缝之间的距离无关。这些狭缝可以被成像系统分辨。

同样，可以在傅里叶空间或光瞳面上解释交替型 PSM 实现分辨率增强的原理。图 4.17 展示了选用不同的掩模类型时周期性线空图形的成像过程。如前所述，垂直入射光照明情况下，衍射光关于光轴上 0 级衍射光对称。在图中所示的情况下，只有 0 级光通过光瞳 NA，像面光强为常数。

图 4.17 中每间隔一个透光空设置有相移层，使得衍射光的周期加倍、衍射角减半。由于相邻图形透射光相位的符号相反，0 级光（所有区域的平均透射振幅）消失。交替型 PSM 的正负一级光通过光瞳 NA。两列波在像面发生干涉形成干涉图。干涉条纹的周期与掩模图形的周期相同。显然，交替型 PSM 上的线空图形空间上可分辨。从图 4.17 还可以看出，将交替型 PSM 与离轴照明组合使用不利于成像。倾斜照明将其中的一个衍射级移出光瞳，产生了没有任何强度调制的像。

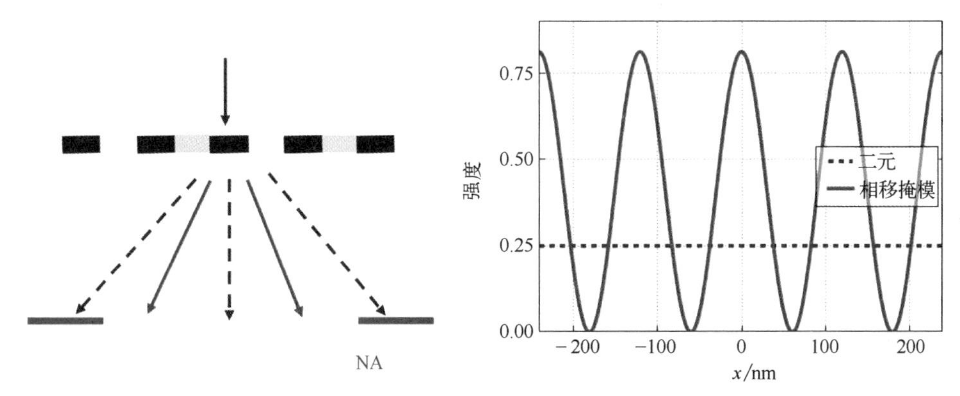

图 4.17　相干照明条件下二元掩模和交替型相移掩模周期线空图形的成像。左图：基本光路结构和衍射级次在给定 NA 投影物镜光瞳面上的位置，掩模下方的虚线代表衍射级次，实线表示交替型相移掩模的衍射级次。右图：二元掩模和相移掩模在像面的光强。成像条件：波长 193nm，数值孔径 0.85，空的宽度为 60nm，线图形的周期为 120nm

图 4.18 展示了交替 PSM 上相邻透光图形之间相移的实际实现方法。光源发出的光照射到掩模基底上，向含图形的吸收层传播。二元掩模的基底厚度均匀（此处未显示）。因此，在二元掩模透光区域的光的相位也是均匀的。交替型相移掩模基底的厚度不均匀。交替型 PSM 上的相移透光区域是通过刻蚀掩模基底实现的，根据光程差可以得到实现 180° 相移所需的刻蚀深度 d_{etch}：

$$d_{etch} = \frac{\lambda}{2\left(n_{sub} - n_{air}\right)} \tag{4.12}$$

式中，n_{sub} 和 n_{air} 分别是掩模基底（通常是石英）和掩模下方材料（通常是空气或真空）的折射率。

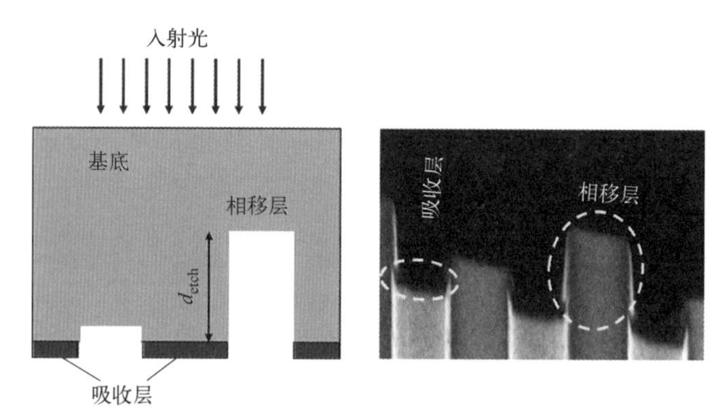

图 4.18　交替型相移掩模相邻透光图形相移量的物理实现方法示意图：理想的掩模形貌（左），加工完成后掩模的电镜图像（右）。转载自参考文献 [33]

如图 4.18 左图所示，掩模的制造工艺导致实际掩模图形偏离理想形状。此外，玻璃基底中沟槽的垂直边缘对光的散射效应会引入一些现象。这些现象在 2.2.1 节的薄掩模模型中没有描述。9.2 节将详细讨论这些效应。掩模的设计也必须考虑这些问题。图 4.18 右图为设计和制造的交替型相移掩模的电子显微镜图像。

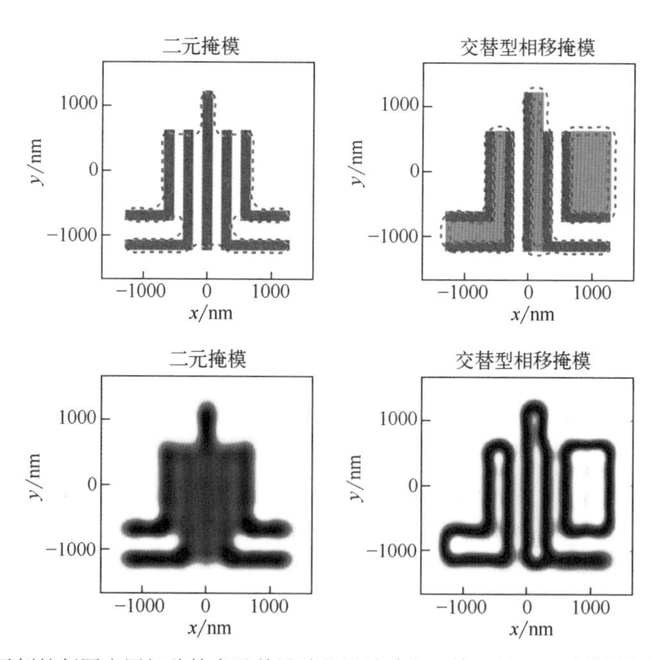

图 4.19　对示例的版图应用相移技术及其导致的设计冲突。第一行：二元掩模版图（左）与交替型相移掩模版图（右），以及仿真的光刻胶印迹（虚线）；白色（$\tilde{T}=1.0, \phi=0°$）、灰色（$\tilde{T}=0.0, \phi=0°$），以及浅红色（$\tilde{T}=1.0, \phi=180°$）区域表示掩模上不同等级的透过率。第二行：仿真的空间像强度。线条的宽度为 150nm。成像条件：波长 193nm，数值孔径 0.5nm，圆形照明 σ=0.3

相位冲突是交替型 PSM 设计面临的另一个难题。图 4.19 在前面讨论的掩模图形（见图 2.18）中增加了相移。由于 NA 较小，二元掩模（左列）的成像对比度很低。很难分辨与 y 方向平行的垂直线条。垂直线条区域看上去像一个未显影光刻胶的均匀区域。为了改善交替型 PSM 的问题，在每条垂直线的左右两侧都添加相反的相位，明显改善了垂直线的成像。在空间像和光刻胶印迹中都可以清楚地分辨出这些线条，如图 4.19 右侧所示。

然而，相移的引入同时也带来了一些新问题。掩模中相位值不同的透光区域必须以某种方式合理地连接起来。设计者可以自由选择连接的位置。两个相位值不同透光区域的过渡位置一般都会产生空间像最小光强，会形成一条光刻胶线条。因此，图 4.19 右侧 y 方向的垂直线被缺陷所包围：相邻线条的末端被沿着相移区边缘的多余线条连接在一起。

采用平滑的过渡将会减轻上述问题。然而这一方案实际不可行，原因如下。首先，具有多个相位值甚至相位连续变化的掩模的制造难度大且价格昂贵。此外，除 0° 和 180° 之外的相位值，沿着焦深方向的成像具有不对称性。导致的最佳焦面不对称会带来其他工艺问题。

采用修剪掩模 [35] 进行多次曝光是处理这些相位冲突问题的主要方法。用修剪掩模进行曝光去除了位于透光区相位变化位置的光刻胶线条。图 4.20 给出了一个具体实例。左上方设计目标中最微细的图形是两条垂直线条。因此，这些线条的左右两侧被分配了相反的相位值。目标版图上的其他图形尺寸较大，不是光刻关键图形。这些图形是由第一行中间所示的修剪掩模产生的。修剪掩模有两个功能：印出目标版图中底部和顶部尺寸较大的不透光图形，并避免细线条（相移掩模第一次曝光时产生）被再一次曝光。右图和中图为 PSM 和修剪掩模所成像的轮廓。图中所

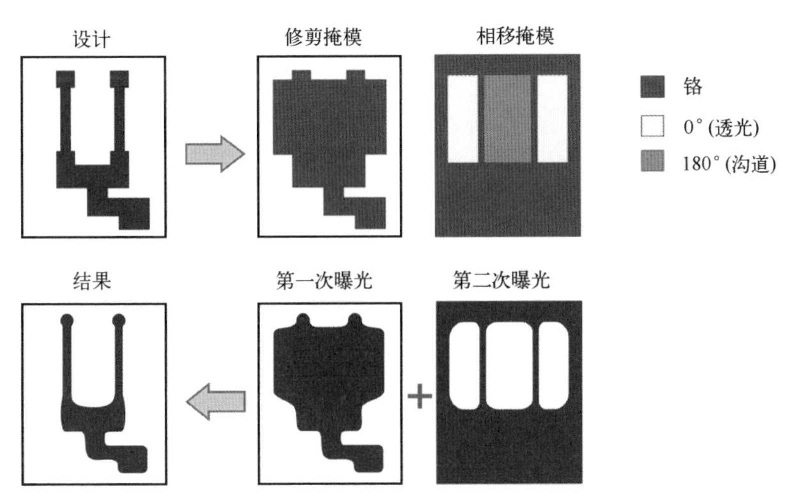

图 4.20　应用修剪曝光移除交替型相移掩模中的相位冲突。改编自参考文献 [36]

示为基于强度阈值计算出的轮廓。两次曝光之后得到左下角所示的轮廓，与目标版图非常接近。然而，这种工艺需要使用修剪掩模以及多次曝光，增加了交替型相移掩模技术的成本和复杂性，与其他解决方案相比缺乏吸引力。

上述关于相位冲突的讨论表明，由不同相位区域组成的全透射掩模同样可以在像面产生图形。这一思想被应用于无铬相移光刻（CPL）。无铬相移掩模是一种特殊的强 PSM，其所有区域都透光，但可对相位进行空间调制。

图 4.21 比较了不同类型掩模产生密集线图形的光学过程。第一行为掩模的几何结构及其对垂直入射光的衍射作用，从左至右依次为二元掩模、交替型 PSM 和无铬 PSM。无铬 PSM 由交替排列的全透明区（$\tilde{T}$ =1）组成，相位值 ϕ=0° /180°。该图形的周期与图 4.21 中间的交替型 PSM 的周期相同。因此，第一级衍射级在同一位置进入投影物镜光瞳。无铬掩模中无相移区（ϕ=0°）和相移区（ϕ=180°）透射光之间的相消干涉导致 0 级光的衍射效率为零。

图 4.21 的下半部分是不同线宽掩模的空间像截面图。右图所示的图形线宽为 40nm、周期为 80nm，非常接近系统的分辨率极限。衍射级次的位置如左上图所示。二元掩模情况下，只有 0 级光穿过投影物镜，空间像强度为恒定值。交替型 PSM

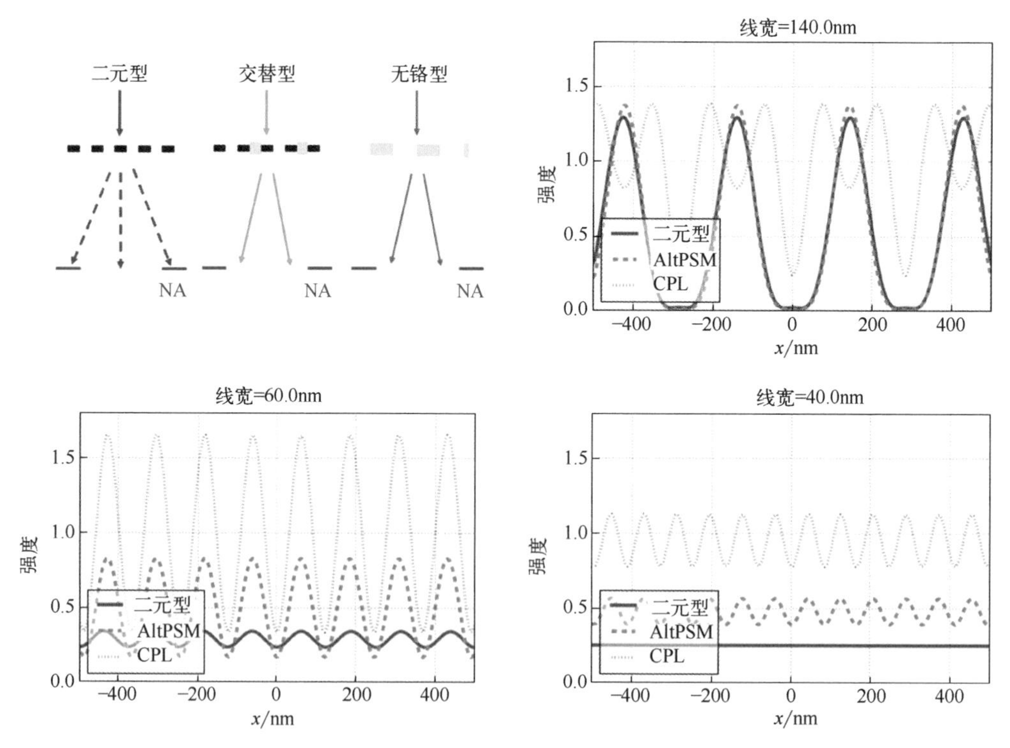

图 4.21 不同掩模类型的周期性线空图形之间的对比图。左上：衍射极限成像，包括二元掩模、交替型相移掩模（AltPSM）以及无铬相移掩模（CPL）对光的衍射。右上和第二行：不同线宽图形的空间像横截面图。线空图形的线空比为 1 ∶ 1，波长为 193nm，圆形照明 σ=0.3，NA=1.35

和无铬掩模都有两个衍射级参与成像，产生了周期为目标值 80nm 的干涉条纹。该无铬掩模不含任何挡光的吸收层图形，所以像的强度高于交替型相移掩模的像强度。当特征尺寸为 60nm 或周期为 120nm 时，下一个衍射级次开始参与成像。这些新参与成像的衍射级对应为二元掩模的一级。因此，二元掩模的像的调制度较低，如左下图所示。与之相比，交替型 PSM 和无铬掩模的成像对比度更高。

通过增加掩模图形的线宽、周期和透过投影物镜光瞳的衍射级数可以看出交替型和无铬 PSM 之间的区别。交替型 PSM 空间像最小值对应的宽度取决于线宽。也就是说，交替型 PSM 可用于各种周期和线宽的图形的成像。相比之下，无铬 PSM 在相移区边界位置的成像光强最小，最小值两侧光强变化陡峭。透光区两侧的光强最小值不明显，无法曝光出图形。无铬 PSM 只能用于曝光比较细的线条。

无铬 PSM 光刻细线条的能力可以应用于制造某些特定的结构。半导体集成电路中晶体管的门通常是很细的半密集线或较长的接触孔。它们是半导体制造中最关键的结构，需要采用鲁棒性很高的微细图形光刻工艺。图 4.22 给出了无铬掩模上线条图形的空间像截面图。线条图形相移区的宽度不同。宽线条（宽度≥ 100nm）的两条边成像为两条独立线条。细线条的边缘融合成为一个具有单一最小值的空间像。对于掩模上宽度为 30 ～ 50nm 的相移线条，空间像的形状及其最小值几乎恒定。在这种情况下，光刻工艺具有很高的鲁棒性，对掩模尺寸的微小偏差不敏感。无铬掩模的掩模误差增强因子（MEEF）很小。

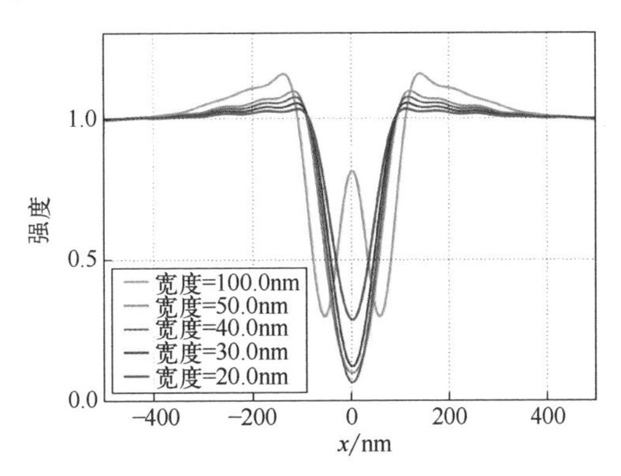

图 4.22　无铬相移掩模上不同宽度线条的空间像截面图。成像条件：波长 193nm，圆形照明 σ=0.7，NA=1.35

无铬相移掩模可以避免相位冲突，这是其另一个优点。硅片上的一条线条是由掩模上的两条相邻边产生的，两条边在线条末端连接在一起。但是，无铬相移掩模的制造和检测难度很大。形成掩模图形的材料仅有一种，常采用刻蚀工艺制作相移区，刻蚀工艺的控制难度很大。由于检测需要用到（不同形式的）材料的对比度信息，所以这些检测设备难以检测有图形掩模。薄掩模模型只能近似地描述无铬掩模的散射光。设计这种掩模时需要采用严格电磁场仿真技术。严格电磁场仿真技术可以量化计算非常重要的三维掩模效应及其对成像的影响，参见 9.2 节。

4.3.2　衰减型相移掩模

与强 PSM 不同，弱 PSM 或衰减型 PSM 没有相位不同的全透光区域。这种类型的相移掩模采用的是半透明相移层，具有非零背景光强。一般将光强透过率 $\tilde{T}$ 定义为透过率。在后续公式中，本书也会采用振幅透过率 τ 进行定义。两个量之间的关系为 $\tilde{T}=\tau^2$ 。

与掩模的全透光区相比，衰减型 PSM 的半透光区存在 180° 相移。衰减型 PSM 的透过率对成像性能的影响取决于版图。为了证明这一点，在有相移和无相移两种情况下，我们研究了具有给定背景光强透过率 $\tilde{T}_{\mathrm{b}}$、线宽 w 和周期 p 的线空图形的成像。掩模周期范围 $-p/2 \leqslant x \leqslant p/2$ 内的透过率函数 $\tau(x)$ 为：

$$\tau(x)=\begin{cases}\tau_{\mathrm{b}}, & |x|\leqslant w/2\\ 0, & \text{其他}\end{cases} \tag{4.13}$$

将 $\tau(x)$ 代入傅里叶变换公式，可以得到 0 级和 m 级衍射光的衍射效率 $\eta_{0,m}$ 表达式：

$$\eta_0=\frac{1}{p^2}\left[w-\tau_{\mathrm{b}}(w-p)\right]^2 \tag{4.14}$$

$$\eta_m=(1-\tau_{\mathrm{b}})^2\left(\frac{w}{p}\right)^2\operatorname{sinc}^2\left(m\frac{w}{p}\right) \tag{4.15}$$

图 4.23 为不同 $\tilde{T}_{\mathrm{b}}$ 和不同相移量情况下式（4.15）的曲线图。分别显示了 180° 相移 $\tau_{\mathrm{b}}=-\sqrt{\tilde{T}_{\mathrm{b}}}$ 和无相移 $\tau_{\mathrm{b}}=+\sqrt{\tilde{T}_{\mathrm{b}}}$ 情况下的衍射效率数据。可见 $\tilde{T}_{\mathrm{b}}$ 和相移对衍射效率有明显的影响。180° 相移提高了 1 级光的衍射效率，降低了 0 级光的衍射效率。这说明通过调节 $\tilde{T}_{\mathrm{b}}$ 和相移量的大小可以平衡各个衍射级次的强度。衰减型相移掩模的典型吸收层为 68nm 厚的 MoSi 层，光强透过率 $\tilde{T}_{\mathrm{b}}$ =0.06，波长为 193nm，对应的相移量为 180°。MoSi 衰减型相移掩模是先进 DUV 投影光刻中最常用的掩模。

强相移掩模常需要采用位于光轴上的相干照明。与之不同，衰减型相移掩模常与离轴照明组合使用。利用优化后的离轴照明对密集线空图形进行成像，成像质量取决于 0 级光与 +1 级光或者 −1 级光形成的干涉条纹的对比度。图 4.23 右图显示了该对比度数据。相移为 180°、光强透过率 $\tilde{T}_{\mathrm{b}}$ =0.06 时最关键的密集线图形（w/p=0.5）的成像对比度最高。

在其他类型图形的成像中也可以观察到可透光背景和相移在平衡各衍射级光强和成像方面的作用。图 4.24 为背景光强透过率对孤立接触孔的空间像、像的横截面和工艺窗口的影响。名义不透光区（背景）的光强透过率 $\tilde{T}_{\mathrm{b}}$ 自上而下逐渐增大。图中相移量均为 180°。

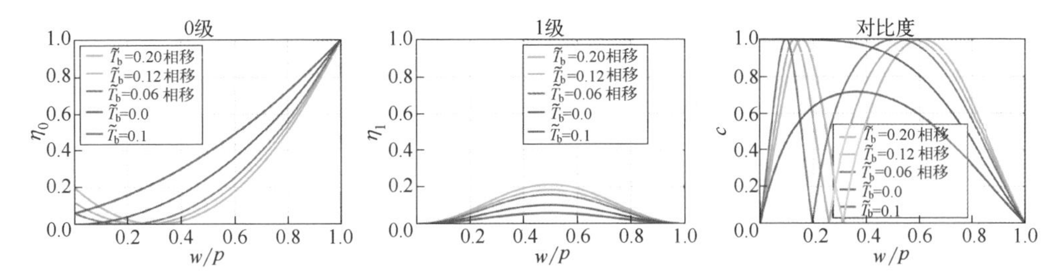

图 4.23 不同背景光强透过率 $\tilde{T}_b$ 条件下 0 级（左）和 1 级（中）光的衍射效率 $\eta_{0,1}$ 随着宽度与周期比值 w/p 的变化，相移量为 180°。右图：两衍射光之间的干涉对比度 c 随 w/p 的变化关系

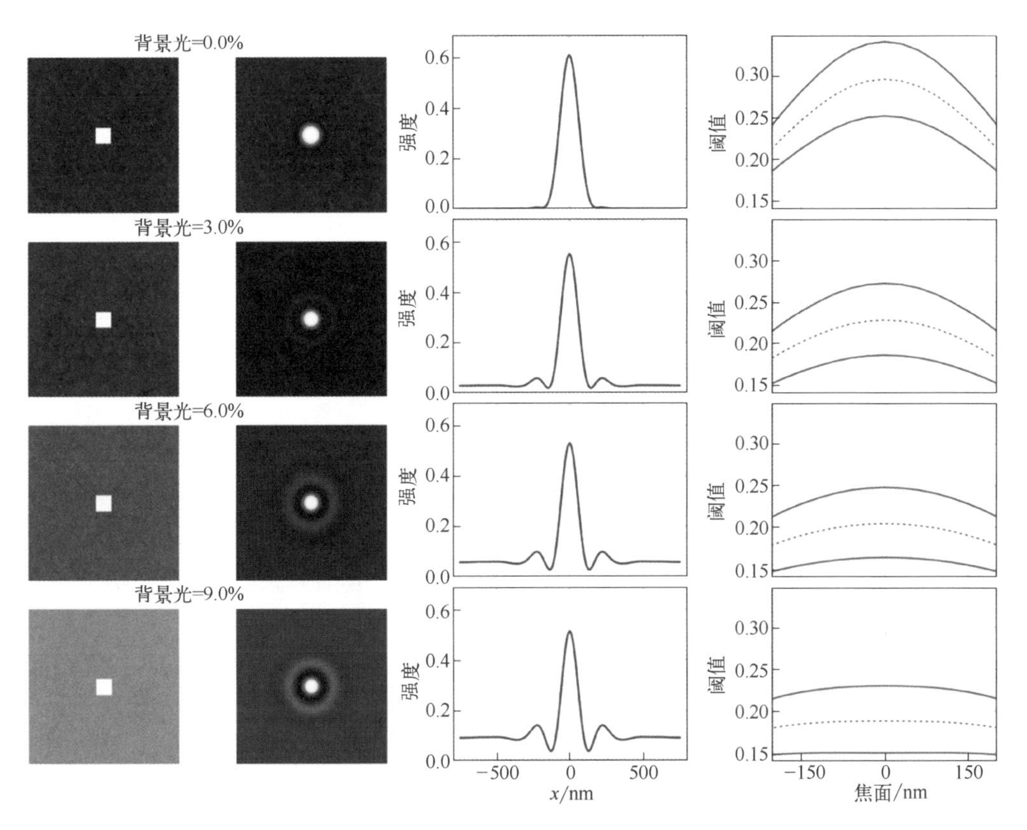

图 4.24 不同背景光强透过率情况下相移掩模 150nm 宽孤立接触孔图形的成像。每一列依次为：掩模版图、空间像、过接触孔 0 点的空间像水平向横截面图、工艺窗口。每一行依次为：相移区的透射率分别为 $\tilde{T}_b$ =0%、$\tilde{T}_b$ =3%、$\tilde{T}_b$ =6%、$\tilde{T}_b$ =9%。成像条件：波长 193nm，圆形照明 σ=0.7，NA=1.35

较大的 $\tilde{T}_b$ 增加了名义暗区内像的强度。接触孔中心的亮斑被暗环包围。穿过接触孔中心的光与经过掩模名义暗区相移之后的光之间发生相消干涉形成了暗环。接触孔周围的暗环改善了掩模边缘附近的空间像斜率，增强了空间像对焦面变化的鲁棒性。这一点可以在空间像横截面图和工艺窗口中观察到。除了暗环外，在名义

暗区域内还可以观察到一个亮环或旁瓣。名义暗区的透过率增加了产生可印出旁瓣的风险。旁瓣印出的风险取决于掩模的几何形状和照明设置。一般来说，相干度更高的照明和周期为中等大小的图形对旁瓣印出最敏感[37, 38]。减少旁瓣印出的策略包括在（可能的）旁瓣印出位置添加吸收层结构[39]或添加透光散射图形[40]。旁瓣的检测和抑制是现代掩模设计、OPC 和光源掩模优化（SMO）的必要组成部分，参见 4.5 节。

衰减型 PSM 改善了接触孔和空图形等孤立透光图形的工艺窗口。将离轴照明与掩模衍射谱的加权修正技术相结合，还可以增大其他图形的工艺窗口。确定衰减型 PSM 的最佳透过率时一般需要在成像特性（对比度、NILS、工艺窗口）和设计复杂度（特别是旁瓣印出风险）之间进行折中。旁瓣印出的风险随着背景透过率的增大而增加，当投影透镜存在某些波像差时印出风险变得更高，请见 8.1.5 节。

MoSi 衰减型 PSM 的制造工艺与标准二元掩模（玻璃上铬）的制造工艺相似。需要特别注意控制吸收层的透过率和相位。为实现 180° 相移以及所需的透过率，需要采用特定的折射率 n、消光系数 k 和厚度参数组合。

4.4 光瞳滤波

通过操控穿过投影透镜的光的透过率和相位，也可以改善投影系统的成像性能。透过率滤波器改变了不同傅里叶成分对成像的影响。一些学者考虑将这种滤波器应用于光刻投影物镜，实现物镜成像性能的调控[41-43]。图 4.25 显示了高斯滤波器和反高斯滤波器的透过率分布。为了便于讨论滤波导致的成像效应，本书采用部分相干因子 σ 值较小的圆形照明进行研究。这种情况下，高斯滤波器增加了穿过投影光瞳中心的低空间频率分量的权重，而反高斯滤波器增加了靠近光瞳边缘的高空间频率分量的权重。

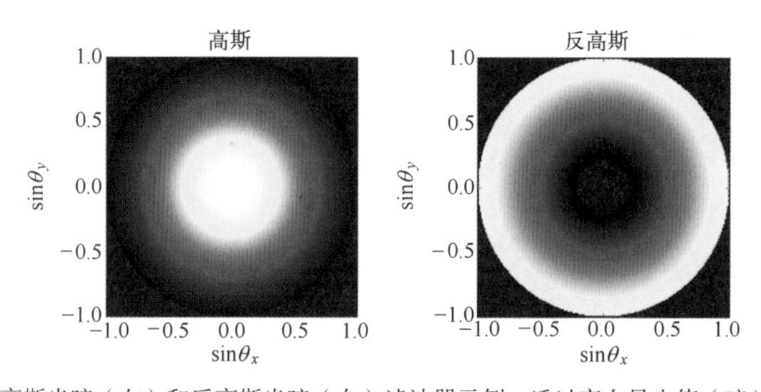

图 4.25 高斯光瞳（左）和反高斯光瞳（右）滤波器示例。透过率在最小值（暗）和最大值（亮）之间连续变化

图 4.26 给出了 45nm 孤立空图形的仿真空间像截面图。分别为不含光瞳滤波和使用了高斯滤波器和反高斯滤波器情况下的截面图。这两种滤波器都降低了透射光与像的强度。损失的光被投影系统内部的光瞳滤波器吸收。系统吸收光产生的热效应会导致不可控的波像差和其他畸变。Smith 和 Kang[44] 建议在掩模保护膜上安装光瞳滤波器。掩模保护膜是一层薄薄的保护层，与掩模图形的距离约为 6mm。

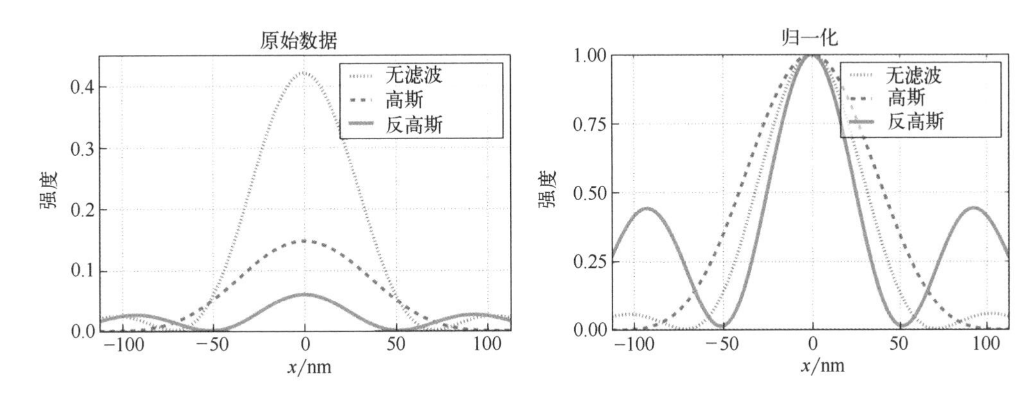

图 4.26　有无空间滤波情况下，45nm 孤立空图形的空间像横截面图。空间滤波器如图 4.25 所示。左图中的原始数据生成过程中采用了能量归一化方法。右图的数据采用了最大值归一化。成像条件：波长 193nm，NA=1.35，圆形照明 σ=0.3，最佳焦面

为了比较有无滤波器情况下的空间像截面图，图 4.26 右图对数据进行了归一化。反高斯滤波器对高衍射级的加权越大，在目标图形附近的空间像斜率就越大。较大的 NILS 可增加曝光剂量裕度。但是，主图形的旁瓣同时也变得更强，增加了旁瓣印出的风险。高斯型光瞳滤光器的效果与此相反。它们降低了旁瓣的强度，但同时也降低了 NILS 和曝光剂量裕度。

图 4.27 说明了光瞳滤波器对焦深方向成像的影响。与无光瞳滤波器的情况相比，高斯光瞳滤波器提高了焦深方向的成像稳定性或者说增大了焦深（DoF）。反高斯滤波器的效果与之相反。

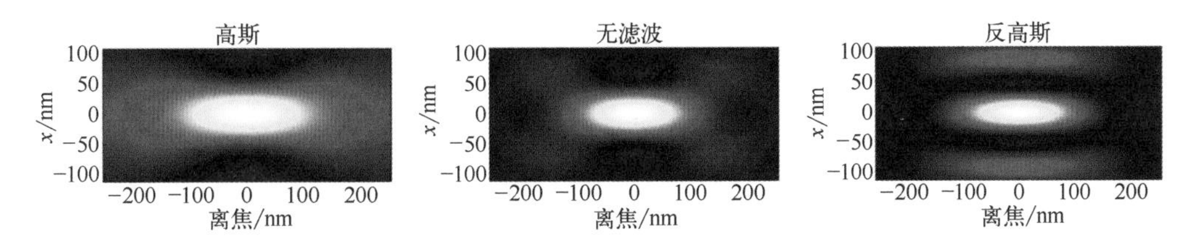

图 4.27　有无空间滤波情况下，45nm 孤立空图形沿焦深方向的像。所有参数同图 4.26

通常，可以设计光瞳滤波器以调节成像系统的成像特性。然而，光学系统内光的吸收及其导致的像差效应，限制了光瞳滤波器在实际生产中的应用。

先进的投影光刻机中使用了一种特殊形式的可调谐相位滤波器或波前调制器。参考文献 [45] 描述了 ASML 浸没式光刻机 FlexWave^{TM} 调制器的工作原理及其各种应用场景。FlexWave 用于静态和动态像差控制，特别是用于透镜热效应和光刻工艺波动的补偿，例如不同光刻机之间的成像特性不一致，以及照明系统和投影物镜生命周期内的光源形状和切趾效应波动。尼康采用了动态变形镜，通过反射镜表面复杂的形状变化控制投影物镜波前[46]。这种波前调制器还可以用于光源、掩模和投影物镜波前的优化，以补偿掩模引起的像差效应[47]。

4.5 光源掩模优化

前几节讨论了照明光源和掩模对分辨率和光刻工艺性能的影响。最佳照明模式和掩模图形几何形状不是相互独立的。例如，交替型 PSM 需要采用部分相干因子 σ 很小的相干照明。使用二极照明或其他形式的多极照明等强离轴照明，二元或者衰减型相移掩模上周期图形的成像质量更高。问题出现了：哪一种光源形状和掩模图形的组合成像性能最佳？在多模态搜索空间中，最佳光源、掩模和参数的确定是一个病态的、复杂的优化问题。解决这一问题需要利用恰当的设计参数、目标函数和优化技术，并将它们与计算高效、准确的模型一起使用。

采用的技术方案和建模方法决定了光源 $\boldsymbol{s}$ 和掩模 $\boldsymbol{m}$ 参数的描述方法。4.1 节介绍了环形照明和多极照明等几种典型参数化光源的形状，以及实现客户化自由照明的方法。标准掩模由多边形吸收层图形组成。像素化掩模[48]提供了更大的优化自由度，但掩模刻写时间更长，并且难以检测潜在的掩模缺陷。掩模形貌和材料可以作为额外的优化参数[49]。通常，光源 $\boldsymbol{s}$ 和掩模 $\boldsymbol{m}$ 参数的物理约束条件不同。这些约束用于保证优化后光源和掩模的可制造性。

光源掩模优化（SMO）和反向光刻技术（ILT）中定义评价函数的方法有很多种。图 4.28 的左上方为目标图形，由 100nm 光刻胶线条排列组合而成，理论上可由“理想”的光刻曝光和工艺产生。但是由于采用了衍射受限光学元件，实际不可能形成理想的像。右上方为在一定的光源 $\boldsymbol{s}$ 和掩模 $\boldsymbol{m}$ 参数设置下获得的衍射受限像。显然，该像与目标图形只是相似，并不完全相同。如何评价像和目标图形之间的相似性？

像与目标图形之间的差异如图 4.28 左下所示。差异的最大绝对值出现在目标版图的拐角和边缘位置。目标图形左下方的两条线之间的距离很近，差异也比较大。

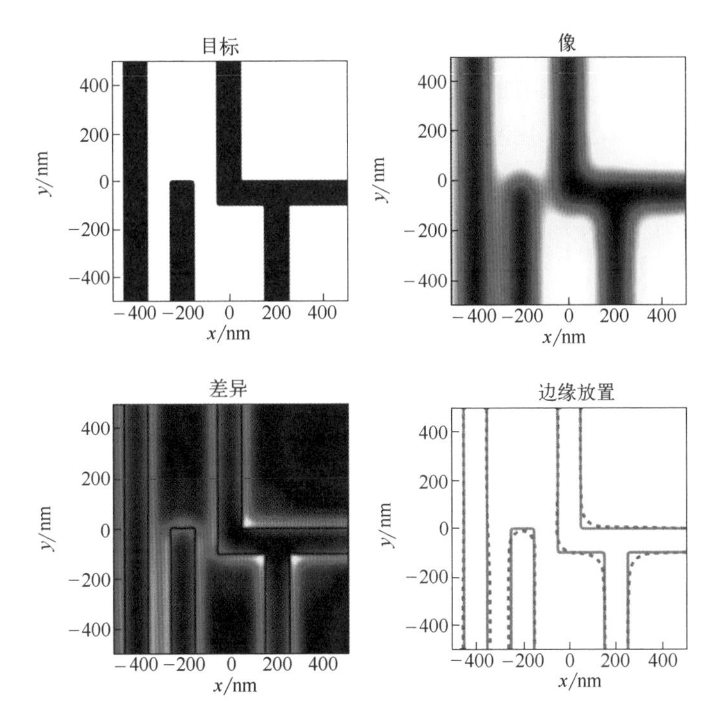

图 4.28　SMO 与 ILT 的成像效果评估。左上：目标（100nm 光刻胶线条组成的图形）。右上：与目标相似的衍射受限像。左下：目标和像之间的差异。右下：像的印迹（虚线）和目标（实线）

为了将像的相似度或保真度转换为标量值，将一定光源和掩模设置条件下的像 $I_{i,j}(\boldsymbol{s}, \boldsymbol{m})$ 和目标图形 $\tilde{Z}_{i,j}$ 之间的差异 $\tilde{d}$ 表示为：

$$\tilde{d}=\sum_{i,j}\left|I_{i,j}(\boldsymbol{s}, \boldsymbol{m})-\tilde{Z}_{i,j}\right| \tag{4.16}$$

式中，i 和 j 分别表示像和目标图形的离散采样点。由于成像系统的衍射受限性，$\tilde{d}$ 的值总是大于 0。这种图像保真度定义将像的非关键区域的微小强度波动赋予了更大的重要性。衍射效应或亚分辨率辅助图形导致的小旁瓣不会转移到光刻胶图形上。虽然也可以在不同焦面位置计算式（4.16）所示的评价函数，但它对光源 $\boldsymbol{s}$ 和掩模 $\boldsymbol{m}$ 的光刻工艺性能的评价能力有限。

目标图形与图 4.28 左下方图形的印迹不受像 $I(\boldsymbol{s}, \boldsymbol{m})$ 非关键区域强度微小波动的影响。图中印迹边缘放置误差的均值或最大值可作为像和目标图形之间相似性的一种有益度量。NILS、工艺窗口、MEEF 等光刻像质评价参数从更多的角度评估光源 $\boldsymbol{s}$ 和掩模 $\boldsymbol{m}$ 的优劣。

简单的 SMO 和 ILT 使用如式（4.16）所示的图形误差等单一评价函数。应用各种正则化方法获得实际可制造的光源和掩模图形。例如，可制造的掩模只包含两个（有时为三个）不同的透过率 / 相位值。为使掩模刻写时间在合理范围之内，且便于利用现有检测设备进行掩模检测，掩模上几何图形应该越少越好。大多数情况下，会将不同评价函数采用加权叠加的方式组合在一起使用。一些先进 SMO 算法采用多目标优化技术在不同目标函数之间进行折中 [50]。

SMO 和 ILT 采用的优化技术和策略非常相似。Poonawala 和 Milanfar[51] 提出了基于梯度搜索的优化技术。他们将成像过程描述为输入掩模图形与二维高斯核的卷积，使用 S 型函数［见式（3.22）］将空间像转化为光刻胶图形。利用这种模型，可直接应用最速下降法高效地计算透过率连续的最佳掩模。最后，采用阈值化和形状修复操作将得到的灰度掩模转换为可制造的二元掩模。Poonawala 最初的技术方案仅限于空间非相干系统，不能优化光源。为了在优化过程中考虑其他效应，Ma 等人 [52-54] 对基于梯度的算法进行了扩展，并利用这种算法同时优化光源与掩模。

水平集算法为形状和拓扑优化问题提供了非常灵活的公式 [55]。Pang 等人 [56] 演示了基于水平集的优化方法在反向光刻技术（ILT）中的应用效果。文献 [57，58] 详细描述了水平集方法及其在 ILT 中的各种应用。

一些重要的 SMO 技术从空间频率的角度进行两步优化 [59，60]。第一步确定掩模衍射谱和照明光方向的最佳组合，获得高质量空间像。第二步确定可产生相应衍射谱的掩模图形。将这种方法扩展应用到所谓的 tau 矩阵，可以将形貌效应（3D 掩模效应）增加到像素化无铬相移掩模的优化中 [61]。

为了高效、解析地计算梯度，大多数 ILT 和 SMO 技术的模型和目标函数需要有明确的数学表达式。需要避免优化陷入高维搜索空间的局部极小值。遗传算法等进化算法克服了传统优化方法的不足，可作为备选算法 [50，62]。图 4.29 给出了一个简单 SMO 实例，采用了空间像仿真和遗传算法 [62]。实例的目的是利用波长 193nm、数值孔径 0.7 的光刻系统制造 140 ～ 170nm 的接触孔，并获得最大焦深。采用相同的照明模式对孤立和链状接触孔图形进行曝光。

图 4.29 左上方的照明模式类似于几个极的组合，可支持这两种图形的成像。掩模图形由接触孔组成。接触孔位于掩模中心，周围为辅助图形。成像和 CD 数据表明，优化后照明和掩模的光刻性能良好。

光源掩模优化、反向光刻与多重图形技术相结合（见第 5 章）可实现最大程度的分辨率增强，将 193nm 波长的高 NA 浸没式光刻推向其物理极限。除此之外，通过对版图中的关键结构的设计图形进行调整 [63]、对目标设计进行其他调整，可进一步解决光刻工艺窗口缩小的问题。实际应用中光学邻近效应修正（OPC）、反向光刻技术（ILT）和光源掩模优化（SMO）需要用到多种模型，并需要利用大量数据标定这些模型。可以预期，人工智能的发展，特别是卷积神经网络（CNN）和生成对抗网络（GAN）的发展，将彻底改变未来的 OPC、SMO 和 ILT[64，65]。用于 EUV 光刻的 SMO 和 ILT 面临一些新挑战，这方面已有大量的研究工作 [66]。

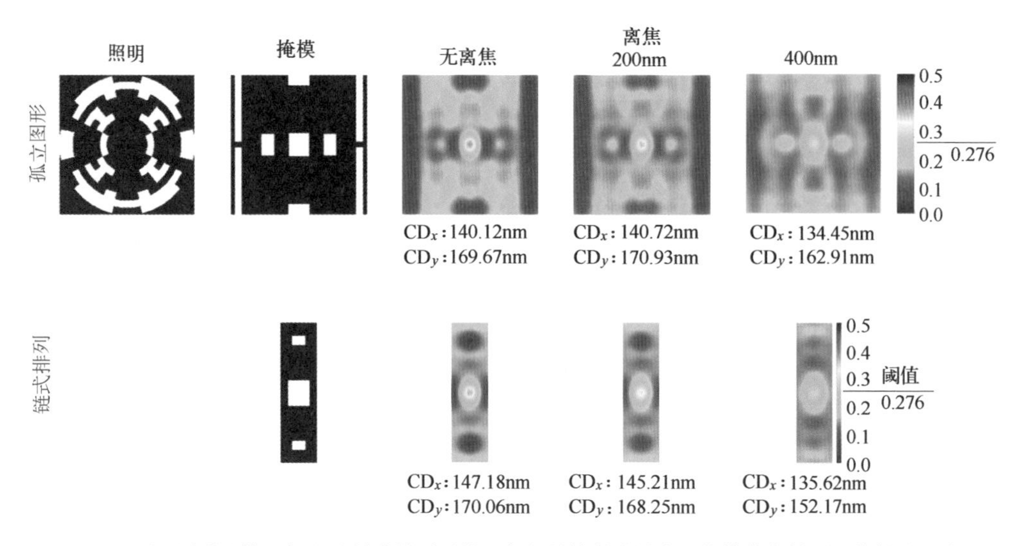

图 4.29　孤立图形（第一行）和链式排列（第二行）的接触孔的光源掩模优化结果。接触孔尺寸为 140nm × 170nm。自左至右：照明模式，掩模图形，0nm、200nm、400nm 离焦面位置的空间像。成像条件：波长 193nm，NA=0.75。更多细节请见参考文献 [62]

更多关于 SMO 和 ILT 的讨论超出了本章的范围。感兴趣的读者可参考参考文献中 Granik[67] 和 Lai[68] 的综述文章以及 Tim Fühner[50] 的博士论文。

4.6　多重曝光技术

一些光学分辨率增强技术仅对特定图形有效。例如，采用方向合适的二极照明可以提高密集线空图形的成像性能。但是，不同方向的线空图形需要不同方向的二极照明。通常，适用于孤立图形成像的照明会倾向于覆盖更多的入射角，包括轴上照明（入射角为 0°）。将掩模图形分解为不同的子图形，在特定照明模式下对每个子图形进行成像，通过这种方法可以研究掩模和照明配置的好坏。

这种研究方法如图 4.30 所示。左上方为掩模版图，由三个同心框组成，每个框由 45nm 宽的空图形构成。采用 CQuad 照明对掩模成像，每个框的成像对比度都很低，框图形边缘位置的像的强度存在明显变化。为了研究适用于线空图形成像的二极照明的优势，掩模被拆分为水平向和垂向的空图形。图 4.30 左下和中间为相应方向二极照明条件下的成像结果。图右下角为两个像的叠加，代表利用上述掩模和照明模式进行两次曝光形成的像。框图形水平和垂直边缘的成像对比度明显得到了改善。对两个子掩模进行光学邻近效应修正可以优化框图形拐角处的成像质量。

设计集成电路版图时也需要考虑双重曝光技术带来的约束。IDEAL（先进光刻新型双重曝光）首先曝光密集线空图形，然后曝光孤立图形，将两次曝光相结合实

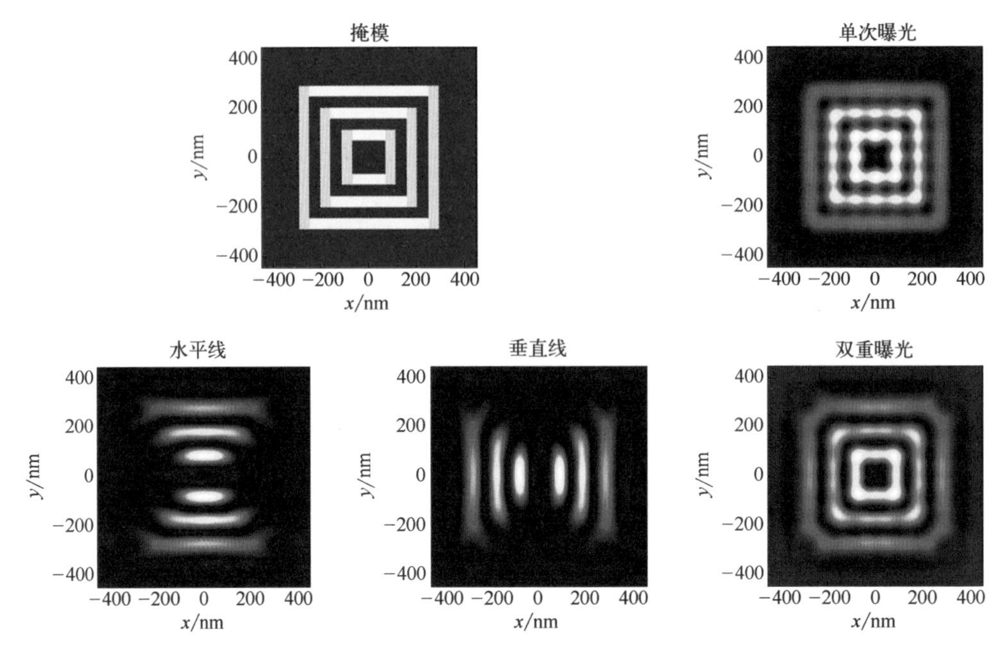

图 4.30 双重曝光技术在同心框图形成像中的应用。左上：掩模版图，不同颜色的亮图形为双重曝光中应用的子掩模。右上：CQuad 照明条件下单次曝光成像。左下：x 方向二极照明条件下 y 方向空图形子掩模的成像结果。下中：y 方向二极照明条件下 x 方向空图形子掩模的成像结果。右下：两次曝光成像的叠加。成像条件：波长 193nm，NA=1.35，σ=0.69/0.89，张角为 40°

现逻辑门图形的高对比度成像[69]。将基于双二极照明的多重曝光技术应用于 45nm 节点器件图形，可以大幅改善工艺窗口[70]。4.3.1 节已给出了一些多重曝光的例子。将修剪掩模曝光与交替型相移掩模曝光相结合，可解决 PSM 的相位冲突问题（见图 4.20）。

利用两个相互正交的线空图形和负胶进行高对比度双重曝光，可制作接触孔阵列[71]。这是双重曝光技术的另一个重要应用。

上述所有多重曝光技术都只需采用标准的光刻胶材料，不需要利用光学材料的非线性。单次曝光时掩模上是完整的设计图形。多重曝光技术将单次曝光结果相叠加来提高成像质量。但是，当工艺因子 k_1 低于理论极限值 0.25 时，不能采用多重曝光技术对密集图形阵列进行成像（见 5.1 节和 5.2 节的讨论）。

使用相同的掩模和照明设置在不同离焦位置进行多次曝光，可以提高工艺在焦深方向的稳定性。这一思路在 FLEX（焦面裕度增强曝光）[72] 等多焦面曝光技术中得到广泛应用。图 4.31 解释了 FLEX 的基本原理。前三行为 0.5μm 孤立接触孔图形在不同焦面位置的仿真空间像。焦面的采样间隔为 1μm。各行空间像按照最佳焦面位置相对名义像面位置的距离进行编号（如各行左侧所示，各行编号不同）。图顶部的竖直虚线所示为名义位置。第二行空间像序列的最佳焦面位置与名义像面位

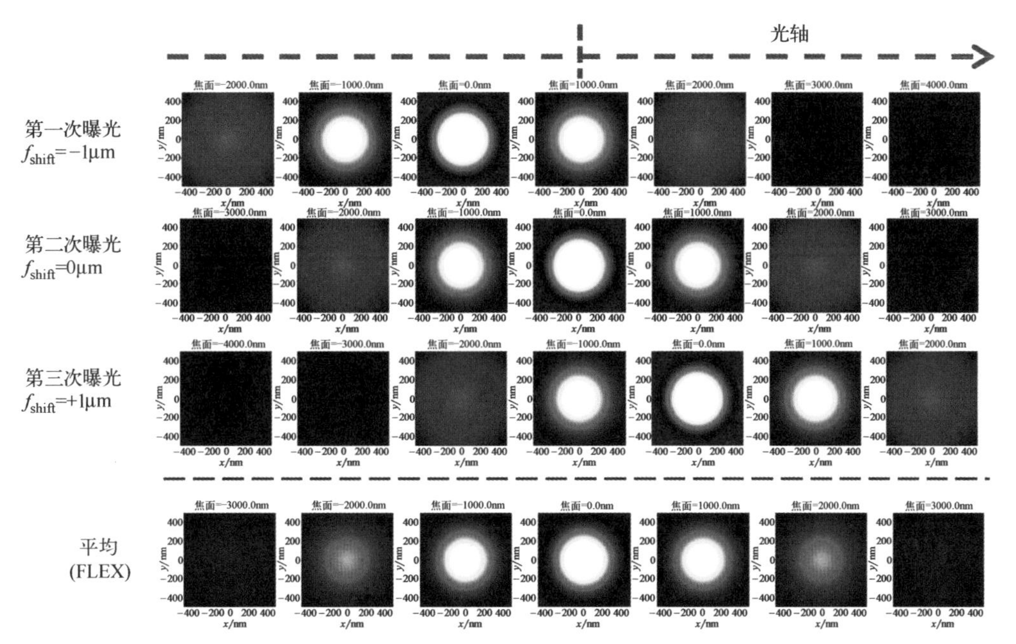

图 4.31　多焦面曝光技术的原理。0.5μm 宽孤立接触孔图形沿着光轴方向的仿真空间像。第一行～第三行：相对于理想像面（顶部的水平虚线）焦面平移量为分别 -1μm/0μm/1μm 的单次曝光成像。第四行：前三行单次曝光成像的线性叠加。成像条件：波长 365nm，NA=0.42，圆形照明 σ=0.5。成像参数设置见参考文献 [72]

置一致。第一行和第三行的最佳焦面位置分别向左和向右移动了 2μm。最底部一行空间像是前三行空间像的线性叠加。显然，与单次曝光相比，叠加后的像沿着光轴方向的变化更小，焦深更大。

FLEX 方法虽然改善了焦深，但是对焦面进行平均时降低了成像对比度（特别是对于密集图形）和像的强度（特别是对于孤立的透光图形）。各单次曝光之间的最佳焦面偏移量取决于图形的类型和大小。光刻机工作过程中通过将工件台轻微倾斜，或者微调曝光光源的带宽（结合投影物镜的波长特性 [73]）可以调整每次曝光时的焦面位置。

4.7　总结

利用光学分辨率增强技术将光学投影光刻技术推进到亚波长水平。离轴照明通过调整掩模上入射光的方向，使投影物镜有限大小的数值孔径能够收集到对成像重要的衍射级次。实际制造中可以采用环形照明、二极照明和四极照明等标准照明模式，以及用户自定义的自由照明模式。

光学邻近效应修正（OPC）技术通过修改掩模版图的几何形状补偿成像缺陷。

由于仅需使用标准的掩模材料和工艺，所以 OPC 早已是芯片制造的成熟工艺。日益复杂的 OPC 对掩模刻写和检测提出了更高的要求。相移掩模（PSM）通过修改掩模透射光的相位提高成像性能。衰减型 PSM 早已成熟。该类掩模特别有益于孤立图形和半密集图形的成像。交替型 PSM 和无铬 PSM 等强 PSM 对工艺的改进作用最明显。然而，它们难以设计与检测，而且还容易受到掩模形貌效应的影响。光瞳滤波器改变了投影物镜光瞳的透过率和相位，可以在提高分辨率和增大焦深之间取得适当的平衡。可变光瞳滤波器可用于精调光刻成像性能。

光源掩模优化技术采用先进的优化技术来确定最佳光源形状和掩模版图组合。该技术将单次曝光光刻技术推向其物理极限。多重曝光技术将掩模版图分解为多个子版图，采用优化后的照明、偏振等条件对各个子版图进行成像。

参考文献

[1] H. Jasper, T. Modderman, M. van de Kerkhof, C. Wagner, J. Mulkens, W. de Boeij, E. van Setten, and B. Kneer, "Immersion lithography with an ultrahigh-NA in-line catadioptric lens and a high-transmission flexible polarization illumination system," *Proc. SPIE* **6154**, 61541W, 2006.

[2] Y. Chen, L. Sun, Z. J. Qi, S. Zhao, F. Goodwin, I. Matthew, and V. Plachecki, "Tip-to-tip variation mitigation in extreme ultraviolet lithography for 7 nm and beyond metallization layers and design rule analysis," *J. Vac. Sci. Technol. B* **35**(6), 06G601, 2017.

[3] M. Burkhardt, A. Yen, C. Progler, and G. Wells, "Illuminator design for printing of regular contact patterns," *Microelectron. Eng.* **41/42**, 91, 1998.

[4] T.-S. Gau, R.-G. Liu, C.-K. Chen, C.-M. Lai, F.-J. Liang, and C. C. Hsia, "Customized illumination aperture filter for low k_1 photolithography process," *Proc. SPIE* **4000**, 271–282, 2000.

[5] J. Finders, S. Wuister, T. Last, G. Rispens, E. Psari, J. Lubkoll, E. van Setten, and F. Wittebrood, "Contrast optimization for 0.33 NA EUV lithography," *Proc. SPIE* **9776**, 97761P, 2016.

[6] M. Ismail, P. Evanschitzky, A. Erdmann, G. Bottiglieri, E. van Setten, and T. F. Fliervoet, "Simulation study of illumination effects in high-NA EUV lithography," *Proc. SPIE* **10694**, 106940H, 2018.

[7] J. Zimmermann, P. Gräupner, J. T. Neumann, D. Hellweg, D. Jürgens, M. Patra, C. Hennerkes, M. Maul, B. Geh, A. Engelen, O. Noordman, M. Mulder, S. Park, and J. D. Vocht, "Generation of arbitrary freeform source shapes using advanced illumination systems in high-NA immersion scanners," *Proc. SPIE* **7640**, 764005, 2010.

[8] R. Wu, Z. Zheng, H. Li, and X. Liu, "Freeform lens for off-axis illumination in optical lithography system," *Opt. Commun.* **284**, 2662–2667, 2011.

[9] L. W. Liebmann, K. Vaidyanathan, and L. Pileggi, *Design Technology Co-Optimization in the Era of Sub-Resolution IC Scaling*, SPIE Press, Bellingham, Washington, 2016.

[10] D. G. Smith, N. Kita, N. Kanayamaya, R. Matsui, S. R. Palmera, T. Matsuyama, and D. G. Flagello, "Illuminator predictor for effective SMO solutions," *Proc. SPIE* **7973**, 797309, 2011.

[11] M. M. Crouse, E. Schmitt-Weaver, S. G. Hansen, and R. Routh, "Experimental demonstration of dark field illumination using contact hole features," *J. Vac. Sci. Technol. B* **25**, 2453–2460, 2007.

[12] J. F. Chen, T. Laidig, K. E. Wampler, and R. Caldwell, "Optical proximity correction for intermediate-pitch features using sub-resolution scattering bars," *J. Vac. Sci. Technol. B* **15**, 2426, 1997.

[13] S. M. Mansfield, L. W. Liebmann, A. F. Molles, and A. K.-K. Wong, "Lithographic comparison of assist feature design strategies," *Proc. SPIE* **4000**, 63, 2000.

[14] B. W. Smith, "Mutual optimization of resolution enhancement techniques," *J. Micro/Nanolithogr. MEMS MOEMS* **1**(2), 95, 2002.

[15] M. Rothschild, "Projection optical lithography," *Materials Today* **8**, 18–24, 2005.

[16] M. L. Rieger and J. P. Stirniman, "Using behavior modeling for proximity correction," *Proc. SPIE* **2197**, 371, 1994.

[17] N. B. Cobb, *Fast Optical and Process Proximity Correction Algorithms for Integrated Circuit Manufacturing.* PhD thesis, University of California at Berkeley, 1998.

[18] N. B. Cobb, A. Zakhor, and E. A. Miloslavsky, "Mathematical and CAD framework for proximity correction," *Proc. SPIE* **2726**, 208, 1996.

[19] R. J. Socha, D. J. V. D. Broeke, S. D. Hsu, J. F. Chen, T. L. Laidig, N. Corcoran, U. Hollerbach, K. E. Wampler, X. Shi, and W. Conley, "Contact hole reticle optimization by using interference mapping lithography (IML)," *Proc. SPIE* **5377**, 222, 2004.

[20] A. Lutich, "Alternative to ILT method for high-quality full-chip SRAF insertion," *Proc. SPIE* **9426**, 94260U, 2015.

[21] S. Wang, S. Baron, N. Kachwala, C. Kallingal, D. Sun, V. Shu, W. Fong, Z. Li, A. Elsaid, J.-W. Gao, J. Su, J.-H. Ser, Q. Zhang, B.-D. Chen, R. Howell, S. Hsu, L. Luo, Y. Zou, G. Zhang, Y.-W. Lu, and Y. Cao, "Efficient full-chip SRAF placement using machine learning for best accuracy and improved consistency," *Proc. SPIE* **10587**, 105870N, 2018.

[22] Y. Liu and A. Zakhor, "Binary and phase-shifting image design for optical lithography," *Proc. SPIE* **1463**, 382, 1991.

[23] A. Poonawala and P. Milanfar, "Mask design for optical microlithography: An inverse imaging problem," *IEEE Trans. Image Process.* **16**, 774, 2007.
[24] B. E. A. Saleh and S. I. Sayegh, "Reduction of errors of microphotographic reproductions by optimal corrections of original masks," *Opt. Eng.* **20**(5), 781, 1981.
[25] Y. C. Pati and T. Kailath, "Phase-shifting masks for microlithography: Automated design and mask requirements," *J. Opt. Soc. Am. A* **11**, 2438, 1994.
[26] Y.-H. Oh, J.-C. Lee, K.-C. Park, C.-S. Go, and S. Lim, "Optical proximity correction of critical layers in DRAM process of 0.12-μm minimum feature size," *Proc. SPIE* **4346**, 1567, 2001.
[27] Y. Granik, "Fast pixel-based mask optimization for inverse lithography," *J. Micro/Nanolithogr. MEMS MOEMS* **5**(4), 43002, 2006.
[28] A. Poonawala, *Mask Design for Single and Double Exposure Optical Microlithography: An Inverse Imaging Approach.* PhD thesis, University of California Santa Cruz, 2007.
[29] S. Wang, J. Su, Q. Zhang, W. Fong, D. Sun, S. Baron, C. Zhang, C. Lin, B.-D. Chen, R. C. Howell, S. D. Hsu, L. Luo, Y. Zou, Y.-W. Lu, and Y. Cao, "Machine learning assisted SRAF placement for full chip," *Proc. SPIE* **10451**, 104510D, 2017.
[30] X. Su, P. Gao, Y. Wei, and W. Shi, "SRAF rule extraction and insertion based on inverse lithography technology," *Proc. SPIE* **10961**, 109610P, 2019.
[31] P. De Bisschop, "Optical proximity correction: A cross road of data flows," *Jpn. J. Appl. Phys.* **55**(6S1), 06GA01, 2016.
[32] P. De Bisschop, "How to make lithography patterns print: The role of OPC and pattern layout," *Adv. Opt. Technol.* **4**, 253–284, 2015.
[33] A. Erdmann and R. Gordon, Mask Topography Effects in Reticle Enhancement Technologies, Short Course at SPIE Microlithography, 2003.
[34] T. Terasawa, N. Hasegawa, A. Imai, T. P. Tanaka, and S. Katagiri, "Variable phase-shift mask for deep-submicron optical lithography," *Proc. SPIE* **1463**, 197, 1991.
[35] B. Tyrrell, M. Fritze, D. Astolfi, R. Mallen, B. Wheeler, P. Rhyins, and P. Martin, "Investigation of the physical and practical limits of dense-only phase shift lithography for circuit feature definition," *J. Micro/Nanolithogr. MEMS MOEMS* **1**(3), 243–252, 2002.
[36] M. L. Rieger, J. P. Mayhew, and S. Panchapakesan, "Layout design methodologies for sub-wavelength manufacturing," in *Proc. 38th Design Automation Conference* **85**, IEEE, 2001.
[37] Z. M. Ma and A. Andersson, "Preventing sidelobe printing in applying attenuated phase-shift reticles," in *Proc. SPIE* **3334**, 543–552, 1998.
[38] H. J. Lee, M.-Y. Lee, and J.-H. Lee, "Suppression of sidelobe and

overlap error in AttPSM metal layer lithography using rule-based OPC," *Proc. SPIE* **5377**, 1112–1120, 2004.
[39] H. Iwasaki, K. Hoshi, H. Tanabe, and K. Kasama, "Attenuated phase-shift masks reducing side-lobe effect in DRAM peripheral circuit region," *Proc. SPIE* **3236**, 544–550, 1997.
[40] T. S. Wu, E. Yang, T. H. Yang, K. C. Chen, and C. Y. Lu, "Novel lithography rule check for full-chip side lobe detection," *Proc. SPIE* **6924**, 1032, 2008.
[41] W. Henke and U. Glaubitz, "Increasing resolution and depth of focus in optical microlithography through spatial filtering techniques," *Microelectron. Eng.* **17**, 93–97, 1992.
[42] H. Fukuda, Y. Kobayashi, K. Hama, T. Tawa, and S. Okazaki, "Evaluation of pupil-filtering in high-numerical aperture i-line lens," *Jpn. J. Appl. Phys.* **32**, 5845, 1993.
[43] R. M. von Bünau, G. Owen, and R. F. Pease, "Optimization of pupil filters for increased depth of focus," *Jpn. J. Appl. Phys.* **32**, 5850–5855, 1993.
[44] B. W. Smith and H. Kang, "Spatial frequency filtering in the pellicle plane," *Proc. SPIE* **4000**, 252, 2000.
[45] F. Staals, A. Andryzhyieuskaya, H. Bakker, M. Beems, J. Finders, T. Hollink, J. Mulkens, A. Nachtwein, R. Willekers, P. Engblom, T. Gruner, and Y. Zhang, "Advanced wavefront engineering for improved imaging and overlay applications on a 1.35 NA immersion scanner," *Proc. SPIE* **7973**, 79731G, 2011.
[46] Y. Ohmura, Y. Tsuge, T. Hirayama, H. Ikezawa, D. Inoue, Y. Kitamura, Y. Koizumi, K. Hasegawa, S. Ishiyama, T. Nakashima, T. Kikuchi, M. Onda, Y. Takase, A. Nagahiro, S. Isago, and H. Kawahara, "High-order aberration control during exposure for leading-edge lithography projection optics," *Proc. SPIE* **9780**, 98–105, 2016.
[47] J. Finders, M. Dusa, P. Nikolsky, Y. van Dommelen, R. Watso, T. Vandeweyer, J. Beckaert, B. Laenens, and L. van Look, "Litho and patterning challenges for memory and logic applications at the 22nm node," *Proc. SPIE* **7640**, 76400C, 2010.
[48] V. Singh, B. Hu, K. Toh, S. Bollepalli, S. Wagner, and Y. Borodovsky, "Making a trillion pixels dance," *Proc. SPIE* **6924**, 69240S, 2008.
[49] A. Erdmann, T. Fühner, S. Seifert, S. Popp, and P. Evanschitzky, "The impact of the mask stack and its optical parameters on the imaging performance," *Proc. SPIE* **6520**, 65201I, 2007.
[50] T. Fühner, *Artificial Evolution for the Optimization of Lithographic Process Conditions*. PhD thesis, Friederich-Alexander-Universität Erlangen-Nürnberg, 2013.
[51] A. Poonawala and P. Milanfar, "A pixel-based regularization approach to inverse lithography," *Microelectron. Eng.* **84**, 2837–2852, 2007.

[52] X. Ma and G. R. Arce, "Pixel-based simultaneous source and mask optimization for resolution enhancement in optical lithography," *Opt. Express* **17**, 5783–5793, 2009.

[53] X. Ma and Y. Li, "Resolution enhancement optimization methods in optical lithography with improved manufacturability," *J. Micro/Nanolithogr. MEMS MOEMS* **10**(2), 23009, 2011.

[54] X. Ma, L. Dong, C. Han, J. Gao, Y. Li, and G. R. Arce, "Gradient-based joint source polarization mask optimization for optical lithography," *J. Micro/Nanolithogr. MEMS MOEMS* **14**(2), 23504, 2015.

[55] F. Santosa, "A level set approach for inverse problems involving obstacles," *ESAIM Control Optim. Calc. Var* **1**, 17–33, 1996.

[56] L. Pang, Y. Liu, and D. Abrams, "Inverse lithography technology (ILT): A natural solution for model-based SRAF at 45-nm and 32-nm," *Proc. SPIE* **6607**, 660739, 2007.

[57] Y. Shen, N. Jia, N. Wong, and E. Y. Lam, "Robust level-set-based inverse lithography," *Opt. Express* **19**, 5511, 2011.

[58] W. Lv, S. Liu, Q. Xia, X. Wu, Y. Shen, and E. Y. Lam, "Level-set-based inverse lithography for mask synthesis using the conjugate gradient and an optimal time step," *J. Vac. Sci. Technol. B* **31**, 041605, 2013.

[59] A. E. Rosenbluth, S. Bukofsky, C. Fonseca, M. Hibbs, K. Lai, A. F. Molless, R. N. Singh, and A. K.-K. Wong, "Optimum mask and source patterns to print a given shape," *J. Micro/Nanolithogr. MEMS MOEMS* **1**(1), 13, 2002.

[60] R. J. Socha, X. Shi, and D. LeHoty, "Simultaneous source mask optimization (SMO)," *Proc. SPIE* **5853**, 180, 2005.

[61] P. S. Davids and S. B. Bollepalli, "Generalized inverse problem for partially coherent projection lithography," *Proc. SPIE* **6924**, 69240X, 2008.

[62] T. Fühner, A. Erdmann, and S. Seifert, "A direct optimization approach for lithographic process conditions," *J. Micro/Nanolithogr. MEMS MOEMS* **6**(3), 31006, 2007.

[63] J. He, L. Dong, L. Zhao, Y. Wei, and T. Ye, "Retargeting of forbidden-dense-alternate structures for lithography capability improvement in advanced nodes," *Appl. Opt.* **57**(27), 7811–7817, 2018.

[64] P. Liu, "Mask synthesis using machine learning software and hardware platforms," *Proc. SPIE* **11327**, 30–45, 2020.

[65] W. Ye, M. B. Alawieh, Y. Watanabe, S. Nojima, Y. Lin, and D. Z. Pan, "TEMPO: Fast mask topography effect modeling with deep learning," *Proceedings of the 2020 International Symposium on Physical Design, ISPD '20*, 127–134, Association for Computing Machinery, New York, 2020.

[66] S. D. Hsu and J. Liu, "Challenges of anamorphic high-NA lithography and mask making," *Adv. Opt. Technol.* **6**, 293–310, 2017.

[67] Y. Granik, "Solving inverse problems of optical microlithography," *Proc. SPIE* **5754**, 506, 2005.
[68] K. Lai, "Review of computational lithography modeling: Focusing on extending optical lithography and design-technology co-optimization," *Adv. Opt. Technol.* **1**, 249–267, 2012.
[69] M. Hasegawa, A. Suzuki, K. Saitoh, and M. Yoshii, "New approach for realizing k_1=0.3 optical lithography," *Proc. SPIE* **3748**, 278, 1999.
[70] S. Hsu, J. Park, D. V. D. Broeke, and J. F. Chen, "Double exposure technique for 45nm node and beyond," *Proc. SPIE* **5992**, 59921Q, 2005.
[71] J. Bekaert, L. V. Look, V. Truffert, F. Lazzarino, G. Vandenberghe, M. Reybrouck, and S. Tarutani, "Comparing positive and negative tone development process for printing the metal and contact layers of the 32- and 22-nm nodes," *J. Micro/Nanolithogr. MEMS MOEMS* **9**(4), 43007, 2010.
[72] H. Fukuda, N. Hasegawa, and S. Okazaki, "Improvement of defocus tolerance in a half-micron optical lithography by the focus latitude enhancement exposure method: Simulation and experiment," *J. Vac. Sci. Technol. B* **7**, 667, 1989.
[73] I. Lalovic, J. Lee, N. Seong, N. Farrar, M. Kupers, H. van der Laan, T. van der Hoeff, and C. Kohler, "Focus drilling for increased process latitude in high-NA immersion lithography," *Proc. SPIE* **7973**, 797328, 2011.

第5章 材料驱动的分辨率增强技术

第4章介绍了几种通过改变掩模和照明等光学成像系统组件增强分辨率的方法。这些光学分辨率增强技术的目的是提升空间像或光强分布的质量。这些衍射受限空间像对光刻胶进行曝光，对光刻胶或其他材料产生空间调制，图形转移至光刻胶。本章将介绍适用于图形转移的几种重要的新型分辨率增强技术。这些新技术需要利用材料的特殊（非线性）属性，并需要将不同材料与工艺组合起来使用，因此称它们为材料驱动的分辨率增强技术。

本章首先回顾影响分辨率的光学因素，然后介绍利用多重成像或多重工艺步骤实现微细图形加工的图形化策略。接下来介绍几种特殊的双重曝光和双重图形技术，利用这些技术采用193nm浸没式光刻也可以制造特征尺寸小于45nm的图形。导向自组装是一种低成本图形微缩技术。最后一节简要介绍薄膜成像技术，该技术利用几种材料和工艺共同实现光刻胶的功能。

5.1 分辨率极限回顾

2.3.1节中，在线性光学材料的假设条件下推导得到了分辨率极限公式。线性材料的光学性质与入射光的光强无关。实际上，光导致的消光系数和/或折射率变化等非线性光学效应将会影响阿贝-瑞利准则的有效性，产生其无法描述的效应。有些材料在曝光区域折射率会变大。这类材料对光的作用与聚焦透镜类似，可以形成小于经典光学分辨率极限的光斑。类似的光学非线性性质能够补偿光学衍射效应，使光强分布可以在不改变形状的同时传输得更远。空间孤子的焦深明显不服从瑞利准则。

通常光强较大时才会触发非线性光学效应，因此非线性光学效应一般不会发生在光学投影光刻中。但由于入射光会导致光刻胶发生光化学反应，如果这些化学反应能够改变光刻胶的光学性质，那么光学投影光刻中也可能存在非线性光学效应。DNQ型光刻胶被波长为300～500nm的光辐照后，消光系数会发生变化，透光率变得更高，即 DNQ 型光刻胶会发生漂白。依照 Kramer-Kroning 关系[1]，DNQ 型光刻胶的折射率也可能发生变化。实验测量数据表明其折射率变化可达到 Δn=0.04[2]。对于几微米厚的 DNQ 型光刻胶，这种光学非线性效应会明显影响工艺窗口和光刻胶形貌[3]。最先进的化学放大光刻胶不存在这种漂白效应和光致折射率变化现象。上述非线性效应还可应用于不受衍射限制的激光直写光学光刻[4]和受激发射损耗（STED）光刻[5, 6]等纳米图形化技术中（参见 7.3.2 节和 7.4.3 节）。

2.3.1 节得到的另一个重要结论是：孤立线条的成像理论上没有分辨率极限。理论上的分辨率极限 0.25λ/NA 仅适用于密集图形。图 5.1 展示了不同工艺因子 k_1 条件下密集和半密集线的空间像截面图，线宽 $w=k_1\lambda/\mathrm{NA}$。密集线和半密集线的周期分别为 $p=2w$ 和 $p=4w$。图 5.1 中的 CD 数据为依照式（2.20）得到的最小特征尺寸。

当工艺因子 k_1 降低时，密集线和半密集线的对比度都降低。$k_1 \leqslant 0.25$ 时所有密集线条的像强度分布为常数。而 $k_1 \leqslant 0.25$ 时半密集线仍然存在非常数光强分布。举例来看，如果用 0.33 作为光强阈值，可以在半密集线中获得 30nm 的图形，而此时 k_1=0.21。

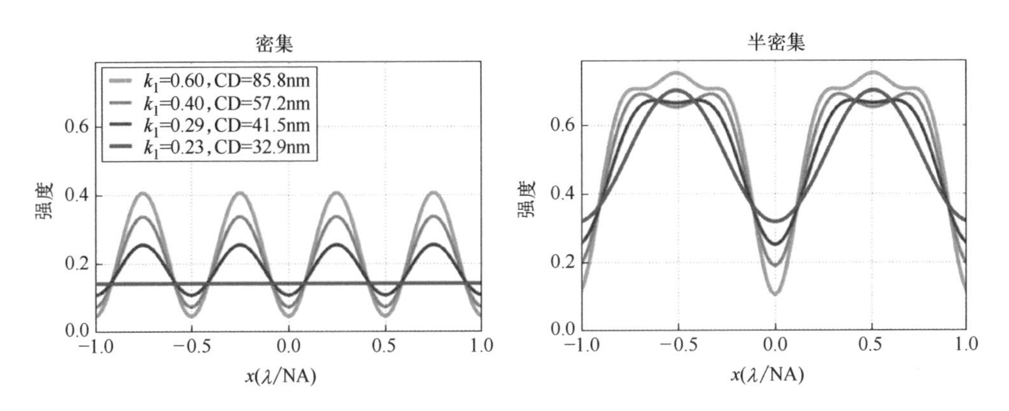

图 5.1　不同工艺因子 k_1 情况下衰减型相移掩模密集线（左）与半密集线（右）的空间像截面图。光学设置：λ=193nm，NA=1.35，环形照明 σ_{in}/σ_{out}=0.8/0.98

图 5.2 展示了利用半密集线图形产生密集图形的方法。可以分两步得到密集线图形。首先，制备一个周期为目标图形周期的 2 倍的半密集图形。然后平移，制备另一个相同的半密集图形。两个半密集图形组合起来形成密集图形。

如何利用两次曝光或两次光刻产生小于分辨率极限的密集线呢？图 5.3 展示了每次曝光后光刻胶内发生的现象。两次曝光在光刻胶内产生了足够的光强与光敏组分（PAG）调制。利用式（3.9）可推导出曝光光强分别为 I_1 和 I_2、曝光时间为 t_{exp} 的两次曝光得到的光酸生成剂浓度 [PAG]：

$$[\mathrm{PAG}]=\exp(-I_1 t_{exp} C_{\mathrm{Dill}})\exp(-I_1 t_{exp} C_{\mathrm{Dill}})=\exp[-(I_1+I_2)t_{exp} C_{\mathrm{Dill}}] \tag{5.1}$$

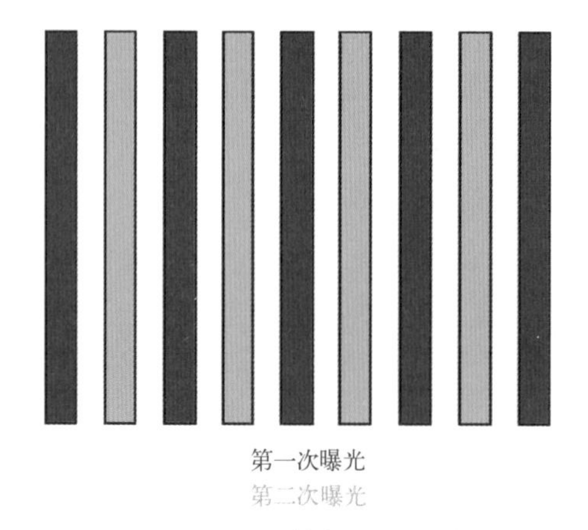

图 5.2 双重图形技术的原理示意图

该式表明两次曝光的光强分布发生了线性叠加。总的 PAG 分布如图 5.3 右图所示。受光刻胶材料消光系数的影响，PAG 分布仅仅在光刻胶深度 z 方向上存在变化，在 x 方向是常数。也就是说，顺序交错曝光周期接近分辨率极限的线空图形，将使光刻胶被均匀曝光。光刻工艺完成之后不会对化学组分产生任何空间调制或形成任何几何形状。

这一观察结果可以理解为：两次曝光都接近系统的分辨率极限。每次曝光仅有两个衍射级次参与成像，沿 x 方向形成 $\cos^2$ 形光强分布。第二次曝光时移动掩模，将 $\cos^2x$ 变为 $\sin^2x$。两次曝光强度的叠加为 $\cos^2x+\sin^2x$，是常数。

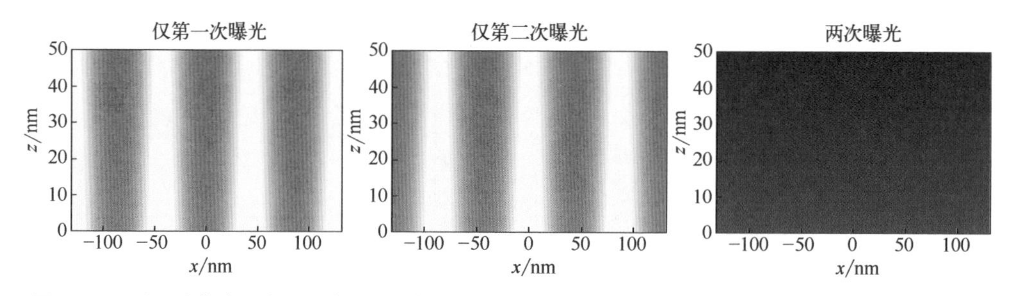

图 5.3 双重曝光技术的光酸生成剂浓度仿真结果。两次曝光之间采用线性叠加。左：线宽为 22nm、周期为 88nm 线图形的第一次曝光。中：掩模沿 x 轴平移 44nm 后的第二次曝光。右：两次曝光的叠加。图中颜色越亮代表 PAG 浓度越高。成像条件：λ=193nm，NA=1.35，偏振二极照明，光刻胶厚度为 50nm，采用了折射率匹配的基底

为了将两次曝光中的光强调制转换为对光刻胶的空间调制并形成图形，需要将两次曝光进行非线性叠加。有两种不同的非线性叠加方案，即双重曝光技术和双重图形技术。双重曝光技术利用了光刻胶光敏组分的非线性调制特性，需要用到具有非线性光学性质的光刻胶或其他膜层材料。在双重曝光技术的两次曝光之间不需要对光刻胶做特殊处理，不需要将硅片移至光刻机之外。因此，双重曝光技术的产率高，且成本低于双重图形技术。

双重图形技术在光刻胶工艺中引入化学非线性过程。在第二次曝光之前，第一次曝光中的调制光强被转换成光刻胶或其下延层的化学调制或几何调制。双重图形技术需要在两次曝光之间对光刻胶或者硅片膜层进行特殊处理。为完成上述操作，需要将硅片移出光刻机，会降低产率，增加工艺成本。在下面的章节中会列举几种双重曝光和双重图形技术。

5.2　非线性双重曝光

4.6 节介绍了几种线性多重曝光技术，这些技术通过将叠加单次曝光成像结果提升成像质量。$k_1 < 0.25$ 时，利用线性多重曝光技术不能实现密集线空图形的成像。采用光学非线性材料的双重曝光技术可以实现亚分辨率（k_1=0.25）密集线空图形成像[7]。本节简要介绍这些技术的基本原理和不足。

5.2.1　双光子吸收材料

双光子吸收（TPA）材料是光学非线性材料的首选。该材料的光敏组分浓度与入射光强呈二次关系：

$$[\mathrm{PAG}]=\exp(-I_1^2 t_{\exp} C_{\mathrm{Dill}})\exp(-I_2^2 t_{\exp} C_{\mathrm{Dill}})=\exp[-(I_1^2+I_2^2) t_{\exp} C_{\mathrm{Dill}}] \tag{5.2}$$

该式的二次项使得入射光对光酸生成剂（PAG）产生空间上更加局域的影响。图 5.4 为采用双光子吸收材料对线空图形进行双重曝光的仿真结果。相比于图 5.3 所示的线性或单光子吸收材料，平方后的光强叠加后在 x 方向上形成了低（化学）对比度像，该像可以被转移到光刻胶中。

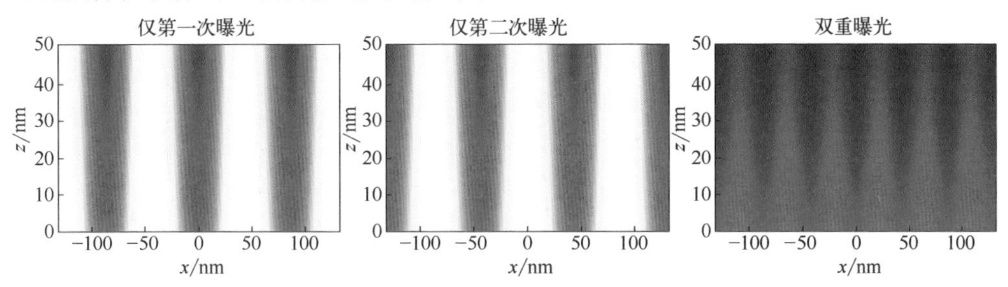

图 5.4　双重曝光的光酸生成剂浓度仿真结果。两次曝光结果按照二次关系叠加。所有参数与图 5.3 相同

材料问题是将双光子吸收应用于光学投影光刻时面临的最大挑战。现存材料的非线性太弱，不能满足量产工艺的需求。目前，多光子光刻的最佳候选材料为由可见光激发的标准紫外光刻材料，以及聚甲基丙烯酸甲酯等由多光子吸收激发的宽带隙材料[8]。3D 多光子光刻（见 7.4.3 节）采用了对 520nm 和 730nm 波长敏感的二正丁基氨基联苯（DABP）- 三丙烯酸酯树脂材料。实验中使用的聚焦激光束的曝光剂量约为 104W/cm^2[9]，比光学投影光刻中的典型剂量大 6 个数量级。关于双光子吸收光刻胶灵敏度的研究中也报道了类似的数据[10]。Jeff Byers 等人[7, 11]估计，需要 4×10^{13} 个激光脉冲才能对 PAG 进行充分的非线性调制（典型光刻曝光中仅需要数百个脉冲）。中间态双光子（ISTP）材料[7]可以减轻对剂量的要求。但目前还没有找到适合于半导体光刻的 ISTP 材料。关于 TPA 光刻的其他内容请见 7.3.2 节、7.4.3 节以及参考文献 [7, 12]。

5.2.2 光阈值材料

光阈值材料是另一种可实现光刻胶光敏组分非线性调制的材料。在理想阈值材料中，曝光剂量需要达到一定的阈值 D_{THR} 才能改变光敏组分或 PAG。剂量小于此阈值时不会发生光化学反应。达到阈值剂量时，会发生明显的光化学阈值响应。曝光剂量超过阈值剂量时，超出的部分也不会对这种反应产生任何影响[7]。上述行为可以描述为：

$$[\mathrm{PAG}]=\begin{cases}[\mathrm{PAG}]_0, & It_{\exp}<D_{\mathrm{THR}}\\ [\mathrm{PAG}]_1, & \text{其他}\end{cases} \tag{5.3}$$

式中，$[\mathrm{PAG}]_0$ 是光酸生成剂的初始浓度，为常数；$[\mathrm{PAG}]_1$ 是曝光剂量 $It_{\exp}$ 超过阈值剂量 D_{THR} 的位置的 PAG 浓度。图 5.5 为对线空图形进行单次曝光以及两次曝光叠加后的 PAG 浓度分布。可见单次曝光和双重曝光都产生了非常好的化学对比度。

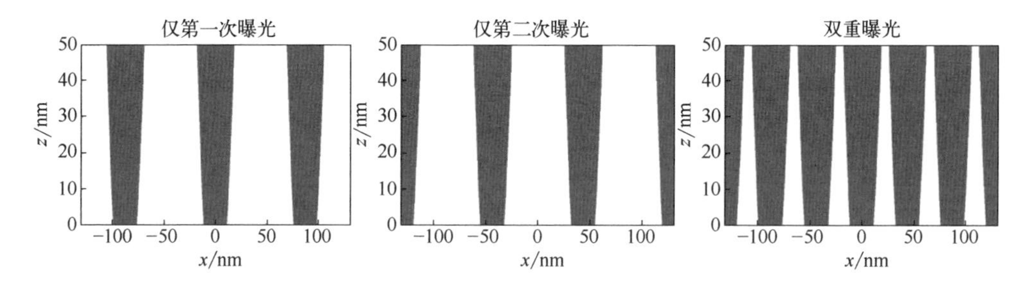

图 5.5 采用光阈值材料的双重曝光的光酸浓度仿真结果。所有参数与图 5.3 中相同

遗憾的是式（5.3）所描述的阈值行为是非常理想化的。截至目前，能够表现出这种阈值行为的光学现象非常稀少。这种阈值行为的一个例子是：采用碳悬浮液和反向饱和吸收器可减小短脉冲激光的光强，从而保护眼睛和光电传感器[13]。仅在红光或远红外光波段发现过相关现象，在紫外光谱范围内尚未发现过。

5.2.3 可逆对比度增强材料

双光子吸收材料和阈值材料利用了光刻胶的光学非线性性质。对比度增强材料沉积在光刻胶上面。在入射光的作用下，对比度增强层（CEL）会漂白。这些材料在被光照射的成像区域透光率会变高，所以可增大光刻胶内像的对比度。用 D_{resist} 表示在 CEL 底部 / 光刻胶顶部的曝光剂量。假设入射光垂直入射且不考虑光穿过 CEL 发生的近场衍射，D_{resist} 与入射光剂量 D_{inc} 之间的关系可以用如下简化模型描述[14]：

$$D_{resist}=D_{inc}\exp[-A_{Dill}(1-C_{Dill}D_{Dill})d_{CEL}] \tag{5.4}$$

式中，A_{Dill}，C_{Dill} 和 d_{CEL} 分别代表漂白吸收系数、光敏感度和 CEL 厚度。图 5.6 展示不同漂白吸收系数 A_{Dill} 下，计算出的光刻胶顶部归一化曝光剂量 D_{resist}。双光束干涉使得 CEL 顶部的曝光剂量分布为 $D_{inc}=\sin^2\left(\frac{2\pi x}{p}\right)$。左图和中图中的曝光剂量分布相差半个周期。右侧的剂量分布图是左图和中图的叠加，表示对密集线空图形双重曝光的结果。所有 D_{resist} 曲线都以光刻胶内最大曝光剂量进行了归一化。A_{Dill}=0 的曲线表示分布为 $\sin^2$ 和 $\cos^2$ 函数的曝光剂量的线性叠加，二者在光刻胶中叠加形成常数曝光剂量。A_{Dill} 不等于零时引入了非线性，使得第一次和第二次曝光的曝光剂量峰变窄，从而形成叠加后的图形。叠加后曝光剂量分布的对比度随着 A_{Dill} 的增大而增大。

图 5.6 的结果表明 CEL 的光学非线性可为实现 $k_1<0.25$ 光刻成像提供一种潜在的技术手段。由于需要在第一次和第二次曝光之间更新 CEL，所以采用了可逆对比度增强层（RCEL）这一术语。

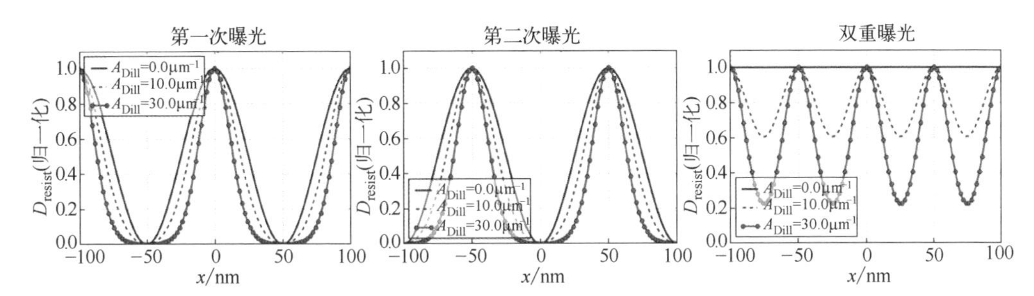

图 5.6 按照式（5.4）计算出的光刻胶顶部归一化剂量分布 D_{resist}。图中的曲线为对应不同 CEL 参数和不同曝光剂量 D_{inc} 的 $\sin^2$ 分布。光敏感度 C_{Dill}=1.0cm^2/mJ，CEL 的厚度 d_{CEL}=100nm，周期 p=100nm。转载自参考文献 [15]

式（5.4）所示的模型忽略了 RCEL 对光的衍射。因此无法利用该模型对亚微米光刻进行定量分析。对 RCEL 曝光进行严格仿真，结果如图 5.7 所示。由于 RCEL 的光学非线性，叠加后的光强和 PAG 浓度表现出了明显的空间调制，特别是在靠近光刻胶表面的区域。但这种清晰的光强 /PAG 浓度调制仅发生在光刻胶表面以下 10 ～ 20nm 范围内，而且这里假设 RCEL 的非线性参数都非常大。现实中很难找到这种材料。

对亚微米光刻中的 RCEL 材料进行定量分析，可以加深对图 5.7 所示光学现象的理解，请见 Shao 等人发表的论文 [15]。RCEL 的光学非线性性质可对其中的光产生高空间频率的光学调制。但这些较高的空间频率成分不能在光刻胶中传播，而是会在光刻胶顶部形成倏逝波，即从光刻胶表面开始随着传播深度的增加按照指数规

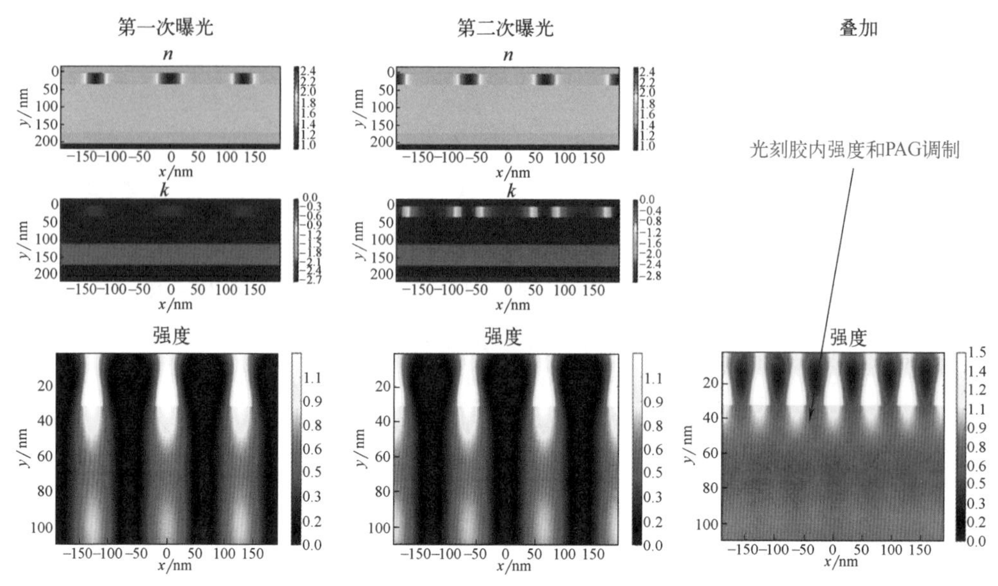

图 5.7 基于 RCEL 的双重曝光严格仿真结果。图中所示为严格仿真得到的强度分布以及每次曝光结束后光刻胶膜层光学材料的性质变化。右侧为两次曝光强度分布的叠加。转载自参考文献 [16]

律衰减。倏逝波的耦合效率和穿透深度，与 RCEL 上干涉波的入射角以及 RCEL/光刻胶的折射率密切相关。当入射角较小或者 NA 较小、RCEL 与光刻胶的折射率较大时，可提高光的耦合效率，增大倏逝波的穿透深度。基于 RCEL 的双重曝光可以提升 NA=0.6 时光刻胶内的光强对比度。目前还没有材料可以实现 k_1=0.125、NA ＞ 0.8 条件下的双重曝光。虽然将高频光耦合进光刻胶比较困难，但是采用 RCEL 仍然可以提升小 k_1 条件下的光刻性能。RCEL 分辨率增强技术可以提升关键工艺的曝光剂量裕度。

5.3 双重与多重图形技术

双重图形技术是将 193nm 浸没式光刻延伸至关键尺寸≤ 45nm 的芯片制造关键技术。与非线性双重曝光技术不同，双重图形技术不存在材料与产率方面的问题，已广泛应用于先进半导体制造。双重图形技术采用不同的工艺技术，通过单次或两次独立曝光实现图形转移。该技术还可以很方便地推广到三重与四重图形技术，但是会增加成本。本节的最后将对三重与四重图形技术作一些讨论，其余部分均重点讨论双重图形技术。

5.3.1 光刻 - 刻蚀 - 光刻 - 刻蚀

通过顺次进行两次相互独立的光刻与刻蚀，可将密集线空图形转移到基底材料上，这是最直接的方法[17, 18]。图 5.8 展示了光刻 - 刻蚀 - 光刻 - 刻蚀（LELE）的工艺流程。该工艺目的就是在多晶硅片的氧化硅层上形成密集的线空图形。

使用硬掩模可方便地将图形转移至下层。硬掩模与基底材料之间的刻蚀选择性通常会明显优于光刻胶与基底材料之间的刻蚀选择性。通过化学气相沉积（CVD），可沉积 SiN、SiON 和 TiN 等无机硬掩模材料。旋涂碳（SOC）等有机硬掩模材料是一种含碳量很高的聚合物，可以作为备选材料，提升平坦化能力[19]。硬掩模不仅可用于 LELE 中，也常用于许多先进半导体制造工艺中。

如图 5.8 所示，LELE 工艺首先执行旋转涂胶和标准光刻工艺。光刻工艺在光刻胶中产生半密集图形，然后通过刻蚀将光刻胶图形转移到硬掩模上。接下来将光刻胶剥离，进行第二次图形工艺。第二次图形化工艺也从旋转涂胶开始。第二次光刻采用的掩模图形为位置发生偏移后的掩模图形，在刚刚形成了图形的硬掩模上（光刻胶中）形成半密集图形。该图形与第一次光刻产生的半密集图形会错开一定的位置，将硬掩模上图形的密度翻倍。剥离光刻胶，将硬掩模上的图形转移到下层的氧化物层中，完成整套工艺。

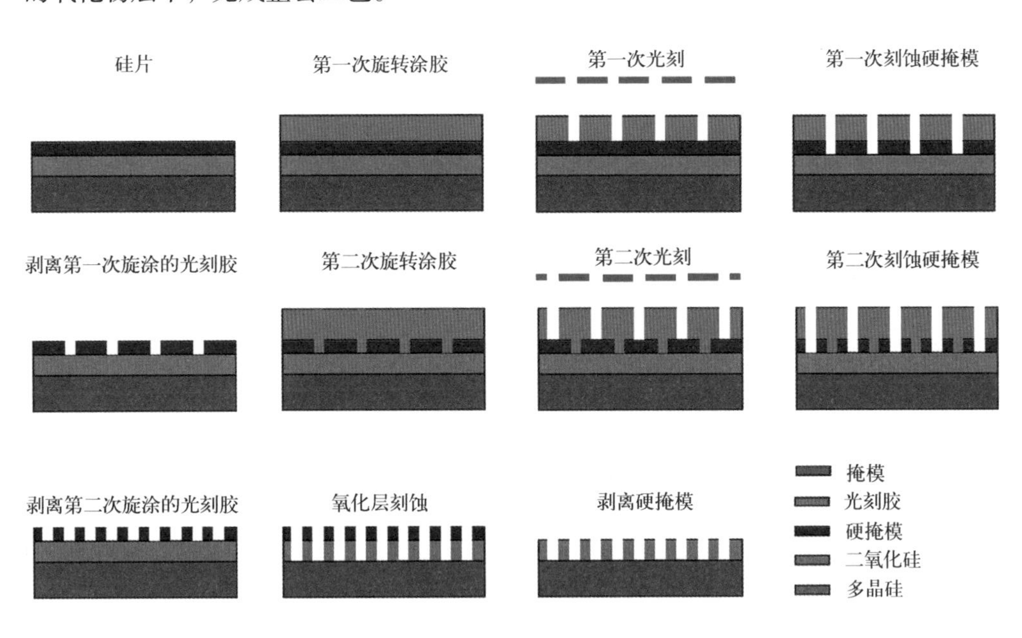

图 5.8　光刻 - 刻蚀 - 光刻 - 刻蚀（LELE）工艺步骤

LELE 可以利用现有的材料实施，可以适用于更复杂的图形。参考文献 [20] 报道了按照双重或多重图形技术的需求拆分目标设计图形的方法。参考文献 [21] 讨论了 LELE 工艺在套刻控制以及光刻胶与硅片膜层材料的刻蚀选择性等方面的典型工艺需求。

5.3.2 光刻 - 冻结 - 光刻 - 刻蚀

光刻 - 冻结 - 光刻 - 刻蚀（LFLE）工艺，有时也被称为光刻 - 硬化 - 光刻 - 刻蚀（LCLE）或光刻 - 光刻 - 刻蚀（LLE）。与 LELE 相比，LFLE 减少了一步刻蚀工艺，降低了成本。典型的工艺流程如图 5.9 所示。

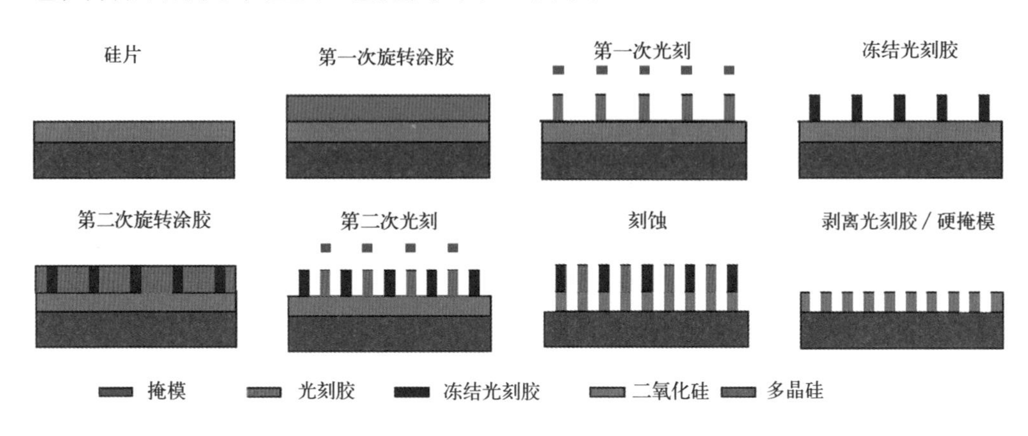

图 5.9　光刻 - 冻结 - 光刻 - 刻蚀工艺步骤

该工艺首先执行标准光刻工艺，形成半密集光刻胶线条图形。与 LELE 工艺不同，这些光刻胶线条图形不会被转移到下层中，而是会被特殊处理，即冻结处理。经过冻结处理后，光刻胶线条对第二次光刻工艺不敏感。冻结工艺用到表面固化剂或热固化光刻胶[22]。另外，也可以采用波长为 172nm 的光对某些光刻胶材料进行泛曝光，使之失去活性[23]。

冻结步骤后，在已冻结的光刻胶上再次旋涂光刻胶。对新旋涂的光刻胶进行曝光，将偏移后的线条图形曝光在光刻胶内，随后显影。第二次光刻工艺不会清除第一步冻结的光刻胶。这样，第一次冻结住的光刻胶线条和第二次显影后的光刻胶线条组成了后续用于刻蚀工艺的掩模。通过刻蚀工艺将图形转移到氧化硅层。最后剥离所有的光刻胶。

LFLE 的工艺步骤比 LELE 少，因此它的成本低、产率高，对设计的灵活性和套刻控制的需求与 LELE 相似。实际制造中，需要综合考虑 LFLE 两次光刻工艺之间及其与冻结步骤之间的相互影响。这些相互影响包括：第二次曝光过程中，第一次光刻形成的光刻胶图形对光的散射，第一次光刻胶固化过程中的形貌变化；第一次光刻工艺形成的光刻胶图形对第二次光刻胶旋涂工艺的影响；第一次光刻及固化工艺对 BARC 性能的影响；第二次光刻工艺使得第一次旋涂的部分光刻胶发生脱保护和显影反应；光刻胶之间的混合和扩散；等等。参考文献 [24，25] 介绍了其中的部分内容。

5.3.3　自对准双重图形技术

如图 5.10 所示，自对准双重图形（SADP）技术使用光刻胶作为牺牲层，在其左右两侧生成一对间隔层。首先使用标准的光刻工艺制作半密集线条。然后，通过化学气相沉淀（CVD）将间隔层材料（例如 Si_3N_4）均匀地沉积到光刻胶上。随后，采用各向异性刻蚀去除间隔层材料。除了附着在牺牲层图形侧上的材料之外，其余的间隔材料都被刻蚀清除。最后，选择性地清除光刻胶材料，用余下的间隔层作为掩模对基底进行刻蚀。

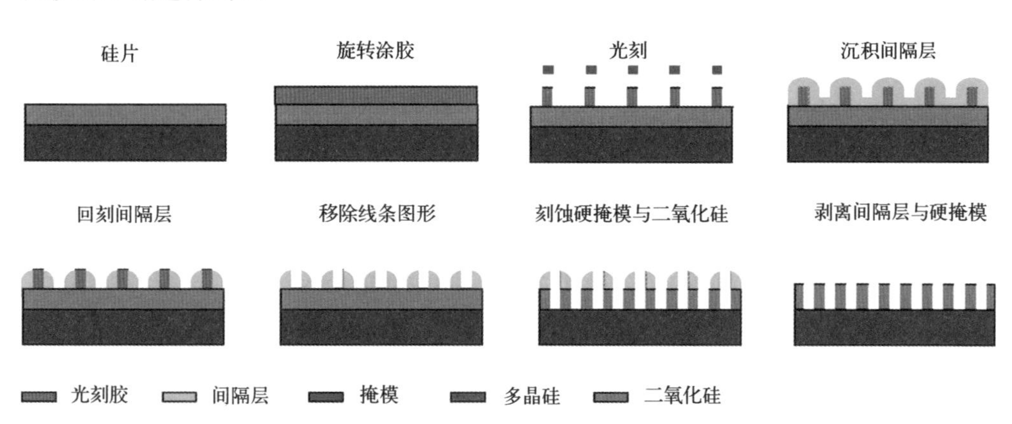

图 5.10　自对准双重图形工艺的步骤。有时该工艺也被称为间隔层双重图形（SDDP）技术

SADP 仅含一次光刻步骤，因此不会受到两次光刻之间套刻误差的影响。但是，间隔层材料的间距会受牺牲层图形（也被称为芯轴图形，mandrel）的关键尺寸（CD）和侧壁均匀性的影响。芯轴图形 CD 的变化将改变间隔层图形的周期，该现象称为周期摆动（pitch walking）[28]。

图 5.10 所示的工艺步骤也可以应用于具有其他几何形状的牺牲层图形。沿着光刻形成的芯轴图形的侧壁形成间隔层，通过修剪曝光选择性地去除某些间隔层图形，可提高设计的灵活性 [27]。两次 SADP 工艺使得光刻图形的周期进一步减小。将第一次 SADP 形成的间隔层作为第二次 SADP 的芯轴层，可实现自对准四重图形（SAQP）技术。

5.3.4　双重显影技术

Asano 首次提出双重显影（DTD）技术 [29]。该技术分别对光刻胶的高剂量曝光区和低剂量曝光区进行显影，可将图形周期缩小一半以上。图 5.11 描述了 DTD 的基本原理。利用线空图形对光刻胶曝光。光刻胶中酸的浓度介于最低值（蓝色）和最高值（红色）之间；第一次后烘（PEB，图中未显示）触发了脱保护反应，使得光刻胶可溶于碱性显影液，随后进行第一次正显影，形成的沟道具有与掩模版图

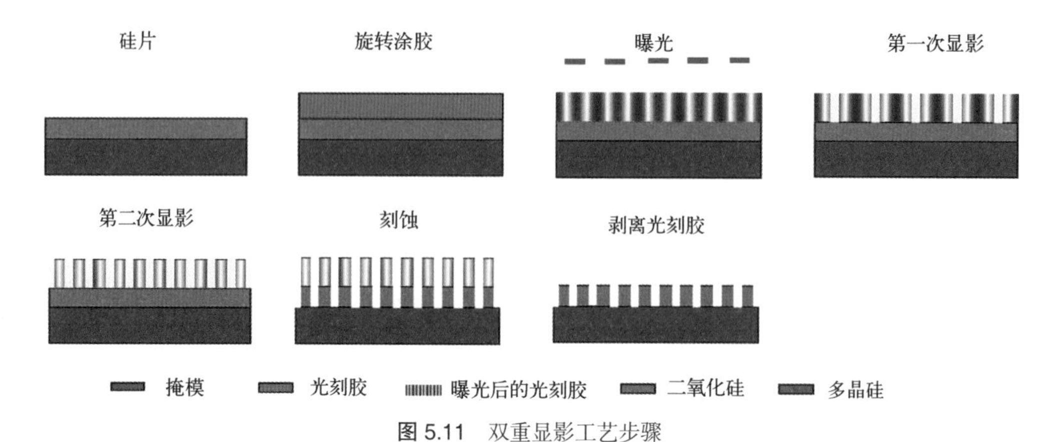

图 5.11　双重显影工艺步骤

相同的周期。第二次显影是负显影，采用有机溶剂制备出位置交错的沟道图形。刻蚀工艺将频率翻倍后的光刻胶沟道图形转移到下层中，最后清除光刻胶。

DTD 是另一种形式的自对准双重图形技术。该技术最吸引人的一点是整个工艺可在涂胶显影机上完成。与 SDDP 技术类似，该技术也受到设计图形的限制。DTD 工艺的效果不仅受光刻胶材料的影响，还取决于第二次后烘过程中脱保护反应后产生的形貌。第二次后烘发生在第一次正显影之后。在第一次显影后增加一次过曝光工艺，可以提高光酸水平，并提高第二次显影后的光刻胶形貌质量 [30]。虽然该技术有许多吸引人的特性，但它还仅停留在实验室阶段，尚未用于商业半导体制造领域。

5.3.5　双重或多重图形技术的选择

前面几节的例子中介绍了几种已在半导体制造中获得应用的重要双重图形技术。除此之外，双重图形技术还包括双极性光刻胶 [31] 与自限酸扩散周期拆分技术 [32]。不同双重和多重图形技术的工艺复杂度不同，对芯片设计的影响也不同。

LELE 和 LFLE 包括两次光刻曝光。需要将两次曝光的图形准确对准。由于两次光刻之间的套刻误差会形成 CD 误差 [21]，所以双重图形技术提高了对光刻机套刻精度的要求。尽管 LELE 和 LFLE 可以应用于较为复杂的版图，但版图拆分的难度仍然很大。双重图形技术与光学邻近效应修正技术相互影响，增加了芯片设计的复杂度 [33]。相比于其他双重图形技术，LELE 需要多次光刻和刻蚀，增加了工艺时间和成本。LFLE 仅需一次刻蚀，所有工艺步骤都可以在涂胶显影机上完成，但由于需要用到两种不同的光刻胶，该技术增加了工艺步骤。这些工艺之间相互影响，需要准确地表征并加以控制。

SADP/SAQP 和 DTD 都是自对准双重图形技术，它们仅需一次光刻曝光，降低了对套刻的要求。这些技术都会对设计版图带来一定限制，并有可能需要增加其他曝光才可以形成最终的图形。将 SADP/SAQP 与剪切掩模结合使用，可用于制备逻辑电路图形，但同样提高了对套刻精度的要求。SADP 还要求逻辑电路要采用网格化设计，图形只能在同一方向上[34]。

由于材料难以获得，非线性双重曝光技术还处于实验室研究阶段。与之不同，双重/多重图形技术对工艺的需求和兼容性已经得到了大量的实验验证和研究[22, 35]。双重/多重图形技术特别是SADP/SADP和LELE，已经在先进制造工艺中获得应用。借助多重图形技术，DUV 光刻可以制备小于 20nm 的图形，但工艺成本也明显增加，并提高了对套刻精度控制的要求。目前人们已开发了适用于多重曝光/图形技术的数学框架，可以只研究套刻控制以及套刻带来的影响[36]。结合双重图形技术，EUV 光刻技术可以制备特征尺寸小于 10nm 的图形，进一步提高了先进光刻的技术水平。

5.4 导向自组装

导向自组装（DSA）利用嵌段共聚物（BCP）的微相分离特性加工微纳结构。油和水等不相溶材料混合在一起时会分层（或称为相分离），形成宏观可见的不同材料层。由化学性质不同的高分子链组成的嵌段共聚物也会在宏观尺度上发生相分离。不同高分子链之间的共价键连接将相分离限制在微米或纳米尺度上。热退火工艺可使无序的二嵌段共聚物发生位置和方向重排，达到热平衡时，两种聚合物之间的界面面积最小，见图 5.12。

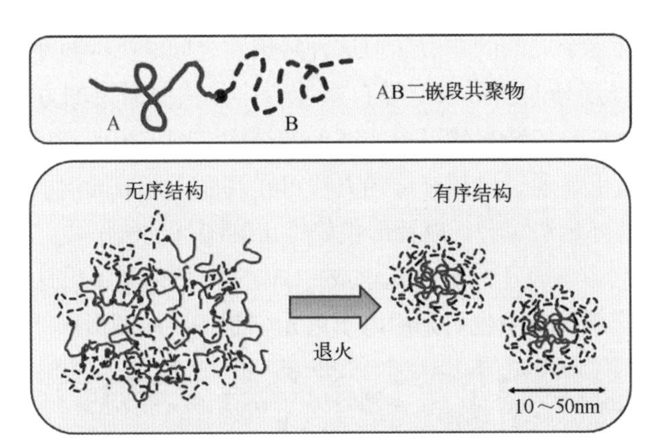

图 5.12 AB 二嵌段共聚物的基本结构，以及退火工艺产生的微相分离。改编自威斯康星大学 Juan de Pablo 的旧版网页

微相分离产生了空间上呈周期性排列且具有不同结构的微区。图 5.13 展示了 AB 二嵌段共聚物的成分对图形结构的影响。根据共聚物中 A 和 B 的相对数量不同，可以形成球状相、柱状相或层状相（线和空）。图形的长度或特征尺寸（CD）由嵌

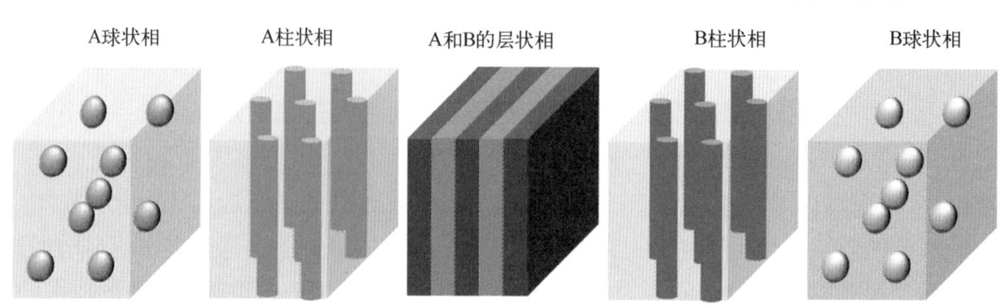

图 5.13　A 聚合物的体积分数不同时，AB 二嵌段共聚物的自组装示例。改编自威斯康星大学 Juan de Pablo 的旧版网页

段共聚物材料的分子大小、聚合度等分子属性决定。因此，DSA 有时也被称为“瓶中尺寸”（CD in bottle）。典型微区的尺寸为 10 ～ 100nm。DSA 材料的另一个重要参数是弗洛里 - 哈金斯参数 χ_N，它是衡量高分子嵌段 A 和 B 之间排斥力大小的量。该参数对自组装的速度及自组装工艺的动力学特性有很大影响。

嵌段共聚物薄膜中的图形形成过程还受表面效应和界面能的影响，它们决定了嵌段共聚物微观结构的方向。利用成分经过精细配比的无规共聚物分子刷等中性层，可在竖直方向上形成层状相或柱状相，这些是光刻感兴趣的结构。薄膜厚度、退火温度和退火时间都是自组装工艺热平衡和图形形貌的重要影响因素。图 5.14 为 PS-*b*-PMMA 嵌段共聚物薄膜形成的图形，图中所示是实验拍摄的 SEM 图像。

图 5.14 所示的自组装图形不适用于主流光刻。它们可在小区域内实现良好的相分离，形成包含多个周期的图形。但这种共聚物之间的反应过于微弱，难以形成大面积图形。可采用导向图形来引导自组装行为，按照需要的方向和尺寸制备图形。同时还可以改变自组装自然形成的图形的结构，制备出所需的图形结构。共聚物薄膜沉积在基底上。通过局部修饰的方法可在基底上形成导向图形，包括选择性的化学修饰（化学外延法）[41]，以及形貌修饰（制图外延法）[42]。图 5.15 为导向图形的产生方法示意图。通过标准的光学或 EUV 投影光刻制备出这些导向图形。在 DSA 工艺材料的实验研究中也可采用电子束光刻制备导向图形。

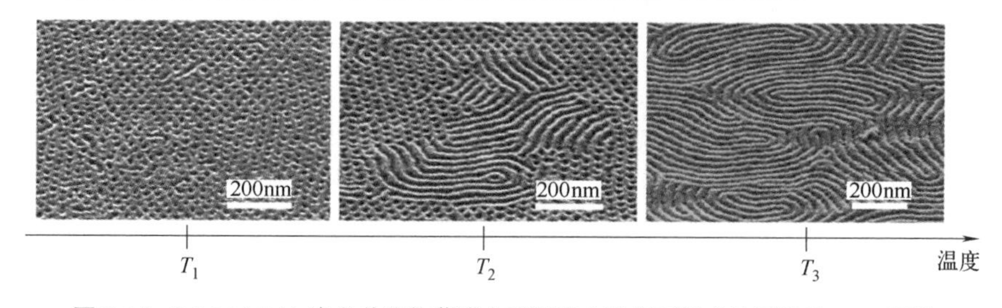

图 5.14　PS-*b*-PMMA 嵌段共聚物薄膜在不同退火温度下形成的图形的 SEM 图像。转载自参考文献 [40]

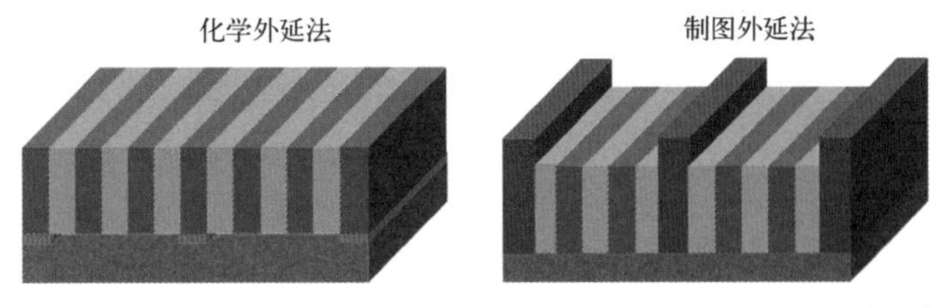

图 5.15　使用化学外延法（左）和制图外延法（右）产生导向图形，引导共聚物自组装的方法

将不同的嵌段共聚物和不同的导向图形组合，可以产生不同形状、不同尺寸或 CD 的图形，增加了图形生成的自由度。虽然如此，仍有很多因素制约了 DSA 的图形制备能力，需要在电路设计时予以考虑。DSA 主要作为现有光刻方法的分辨率增强技术用于实现图形倍增与图形修正。

图形倍增用于增加线空阵列、接触孔阵列或衍射受限成像方法无法制备的小周期图形的密度。图 5.16 为实验中利用不同制图外延法制备的图形。实验中所用的嵌段共聚物为层状相与柱状相嵌段共聚物。利用半密集线导向图形，在不同的 DSA 材料组分、光刻胶，以及退火条件下形成了不同的线空、接触孔阵列结构。这些 DSA 图形的周期比导向图形的周期小很多。

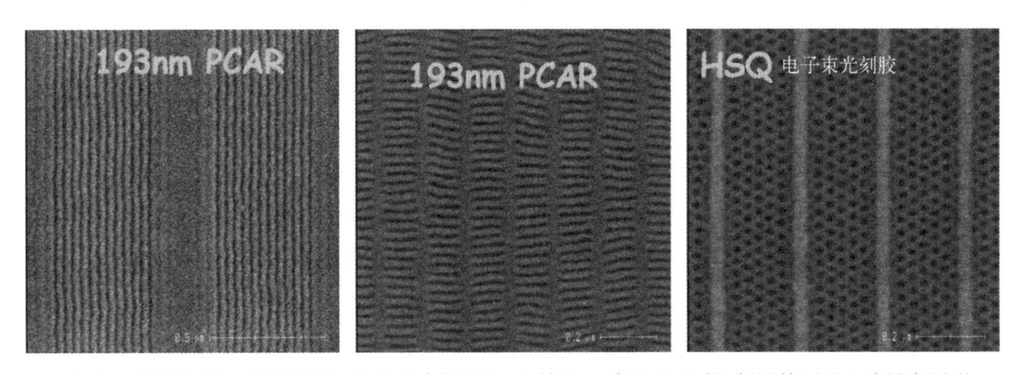

图 5.16　图形倍增。层状相和柱状相聚合物的 DSA 结果。采用了不同的制图外延法生成导向图形，左图和中图采用了正性化学放大 DUV 光刻胶（PCAR），右图采用了 HSQ 电子束光刻胶。转载自参考文献 [43]

DSA 还可以用于尺寸微缩，提高特征尺寸均匀性，改善线边粗糙度（LER），如图 5.17 所示。左图为利用先进的 193nm 光刻产生制备的 120nm 接触孔。嵌段共聚物 DSA 将这些孔的尺寸缩小到 15nm。最后这些图形被刻蚀到基底上。研究表明这些 DSA 孔的 CD 均匀性明显优于导向图形的 CD 均匀性 [44, 45]。

DSA 图形中的缺陷和不规则形状问题是阻碍 DSA 应用于半导体制造的主要问题之一。这些 DSA 缺陷可以有不同的外观和成因。周期性阵列的错位和旋转可能是由表面中性层的缺陷所致，也可能是由导向图形与 DSA 材料周期或者固有长度不匹配导致的。

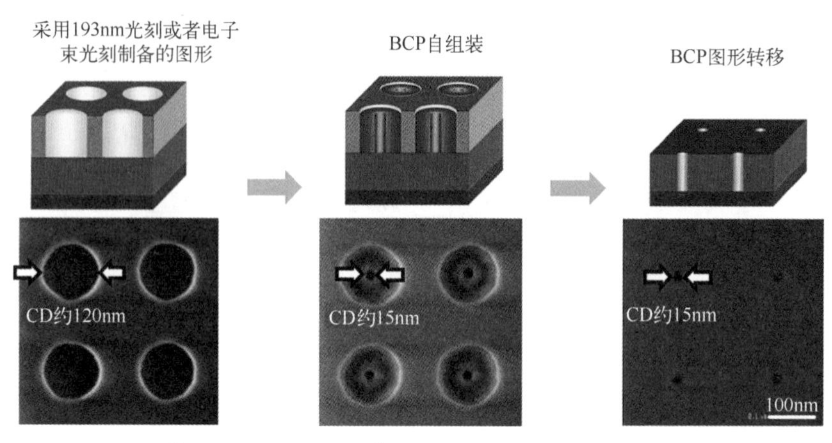

图 5.17 图形修正。用 BCP 缩小和修正接触孔的工艺流程。转载自参考文献 [45]

为学习和优化 DSA 工艺，人们开发了多种建模技术。分子动力学模型和蒙特卡洛（MC）方法可用于研究高分子长链的原子层面信息对材料基本属性、相分离机制和表面作用的影响[46]。嵌段共聚物有序形态的长度范围为 5 ～ 500nm，使得在原子层面无法完整地描述 DSA 图形的形成过程，因此有必要采用介观描述方法。

粗粒度模型用少量谐振弹簧连接的球形来表示包含几百个原子的集合。这些粒子依照粗粒化的 / 简化的机制相互作用。采用基于粒子的粗粒度模型、基于场理论的粗粒度模型以及它们的组合，可描述典型 DSA 图形的形成过程[47-51]。利用这种粗粒度模型可以系统地研究发生在几百纳米尺度、分钟量级的复杂三维 DSA 工艺。该模型可描述材料内部界面的分子构象，能够描述复杂的分子结构和包含多种成分的体系。图 5.18 显示了利用粗粒度模型仿真的 DSA 形成图形的动态过程。

由于计算量过大，粗粒度模型不能用于大尺寸光刻图形 DSA 工艺的系统化研究。为此人们提出了 Ohta-Kawasaki 模型[53] 和界面哈密顿模型[54] 等简化模型。尽管这些模型在实践应用中只能粗略地描述体系，并且需要利用原子模型或粗粒度模型进行大量的模型标定工作，但它们可以用于工艺性能研究和 DSA 逆问题求解，即用于计算生成目标 DSA 图形所需要的导向图形。Fühner 等人的文章中介绍了协同优化 DUV 光刻与 DSA 的方法[56]。

嵌段共聚物导向自组装技术是利用现有光刻机制备更微细图形的一种潜在技术方案。DSA 使得利用低成本、材料驱动、自下而上的技术有可能将半导体微缩的极限扩展至亚 10nm 水平。为了将 DSA 变为现有半导体制造技术的有力竞争者，还需要研发具有高 χ 值且小自然周期的新材料[57]，并降低 DSA 工艺的缺陷密度。

DSA 不但可以制备传统平面工艺中常用的 2D 图形，还可以制备 3D 图形，为很多应用场景提供纳米技术解决方案。DSA 技术不会完全取代光学光刻或 EUV 光刻。结合新材料和新工艺，它有可能利用现有自上而下的光刻技术实现图形密度倍增与缺陷修正。

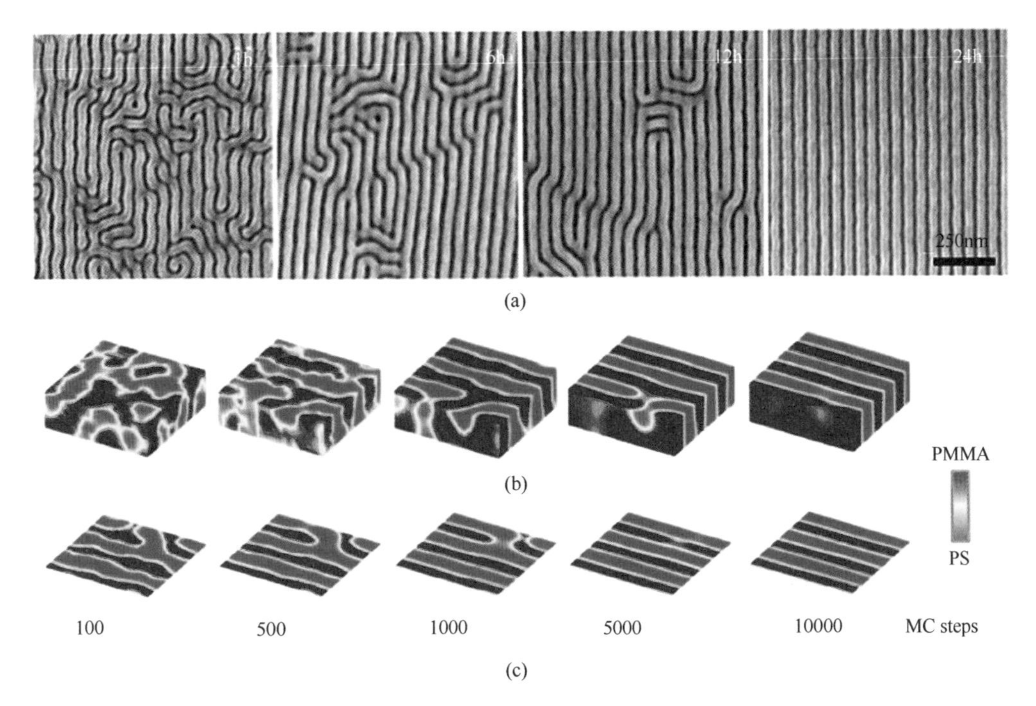

图 5.18　对称 PS-PMMA-PS 三嵌段共聚物的 DSA 动力学过程比较。（a）粗粒度仿真实验（50nm 厚薄膜的 SEM 图像）；（b）局部区域的 3D 轮廓图；（c）靠近底部的采样切片图，反映了基底上的材料实现有序排列的早期过程。经许可可转载自参考文献 [52]。版权（2012）美国化学学会（American Chemical Society）

5.5　薄膜成像技术

最后介绍几种不以提高分辨率为目的的光刻胶与工艺技术。这里介绍的薄膜成像技术主要用于增大焦深（DoF）和光刻胶图形的抗刻蚀性。实际中，对光刻胶厚度大小存在相互矛盾的需求。光学投影技术的焦深是限制光刻胶厚度的因素之一，光刻胶厚度应小于焦深。深宽比较大时光刻胶图形容易坍塌。所以光刻胶的厚度还需要满足图形机械稳定性的需求。与这些需求相反，将图形从光刻胶转移到基底上时需要光刻胶具有一定的厚度，以产生足够的抗刻蚀性。前面提到过的硬掩模可以一定程度上满足上述需求。图 5.19 展示了几种薄膜成像方法。这些方法采用特殊的材料和工艺技术提高标准单层光刻胶的功能性。

基于扩散增强硅化光刻胶（DESIRE）的上表面成像（top-surface imaging，TSI）技术利用含硅化合物（甲硅烷基化剂）对曝光后的 DNQ 光刻胶进行化学处理[59]。该化合物可以扩散进光刻胶曝光区域的顶部，将硅原子混合进顶部的光刻胶中，从而提高抗刻蚀性。该技术可获得几乎竖直的刻蚀侧壁，而且光刻胶底部的光强分布几乎不会受影响。TSI 提升了 DoF，并降低了来自底部膜层的反射光与衍射光的影响。但是，由于甲硅烷基化的对比度较低，干法显影后图形的线边粗糙度（LER）很大[58]。

图 5.19 中间部分所示的双层光刻胶工艺使用了富含硅的顶部膜层[60]。该顶部膜层为化学放大负性光刻胶，主要作用是形成图形，可以适用标准的光刻工艺。与 TSI 类似，富含硅的顶部膜层的抗刻蚀性很高，利用这种膜层对其下层材料进行刻蚀，侧壁几乎可以达到完全竖直的状态。利用富含硅的光敏光刻胶可以实现较高的甲硅烷基化对比度。但是成像性能与透射率方面的要求使得顶部膜层中的硅含量不能太高。

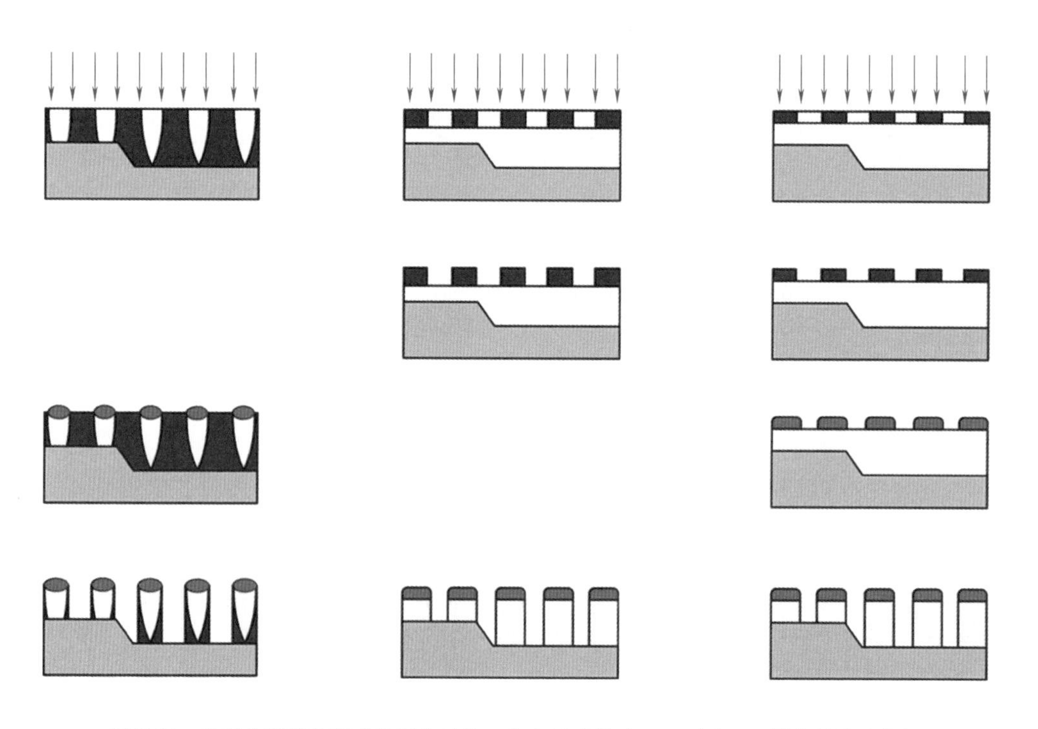

图 5.19　几种典型的薄膜成像工艺对比：上表面成像（TSI，左）；双层光刻胶（中）；化学放大光刻胶线（CARL，右）。转载自参考文献 [58]

图 5.19 右侧的化学放大光刻胶线（CARL）工艺采用了两种不同的无硅光刻胶层[58]。首先用标准光刻工艺处理顶部的薄层。随后在液相中进行甲硅烷基化工艺，提高薄层的含硅量，形成富含硅的光刻胶薄层，用于成像。这一步还允许接触孔收缩和光刻胶展宽（化学偏置）。对于半导体制造中的大多数应用来说，CARL 等类似的上表面成像技术的成本过高，很难接受。

5.6 总结

理论分辨率极限 0.25λ/NA 仅适用于密集图形。将版图拆分成周期较大的半密集图形，将几个独立的工艺步骤有机地结合在一起，可以实现 $k_1 < 0.25$ 的成像。本节讨论了几种结合了光学非线性性质的多重曝光技术，但目前还没有合适的材料来实现这些技术。

已开发了几种工艺流程，将光刻工艺和其他工艺结合，实现了多重曝光。这些工艺流程的复杂度略有增加。双重图形技术将 193nm 浸没式光刻技术的极限拓展至 45nm 以下。光刻 - 刻蚀 - 光刻 - 刻蚀（LELE）只需利用已有的工艺和材料，但会增加工艺 / 设计的复杂性，增加成本，且对对准的要求更严格。自对准双重图形（SADP）技术只需要一次光刻，虽然降低了工艺复杂度以及出现套刻问题的概率，但会限制设计的自由度。多重图形技术（MPT）可以支持图形继续微缩，但会增加工艺成本和复杂度。

导向自组装（DSA）是一种低成本图形微缩方法，但是难以获得自然周期小且低缺陷的高 χ 材料。

硬掩模和上表面成像技术有助于降低对 DoF 的需求、减弱硅片形貌效应。

参考文献

[1] V. Lucarini, J. J. Saarinen, K. E. Peiponen, and E. M. Vartiainen, *Kramers-Kronig Relations in Optical Materials Research*, Springer Series in Optical Sciences, Vol. 110, 2005.

[2] C. L. Henderson, C. G. Willson, R. R. Dammel, and R. A. Synowicki, "Bleaching-induced changes in the dispersion curves of DNQ photoresists," *Proc. SPIE* **3049**, 585, 1997.

[3] A. Erdmann, C. L. Henderson, and C. G. Willson, "The impact of exposure induced refractive index changes of photoresists on the photolithographic process," *J. Appl. Phys.* **89**, 8163, 2001.

[4] J. Fischer, G. von Freymann, and M. Wegener, "The materials challenge in diffraction-unlimited direct-laser-writing optical lithography," *Adv. Mater.* **22**, 3578–3582, 2010.

[5] T. L. Andrew, H. Y. Tsai, and R. Menon, "Confining light to deep subwavelength dimensions to enable optical nanopatterning," *Science* **324**, 917, 2009.

[6] T. J. A. Wolf, J. Fischer, M. Wegener, and A.-N. Unterreiner, "Pump-probe spectroscopy on photoinitiators for stimulated-emission-depletion optical lithography," *Opt. Lett.* **36**, 3188, 2011.

[7] S. Lee, K. Jen, C. G. Willson, J. Byers, P. Zimmermann, and N. J. Turro, "Materials modeling and development for use in double-exposure lithography applications," *J. Micro/Nanolithogr. MEMS MOEMS* **8**(1), 11011, 2009.

[8] R. W. Boyd and S. J. Bentley, "Recent progress in quantum and nonlinear optical lithography," *J. Mod. Opt.* **53**, 713, 2006.

[9] W. Haske, V. W. Chen, J. M. Hales, W. Dong, S. Barlow, S. R. Marder, and J. W. Perry, "65nm feature sizes using visible wavelength 3-D multiphoton lithography," *Opt. Express* **15**, 3426–3436, 2007.

[10] S. M. Kuebler, M. Rumi, T. Watanabe, K. Braun, B. H. Cumpston, A. A. Heikal, L. L. Erskine, S. Thayumanavan, S. Barlow, S. R. Marder, and J. W. Perry, "Optimizing two-photon initiators and exposure conditions for three-dimensional microfabrication," *J. Photopolym. Sci. Technol.* **14**, 657–668, 2001.

[11] J. Byers, S. Lee, K. Jane, P. Zimmerman, N. Turro, and C. G. Willson, "Double exposure materials simulation study of feasibility," in *24th Conference of Photopolymer Science and Technology*, June 2007 Tokyo, 2007.

[12] E. Yablonovitch and R. B. Vrijen, "Optical projection lithography at half the Rayleigh resolution limit by two-photon exposure," *Opt. Eng.* **38**(2), 334, 1999.

[13] D. Vincent, "Optical limiting threshold in carbon suspensions and reverse saturable absorber materials," *Appl. Opt.* **40**, 6646–6653, 2001.

[14] W. G. Oldham, "The use of contrast enhancement layers to improve the effective contrast of positive resist," *IEEE Trans. Electron Devices* **34**, 247–251, 1987.

[15] F. Shao, G. D. Cooper, Z. Chen, and A. Erdmann, "Modeling of exploration of reversible contrast enhancement layers for double exposure lithography," *Proc. SPIE* **7640**, 76400J, 2010.

[16] A. Erdmann, P. Evanschitzky, T. Fühner, T. Schnattinger, C. B. Xu, and C. Szmanda, "Rigorous electromagnetic field simulation of two-beam interference exposures for the exploration of double patterning and double exposure scenarios," *Proc. SPIE* **6924**, 692452, 2008.

[17] T. Ebihara, M. D. Levenson, W. Liu, J. He, W. Yeh, S. Ahn, T. Oga, M. Shen, and H. Msaad, "Beyond k_1=0.25 lithography: 70nm L/S patterning using KrF scanners," *Proc. SPIE* **5256**, 985–994, 2003.

[18] M. Maenhoudt, J. Versluijs, H. Struyf, J. van Olmen, and L. van Hove, "Double patterning scheme for sub-0.25 k_1 single damascene structures at NA=0.75, λ=193nm," *Proc. SPIE* **5754**, 1508–1518, 2005.

[19] M. Padmanaban, J. Cho, T. Kudo, D. Rahman, H. Yao, D. McKenzie, A. Dioses, S. Mullen, E. Wolfer, K. Yamamoto, Y. Cao, and Y. Her, "Progress in spin-on hard mask materials for advanced lithography," *J. Photopolym. Sci. Technol.* **27**(4), 503–509, 2014.

[20] M. Drapeau, V. Wiaux, E. Hendrickx, S. Verhaegen, and T. Machida, "Double patterning design split implementation and validation for the 32nm node," *Proc. SPIE* **6521**, 652109, 2007.
[21] A. J. Hazelton, S. Wakamoto, S. Hirukawa, M. McCallum, N. Magome, J. Ishikawa, C. Lapeyere, I. Guilmeau, S. Barnola, and S. Gaugiran, "Double-patterning requirements and prospects for optical extension without double patterning," *J. Micro/Nanolithogr. MEMS MOEMS* **8**(1), 11003, 2009.
[22] Y. C. Bae, Y. L. Liu, T. Cardolaccia, J. C. McDermott, P. Trefonas, K. Spizuoco, M. Reilly, A. Pikon, L. Joesten, G. G. Zhang, G. G. Barclay, J. Simon, and S. Gaugiran, "Materials for single-etch double patterning process: Surface curing agent and thermal cure resist," *Proc. SPIE* **7273**, 727306, 2009.
[23] M. Yamaguchi, T. Wallow, Y. Yamada, R. H. Kim, J. Kye, and H. J. Levinson, "A study of photoresist pattern freezing for double imaging using 172nm VUV flood exposure," in *25th International Conference of Photopolymer Science and Technology*, 2008.
[24] A. Erdmann, F. Shao, J. Fuhrmann, A. Fiebach, G. P. Patsis, and P. Trefonas, "Modeling of double patterning interactions in litho-curing-litho-etch (LCLE) processes," *Proc. SPIE* **76740**, 76400B, 2010.
[25] S. Robertson, P. Wong, P. De Bisschop, N. Vandenbroeck, and V. Wiaux, "Interactions between imaging layers during double-patterning lithography," *Proc. SPIE* **8326**, 83260B, 2012.
[26] Y.-K. Choi, T.-J. King, and C. Hu, "A spacer patterning technology for nanoscale CMOS," *IEEE Trans. Electron Devices* **49**, 436, 2002.
[27] A. Carlson and T.-J. K. Liu, "Low-variability negative and iterative spacer processes for sub-30-nm lines and holes," *J. Micro/Nanolithogr. MEMS MOEMS* **8**(1), 11009, 2009.
[28] R. Chao, K. K. Kohli, Y. Zhang, A. Madan, G. R. Muthinti, A. J. Hong, D. Conklin, J. Holt, and T. C. Bailey, "Multitechnique metrology methods for evaluating pitch walking in 14 nm and beyond FinFETs," *J. Micro/Nanolithogr. MEMS MOEMS* **13**(4), 1–9, 2014.
[29] M. Asano, "Sub-100 nm lithography with KrF exposure using multiple development method," *Jpn. J. Appl. Phys.* **38**, 6999–7003, 1999.
[30] C. Fonseca, M. Somervell, S. Scheer, Y. Kuwahara, K. Nafus, R. Gronheid, S. Tarutani, and Y. Enomoto, "Advances in dual-tone development for pitch doubling," *Proc. SPIE* **7640**, 76400E, 2010.
[31] X. Gu, C. M. Bates, Y. Cho, T. Kawakami, T. Nagai, T. Ogata, A. K. Sundaresan, N. J. Turro, R. Bristol, P. Zimmerman, and C. G. Willson, "Photobase generator assisted pitch division," *Proc. SPIE* **7639**, 763906, 2010.
[32] J. Fuhrmann, A. Fiebach, M. Uhle, A. Erdmann, C. Szmanda, and C. Truong, "A model of self-limiting residual acid diffusion for pattern doubling," *Microelectron. Eng.* **86**, 792, 2009.

[33] K. Lucas, C. Cork, A. Miloslavsky, G. Luc-Pat, L. Barnes, J. Hapli, J. Lewellen, G. Rollins, V. Wiaux, and S. Verhaegen, "Double-patterning interactions with wafer processing, optical proximity correction, and physical design flow," *J. Micro/Nanolithogr. MEMS MOEMS* **8**(3), 33002, 2009.

[34] M. C. Smayling, K. Tsujita, H. Yaegashi, V. Axelrad, R. Nakayama, K. Oyama, and A. Hara, "11nm logic lithography with OPC-Lite," *Proc. SPIE* **9052**, 90520M, 2014.

[35] M. Maenhoudt, R. Gronheid, N. Stepanenko, T. Matsuda, and D. Vangoidsenhoven, "Alternative process schemes for double patterning that eliminate the intermediate etch step," *Proc. SPIE* **6924**, 69240P, 2008.

[36] A. H. Gabor and N. M. Felix, "Overlay error statistics for multiple-exposure patterning," *J. Micro/Nanolithogr. MEMS MOEMS* **18**(2), 1–16, 2019.

[37] M. J. Fasolka, "Block copolymer thin films: Physics and applications," *Annu. Rev. Mater. Res.* **31**, 323–355, 2001.

[38] H.-C. Kim and W. D. Hinsberg, "Surface patterns from block copolymer self-assembly," *J. Vac. Sci. Technol. A* **26**, 1369, 2008.

[39] R. A. Farrell, T. G. Fitzgerald, D. Borah, J. D. Holmes, and M. A. Morris, "Chemical interactions and their role in the microphase separation of block copolymer thin films," *Int. J. Mol. Sci.* **10**, 3671–3712, 2009.

[40] X. Chevalier, R. Tiron, T. Upreti, S. Gaugiran, C. Navarro, S. Magnet, T. Chevolleau, G. Cunges, G. Fleury, and G. Hadziioannou, "Study and optimization of the parameters governing the block copolymer self-assembly: Toward a future integration in lithographic process," *Proc. SPIE* **7970**, 79700Q, 2011.

[41] S. O. Kim, H. H. Solak, M. P. Stoykovich, N. J. Ferrier, J. J. de Pablo, and P. F. Nealey, "Epitaxial self-assembly of block copolymers on lithographically defined nanopatterned substrates," *Nature* **424**, 411–414, 2003.

[42] R. A. Segalman, H. Yokoyama, and E. J. Kramer, "Graphoepitaxy of spherical domain block copolymer films," *Adv. Mater.* **13**, 1152–1155, 2001.

[43] R. Tiron, S. Gaugiran, J. Pradelles, H. Fontaine, C. Couderc, L. Pain, X. Chevalier, C. Navarro, T. Chevolleau, G. Cunge, M. Delalande, G. Fleury, and G. Hadziioannou, "Pattern density multiplication by direct self assembly of block copolymers: Toward 300mm CMOS requirements," *Proc. SPIE* **8323**, 83230O, 2012.

[44] C. Bencher, H. Yi, J. Zhou, M. Cai, J. Smith, L. Miao, O. Montal, S. Blitshtein, A. Lavia, K. Dotan, H. Dai, J. Y. Cheng, D. P. Sanders, M. Tjio, and S. Holmes, "Directed self-assembly defectivity assessment (part II)," *Proc. SPIE* **8323**, 83230N, 2012.

[45] R. Tiron, A. Gharbi, M. Argoud, X. Chevalier, J. Belledent, P. P. Barros, I. Servin, C. Navarro, G. Cunge, S. Barnola, L. Pain, M. Asai, and C. Pieczulewski, "The potential of block copolyme directed self-assembly for contact hole shrink and contact multiplication," *Proc. SPIE* **8680**, 868012, 2013.
[46] N. C. Karayiannis, V. G. Mavrantzas, and D. N. Theodorou, "A novel Monte Carlo scheme for the rapid equilibration of atomistic model polymer systems of precisely defined molecular architecture," *Phys. Rev. Lett.* **88**, 105503, 2002.
[47] M. Müller, K. Katsov, and M. Schick, "Coarse-grained models and collective phenomena in membranes: Computer simulation of membrane fusion," *Journal of Polymer Science: Part B: Polymer Physics* **41**, 1441, 2003.
[48] M. W. Matsen, *Self-Consistent Field Theory and Its Applications in Soft Matter, Volume 1: Polymer Melts and Mixtures*, 83. Wiley-VCH, Weinheim, 2006.
[49] D. Q. Pike, F. A. Detcheverry, M. Müller, and J. J. de Pablo, "Theoretically informed coarse grain simulations of polymeric systems," *J. Chem. Phys.* **131**, 84903, 2009.
[50] J. J. de Pablo, "Coarse-grained simulations of macromolecules: From DNA to nanocomposites," *Annu. Rev. Phys. Chem.* **62**, 555–574, 2011.
[51] R. A. Lawson, A. J. Peters, P. J. Ludovice, and C. L. Henderson, "Tuning domain size of block copolymers for directed self assembly using polymer blending: Molecular dynamics simulation studies," *Proc. SPIE* **8680**, 86801Z, 2013.
[52] S. Ji, U. Nagpal, G. Liu, S. P. Delcambre, M. Müller, J. J. de Pablo, and P. F. Nealey, "Directed assembly of non-equilibrium ABA triblock copolymer morphologies on nanopatterned substrates," *ACS Nano* **6**, 5440–5448, 2012.
[53] T. Ohta and K. Kawasaki, "Equilibrium morphology of block copolymer melts," *Macromolecules* **19**, 2621–2632, 1986.
[54] E. W. Edwards, M. F. Montague, H. H. Solak, C. J. Hawker, and P. F. Nealey, "Precise control over molecular dimensions of block-copolymer domains using the interfacial energy of chemically nanopatterned substrates," *Adv. Mater.* **16**, 1315–1319, 2004.
[55] K. Yoshimoto, K. Fukawatase, M. Ohshima, Y. Naka, S. Maeda, S. Tanaka, S. Morita, H. Aoyama, and S. Mimotogi, "Optimization of directed self-assembly hole shrink process with simplified model," *J. Micro/Nanolithogr. MEMS MOEMS* **13**(3), 31305, 2014.
[56] T. Fühner, U. Welling, M. Müller, and A. Erdmann, "Rigorous simulation and optimization of the lithography/directed self-assembly co-process," *Proc. SPIE* **9052**, 90521C, 2014.
[57] J. Zhang, M. B. Clark, C. Wu, M. Li, P. Trefonas, and P. D. Hustad,

"Orientation control in thin films of a high-chi block copolymer with a surface active embedded neutral layer," *Nano Lett.* **16**, 728–735, 2016.

[58] E. Richter, M. Sebald, L. Chen, G. Schmid, and G. Czech, "CARL: Advantages of thin-film imaging for leading-edge lithography," *Materials Science in Semiconductor Processing* **5**, 291, 2003.

[59] F. Coopmans and B. Roland, "DESIRE: A novel dry developed resist system," *Proc. SPIE* **631**, 34, 1986.

[60] Q. Lin, A. D. Katnani, T. A. Brunner, C. DeWan, C. Fairchok, D. C. LaTulipe, J. P. Simons, K. E. Petrillo, K. Babich, D. E. Seeger, M. Angelopoulos, R. Sooriyakumaran, G. M. Wallraff, and D. C. Hofer, "Extension of 248-nm optical lithography: A thin film imaging approach," *Proc. SPIE* **333**, 278, 1998.

第6章 极紫外光刻

极紫外（EUV）光谱 / 软 X 射线电磁辐射谱是指波长为 5 ～ 30nm 的波谱。与曝光波长为 248nm 和 193nm 的深紫外（DUV）光刻类似，EUV 光刻也使用投影物镜对掩模进行缩小成像。由于 EUV 光刻的曝光波长短，其分辨率明显高于 DUV 光刻。由于分辨率高且与现有光刻技术高度相似，EUV 光刻成为继 193nm 浸没式光刻之后非常有吸引力的下一代光刻技术。

从 DUV 波段光学光刻到 EUV 光刻发生了几个重要变化 [1, 2]。第一，需要输出功率高、寿命长且稳定可靠的光源。业内已开发了多种激光等离子体或放电等离子体光源。第二，由于缺乏在 EUV 波段透过率足够高的光学材料，照明 / 投影光学系统不能采用传统的透射式透镜，必须替换为反射式光学元件，对掩模和 EUV 光刻系统的成像特性产生了重要影响。第三，需要高灵敏度、高分辨率的光刻胶材料。高能 EUV 光子改变了入射光与光刻胶相互作用的方式。光子噪声、二次电子散射效应和其他现象都会影响光刻胶的灵敏度、分辨率和线边粗糙度。

EUV 光刻系统的曝光波长取决于光源与材料。目前使用的波长为 13.5nm。图 6.1 为极紫外投影光刻系统的原理图。收集镜将激光等离子体辐射出的 EUV 光聚

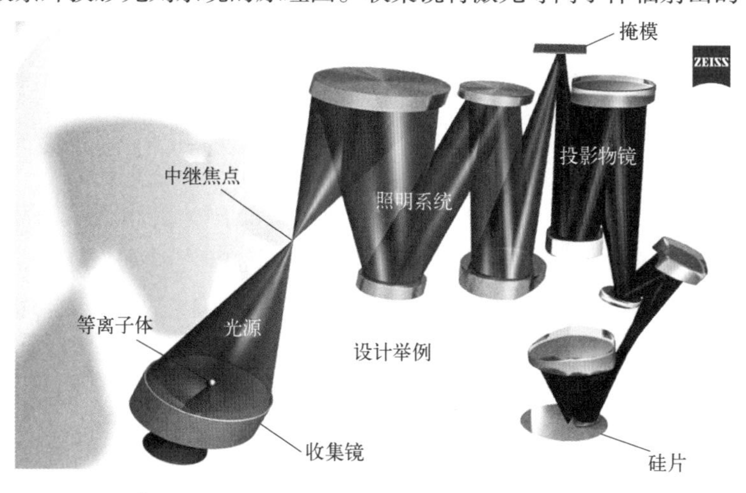

图 6.1　蔡司公司的 EUV 光刻成像系统示意图。转载自参考文献 [3]

焦到中继焦点上。照明系统采用四面反射镜对 EUV 光进行整形，并照明掩模台上的反射式掩模。投影物镜系统由 6 面反射镜组成，将掩模 4× 缩小成像至硅片上的光刻胶内。因为所有材料（包括空气）对 13.5nm 光的透射率都不足，所以系统需要运行在真空环境中。

20 世纪 80 年代后半期，Kinoshita 等人[4]、Hawryluk 和 Seppala[5] 首次建议将软 X 射线或 EUV 辐射用于投影光刻。Tony Yen 在 2016 年的 SPIE 先进光刻技术研讨会上系统地回顾了这项技术的发展历史[6]。2012 年，ASML 公司第一台数值孔径为 0.33 的预量产光刻机交付给半导体制造商[7]。7 年后，三星公司使用 EUV 光刻技术制造了世界上第一块半导体芯片。研发更高数值孔径的 EUV 光刻技术，以及适合图形转移的材料和工艺，是未来半导体器件继续微缩的关键。

本章总结了极紫外光刻技术的光源、光学系统、光刻胶、掩模缺陷等方面的内容。首先介绍 EUV 光源，然后介绍多层膜反射镜。多层膜反射镜是极紫外光刻掩模和成像系统的重要组成部分。以反射式掩模和反射镜取代透射式掩模和透镜，对掩模和成像产生了重要影响。6.5 节概述了曝光和光刻胶处理过程中观察到的效应以及它们对光刻性能的限制。6.6 节讨论了极紫外光刻特有的多层膜缺陷。本章最后对高 NA 极紫外光刻系统的发展趋势和先进掩模结构进行了展望。

6.1 光源

首次 EUV 光刻实验使用了同步加速器自由电子激光。由于功率低且成本高，这种同步加速器光源不适用于大规模量产。等离子体中的高能电子态也可以产生 EUV 辐射。可利用氙（Xe）、锡（Sn）和锂（Li）等靶材形成等离子体。历史上，放电等离子体光源和激光等离子体光源都曾被用于 EUV 光刻[8-10]。转换效率——即在窄波长范围内 EUV 光的功率与输入的电或光功率的比值——取决于靶材、靶的形状，以及等离子体密度等参数。为达到 2% ～ 5% 的转换效率，较新一些的光源系统普遍使用锡作为靶材。

图 6.2 为放电等离子体（DPP）光源和激光等离子体（LPP）光源示意图。通过进料口或激光烧蚀技术，将靶材从锡阴极输送到 DPP 的阴极和阳极之间。通过放电（DPP）或高功率 CO_2 激光器（LPP）产生等离子体。出射的 EUV 光的峰值波长为 13.5nm。等离子体也会产生带外（OOB）EUV 辐射，以及紫外光和可见光。采用薄膜、多层膜反射镜或特殊光栅等光谱纯化滤波器可减少进入照明系统的带外辐射。DPP 和 LPP 光源都会产生颗粒 / 微液滴、离子以及电子等高速运动的碎屑。这些碎屑可能会损坏照明和投影系统的光学元件。箔片陷阱可消除或者减少光路中

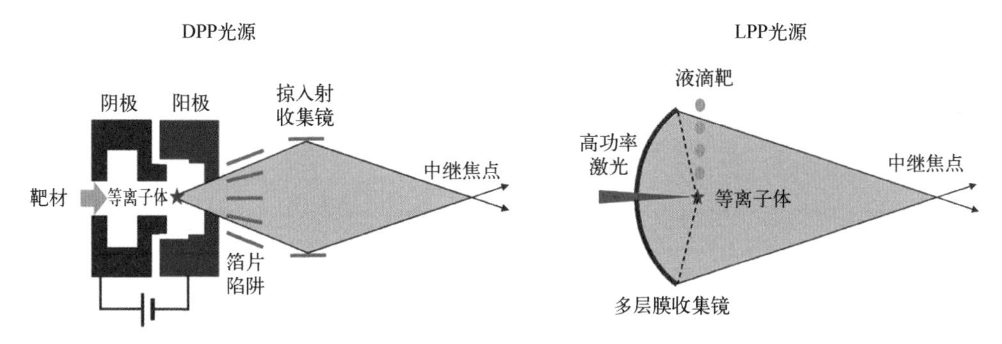

图 6.2　放电等离子体光源（左）和激光等离子体光源（右）示意图。改编自参考文献 [11]

的碎屑。多层膜或掠入射收集镜将除污之后的 EUV 光反射到光源与照明系统之间的中继焦点。

DPP 和 LPP 光源的转换效率低，说明大部分输入功率转换为了带外辐射、碎屑和热损耗。所以会产生高热负载。如何有效处理热负载成为这两种 EUV 光源共同面临的挑战。碎屑会对反射镜以及等离子体周围的其他光源模块造成损伤，严重影响极紫外光源的寿命与稳定性。转换效率、光谱滤波器、碎屑缓减系统以及高热负载处理方法制约了 EUV 光源的输出功率。另一方面，产率指标要求中继焦点的输出功率最低要达到 200W。输出功率的稳定性与光源的寿命也是 EUV 光源研发面临的挑战 [9, 10]。上述问题以及光源性能的不足，使得 EUV 光刻技术应用于半导体制造的时间推迟了很多年。

最先进极紫外光刻机采用了 LPP 光源和预脉冲技术，如图 6.3 所示。预脉冲（PP）的作用是增大锡液滴的体积，改善锡液滴与主脉冲（MP）的相互作用效

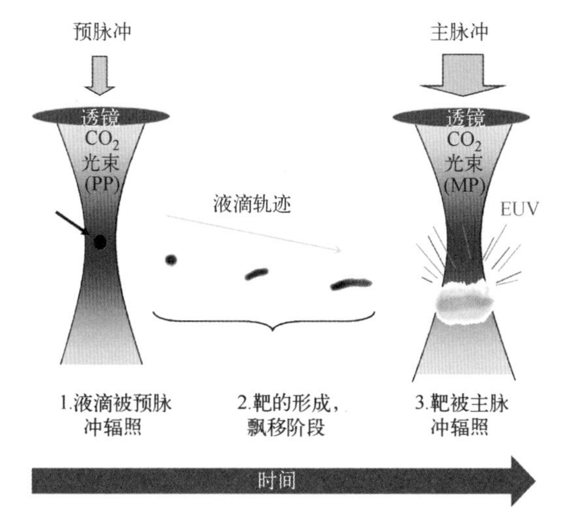

图 6.3　预脉冲技术概念图。经过 De Gruyter 许可，改编自参考文献 [10]。
由 ASML 公司 Igor Fomenkov 提供

果。完美的时空同步以及预脉冲技术显著提高了转换效率，使得 EUV 光源的输出功率超过了 250W。预脉冲技术是将 EUV 光刻技术推向半导体制造过程中的重要一步 [10]。

除了上述两种光源之外，还存在自由电子激光 [12] 和共振高次谐波激光 [13] 等其他类型的 EUV 光源。自由电子激光未来有可能用作 EUV 光刻光源。高次谐波激光可用于 EUV 计量。

6.2 EUV 和多层膜薄膜中的光学材料特性

高能极紫外光子与原子的内壳层发生作用，所以材料在 EUV 辐射光谱中的光学特性由材料的原子成分决定，与具体的化学作用无关。复折射率 $\tilde{n}$ 可以写成 [14-16]：

$$\begin{aligned}\tilde{n} &= 1-\frac{N_{\mathrm{a}} r_{\mathrm{e}} \lambda^{2}}{2\pi}\left(f_{1}-\mathrm{i} f_{2}\right) \\ &= 1-\delta+\mathrm{i} \beta \\ &= n+\mathrm{i} k\end{aligned} \tag{6.1}$$

式中，N_{a} 是单位体积内的原子数；r_{e} 是经典的电子半径；λ 是波长；f_1、f_2 为双层膜中两种材料的原子散射因子；系数 δ 和 β 已列为表格 [17]。CXRO[18] 的网页发布的数据被作为 EUV 光学材料性能的参考标准。δ 和 β 的值小于 1，具体大小取决于沉积条件和材料中的杂质。式（6.1）第三行中的字母为本书中使用的折射率的实部 n 和消光系数 k。

表 6.1 给出了所选材料在 13.5nm 波长下的光学特性。穿透深度 d_{p}，即材料内部光强降至初始值的 1/e（约 37%）时的深度，可根据下式计算：

$$d_{\mathrm{p}}=\frac{1}{\alpha}=\frac{\lambda}{4\pi k} \tag{6.2}$$

式中，α 是材料的吸收系数。

表 6.1　13.5nm 波长光学材料的光学参数。n 是复折射率的实部（$1-\delta$），k 是消光系数（β），d_{p} 是穿透深度。δ 和 β 的值来源于 CXRO 的数据库 [18]。TaBN 是一种典型的掩模吸收层材料

材料	n	k	d_{p}/nm
碳	0.961573	$6.91\mathrm{e}^{-3}$	$1.55\mathrm{e}^{+2}$
氢	0.999995	$1.45\mathrm{e}^{-7}$	$7.41\mathrm{e}^{+6}$
氟	0.999971	$1.88\mathrm{e}^{-5}$	$5.14\mathrm{e}^{+4}$

续表

材料	n	k	d_p/nm
钼	0.923791	$6.43e^{-3}$	$1.67e^{+2}$
氧	0.999973	$1.22e^{-5}$	$8.81e^{+4}$
镍	0.948223	$7.27e^{-2}$	$1.48e^{+1}$
氮	0.999976	$7.01e^{-6}$	$1.53e^{+5}$
钌	0.886360	$1.71e^{-2}$	$6.29e^{+1}$
硅	0.999002	$1.83e^{-3}$	$5.87e^{+2}$
钽	0.942904	$4.08e^{-2}$	$2.63e^{+1}$
TaBN	0.95	$3.10e^{-2}$	$3.46e^{+1}$
锆	0.958964	$3.76e^{-2}$	$2.86e^{+1}$

虽然表中的数据不全，但已可以说明 EUV 光刻在材料方面面临的一些挑战。在大气压力下，EUV 光在气体中的穿透深度在几毫米以内。固体材料的典型 d_p 值小于 1mm。需要采用几十纳米厚的镍等金属材料层作为 EUV 掩模吸收层。

所有 EUV 光谱范围内的材料都具有相似的光学性质，都会吸收 EUV 光，限制了元件对 EUV 光的操控能力。在极紫外光谱范围内无法使用类似透镜的折射元件。透射光栅、波带片或针孔等衍射元件的衍射效率低，虽然无法应用于高产率光刻成像系统，但可用于计量和一些特殊的应用场合。

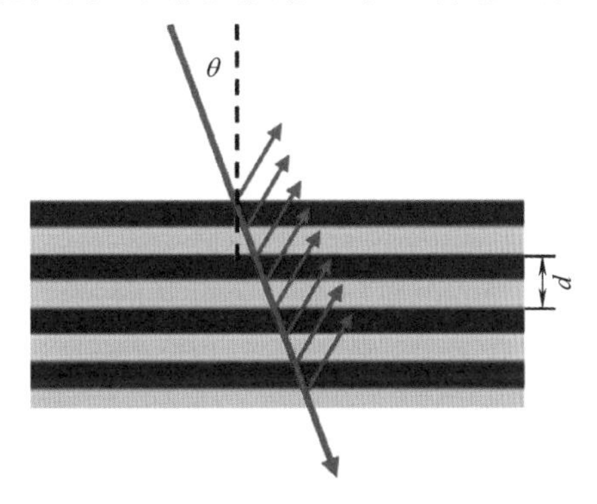

图 6.4 多层膜示意图

为实现高反射率，需要采用大的入射角（掠入射反射镜）或者能够使来自反射元件不同界面（多层膜反射镜）的反射光发生相长干涉。EUV 成像光学系统和掩模采用多层膜结构。该多层膜由双层膜周期性地堆叠而成（见图 6.4）。布拉格定理给出了不同界面的反射光发生相长干涉需要满足的条件：

$$m\lambda=2d\cos\theta \tag{6.3}$$

式中，d 为双层膜的厚度；θ 为入射角；λ 为波长；m 为整数。所需双层膜的数量与可实现的反射率值取决于双层膜两种材料折射率实部之间的差异。为了使两种材料的光学性质差异足够大，双层膜常采用具有高低两种原子序数的材料。选择材料时还需要考虑含突变界面连续薄膜的制造能力等其他方面的技术要求 [19]。目前的掩模中使用了 40 对钼（Mo）和硅（Si）组成的双层膜。从表 6.1 的数据可以看出，这些材料之间的折射率对比度很高，而且它们对 EUV 光的吸收相对较小。

可以用传递矩阵法计算 Mo/Si 多层膜的反射率（8.3.3 节对该方法进行了简要说明）。图 6.5 显示了典型 Mo/Si 多层膜的反射率值随波长和入射角的变化曲线。在工作波长 13.5nm 处、0°～12° 入射角范围内，理论反射率可达 70% 左右。图 6.5 中，虚线和右图无阴影区域表示标称波长、入射角，以及与数值孔径 0.33 相对应的入射角范围。

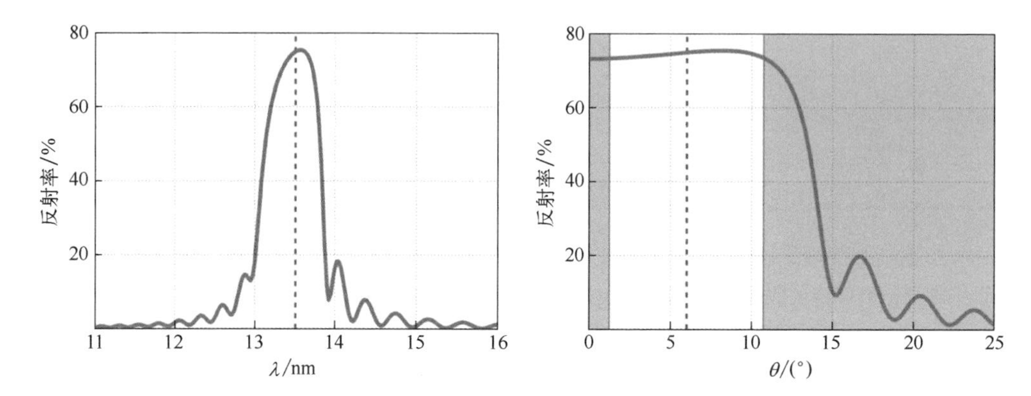

图 6.5 Mo/Si EUV 多层膜系统的反射率仿真值随波长（左）以及入射角 θ（右）的变化。多层膜参数：40 对双层膜，Mo 的厚度为 3nm（复折射率 n=0.91943+0.00663i），Si 的厚度为 4nm（复折射率 n=0.99875+0.00183i）。垂直的虚线表示工作波长 13.5nm 以及典型的 6° 入射角。右图中无颜色填充区域表示对应数值孔径 0.33 的入射角范围

实验可达到的反射率会略低于理论预测值。这种差异是由薄膜厚度的微小变化和多层膜内不完美的界面导致的。钼和硅之间的扩散产生了混合层，降低了钼层和硅层之间的反射率。常使用 Mo_2O 等阻挡层来减弱层间扩散效应。Aquila 等人 [20] 论证了在 EUV 多层膜设计中考虑“膜层间会发生混合”的必要性。顶层的氧化会进一步降低反射率。可采用金属钌组成的顶盖层保护多层膜不被氧化。

图 6.5 中的反射率数据表明，EUV 系统中每对反射镜导致的光能损失都会超过 50%，所以 EUV 系统中的反射镜数量不能太多。EUV 光源发出的光经过多层膜多次反射后光谱会变窄，减少了带外辐射（见 6.4 节的讨论）。

实验上可达到的反射率还受反射镜表面散射造成的光能损失的影响。即使粗糙度只有几埃（Å，1Å=10^{-10}m）量级，光的散射也会导致明显的能量损失。极紫外光刻成像系统反射镜的面形误差指标为 0.2nm。

尽管存在这些技术挑战，人们已利用磁控溅射技术成功制备了适用于 EUV 成像系统的 Mo/Si 多层膜反射镜 [21]。采用特殊的抛光和面形表征技术保证平面度达到面形误差指标 [22]。

6.3 掩模

吸收层位于 Mo/Si 多层膜上面，主要作用是产生 EUV 光刻掩模图形。入射角为 6° 的倾斜照明将反射光与入射光分开。多层膜反射率随入射角和斜射照明的变化而变化，导致了几种 EUV 光刻特有的成像现象。本节和下一节将讨论这些现象。

图 6.6 是典型 EUV 光刻掩模的横截面图。在热膨胀性超低的基底上沉积了 40 对 Mo/Si 双层膜。为了在一定入射角范围内获得高反射率，需要对 Mo 和 Si 层的厚度进行优化。钌顶盖层的厚度为几纳米，可使多层膜免受氧化以及其他物理和化学作用的影响。

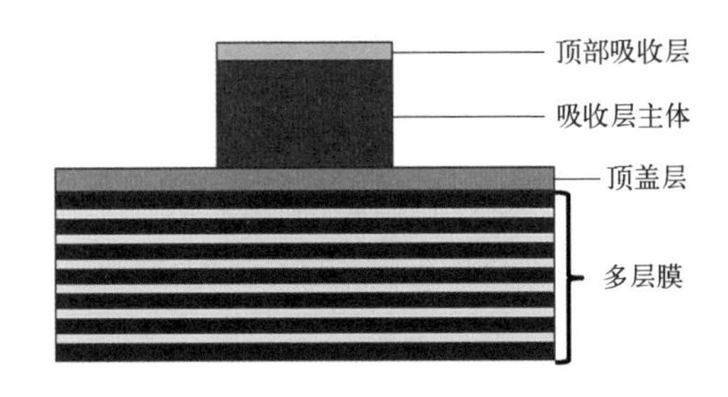

图 6.6 典型 EUV 掩模的横截面图。吸收层为单层膜或者双层膜层。反射式 Mo/Si 多层膜由 40 对双层膜组成。图中仅仅显示了一部分膜层

吸收层的作用是产生不透光的图形，通常由一种或多种材料组成。顶部吸收层的化学成分取决于吸收层沉积工艺，以及吸收层与局部环境的相互作用。吸收层膜层需要能够抑制极紫外光的反射，并便于利用深紫外光对掩模进行计量和检测。为有效地吸收光，钽基吸收层（TaBN，见表 6.1）的总厚度至少为 50nm，大约是波长的 4 倍。式（2.3）中的基尔霍夫边界条件不能满足 EUV 掩模衍射光仿真的需求。因为该条件假设掩模为无限薄的薄层。为了理解和量化 EUV 掩模特有的成像效应，须采用严格电磁场仿真方法（见第 9 章）。

倾斜入射使光的衍射和成像特性与入射光方向密切相关。图 6.7 为线空图形的两种典型方向。照明光在 yz 平面上发生倾斜，与 z 轴的夹角为 θ。x 方向水平线条图形会产生不对称的阴影效应。照射到 y 负方向吸收层正面的光比在 y 正方向吸收层背面的光少。y 向垂直线条图形吸收层两侧的光强相同。

图 6.8 为采用严格电磁场方法仿真的水平线条和垂直线条的近场强度。为了突显上述效应，入射光和反射光的强度分别绘制在图的左列和中列。右列为掩模附近 EUV 光的总强度。吸收层区域用虚线表示。多层膜顶部在 z=0 处。

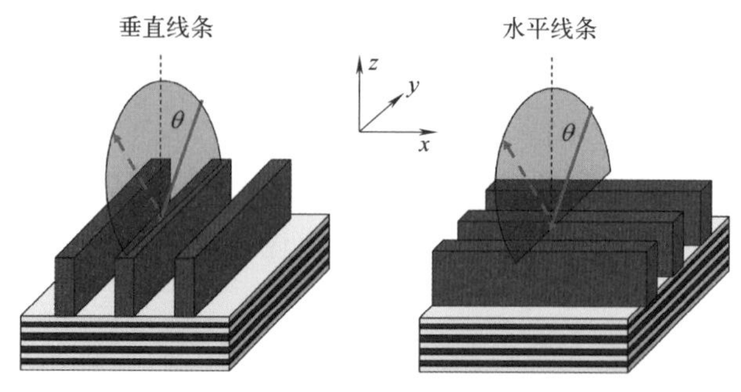

图 6.7　EUV 掩模水平线条（左）和垂直线条（右）示意图。为了更好的视觉效果，省略了顶部吸收层和顶盖层。转载自参考文献 [23]

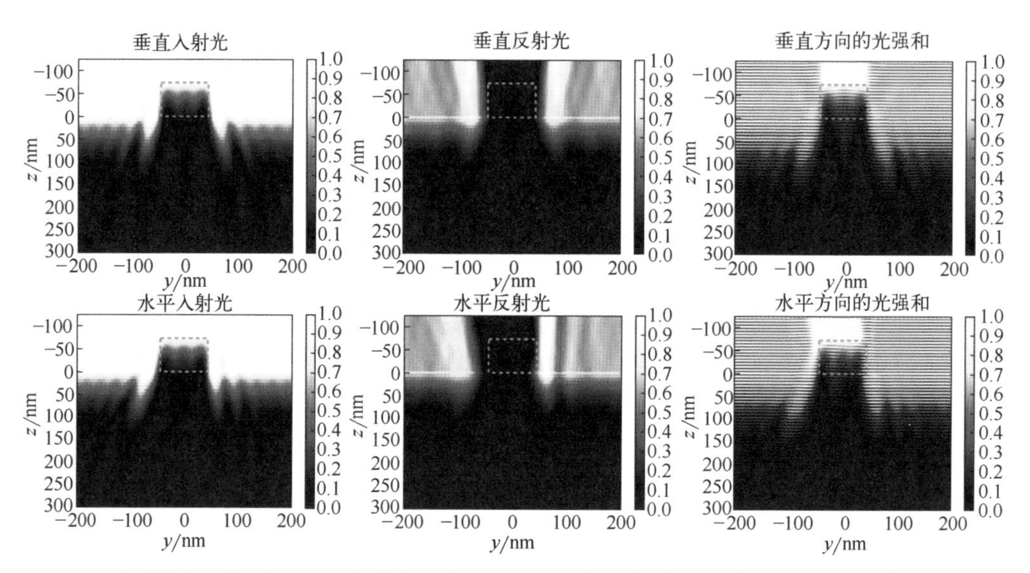

图 6.8　垂直线条（第一行）和水平线条（第二行）EUV 掩模近场的严格仿真结果。向下传播的入射光（左）、向上传播的反射光（中）以及两者的叠加（右）。设置：波长 13.5nm，入射角 θ=6°，电场矢量平行于线条，宽 88nm、周期 400nm 的吸收层线条（由 14nm TaBO 和 60nm TaBN 组成的双层膜）

正如预期的一样，入射光在吸收层内衰减。无吸收层区域的入射光穿透多层膜。光在吸收层边缘的衍射引起了多层膜内光强的横向调制。垂直线和水平线的入射光强度差异很小。当反射光第二次照射到吸收层图形时，差异变得明显。水平线条的反射光呈现出明显的不对称性。y 正方向上，吸收层亮侧的光强远大于暗侧阴影内的光强。从反射光近场光强中可以观察出反射发生在多层膜内部，而不是多层膜顶部。EUV 光在多层膜内传播会引入相位效应，影响成像。由于入射光与反射光之间的干涉，图右侧的总光场中存在明显的驻波。

图 6.9 为吸收层正上方，即图 6.8 中 $z=-75$nm 处，反射光的强度（反射率）和相位图。不对称照明条件下水平线条会产生阴影，即吸收层左侧的光强较低。多层膜基底反射光和吸收层右侧壁反射光叠加后产生了吸收层右侧的强度峰值。

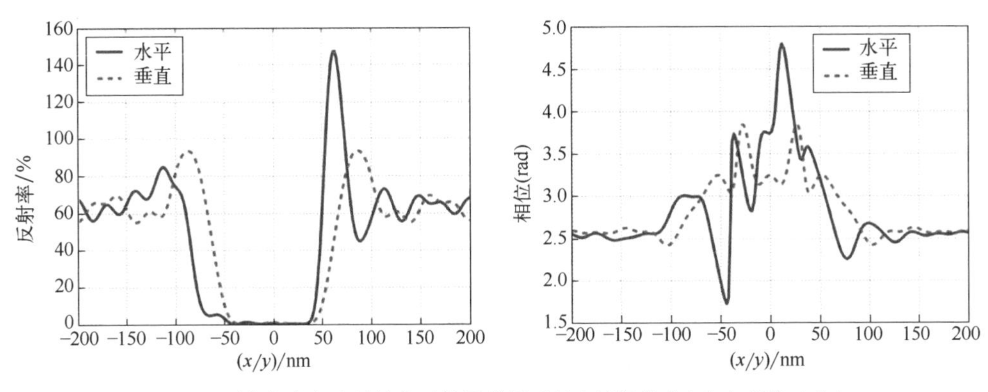

图 6.9 严格仿真方法计算的吸收层膜层反射光的强度（左）与相位（右）。所有参数与图 6.8 中所示的参数相同

从图 6.9 右侧的相位图中可以看到 EUV 掩模对光的反射的另一个特点。对于水平和垂直线条，在 $x=-44$nm 和 $x=44$nm 之间的吸收层线条附近，反射光的相位变化强烈。由于吸收层内部的反射率很小，线条中心的相位变化对成像并不重要。然而，吸收层边缘附近的相位变化会产生几种类似像差的成像效应。下一节将讨论其带来的一些成像效果。

图 6.10 从另一个角度展示了光经过 EUV 掩模的衍射过程[24]。图中给出了各个衍射级穿过掩模传播的光路。吸收层和多层膜反射镜都被简化为无限薄的光学元件。通过设定吸收层和多层膜之间的距离，将多层膜简化为位于真实多层膜内的一个反射面。

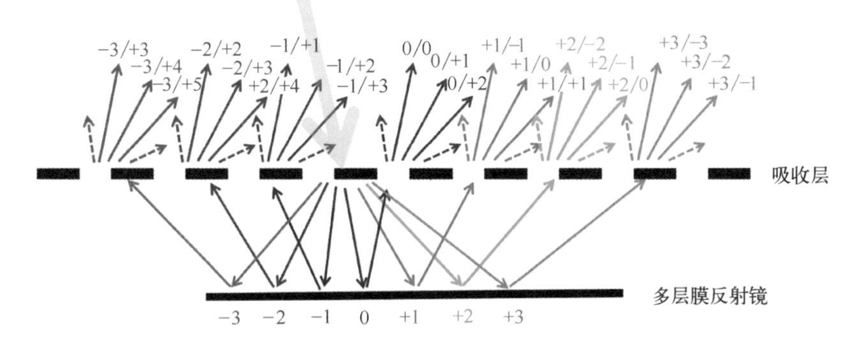

图 6.10 EUV 掩模对光的二次衍射。向下的粗箭头表示入射光。其他箭头表示吸收层（粗虚线）反射光与多层膜反射镜（粗实线）反射光。更多细节请见参考文献 [24]。转载自参考文献 [24]

光源发出的光向下传播，照射到吸收层后发生衍射，形成离散的衍射级次。衍射光照射到多层膜上，所有级次都被反射回吸收层。向上传播的级次再一次照射到

吸收层发生衍射。吸收层顶部向上传播的光包含两套衍射级，代表光的两次衍射。−3/+3、−2/+2、−1/+1、0/0、+1/−1…级衍射光相干叠加产生了光瞳内的 0 级衍射级。这些衍射级的强度不同，在吸收层和（多层）反射镜之间传播时产生的相位延迟也不同。投影物镜光瞳内的其他衍射级次也类似。二次衍射以及吸收层和多层膜有效反射面之间传播距离和相位延迟的不同导致 EUV 光刻具有一些 DUV 光刻所没有的特殊成像效应。

9.2.4 节深入讨论了 EUV 光刻中的掩模形貌效应（3D 掩模效应）及其缓解策略。其中，使吸收层尽可能薄是这些缓解策略之一。目前使用的 TaBN 吸收层的厚度为 55 ～ 65nm，反射率超过 1%。这种非零反射率不仅会影响单个图形的成像性能，还会引起 EUV 光刻特有的黑边效应。为了将相邻曝光场分开，掩模上会刻有不透光线条。受来自不透光线条的光的影响产生了黑边效应。Natalia Davydova 等人 [25, 26] 详细讨论了黑边效应对 EUV 成像的影响以及可能的解决方案。这些方案包括 OPC，以及去除黑边所在位置的吸收层和多层膜的方法等。

由于分辨率很高，EUV 光刻对缺陷和颗粒非常敏感。6.6 节介绍了一些掩模缺陷方面的内容。本节剩余部分简要讨论了 EUV 掩模保护膜。图 6.11 为一个带有薄保护膜的标准掩模膜层。EUV 保护膜是一种薄膜，用于保护掩模免受颗粒的影响 [27, 28]。光学光刻中的保护膜已经非常成熟 [29-31]。由于厚度非常小，导致 EUV 保护膜面临一些特殊挑战。所有材料对 EUV 光都会强吸收，而且 EUV 光传播过程中需要穿过保护膜两次，会导致明显的光强损失，降低了产率。

图 6.11 不是按实际尺寸比例绘制的。当前 EUV 掩模保护膜的厚度约为 50nm。保护膜的典型隔离距离（SoD），即保护膜与吸收层之间的距离为几毫米。这确保了落在掩模上的颗粒不会靠近位于成像系统物平面的吸收层。这些颗粒是离焦的，不会（清晰地）成像到像面的光刻胶上。

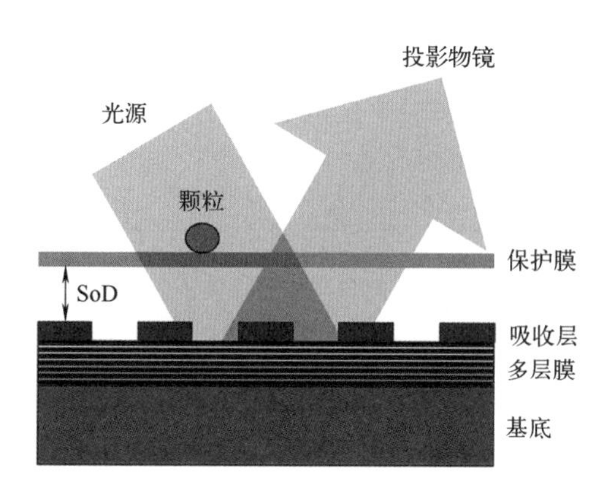

图 6.11　带有保护膜的 EUV 掩模示意图。改编自参考文献 [28]

只有直径大于 10μm 的颗粒才有可能会影响吸收层图形的成像。利用仿真和实验确定临界颗粒尺寸，并防止直径达到临界尺寸的颗粒出现在成像系统中（参见文献 [28，32] 和这些文献中的参考文献）。

6.4　光刻机与成像

EUV 光刻机中广泛应用的多层膜反射镜会影响投影物镜和照明光学系统的设计[34，35]。多层膜反射率限制了系统中反射镜的数量。第一次 EUV 曝光采用了带有两镜 Schwarzschild（施瓦西）型投影物镜的步进曝光装置[36，37]。这些步进曝光装置和类似的小视场曝光装置被用作学习工具，辅助开发 EUV 投影技术和测试各种新技术和新方法。最先进 EUV 光刻机的投影物镜采用六面反射镜（见图 6.1）。通过联合优化和精修非球面镜面形和多层膜，可最大限度地减小光瞳内光的振幅和相位误差[35]。光栅横向剪切干涉仪[38]和相移点衍射干涉仪[39]常被用于表征反射镜和投影物镜系统的特性。

EUV 光刻机的照明系统采用科勒型设计，带有蝇眼积分器单元[3，40]。这些积分器采用面镜阵列将来自中继焦点的准直光束分成许多成像通道。具有各自光瞳面的成像通道通过聚光镜叠加在一起，以给定的入射角均匀照明掩模面，获得所需的频谱[41]。由于采用了多个成像通道，照明系统光瞳由数百个光斑组成[42]。通过灵活地控制通道中的光，可以在各种照明模式之间无损切换[3]。

如前一节所述，EUV 成像系统采用了离轴照明。标称入射角为穿过孔径光阑中心的主光线与掩模表面法向量之间的角度（见图 6.14）。当前 EUV 成像系统的物方主光线角（CRAO，入射角）为 6°。EUV 照明系统的光瞳形状以该主光线角为中心。主光线角和掩模图形相对于主光线的方向对成像都很重要。

可采用矢量傅里叶光学方法对 EUV 投影系统的成像进行建模，如第 2 章和第 8 章所述。式（8.15）中的琼斯瞳孔 $\hat{\boldsymbol{J}}(...)$ 可以用于折射式与反射式成像系统。如 6.3 节所述，必须通过严格电磁方法计算掩模远场衍射光 $\boldsymbol{E}^{\mathrm{ff}}$。数值孔径大于 0.2 时，EUV 光刻成像建模就不能再使用霍普金斯方法（见第 9 章）。

图 6.12 为水平和垂直线空图形的成像仿真结果。左图为空间像截面图，右图为相应的工艺窗口。不对称照明导致水平线的空间像向左小幅偏移。设定空间像阈值在 0.1 ～ 0.3 之间，提取线宽或 CD，可见水平线的空间像略宽于垂直线。这些与方向有关的成像效应已经在 EUV 光刻的早期研究中报道[43]。可通过适当的光学邻近效应修正（OPC）和 / 或移动位于成像系统物平面的掩模，来校正与方向有关的全局 CD 差异和成像位置差异[44]。研究人员已提出了几种几何阴影模型来预测图形 CD 和位置对方向的依赖性[45，46]。但是这些简化模型无法预测最先进 EUV 投影系

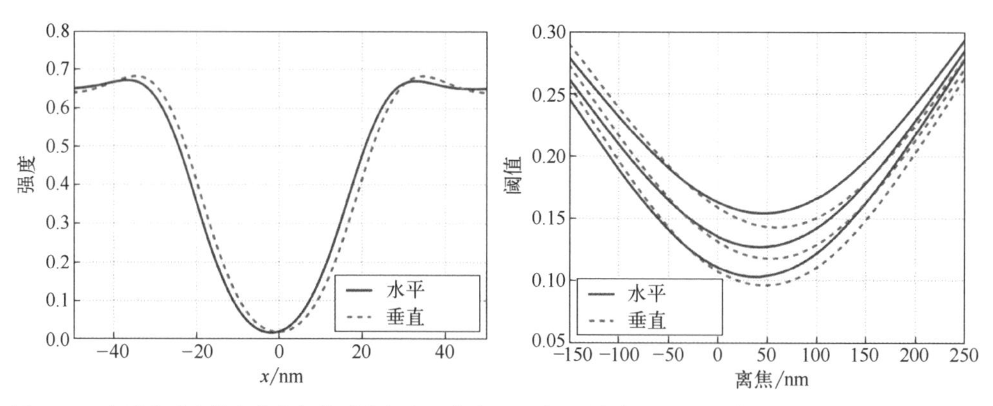

图 6.12 水平和垂直线条的空间像（左）和工艺窗口（右）。线宽 22nm，周期 100nm（硅片面），数值孔径为 0.33，圆形照明 σ=0.7，其他参数同图 6.8

统的成像特性。

仔细观察图 6.12 可以发现工艺窗口存在一些不对称，且相对于最佳焦面发生了位置偏移。这可归因于掩模导致的相位效应。该效应已在图 6.9 所示的近场中观察到。参考文献 [47] 和第 9 章对这一现象进行了详细讨论。简单的 OPC 不能补偿这种与掩模图形和焦面有关的成像缺陷。

图 6.13 展示了 EUV 光刻成像的另一个典型特征：远心误差。远心误差可归因于 EUV 光在掩模上的倾斜入射。空间像横截面相对于焦面位置的等高线图表明在 ± 150nm 离焦量之间线条的位置发生了线性偏移。为突出上述效果，图示的仿真中选择了特定的模型参数并进行了图像缩放。在其他掩模图形和参数设置情况下，也可以观察到图形位置相对于最佳焦面位置的线性变化。远心误差或图形位置相对于离焦的曲线斜率随照明参数和掩模图形周期的变化而变化。

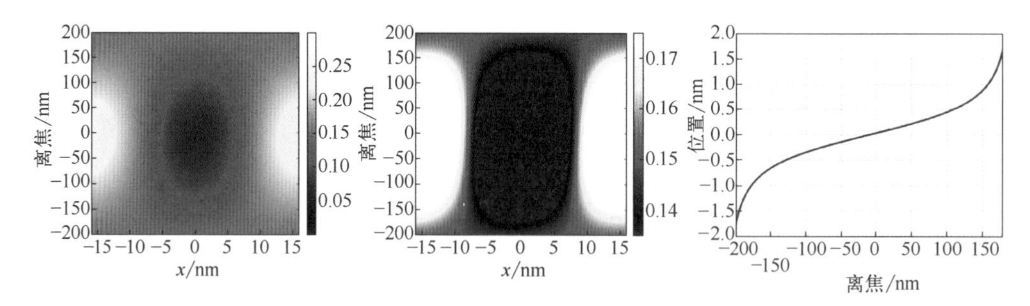

图 6.13 EUV 成像的非远心效应。两个不同轮廓范围的仿真空间像随焦面的变化（左图和中图）。从中提取的图形位置随离焦的变化（右图）。设置：水平线，线宽 16nm，周期 32nm（硅片面），数值孔径 0.33，环形照明 σ_{in}/σ_{out}=0.4/0.7，主入射角 8°，80nm 厚 TaBN 吸收层，其他参数同图 6.8

主光线角随曝光狭缝中像的位置而变化，如图 6.14 所示。这种照明方向与曝光狭缝内波像差的变化引起了与狭缝有关的成像问题和可印性问题，需

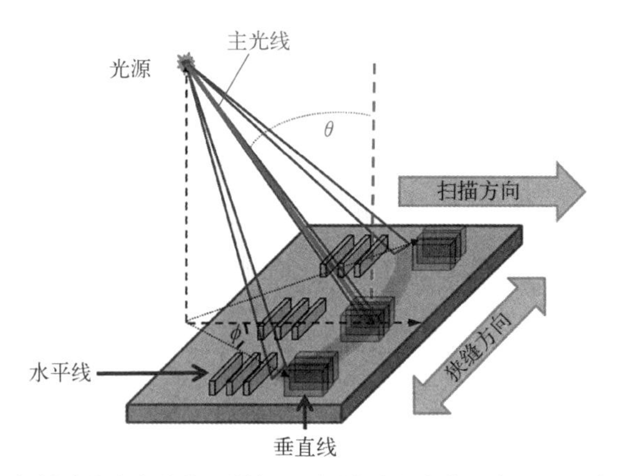

图 6.14　光刻机扫描狭缝内主光线入射角和图形方向的变化示意图。改编自参考文献 [49]

要采用 OPC 予以解决 [48-50]。事实上，照明系统光瞳不同区域对应的照明方向也不同。9.2.4 节将讨论由此导致的 EUV 光刻成像对比度衰减和掩模形貌效应（3D 掩模效应）。

EUV 光刻的曝光波长很短，对表面平面度要求很高，使得 EUV 投影成像系统对随机散射光或杂散光非常敏感。光学元件表面粗糙度导致的杂散光与波长的平方成反比。在表面粗糙度相同的情况下，EUV 投影成像系统中的杂散光总量是 ArF 光刻的 200 倍以上 [51]。

已开发了专用的抛光技术，可将 EUV 反射镜的表面粗糙度降低至 50pm 均方根误差（RMS）。如果将反射镜放大到与美国同样大，粗糙度缺陷不能超过 0.4mm[52]。

对 EUV 掩模进行 OPC 必须考虑反射镜表面的散射光。粗糙度造成的影响取决于面形变化的空间频率。低频粗糙度会导致投影物镜产生波像差（参见第 8 章中的相关讨论）。

中频粗糙度会产生杂散光（随机散射光）。EUV 系统中的杂散光可以延伸到几毫米大小的掩模区域。掩模较暗或较亮区域的杂散光总量不同，会引起局部杂散光波动，进而导致特征尺寸变化。参考文献 [53] 和 8.2.2 节中介绍的功率谱密度（PSD）函数可用于仿真杂散光对成像的影响。图 6.15 为几种考虑了不同水平杂散光的掩模设计。

高频粗糙度会影响反射镜的反射率。常采用专用的系统规格参数定义杂散光的频率成分 [3]。

EUV 光刻另一个特有的成像效应是带外（OOB）辐射。OOB 辐射是指曝光所需带宽之外的辐射。EUV 光源发出的光是宽带光，波长范围覆盖从软 X 射线到 DUV 之间的所有波段。虽然 Mo/Si 多层膜反射镜可从 EUV 光谱中滤出一个很窄的带宽（即中心波长为 13.5nm EUV 光的半峰全宽），但它也会反射 DUV（和可见光）波段的光。由于投影物镜同时也是 DUV 波长的成像光学系统，所以不能把 OOB 辐射视为均匀的背景成分或直流杂散光进行处理[55, 56]。图 6.16 为典型的 OOB 效应数据。OOB 辐射对光刻的影响还取决于光刻胶的灵敏度。

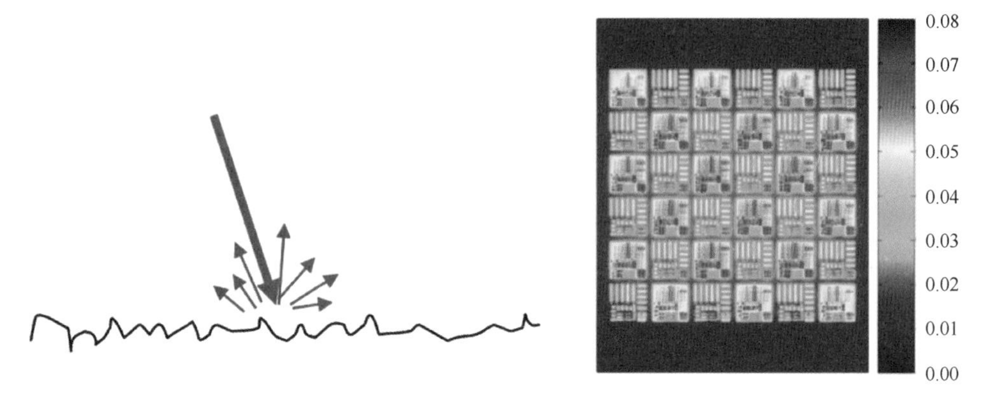

图 6.15 杂散光效应。粗糙表面（左）与对设计进行修正后的掩模（右）引起的散射光示意图。含有两种杂散光水平的子曝光场。转载自参考文献 [54]

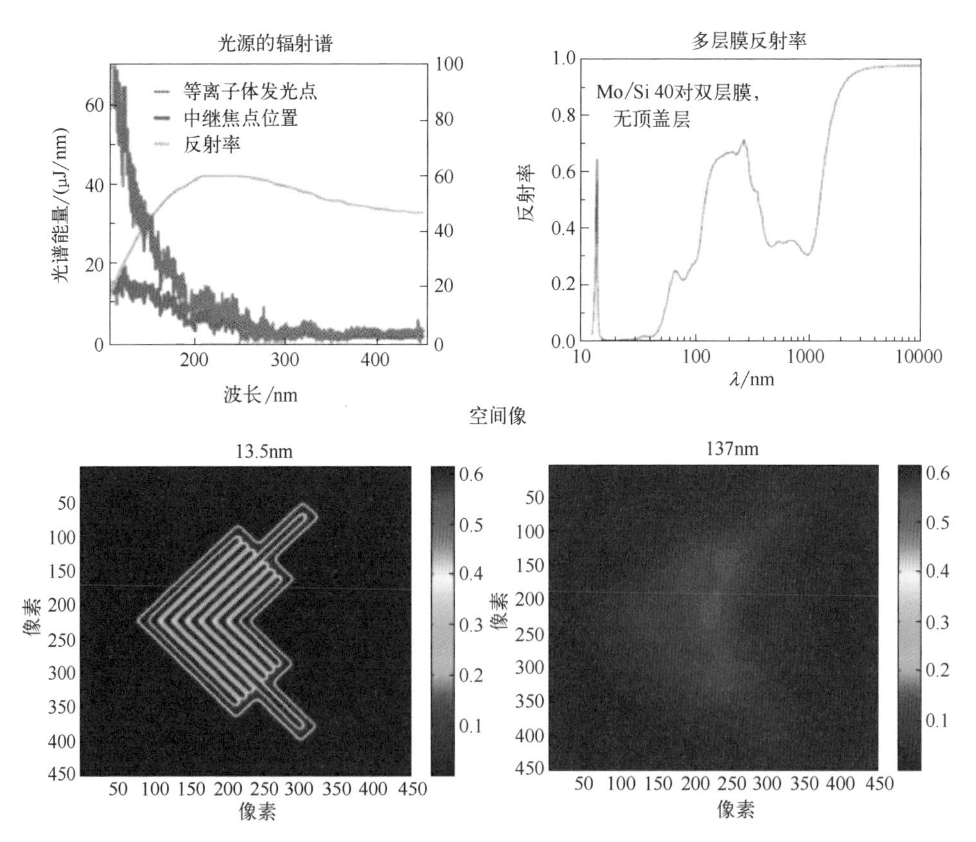

图 6.16 EUV 光刻的带外效应。EUV 光源的典型辐射谱（左上），多层膜从 EUV 到红外波段的反射率（右上），EUV 光照明下的仿真空间像（左下），以及 137nm 波长照明下的空间像（右下）。注意像强度之间的明显差异。转载自参考文献 [55]

6.5 光刻胶

EUV光刻工艺采用“经典”化学放大光刻胶和几种备选材料来应对EUV光刻的特殊挑战。采用标准化学放大光刻胶的好处是可以直接应用现有材料或工艺，或者仅需对现有材料和工艺做微小修改。但是，光源带外EUV辐射引起曝光、真空工作环境，以及光刻胶图形的深宽比很高等问题给高能EUV辐射曝光带来了许多挑战，使得新材料和新工艺成为研究热点。需要在分辨率、线边粗糙度（LER）和灵敏度之间进行平衡。这是EUV光刻胶和工艺面临的最严重挑战（见第10章）。

EUV光子的能量约为92eV，超过了光刻胶材料的电离势。因此，EUV光刻胶材料的敏化机制与DUV光刻的光化学反应本质上不同[57]。图6.17为EUV光刻胶的敏化机制示意图。聚合物分子吸收EUV光子后发生电离并释放出光电子。具有多余能量的光电子在光刻胶中迁移，与周围分子相互作用失去能量，直到它们在光酸生成剂等局域位点达到热平衡。在这个过程中，它们可以进一步电离，产生激发电子。EUV光子的能量足以激活20～30个光酸生成剂分子。量子效率（即产生的酸分子数和吸收的EUV光子数之间的比值）可以大于1。此外，光酸的产生地点在距第一个电离点一定距离处，典型距离为3～7nm。

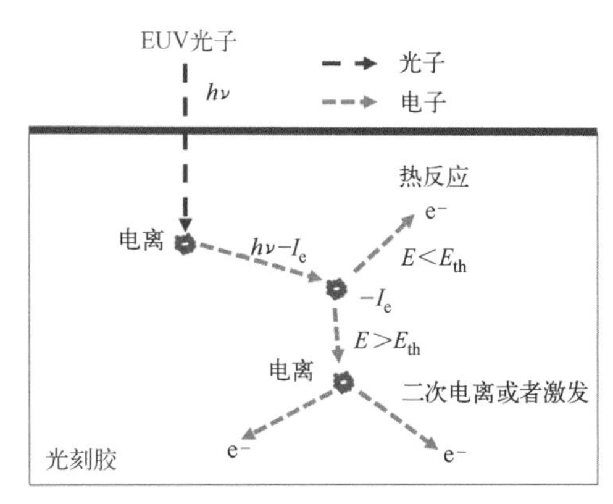

图6.17 EUV光刻胶敏化原理示意图。$h\nu$，EUV光子的能量；e^-，电子；E，电子能量；E_{th}，阈值能量；I_e，分子电离能。改编自参考文献[57]

EUV光刻胶层的厚度受焦深（DoF）和图形坍塌风险的制约。当清洗液变干后，显影后深宽比（高度/宽度）大于2的图形往往会坍塌。采用特定的底膜不仅可以提高光刻胶对基底的黏附性，还可以减少图形坍塌[59]。

EUV光刻胶的典型厚度为30～50nm。这么小的厚度给图形转移带来了更多挑战。标准化学放大光刻胶材料的吸收率太小，无法在这些光刻胶薄层内产生足够数量的光子[60]。金属和氟化物光刻胶提高了EUV光子的吸收率（见表6.1中的数据）。

EUV光刻中曝光高灵敏度光刻胶材料的EUV光子数量很少，这使得EUV光刻容易受到光子噪声的影响[61, 62]。人们已经开发了几种提高EUV光刻胶LER、灵敏度和分辨率的策略（参见10.4节和参考文献[63, 64]）。

由于EUV光刻工作在真空环境中，所以对光刻胶材料的放气高度敏感。光刻胶曝光过程中释放的某些化学物质可能会损坏 EUV 光学系统中的多层膜反射镜。当暴露在 EUV 光刻机上时，金属光刻胶存在交叉金属污染和金属物质放气的风险 [64]。在这些材料用于光刻机之前，需通过干涉光刻和放气测试对新型材料进行大量的研究 [65, 66]。应用顶盖层可以降低放气风险并减少带外辐射的影响，但是会增加工艺复杂度。

6.6 掩模缺陷

掩模基础设施，特别是掩模缺陷方面的基础设施 [67-71]，是 EUV 光刻面临的另一个挑战。通过引入 EUV 掩模修复技术、EUV 掩模保护膜（参见 6.3 节末尾的讨论和参考文献）、EUV 空间像测量系统（EUV-AIMS）[73]，以及最近的工作波长含图形掩模缺陷检测系统 [74]，目前已具备处理大部分 EUV 掩模缺陷的能力。这方面内容超出了本书的范围。本节主要讨论多层膜缺陷的特性。

多层膜缺陷无法通过标准的掩模技术进行检测、表征与修复 [75]。图 6.18 为 EUV 掩模多层膜白板内的典型凸起型和凹陷型缺陷。这类缺陷可能是由掩模基底检测过程中遗漏的颗粒或者凹陷引起的，也可能是在检测和多层膜沉积两步之间沉积形成的颗粒或者凹陷引起的。多层膜变形在各个层中的传播取决于多层膜沉积条件 [76]。非线性连续模型可用于描述基底表面颗粒导致的多层膜局部缺陷的生长过程 [77-79]。由于缺少沉积条件信息，常采用高斯形变表征最下层以及最上层形变，中间的形变数据采用线性插值获得。图 6.18 的标题中给出了图中所示缺陷的顶部和底部高度 h_{top}/h_{bot}，以及半高全宽（FWHM）w_{top}/w_{bot}。凹陷型缺陷的高度为负值。

图 6.18　EUV 掩模典型多层膜缺陷结构图。左：凸起型缺陷，h_{top}=20nm，w_{top}=90nm，h_{bot}=50nm，w_{bot}=50nm。右图：凹陷型缺陷，h_{top}=−20nm，w_{top}=90nm，h_{bot}=−30nm，w_{bot}=70nm

对含缺陷多层膜反射光的正确建模是一项富有挑战性的工作。在单个 CPU 上使用波导法或时域有限差分（FDTD）法对缺陷进行完全严格的仿真，可能需要一到两天的时间。此外，FDTD 存在数值色散，计算多层膜反射光时会产生明显的误差。参考文献 [80-83] 概述了几种近似建模方法。波导法还可与数据库方法相结合，以高效分析不同吸收层图形条件下多层膜缺陷的可印性 [84]。

多层膜形变导致缺陷附近的反射率降低，反射光相位发生改变。因此，需要将多层膜缺陷看作振幅和相位混合型物体，在焦深方向上成像不对称，即在正负离焦方向上不同。图 6.19 给出了 3 个不同多层膜缺陷在不同离焦位置的像。通常，在没有吸收层的区域多层膜缺陷导致光强下降，表现为暗斑。暗斑的亮暗和形状取决于缺陷的几何形状和所考虑的焦面位置。由于相位变化的符号相反，焦深方向上凸起型和凹陷型缺陷的成像清晰度变化方向相反。

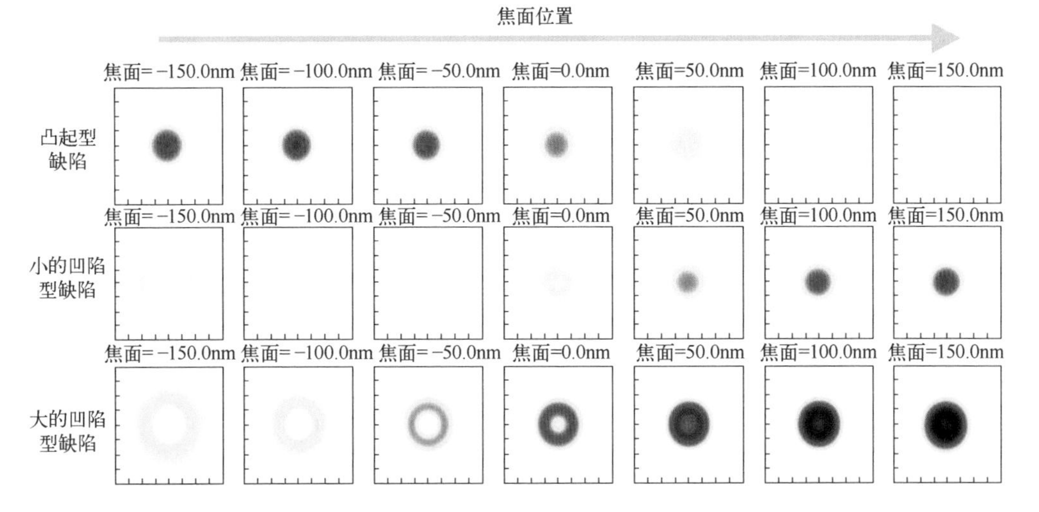

图 6.19　含三个不同缺陷的多层膜的空间像随焦面位置的变化 [82]。凸起型缺陷（h_{top}=2nm，w_{top}=90nm，h_{bot}=w_{bot}=50nm，第一行），小的凹陷型缺陷（h_{top}=h_{bot}=−2nm，w_{top}=w_{bot}=90nm，中间行），大的凹陷型缺陷（h_{top}=h_{bot}=−4nm，w_{top}=w_{bot}=130nm，第三行）。最佳焦面指多层膜上方吸收层的理想像面。成像条件：波长 13.5nm，数值孔径 0.25，圆形照明 σ=0.5

吸收层图形附近缺陷的可印性也与焦面有关。图 6.20 比较了凹陷型缺陷对线空图形可印性的影响（仿真结果和测量结果）。缺陷位于线条的中心位置。它对显影后线条图形的影响很大程度上取决于焦面的位置。在负焦面位置，凹陷型缺陷导致光强下降，为扩展的环形光斑（见图 6.19 左下角），会导致线空图形的空区域变窄。在零焦面和正离焦时，缺陷引起的强度下降范围更小，下降程度更严重。它导致两条线发生桥连。仿真和实验中都可以看到这种现象。

添加或移除吸收层材料的方法是标准的缺陷修复方法。通过该方法无法修复或去除多层膜下方 / 内部的缺陷。但是，我们可采用类似 OPC 的方法，通过修改缺陷附近的吸收层补偿缺陷引起的多层膜变形和光强损失 [85]。图 6.21 结合掩模图形和光刻仿真对这种缺陷补偿方法进行解释。左侧给出了无缺陷参考掩模和相应的像。缺陷降低了多层膜反射率和相应接触孔内的像强度（见中图）。右图中，通过移除接触孔图形附近的吸收层进行缺陷补偿，补偿后的成像结果非常接近无缺陷图形的像。

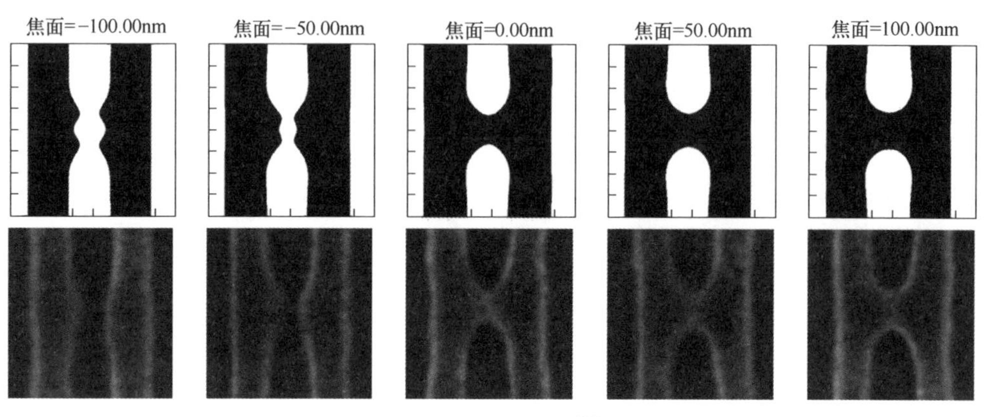

图 6.20　不同焦面位置凹陷型缺陷对 40nm 线条光刻的影响[82]。第一行：仿真的成像轮廓，缺陷参数 w_{top}=90nm，h_{top}=−5nm，w_{bot}=w_{top}，h_{bot}=h_{top}。第二行：硅片 SEM 图像。采用原子力显微镜（AFM）测量的顶部缺陷参数 w_{bot}=90nm，h_{top}=−5nm。其他参数如图 6.19 所示

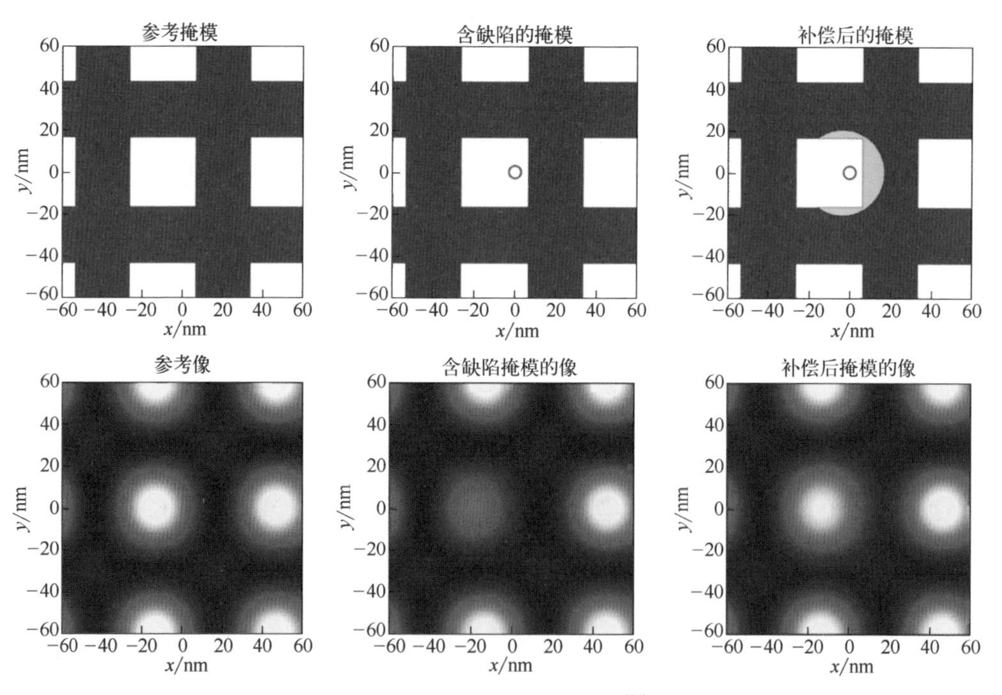

图 6.21　30nm 接触孔阵列中凸起型缺陷补偿过程的仿真示意图[86]。第一行分别为无缺陷掩模（标准掩模，左），含缺陷掩模（缺陷位置如红色圆圈所示，中），缺陷补偿后的掩模（形状如绿色区域所示，右）。缺陷补偿时移除了绿色区域内的吸收层。理想焦面处的空间像如第二行所示。成像条件：波长 13.5nm，NA=0.25，圆形照明 σ=0.25。缺陷几何参数：w_{top}=50nm，h_{top}=6nm，w_{top}=h_{top}=40nm

系统的仿真[83, 86]和聚焦电子束工艺实验[72]证明了这种补偿方法的可行性。然而，这种方法可补偿的缺陷的大小受限。缺陷较大时补偿难度更大，甚至无法补偿。可将补偿修复视为一道防线，在掩模图形沉积完成后减少检测阶段遗漏的可印出白板缺陷对成像的影响[70]。

多层膜缺陷为振幅与相位混合型物体，仅通过修改吸收层轮廓进行补偿，明显具有局限性。这种补偿方法只在一定焦深范围内有效，不能完全恢复到无缺陷掩模在整个焦深范围内的成像性能。为了解决多层膜缺陷修复中的相位问题，提出了利用纳米加工技术刻蚀多层膜顶部钼硅膜层[87]或沉积薄碳层[88]进行缺陷修复的方法。然而，这种方法的可行性，尤其是修复后图形的长期稳定性（例如，抗掩模清洁损伤性）尚未得到证明。未来需要对不同缺陷缓解方案进行研究，以找出最实用的多层膜缺陷修复方案。由于缺陷和杂散光问题的存在，EUV 光刻中一般更偏好使用暗场掩模。

6.7 EUV 光刻的光学分辨率极限

历史表明，对光刻分辨率极限进行的预测，大概率都会失败。根据 20 世纪 70 年代末的文献，光学投影光刻的分辨率将达到其极限：1mm。多年来，对光学投影光刻极限的预测不断发生变化（参见 Harry Levinson 的书[89]第 10 章）。如今，ArF 浸没式光刻技术单次曝光已经能够刻出半周期为 40nm 的图形。

第一批 EUV 光刻机的单次曝光分辨率约为 20nm。未来，EUV 光刻机和工艺的分辨率将更高。本书不再预测 EUV 光刻终极极限（做出错误的预测）。我们将从 2020 年的现状出发，概述技术解决方案和技术问题。阿贝 - 瑞利公式［式（2.20）］中包含决定分辨率的三个参数：波长 λ、数值孔径 NA 和工艺因子 k_1。本节从这三方面出发讨论可能的分辨率增强方法。9.2.4 节介绍 EUV 光刻中掩模形貌效应对光刻性能的限制以及各种缓解策略。限制分辨率进一步提高的最关键因素为第 10 章中介绍的随机效应。10.4 节介绍了几种利用新型光刻胶材料和工艺应对挑战的方法。

6.7.1 6.x nm 波长 EUV 光刻（BEUV 光刻）

减小波长是最明显的 EUV 光刻分辨率增强方法。这方面的研究集中在 6.7nm 波长。然而，波长的变化将对光刻系统的光源、多层膜和光刻胶等所有部分产生重大影响。

钆和铽等离子体 BEUV 光刻光源实验研究方面的文献 [90, 91] 中报道的转换效率为 0.5%，仅为 EUV 光刻源转换效率的十分之一。B/La 或 BC_4/La 多层膜反射镜是 BEUV 候选反射光学元件[92]。仿真表明，这种 200 层的多层膜系统的反射率可以接近 70%。然而，实验研究报道的反射率数据明显较低。研究人员将这一问题归因于多层膜系统内形成的夹层。此外，文献中多层膜支持的 BEUV 光的带宽和入射角范围比 Mo/Si 多层膜在 13.5nm 波长下的带宽和入射角范围要小得多。

Kozawa 和 Erdmann[93] 对化学放大光刻胶中的像、敏化过程和化学反应进行仿真，评估光刻胶在 6.67nm 波长 EUV 曝光中的性能。Yasin Ekinci 等人 [94] 通过干涉光刻技术对各种光刻胶材料进行了实验研究。研究表明，无机光刻胶在 BEUV 波长下的性能更优越。为了适用于 BEUV 光刻曝光，需要对有机化学放大光刻胶进行大量调整。

6.7.2 高数值孔径光刻

EUV 光刻采用了反射式投影系统设计，需要平衡成像质量和光强传输效率。每个多层膜反射镜只能反射约 65% 的入射光。增加反射镜数量会引入更多的优化自由度，有利于提高成像质量，但会降低系统的光强传输效率。当前，NA 为 0.33 的系统使用了六面反射镜。

增大 NA 对像方（硅片）和物方（掩模）都有影响。Sascha Migura 等人 [95] 和 Jan van Schoot 等人 [96] 的文章对此进行了解释，给出了一些可能的设计方案。以下关于高 NA EUV 系统的内容改编自 ASML 和蔡司的相关文献。

图 6.22 为 EUV 投影系统的设计示例。可以看到增大 NA 对硅片面的影响。NA 增加后需要一面更大的（最后一面）反射镜。左侧和中间所示的小 NA 系统中，倒数第二面反射镜向外向右倾斜，最后一面反射镜被倒数第二面反射镜照明。进一步增加倾斜度将导致光在最后一面反射镜上的入射角范围过大，反射率损失严重。反射式多层膜对入射角的限制如图 6.5 所示。

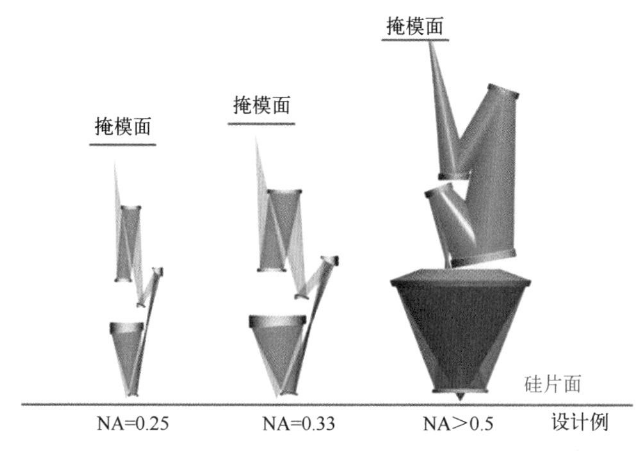

图 6.22　NA ＞ 0.5 的组合倍率高 NA 投影物镜的设计例，与 NA=0.25 和 NA=0.33 的投影物镜系统的对比。转载自参考文献 [97]，由蔡司提供

因此，高 NA 系统的倒数第二面反射镜没有倾斜，而是采取了在最后两面反射镜上钻孔的方案（详情参见参考文献 [96] 的图 15）。这些孔在投影光瞳的中心产生一个暗区或遮拦。中心遮拦仅占光瞳面积的 4% ～ 6%，实际应用时不会对成像性能造成明显影响。

图 6.23 显示了增大 4× 缩小成像系统的 NA 给掩模面带来的影响。掩模 / 照明面的数值孔径定义为 NA_{illu}=NA/M，其中 M 是投影系统的放大（缩小）倍数，通常为 4。如图 6.23 左图所示，NA=0.33 的系统中，在物方入射角为主光线角（CRAO =6°）的倾斜照明条件下，入射光与掩模反射光可以分开。对于给定系统，增加 NA 将导致入射光锥和反射光锥发生明显重叠。采用这种结构无法将入射光和反射光分开。

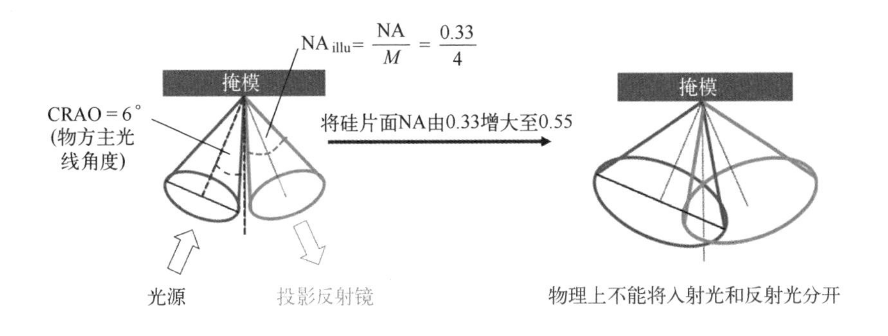

图 6.23　增大放大倍率引起的掩模面光路变化。改编自 Sascha Migura[97] 和 Jack Liddle[98] 的报告，由蔡司提供

解决该问题的第一个方法是将 CRAO 增加到 9° 左右。较大的 CRAO 和反射式掩模增大了高 NA EUV 投影系统的复杂度 [46, 99]。如图 6.24 左图所示，当入射角在投影物镜光瞳面上接近右边缘时，多层膜反射率明显下降。在这样的入射角下，多层膜反射率的降低导致的对比度损失过大，特别是对于水平方向密集图形。

改变缩小倍率是避免高数值孔径 EUV 系统中入射光和反射光发生重叠的首选方案。图 6.24 的中图和右图为改变缩小倍率之后的系统。中图为 x 和 y 方向缩小倍率都为 8（8×/8×）的系统及其相应反射率图。右图为非扫描方向和扫描方向缩小倍率分别为 4 和 8（4×/8×）的组合倍率系统及其相应反射率图。两种系统在主光线倾斜方向上的缩小倍率都更大。在有效入射角范围内，掩模多层膜的反射率几乎相同。沿 x 轴（垂直于主光线的倾斜方向）的缩小倍率变化对光瞳内的多层膜反射率几乎没有影响。Jan van Schoot 等人介绍了图 6.24 右图所示的组合倍率投影物镜系统在产率方面的优势 [96]。

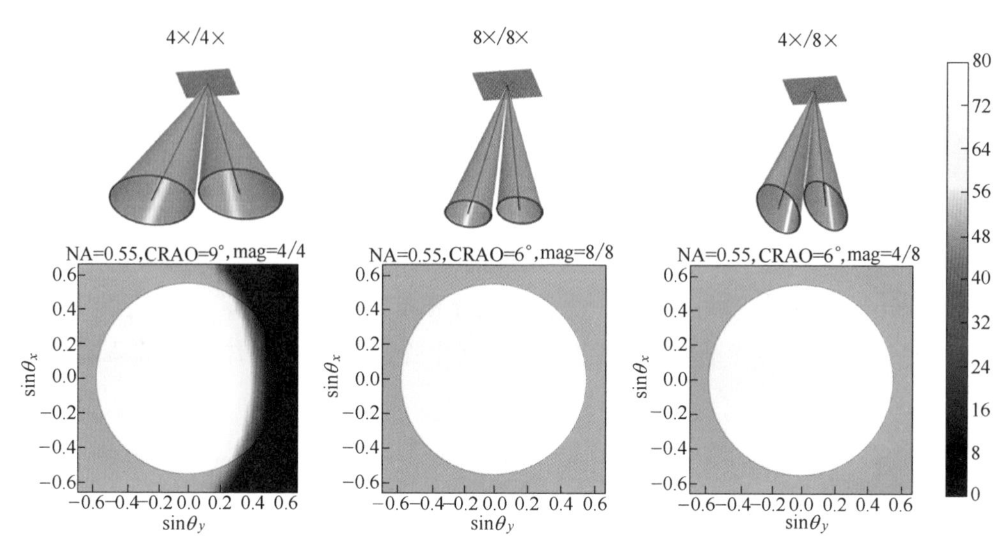

图 6.24 多层膜掩模白板的反射率随 4×/4× 系统（左）、8×/8× 系统（中）以及 4×/8× 系统（右）入射角范围的变化。x 和 y 方向角度为硅片面角度。圆表示数值孔径 NA=0.5 的边界。照明光锥示意图改编自 Sascha Migura 的报告 [97]，由蔡司提供，也可参考最近发表在 *Advanced Optical Technology* 杂志的论文 [23]

组合倍率投影物镜的应用对照明系统和掩模都产生了重要影响。在 x 和 y 方向上，照明系统和掩模的形状都必须按给定的比例进行缩放。如图 6.25 所示，物方椭圆形照明光瞳在像方转换为圆形光瞳。组合倍率照明可以由非对称场镜和相应的非对称瞳镜 [96] 产生。

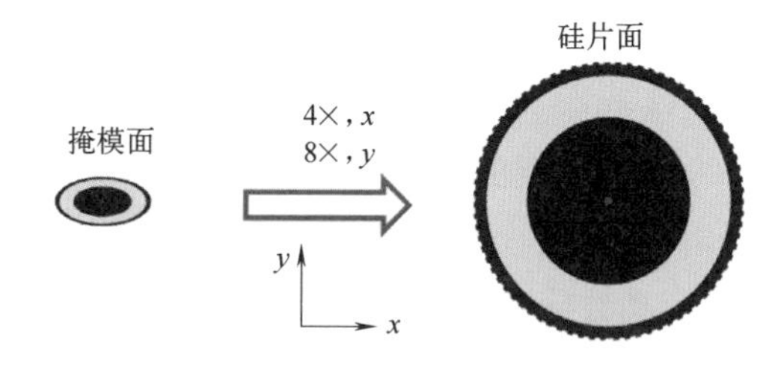

图 6.25 组合倍率投影物镜掩模面椭圆形入瞳到硅片面出瞳的转换。照明模式为环形照明。改编自 Sascha Migura 的报告，由蔡司提供

图 6.26 为掩模图形从物方到像方的变化示意图。实际中需要根据物方拉伸后的图形制作掩模。Gerardo Bottiglieri 等人 [100] 讨论了组合倍率投影物镜对掩模误差增强因子（MEEF）的影响。由于线宽较小，垂直图形（沿 y 方向）对掩模形貌效应更敏感（见 9.2.4 节和参考文献 [24]）。

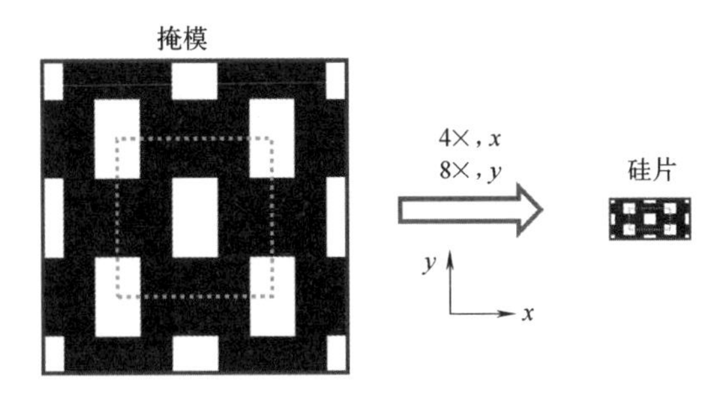

图 6.26　利用组合倍率投影物镜将掩模面六角形排列的接触孔（拉伸后的）转换到硅片面六角形排列的方形接触孔阵列。改编自 Jan van Schoot 等人 [101]；由 ASML 提供

高 NA 系统出射光线的角度更大（像面），对偏振效应更敏感。EUV 光刻等离子体光源的出射光是非偏振光。非偏振光照明条件下的成像对比度比优化后偏振光照明条件下的成像对比度低（参见 8.3 节）。DUV 光刻中光在空气 / 水 / 光刻胶界面处的折射降低了偏振对成像的影响。不同于 DUV 光刻，EUV 光在真空和光刻胶（折射率非常接近 1）内的偏振效应几乎相同。EUV 光与多层膜光学元件、掩模之间的相互作用会产生额外的偏振效应 [102]。理解与处理相关效应对推动高 NA EUV 光刻技术向其极限发展非常重要。

6.7.3　减小工艺因子 k_1: EUV 光刻分辨率增强技术

DUV 光刻分辨率增强技术一般都可以应用于 EUV 光刻技术。最新一代 EUV 光刻机已经支持几种典型的离轴照明模式 [103，104]。为解决与方向有关的阴影效应并补偿长程杂散光效应，需要对掩模进行光学邻近效应修正。EUV 光刻典型辅助图形的掩模面尺寸小于 10nm。制造这种高深宽比的微细图形非常有挑战性。此外，还提出了更薄但更宽的辅助图形 [105]。放置位置不对称是 EUV 光刻辅助图形的另一个特点。不对称放置可减轻系统的不对称效应并增大工艺窗口 [106]。

图 6.27 展示了几种新型 EUV 相移掩模。左上角的双层膜相移掩模或刻蚀型 AttPSM（衰减型 PSM）使用两层半透明吸收层获得一定的反射率（5% ~ 20%），同时相对于掩模无吸收层区域的反射光产生 180° 相移。这一概念提出于 1997 年 [107]，后来几位学者对其进行了仿真和实验研究 [108-110]。最近有研究表明 AttPSM 有可能降低掩模 3D 效应（见参考文献 [111]）。

刻蚀掉一部分多层膜并在刻蚀区内沉积吸收层，可对名义上不透光的图形赋予特定反射率和相移量。可通过增加额外刻蚀阻挡层来控制多层膜的刻蚀，如图 6.27 第一行中图所示。很多研究组对这种方法进行了研究，衍生出了多种变体 [109，112-115]。图 6.27 右上角所示的相移掩模通过在多层膜中埋入相移层的方法控制多层膜顶部和底部反射光的叠加。通过优化相移层的厚度和垂向位置可以使来自顶部和底部的光发生相消干涉，从而形成适用于 EUV 光刻的标准二元掩模。可视为二元掩模的一种替代方案。参考文献 [116] 的研究结果表明这种掩模具有良好的成像特性。然而，相移层上方多层膜位置的控制难度很大，再加上当前多层膜修复方法的能力有限，使得这种方法在实际应用中仍非常有挑战性。

图 6.27 的第二行显示了两种 EUV 光刻交替型相移掩模（AltPSM）的典型结构。右侧的 AltPSM 对多层膜整体进行位移，在原多层膜的下方产生一个微小的相移层，得到所需的相移量。Yan[117] 最早提出了这种 AltPSM。左侧的刻蚀型 AltPSM 通过刻蚀名义相移透明区域内的部分多层膜实现所需的相移。多位学者已经发表了此类 AltPSM 的仿真研究结果 [109, 118]。刻蚀后的多层膜也可以用作 EUV 无铬 PSM，用于接触孔图形的光刻 [119, 120]。

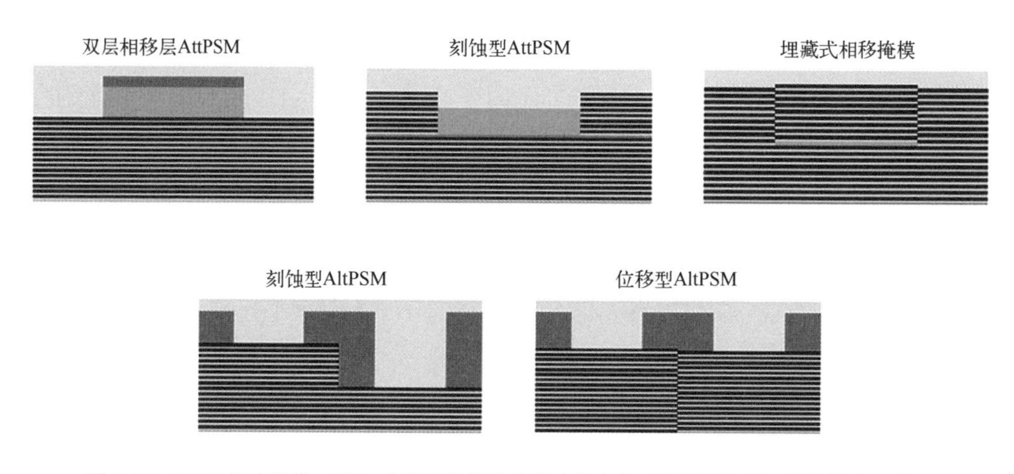

图 6.27　EUV 相移掩模。嵌入式衰减型相移掩模（左上），刻蚀型衰减相移掩模（上中），埋藏式相移掩模（右上），刻蚀型交替相移掩模（左下），位移型交替相移掩模（右下）。为了清楚地显示，只显示了部分多层膜

6.8　小结

波长为 13.5nm 的极紫外（EUV）光刻是优于高 NA DUV 浸没式光刻的单次曝光解决方案。采用预脉冲技术的激光等离子体（LPP）光源可将超过 5% 的高能脉冲激光能量转换为 EUV 光。由于所有材料都吸收 EUV 光，EUV 系统只能使用反射式光学元件，工作在真空环境中。

钼 / 硅（Mo/Si）多层膜反射镜能够反射 60% ～ 70% 的入射光。这些入射光的入射角分布在一定范围之内。光源发出的光经过掩模最终到达硅片。EUV 光刻掩模由反射式掩模白板以及沉积在其上的吸收层图形组成。

为了将反射光与入射光分开，EUV 光刻采用倾斜入射照明，主光线入射角大约为 6°。

光在厚吸收层中的传播、在多层膜中的反射、吸收层对向上和向下传播的光的两次衍射以及倾斜照明导致了掩模形貌效应（三维厚掩模效应）。这是 EUV 光刻成像特有的效应，包括与方向有关的特征尺寸 / 位置变化、与焦面有关的成像位置变化（非远心）、与照明有关的成像模糊，以及与图形周期有关的最佳焦面位置偏移。9.2.4 节将讨论这些效应以及相应的缓解策略。

第一批用于量产的 EUV 光刻机的 NA 为 0.33，分辨率小于 20 nm。未来，高 NA EUV 光刻机的缩放倍率将与方向有关，入射光倾斜方向即扫描方向上的缩放倍率为 8×，在与之垂直的方向上为 4×。

高能 EUV 光子改变了入射光与光刻胶的相互作用方式。典型曝光剂量下 EUV 光子的数量很少。光刻胶内反应位点数也非常有限。这些特点加上化学物质的扩散和其他工艺细节，使得 EUV 光刻需要在灵敏度、分辨率和线边粗糙度之间进行平衡。

参考文献

[1] B. Wu and A. Kumar, "Extreme ultraviolet lithography: A review," *J. Vac. Sci. Technol. B* **25**, 1743, 2007.

[2] V. Bakshi, Ed., *EUV Lithography*, 2nd ed., SPIE Press, Bellingham, Washington, 2018.

[3] M. Lowisch, P. Kuerz, H.-J. Mann, O. Natt, and B. Thuering, "Optics for EUV production," *Proc. SPIE* **7636**, 763603, 2010.

[4] H. Kinoshita, R. Kaneko, K. Takei, N. Takeuchi, and S. Ishihara, "Study on x-ray reduction projection lithography (in Japanese)," in *Autumn Meeting of the Japan Society of Applied Physics*, 1986.

[5] A. M. Hawryluk and L. G. Seppala, "Soft x-ray projection lithography using an x-ray reduction camera," *J. Vac. Sci. Technol. B* **6**, 2162, 1988.

[6] A. Yen, "EUV lithography: From the very beginning to the eve of manufacturing," *Proc. SPIE* **9776**, 977659, 2016.

[7] H. Meiling, W. P. de Boeij, F. Bornebroek, J. M. Finders, N. Harned, R. Peeters, E. van Setten, S. Young, J. Stoeldraijer, C. Wagner, H. M. R. Kool, P. Kurz, and M. Lowisch, "From performance validation to volume introduction of ASML's NXE platform," *Proc. SPIE* **8322**, 83221G, 2012.

[8] V. Bakshi, Ed., *EUV Sources for Lithography*, SPIE Press, Bellingham, Washington, 2006.

[9] V. Y. Banine, K. N. Koshelev, and G. Swinkels, "Physical processes in EUV sources for microlithography," *J. Phys. D: Appl. Phys.* **44**, 253001, 2011.

[10] I. Fomenkov, D. Brandt, A. Ershov, A. Schafgans, Y. Tao, G. Vaschenko, S. Rokitski, M. Kats, M. Vargas, M. Purvis, R. Rafac, B. L. Fontaine, S. D. Dea, A. LaForge, J. Stewart, S. Chang, M. Graham, D. Riggs, T. Taylor, M. Abraham, and D. Brown, "Light sources for high-volume manufacturing EUV lithography: Technology, performance, and power scaling," *Adv. Opt. Technol.* **6**, 173–186, 2017.

[11] C. Wagner and N. Harned, "Lithography gets extreme," *Nat. Photonics* **4**, 24–26, 2010.

[12] E. R. Hosler, O. R. Wood, and W. A. Barletta, "Free-electron laser emission architecture impact on extreme ultraviolet lithography," *J. Micro/Nanolithogr. MEMS MOEMS* **16**(4), 10–16, 2017.

[13] A. Ferre, C. Handschin, M. Dumergue, F. Burgy, A. Comby, D. Descamps, B. Fabre, G. A. Garcia, R. Geneaux, L. Merceron, E. Mevel, L. Nahon, S. Petit, B. Pons, D. Staedter, S. Weber, T. Ruchon, V. Blanchet, and Y. Mairesse, "A table-top ultrashort light source in the extreme ultraviolet for circular dichroism experiments," *Nat. Photonics* **9**, 93–98, 2015.

[14] R. Soufli, *Optical Constants of Materials in the EUV/Soft X-Ray Region for Multilayer Mirror Applications*. PhD thesis, University of California, Berkeley, 1997.

[15] D. Attwood, *Soft X-Rays and Extreme Ultraviolet Radiation: Principles and Applications*, Cambridge University Press, 2007.

[16] H. Sewell and J. Mulkens, "Materials for optical lithography tool application," *Annu. Rev. Mater. Res.* **39**, 127–153, 2009.

[17] B. L. Henke, E. M. Gullikson, and J. C. Davis, "X-ray interactions: photoabsorption, scattering, transmission, and reflection at E=50-30000 eV, Z=1-92," *Atomic Data and Nuclear Data Tables* **54**, 181–342, 1993.

[18] E. Gullikson, "X-Ray Interactions With Matter." http://henke.lbl.gov.

[19] S. Yulin, "Multilayer Interference Coatings for EUVL," in *Extreme Ultraviolet Lithography*, B. Wu and A. Kumar, Eds., McGraw-Hill Professional, 2009.

[20] A. L. Aquila, F. Salmassi, F. Dollar, Y. Liu, and E. M. Gullikson, "Developments in realistic design for aperiodic Mo/Si multilayer mirrors," *Opt. Express* **14**(21), 10073–10078, 2006.

[21] T. Feigl, S. Yulin, N. Benoit, and N. Kaiser, "EUV multilayer optics," *Microelectron. Eng.* **83**, 703–706, 2006.

[22] T. Oshino, T. Yamamoto, T. Miyoshi, M. Shiraishi, T. Komiya, N. Kandaka, H. Kondo, K. Mashima, K. Nomura, K. Murakami, H. Oizumi, I. Nishiyama, and S. Okazaki, "Fabrication of aspherical

mirrors for HiNA (high numerical aperture EUV exposure tool) set-3 projection optics," *Proc. SPIE* **5374**, 897, 2004.

[23] A. Erdmann, D. Xu, P. Evanschitzky, V. Philipsen, V. Luong, and E. Hendrickx, "Characterization and mitigation of 3D mask effects in extreme ultraviolet lithography," *Adv. Opt. Technol.* **6**, 187–201, 2017.

[24] A. Erdmann, P. Evanschitzky, G. Bottiglieri, E. van Setten, and T. Fliervoet, "3D mask effects in high NA EUV imaging," *Proc. SPIE* **10957**, 219–231, 2019.

[25] N. Davydova, R. de Kruif, N. Fukugami, S. Kondo, V. Philipsen, E. van Setten, B. Connolly, A. Lammers, V. Vaenkatesan, J. Zimmerman, and N. Harned, "Impact of an etched EUV mask black border on imaging and overlay," *Proc. SPIE* **8522**, 23–39, 2012.

[26] N. Davydova, R. de Kruif, H. Morimoto, Y. Sakata, J. Kotani, N. Fukugami, S. Kondo, T. Imoto, B. Connolly, D. van Gestel, D. Oorschot, D. Rio, and J. Zimmerman, and N. Harned, "Impact of an etched EUV mask black border on imaging: Part II," *Proc. SPIE* **8880**, 334–345, 2013.

[27] D. Brouns, "Development and performance of EUV pellicles," *Adv. Opt. Technol.* **6**, 221–227, 2017.

[28] M. Kupers, G. Rispens, L. Devaraj, G. Bottiglieri, T. van den Hoogenhoff, P. Broman, A. Erdmann, and F. Wahlisch, "Particle on EUV pellicles, impact on LWR," *Proc. SPIE* **11147**, 102–115, 2019.

[29] R. Hershel, "Pellicle protection of the integrated circuit (IC) masks," *Proc. SPIE* **275**, 23, 1981.

[30] P.-Y. Yan, H. T. Gaw, and M. S. Yeung, "Printability of pellicle defects in DUV 0.5-um lithography," *Proc. SPIE* **1604**, 106, 1992.

[31] P. De Bisschop, M. Kocsis, R. Bruls, C. V. Peski, and A. Grenville, "Initial assessment of the impact of a hard pellicle on imaging using a 193-nm step-and-scan system," *J. Micro/Nanolithogr. MEMS MOEMS* **3**(2), 239, 2004.

[32] P. Evanschitzky and A. Erdmann, "Advanced EUV mask and imaging modeling," *J. Micro/Nanolithogr. MEMS MOEMS* **16**(4), 041005, 2017.

[33] L. Devaraj, G. Bottiglieri, A. Erdmann, F. Wählisch, M. Kupers, E. van Setten, and T. Fliervoet, "Lithographic effects due to particles on high NA EUV mask pellicle," *Proc. SPIE* **11177**, 111770V, 2019.

[34] M. F. Bal, *Next-Generation Extreme Ultraviolet Lithographic Projection Systems*. PhD thesis, Technical University of Delft, 2003.

[35] R. M. Hudyma and R. Soufli, "Projection Systems for Extreme Ultraviolet Lithography," in *EUV Lithography*, V. Bakshi, Ed., SPIE Press, Bellingham, Washington, 2008.

[36] J. E. M. Goldsmith, P. K. Barr, K. W. Berger, L. J. Bernardez, G. F. Cardinale, J. R. Darnold, D. R. Folk, S. J. Haney, C. C. Henderson, K. L. Jefferson, K. D. Krenz, G. D. Kubiak, R. P. Nissen, D. J.

OConnell, Y. E. Penasa, A. K. R. Chaudhuri, T. G. Smith, R. H. Stulen, D. A. Tichenor, A. A. V. Berkmoes, and J. B. Wronosky, "Recent advances in the Sandia EUV l0x microstepper," *Proc. SPIE* **3331**, 11, 1998.

[37] J. E. M. Goldsmith, K. W. Berger, D. R. Bozman, G. F. Cardinale, D. R. Folk, C. C. Henderson, D. J. OConnell, A. K. RayChaudhuri, K. D. Stewart, D. A. Tichenor, H. N. Chapman, R. Gaughan, R. M. Hudyma, C. Montcalm, E. A. Spiller, S. Taylor, J. D. Williams, K. A. Goldberg, E. M. Gullikson, P. Naulleau, and J. L. Cobb, "Sub-100nm lithographic imaging with an EUV 10x microstepper," *Proc. SPIE* **3676**, 264, 1999.

[38] P. P. Naulleau, K. A. Goldberg, and J. Bokor, "Extreme ultraviolet carrier-frequency shearing interferometry of a lithographic four-mirror optical system," *J. Vac. Sci. Technol. B* **18**, 2939, 2000.

[39] P. P. Naulleau, K. A. Goldberg, S. H. Lee, C. Chang, D. Attwood, and J. Bokor, "Extreme-ultraviolet phase-shifting point-diffraction interferometer: a wave-front metrology tool with subangstrom reference-wave accuracy," *Appl. Opt.* **38**, 7252–7263, 1999.

[40] D. G. Smith, "Modeling EUVL illumination systems," *Proc. SPIE* **7103**, 71030B, 2008.

[41] M. Antoni, W. Singer, J. Schultz, J. Wangler, I. Escudero-Sanz, and B. Kruizinga, "Illumination optics design for EUV lithography," *Proc. SPIE* **4146**, 25, 2000.

[42] M. Bienert, A. Göhnemeier, M. Lowisch, O. Natt, P. Gräupner, T. Heil, R. Garreis, K. von Ingen Schenau, and S. Hansen, "Imaging budgets for extreme ultraviolet optics: ready for 22-nm node and beyond," *J. Micro/Nanolithogr. MEMS MOEMS* **8**(4), 41509, 2009.

[43] K. Otaki, "Asymmetric properties of the aerial image in extreme ultraviolet lithography," *Jpn. J. Appl. Phys.* **39**, 6819, 2000.

[44] H. Kang, S. Hansen, J. van Schoot, and K. van Ingen Schenau, "EUV simulation extension study for mask shadowing effect and its correction," *Proc. SPIE* **6921**, 69213I, 2008.

[45] P.-Y. Yan, "The impact of EUVL mask buffer and absorber material properties on mask quality and performance," *Proc. SPIE* **4688**, 150, 2002.

[46] J. Ruoff, "Impact of mask topography and multilayer stack on high NA imaging of EUV masks," *Proc. SPIE* **7823**, 78231N, 2010.

[47] A. Erdmann, F. Shao, P. Evanschitzky, and T. Fühner, "Mask topography induced phase effects and wave aberrations in optical and extreme ultraviolet lithography," *J. Vac. Sci. Technol. B* **28**, C6J1, 2010.

[48] P. C. W. Ng, K.-Y. Tsai, Y.-M. Lee, F.-M. Wang, J.-H. Li, and A. C. Chen, "Fully model-based methodology for simultaneous correction of extreme ultraviolet mask shadowing and proximity effects," *J. Micro/Nanolithogr. MEMS MOEMS* **10**(1), 13004, 2011.

[49] S. Raghunathan, G. McIntyre, G. Fenger, and O. Wood, "Mask 3D effects and compensation for high NA EUV lithography," *Proc. SPIE* **8679**, 867918, 2013.

[50] M. Lam, C. Clifford, A. Raghunathan, G. Fenger, and K. Adam, "Enabling full-field physics-based optical proximity correction via dynamic model generation," *J. Micro/Nanolithogr. MEMS MOEMS* **16**(3), 33502, 2017.

[51] C. G. Krautschik, M. Ito, I. Nishiyama, and S. Okazaki, "Impact of EUV light scatter on CD control as a result of mask density changes," *Proc. SPIE* **4688**, 289, 2002.

[52] S. Migura, "Optics for EUV lithography," in *EUVL Workshop Proceedings*, CXRO, Lawrence Berkeley National Laboratory, Berkeley, 2018.

[53] G. F. Lorusso, F. van Roey, E. Hendrickx, G. Fenger, M. Lam, C. Zuniga, M. Habib, H. Diab, and J. Word, "Flare in extreme ultraviolet lithography: Metrology, out-of-band radiation, fractal point-spread function, and flare map calibration," *J. Micro/Nanolithogr. MEMS MOEMS* **8**(4), 41505, 2009.

[54] G. L. Fenger, G. F. Lorusso, E. Hendrickx, and A. Niroomand, "Design correction in extreme ultraviolet lithography," *J. Micro/Nanolithogr. MEMS MOEMS* **9**(4), 43001, 2010.

[55] S. A. George, P. P. Naulleau, S. Rekawa, E. Gullikson, and C. D. Kemp, "Estimating the out-of-band radiation flare levels for extreme ultraviolet lithography," *J. Micro/Nanolithogr. MEMS MOEMS* **8**(4), 41502–41508, 2009.

[56] S. A. George, P. P. Naulleau, C. D. Kemp, P. E. Denham, and S. Rekawa, "Assessing out-of-band flare effects at the wafer level for EUV lithography," *Proc. SPIE* **7636**, 763610–763626, 2010.

[57] T. Kozawa and S. Tagawa, "Radiation chemistry in chemically amplified resists," *Jpn. J. Appl. Phys.* **49**, 30001, 2010.

[58] T. Tanaka, M. Morigami, and N. Atoda, "Mechanism of resist pattern collapse during development process," *Jpn. J. Appl. Phys.* **32**, 6059–6064, 1993.

[59] D. J. Guerrero, H. Xu, R. Mercado, and J. Blackwell, "Underlayer designs to enhance EUV resist performance," *J. Photopolym. Sci. Technol.* **22**, 117, 2009.

[60] R. Gronheid, C. Fonseca, M. J. Leeson, J. R. Adams, J. R. Strahan, C. G. Willson, and B. W. Smith, "EUV resist requirements: Absorbance and acid yield," *Proc. SPIE* **7273**, 889–896, 2009.

[61] R. L. Brainard, P. Trefonas, C. A. Cutler, J. F. Mackevich, A. Trefonas, S. A. Robertson, and J. H. Lammers, "Shot noise, LER, and quantum efficiency of EUV photoresists," *Proc. SPIE* **5374**, 74, 2004.

[62] J. J. Biafore, M. D. Smith, C. A. Mack, J. W. Thackeray, R. Gronheid,

S. A. Robertson, T. Graves, and D. Blankenship, "Statistical simulation of photoresists at EUV and ArF," *Proc. SPIE* **7273**, 727343, 2009.
[63] T. Itani and T. Kozawa, "Resist materials and processes for extreme ultraviolet lithography," *Jpn. J. Appl. Phys.* **52**, 10002, 2013.
[64] D. De Simone, Y. Vesters, and G. Vandenberghe, "Photoresists in extreme ultraviolet lithography (EUVL)," *Adv. Opt. Technol.* **6**, 163–172, 2017.
[65] T. S. Kulmala, M. Vockenhuber, E. Buitrago, R. Fallica, and Y. Ekinci, "Toward 10 nm half-pitch in extreme ultraviolet lithography: Results on resist screening and pattern collapse mitigation techniques," *J. Micro/Nanolithogr. MEMS MOEMS* **14**(3), 33507, 2015.
[66] I. Pollentier, J. S. Petersen, P. De Bisschop, D. D. De Simone, and G. Vandenberghe, "Unraveling the EUV photoresist reactions: Which, how much, and how do they relate to printing performance," *Proc. SPIE* **10957**, 109570I, 2019.
[67] A. Garetto, R. Capelli, F. Blumrich, K. Magnusson, M. Waiblinger, T. Scheruebl, J. H. Peters, and M. Goldstein, "Defect mitigation considerations for EUV photomasks," *J. Micro/Nanolithogr. MEMS MOEMS* **13**(4), 43006, 2014.
[68] R. Hirano, S. Iida, T. Amano, H. Watanabe, M. Hatakeyama, T. Murakami, S. Yoshikawa, and K. Terao, "Extreme ultraviolet lithography patterned mask defect detection performance evaluation toward 16- to 11-nm half-pitch generation," *J. Micro/Nanolithogr. MEMS MOEMS* **14**(3), 33512, 2015.
[69] I. Mochi, P. Helfenstein, I. Mohacsi, R. Rajeev, D. Kazazis, S. Yoshitake, and Y. Ekinci, "RESCAN: An actinic lensless microscope for defect inspection of EUV reticles," *J. Micro/Nanolithogr. MEMS MOEMS* **16**(4), 41003, 2017.
[70] R. Jonckheere, "EUV mask defectivity - a process of increasing control toward HVM," *Adv. Opt. Technol.* **6**, 203–220, 2017.
[71] Y.-G. Wang, *Key Challenges in EUV Mask Technology: Actinic Mask Inspection and Mask 3D Effects*. PhD thesis, University of California at Berkeley, 2017.
[72] T. Bret, R. Jonckheere, D. Van den Heuvel, C. Baur, M. Waiblinger, and G. Baralia, "Closing the gap for EUV mask repair," *Proc. SPIE* **8171**, 83220C, 2012.
[73] R. Capelli, M. Dietzel, D. Hellweg, G. Kersteen, R. Gehrke, and M. Bauer, "AIMS^{TM} EUV tool platform: Aerial-image based qualification of EUV masks," *Proc. SPIE* **10810**, 145–153, 2018.
[74] H. Miyai, T. Kohyama, T. Suzuki, K. Takehisa, and H. Kusunose, "Actinic patterned mask defect inspection for EUV lithography," *Proc. SPIE* **11148**, 162–170, 2019.
[75] R. Jonckheere, D. Van den Heuvel, T. Bret, T. Hofmann, J. Magana, I.

Aharonson, D. Meshulach, E. Hendrickx, and K. Ronse, "Evidence of printing blank-related defects on EUV masks, missed by blank inspection," *Proc. SPIE* **7985**, 79850W, 2011.

[76] J. Harris-Jones, V. Jindal, P. Kearney, R. Teki, A. John, and H. J. Kwon, "Smoothing of substrate pits using ion beam deposition for EUV lithography," *Proc. SPIE* **8322**, 83221S, 2012.

[77] D. G. Stearns, P. B. Mirkarimi, and E. Spiller, "Localized defects in multilayer coatings," *Thin Solid Films* **446**, 37–49, 2004.

[78] M. Upadhyaya, *Experimental and Simulation Studies of Printability of Buried EUV Mask Defects and Study of EUV Reflectivity Loss Mechanisms Due to Standard EUV Mask Cleaning Processes*. PhD thesis, State University of New York, Albany, 2014.

[79] M. Upadhyaya, V. Jindal, A. Basavalingappa, H. Herbol, J. Harris-Jones, I.-Y. Jang, K. A. Goldberg, I. Mochi, S. Marokkey, W. Demmerle, T. V. Pistor, and G. Denbeaux, "Evaluating printability of buried native extreme ultraviolet mask phase defects through a modeling and simulation approach," *J. Micro/Nanolithogr. MEMS MOEMS* **14**(2), 23505, 2015.

[80] C. H. Clifford, *Simulation and Compensation Methods for EUV Lithography Masks with Buried Defects*. PhD thesis, Electrical Engineering and Computer Sciences University of California at Berkeley, 2010.

[81] C. H. Clifford, T. T. Chan, and A. R. Neureuther, "Compensation methods for buried defects in extreme ultraviolet lithography masks," *Proc. SPIE* **7636**, 763623, 2010.

[82] A. Erdmann, P. Evanschitzky, T. Bret, and R. Jonckheere, "Analysis of EUV mask multilayer defect printing characteristics," *Proc. SPIE* **8322**, 83220E, 2012.

[83] H. Zhang, S. Li, X. Wang, Z. Meng, and W. Cheng, "Fast optimization of defect compensation and optical proximity correction for extreme ultraviolet lithography mask," *Opt. Commun.* **452**, 169–180, 2019.

[84] P. Evanschitzky, F. Shao, and A. Erdmann, "Efficient simulation of EUV multilayer defects with rigorous data base approach," *Proc. SPIE* **8522**, 85221S, 2012.

[85] A. K. Ray-Chaudhuri, G. Cardinale, A. Fisher, P.-Y. Yan, and D. W. Sweeney, "Method for compensation of extreme-ultraviolet multilayer defects," *J. Vac. Sci. Technol. B* **17**, 3024, 1999.

[86] A. Erdmann, P. Evanschitzky, T. Bret, and R. Jonckheere, "Modeling strategies for EUV mask multilayer defect dispositioning and repair," *Proc. SPIE* **8679**, 86790Y, 2013.

[87] G. R. McIntyre, E. E. Gallagher, M. Lawliss, T. E. Robinson, J. LeClaire, R. R. Bozak, and R. L. White, "Through-focus EUV multilayer defect repair with nanomachining," *Proc. SPIE* **8679**, 86791I, 2013.

[88] L. Pang, M. Satake, Y. Li, P. Hu, V. L. Tolani, D. Peng, D. Chen, and B. Gleason, "EUV multilayer defect compensation by absorber modification - improved performance with deposited material and other processes," *Proc. SPIE* **8522**, 85220J, 2012.

[89] H. J. Levinson, *Principles of Lithography, 4th ed.*, SPIE Press, Bellingham, Washington, 2019.

[90] T. Otsuka, B. Li, C. O'Gorman, T. Cummins, D. Kilbane, T. Higashiguchi, N. Yugami, W. Jiang, A. Endo, P. Dunne, and G. O'sullivan, "A 6.7-nm beyond EUV source as a future lithography source," *Proc. SPIE* **8322**, 832214, 2012.

[91] K. Yoshida, S. Fujioka, T. Higashiguchi, T. Ugomori, N. Tanaka, M. Kawasaki, Y. Suzuki, C. Suzuki, K. Tomita, R. Hirose, T. Eshima, H. Ohashi, M. Nishikino, E. Scally, H. Nshimura, H. Azechi, and G. O'sullivan, "Beyond extreme ultra violet (BEUV) radiation from spherically symmetrical high-Z plasmas," *J. Phys. Conf. Ser.* **688**, 12046, 2016.

[92] T. Tsarfati, R. W. E. van de Kruijs, E. Zoethout, E. Louis, and F. Bijkerk, "Reflective multilayer optics for 6.7 nm wavelength radiation sources and next generation lithography," *Thin Solid Films* **518**, 1365–1368, 2009.

[93] T. Kozawa and A. Erdmann, "Feasibility study of chemically amplified resists for short wavelength extreme ultraviolet lithography," *Appl. Phys. Express* **4**, 26501, 2011.

[94] N. Mojarad, J. Gobrecht, and Y. Ekinci, "Beyond EUV lithography: A comparative study of efficient photoresists' performance," *Sci. Rep.* 5, 2015.

[95] S. Migura, B. Kneer, J. T. Neumann, W. Kaiser, and J. van Schoot, "Anamorphic high-NA EUV lithography optics," *Proc. SPIE* **9661**, 96610T, 2015.

[96] J. van Schoot, E. van Setten, G. Rispens, K. Z. Troost, B. Kneer, S. Migura, J. T. Neumann, and W. Kaiser, "High-numerical aperture extreme ultraviolet scanner for 8-nm lithography and beyond," *J. Micro/Nanolithogr. MEMS MOEMS* **16**(4), 41010, 2017.

[97] S. Migura, B. Kneer, J. T. Neumann, W. Kaiser, and J. van Schoot, "EUV lithography optics for sub 9 nm resolution," *in EUVL Symposium*, 2014, Oct 27-29, Washington, D.C., 2014.

[98] J. Liddle, J. Zimmermann, J. T. Neumann, M. Roesch, R. Gehrke, P. Gräupner, E. van Setten, J. van Schoot, and M. van de Kerkhof, "Latest developments in EUV optics," in *Fraunhofer Lithography Simulation Workshop*, 2017.

[99] J. T. Neumann, P. Gräupner, W. Kaiser, R. Garreis, and B. Geh, "Mask effects for high-NA EUV: impact of NA, chief-ray-angle, and reduction ratio," *Proc. SPIE* **8679**, 867915, 2013.

[100] G. Bottiglieri, T. Last, A. Colina, E. van Setten, G. Rispens, J. van Schoot, and K. van Ingen Schenau, "Anamorphic imaging at high-NA EUV: Mask error factor and interaction between demagnification and lithographic metrics," *Proc. SPIE* **10032**, 1003215, 2016.

[101] J. van Schoot, K. van Ingen Schenau, C. Valentin, and S. Migura, "EUV lithography scanner for sub-8nm resolution," *Proc. SPIE* **9422**, 94221F, 2015.

[102] L. Neim and B. W. Smith, "EUV mask polarization effects," *Proc. SPIE* **11147**, 84–94, 2019.

[103] M. Lowisch, P. Kuerz, O. Conradi, G. Wittich, W. Seitz, and W. Kaiser, "Optics for ASML's NXE:3300B platform," *Proc. SPIE* **8679**, 86791H, 2013.

[104] M. van de Kerkhof, H. Jasper, L. Levasier, R. Peeters, R. van Es, J.-W. Bosker, A. Zdravkov, E. Lenderink, F. Evangelista, P. Broman, B. Bilski, and T. Last, "Enabling sub-10nm node lithography: presenting the NXE:3400B EUV scanner," *Proc. SPIE* **10143**, 34–47, 2017.

[105] H. Kang, "Novel assist feature design to improve depth of focus in low k1 EUV lithography," *Proc. SPIE* **7520**, 752037, 2009.

[106] S. Hsu, R. Howell, J. Jia, H.-Y. Liu, K. Gronlund, S. Hansen, and J. Zimmermann, "EUV resolution enhancement techniques (RET) for k_1 0.4 and below," *Proc. SPIE* **9422**, 94221I, 2015.

[107] O. R. Wood, D. L. White, J. E. Bjorkholm, L. E. Fetter, D. M. Tennant, A. A. MacDowell, B. LaFontaine, and G. D. Kubiak, "Use of attenuated phase masks in extreme ultraviolet lithography," *J. Vac. Sci. Technol. B* **15**, 2448, 1997.

[108] H. D. Shin, C. Y. Jeoung, T. G. Kim, S. Lee, I. S. Park, and K. J. Ahn, "Effect of attenuated phase shift structure on extreme ultraviolet lithography," *Jpn. J. Appl. Phys.* **48**, 06FA06, 2009.

[109] Y. Deng, B. M. L. Fontaine, H. J. Levinson, and A. R. Neureuther, "Rigorous EM simulation of the influence of the structure of mask patterns on EUVL imaging," *Proc. SPIE* **5037**, 302, 2003.

[110] P. Y. Yan, M. Leeson, S. Lee, G. Zhang, E. Gullikson, and F. Salmassi, "Extreme ultraviolet embedded phase shift mask," *J. Micro/Nanolithogr. MEMS MOEMS* **10**(3), 33011, 2011.

[111] A. Erdmann, P. Evanschitzky, H. Mesilhy, V. Philipsen, E. Hendrickx, and M. Bauer, "Attenuated phase shift mask for extreme ultraviolet: Can they mitigate three-dimensional mask effects?" *J. Micro/Nanolithogr. MEMS MOEMS* **18**(1), 011005, 2018.

[112] S.-I. Han, E. Weisbrod, J. R. Wasson, R. Gregory, Q. Xie, P. J. S. Mangat, S. D. Hector, W. J. Dauksher, and K. M. Rosfjord, "Development of phase shift masks for extreme ultraviolet lithography and optical evaluation of phase shift materials," *Proc. SPIE* **5374**, 261, 2004.

[113] A. R. Pawloski, B. L. Fontaine, H. J. Levinson, S. Hirscher, S. Schwarzl, K. Lowack, F.-M. Kamm, M. Bender, W.-D. Domke, C. Holfeld, U. Dersch, P. Naulleau, F. Letzkus, and J. Butschke, "Comparative study of mask architectures for EUV lithography," *Proc. SPIE* **5567**, 762, 2004.
[114] B. L. Fontaine, A. R. Pawloski, O. Wood, H. J. Levinson, Y. Deng, P. Naulleau, P. E. Denham, E. Gullikson, B. Hoef, C. Holfeld, C. Chovino, and F. Letzkus, "Demonstration of phase-shift masks for extreme-ultraviolet lithography," *Proc. SPIE* **6151**, 61510A, 2006.
[115] C. Constancias, M. Richard, J. Chiaroni, R. Blanc, J. Y. Robic, E. Quesnel, V. Muffato, and D. Joyeux, "Phase-shift mask for EUV lithography," *Proc. SPIE* **6151**, 61511W, 2006.
[116] A. Erdmann, T. Fühner, P. Evanschitzky, J. T. Neumann, J. Ruoff, and P. Gräupner, "Modeling studies on alternative EUV mask concepts for higher NA," *Proc. SPIE* **8679**, 86791Q, 2013.
[117] P. Y. Yan, "EUVL alternating phase shift mask imaging evaluation," *Proc. SPIE* **4889**, 1099, 2002.
[118] M. Sugawara, A. Chiba, and I. Nishiyama, "Phase-shift mask in EUV lithography," *Proc. SPIE* **5037**, 850, 2003.
[119] P. Naulleau, C. N. Anderson, W. Chao, K. A. Goldberg, E. Gullikson, F. Salmassi, and A. Wojdyla, "Ultrahigh efficiency EUV contact-hole printing with chromeless phase shift mask," *Proc. SPIE* **9984**, 99840P, 2016.
[120] S. Sherwin, A. Neureuther, and P. Naulleau, "Modeling high-efficiency extreme ultraviolet etched multilayer phase-shift masks," *J. Micro/Nanolithogr. MEMS MOEMS* **16**(4), 041012, 2017.

第7章 无需投影成像的光学光刻

本章概述几种不需要投影成像的光学光刻技术。这类光学光刻不需要使用掩模。本章简要介绍这些光刻方法及它们的应用情况，对 5.2 节已经简要介绍过的光学非线性效应进行更进一步的讨论。仅对投影光刻技术感兴趣的读者可以跳过本章。

由于不需要（昂贵的）投影物镜，掩模接近式光刻的分辨率相对较低且工艺控制难度高。虽然如此，它仍可以作为一种低成本光刻方案，应用于对光刻要求不高的场合。激光直写光刻和干涉光刻也是无需掩模就可以实现图形转移的技术。特殊的光学近场技术与光学非线性技术有望使光刻分辨率突破衍射极限的限制。

尽管这些技术的产率、分辨率、灵活性和工艺控制能力普遍低于 DUV 与 EUV 光刻，但是它们仍广泛应用于微纳制造领域。它们所需的经济和技术投资规模较低，研究机构和中小型公司更容易接受。这类技术可以应用于先进半导体光刻技术不会涉足的一些特殊应用场景，包括硅片数量少且图形设计灵活度要求高、特殊三维形貌的加工、需要用到非标准材料、大面积图形成像、极端硅片形貌或柔性基底等应用场景。

最后一节简要介绍电子束光刻和纳米压印光刻，它们是非光学光刻技术的代表。

本章主要介绍这些备选光学光刻方法的基本概念和优缺点。其中的一些方法已经实现了商业应用，有些方法只能作为“自研”实验装置，用于制造非常特殊的图形。关于这些光刻方法的具体技术细节的内容超出了本书的范围，可通过本章的参考文献做进一步了解。

7.1 无投影物镜的光学光刻：接触式与接近式光刻技术

首先，我们将介绍一种需要使用掩模，但不需要昂贵的投影物镜的光刻技术。为了能够在没有投影物镜的情况下将掩模图形转移到光刻胶中，掩模必须接近甚至与涂有光刻胶的硅片进行物理接触。接近式光刻技术的实验设备被称为掩模对准曝光机。事实上，掩模对准曝光机在半导体制造的早期就已研制成功并投入使用。正如我们将在后文中看到的，掩模对准曝光机的分辨率为 2μm 左右。20 世纪 70 年代末，光学步进投影光刻机取代了掩模对准曝光机，成为半导体光刻技术的主流设备。如今，掩模对准曝光机仍被用于半导体制造的后道工艺，将半导体芯片上的集成电路连接到其他部件上。

7.1.1 成像及分辨率极限

为了理解接近式光刻的成像能力和分辨率极限，让我们首先回顾 2.2.1 节中关于掩模衍射光的描述。图 7.1 显示了光穿过不透明屏上的狭缝后衍射光的传播情况。狭缝的宽度为 2 ～ 5μm。白色水平虚线表示缝隙的宽度。假设入射光为平面波，照射到图中左边不透明屏幕上的狭缝（位置为 $x=z=0$）。利用菲涅耳衍射公式［式（2.4）］计算光场的传播。更多有关掩模对准曝光机成像计算方面的内容，请参见参考文献 [1-3]。

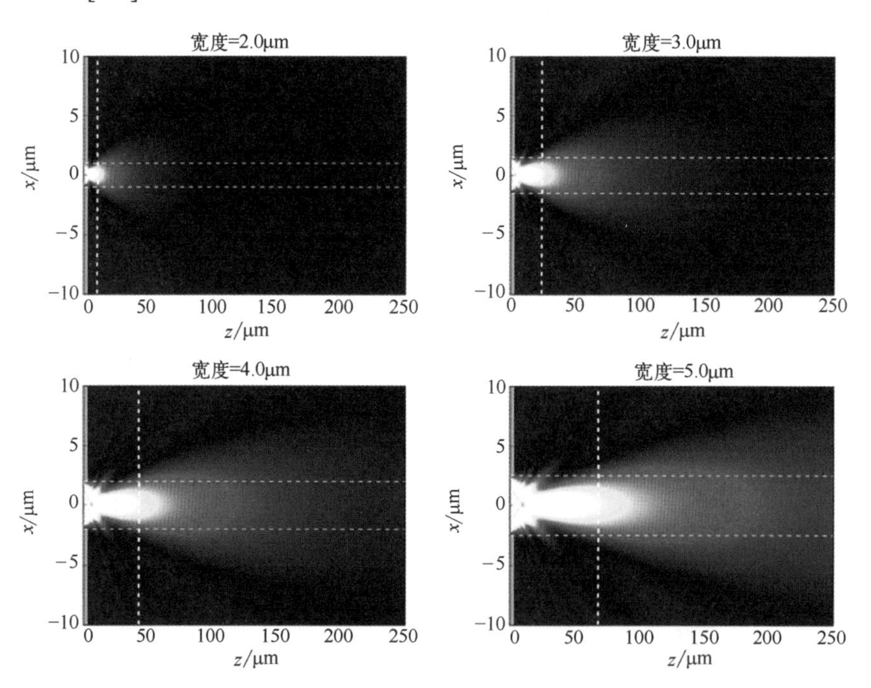

图 7.1 不透明屏幕上狭缝附近的光强分布。狭缝位置为 $x=z=0$。采用沿 z 轴传播的平面波（λ=365nm）照明狭缝。狭缝的宽度见子图上方，用水平虚线表示。垂直虚线表示根据公式 $w^2/(\lambda z)$ 计算的菲涅耳区的边界

如图 7.1 所示，随着与不透明屏距离 z 的增大，光的扩散范围不断增大。狭缝越细，光的扩散越严重。当 z 较小时，衍射光仍然集中在宽度为 w 的几何阴影范围内。

菲涅耳区（Fresnel zone）定义为可以观察到清晰阴影的最大距离 z_{max}：

$$z_{\max} = \frac{w_2}{\lambda} \tag{7.1}$$

如果光刻胶位于菲涅耳区内，利用高对比度的阴影就可以实现光刻图形转移。当掩模和光刻胶之间的距离较大时，则需要采用镜头来收集衍射光并投射到像面的光刻胶中。

图 7.2 比较了投影式光刻和接近式光刻系统的基本结构。这两种系统都采用科勒照明，通过聚光镜将光源发出的光转化为掩模面的均匀照明光。投影式光刻系统使用投影物镜收集部分衍射光并将其成像至像面。系统分辨率取决于收集到的光的总量与光偏折方向的准确性，即由投影物镜的 NA 和质量决定（关于此类系统的详细讨论请见第 2 章）。

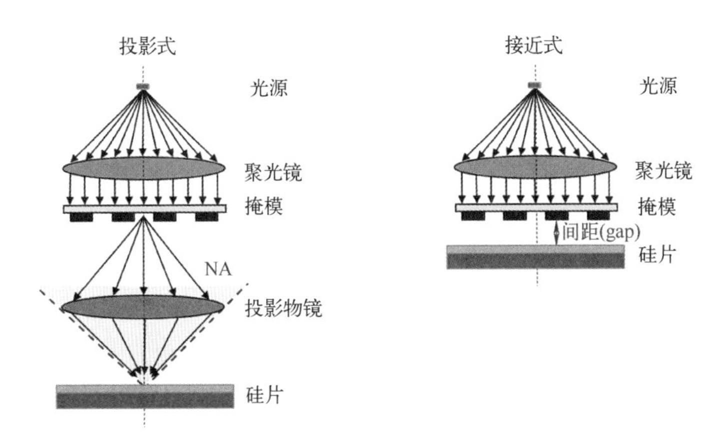

图 7.2　投影式光刻（左）和接近式光刻（右）系统原理图对比

与之相比，为了能够利用掩模的阴影进行曝光，接近式光刻缩短了掩模与光刻胶之间的距离。接近式光刻的分辨率受限于光在掩模与硅片之间传播时的扩散现象。

令光刻胶的厚度为 d_{res}，将式（7.1）变形得到接近式光刻的分辨率极限公式：

$$x_{\min} = k_{\text{prox}} \sqrt{\lambda \left(\frac{1}{2} d_{\text{res}} + \text{gap} \right)} \tag{7.2}$$

与式（2.20）中投影光刻的工艺因子 k_1 类似，常数 k_{prox} 代表了接近式光刻工艺方面的影响因素，其典型值约为 1.0。图 7.3 显示了可实现的最小分辨率与光刻胶厚度的关系。接近式光刻的标准间距在 50 ～ 100μm 之间，可在 100μm 厚的光刻胶中曝光 5μm 宽的图形。将邻近间距降低到 20μm、光刻胶厚度降低到 1μm 左右，就可以曝光 2 ～ 3μm 宽的图形。

图 7.3 右侧为可实现的分辨率曲线图，可以看出在邻近间距低于 2μm 和采用薄光刻胶的条件下可以曝光出 0.1 ～ 1.0μm 的图形。事实上，式（7.2）是由菲涅耳公式推出的，只能近似地计算几个波长距离内衍射光的近场分布。对光的传播进行精确建模需采用严格仿真方法，请见第 9 章。

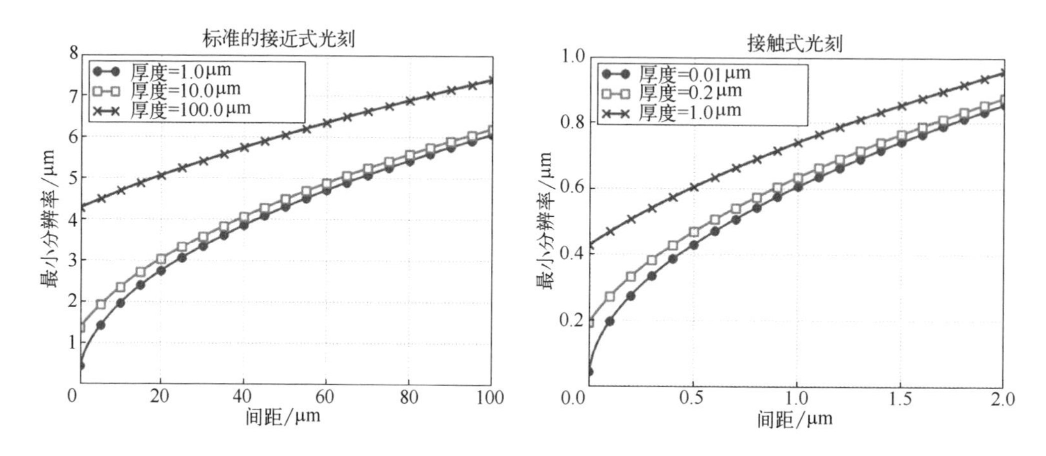

图 7.3 根据式（7.2）得到的接近式光刻的分辨率极限与邻近间距、光刻胶厚度的关系。左图横坐标为邻近间距的典型值。右图为接触模式下的亚微米曝光。仿真参数设置：λ=365nm，工艺因子 k_{prox}=1.0

接触式光刻技术的邻近间距为零，理论上可以曝光出尺寸接近曝光波长的图形。然而，由于掩模和光刻胶 / 硅片之间存在物理接触，所以这种光刻技术对表面平整度和小颗粒非常敏感。掩模和光刻胶之间的紧密接触还会导致污染问题。接触式光刻技术仅作为一种低成本光刻技术，用于转移尺寸较大的图形，或者对污染不太敏感且不需要高产率的研究工作中。7.3.1 节将讨论采用接触式光刻技术曝光亚波长图形时遇到的一些问题。

7.1.2 技术实现

图 7.4 为掩模对准曝光机的原理图和实物照片。大多数掩模对准曝光机采用汞灯作为光源。汞灯的光谱范围在紫外（UV）和可见光波段，其中 365nm（i 线）、405nm（h 线）和 436nm（g 线）的谱线在光刻中最常用。常组合应用反射镜、透镜和薄膜对照射到掩模上的光的空间分布、角度分布和光谱分布进行整形。例如，常采用冷反光镜滤除红外光，以避免曝光过程中照明系统和光刻胶受热过度。现代掩模对准曝光机配备有基于微透镜的科勒积分器，实现远心照明，提高照明强度和角谱的均匀性 [4]。

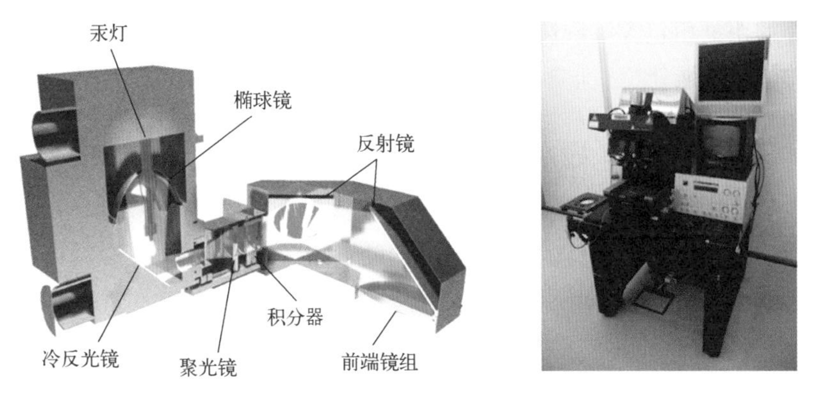

图 7.4　SÜSS MicroTec SE 掩模对准曝光机的技术原理图（左）和照片（右）。由 Reinhard Völkel/SÜSS MicroOptics SA 提供

照明光的方向和空间相干性对光强分布的影响很大。图 7.5 显示了强度分布与照明光锥角之间的关系。零度锥角对应于沿 z 轴传播的平面波照明掩模的情况。完美的空间相干性会导致掩模上相邻狭缝的透射 / 折射光之间发生明显的干涉。干涉使得曝光结果对剂量（dose）的微小波动和邻近间距非常敏感。干涉产生的旁瓣被曝光出来的风险较高。

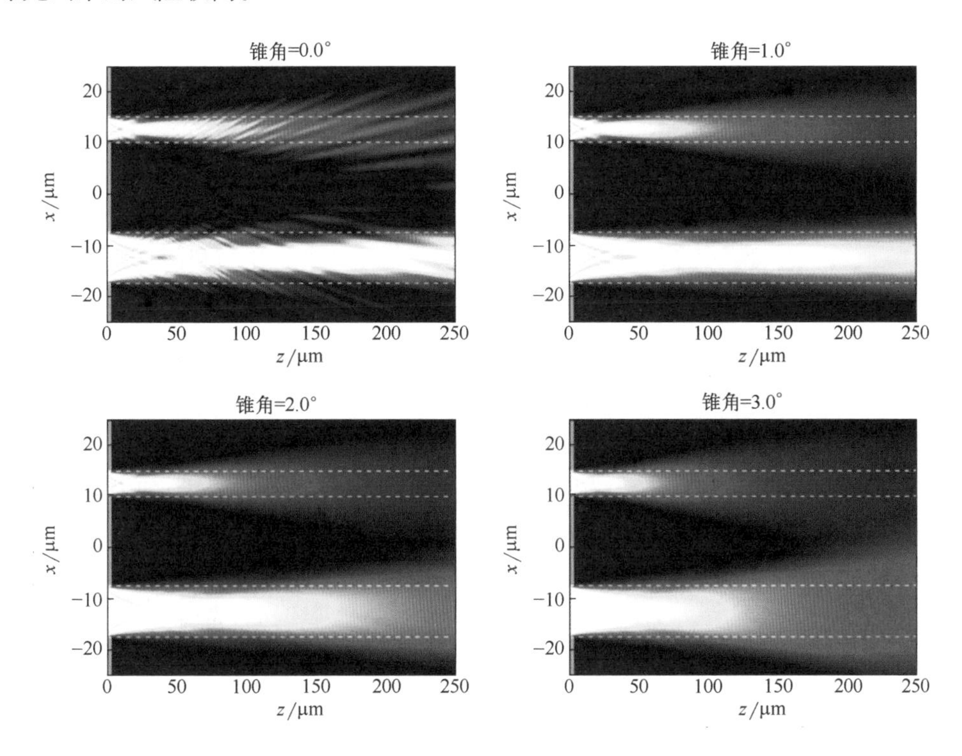

图 7.5　不同照明锥角情况下 i 线曝光（λ=365nm）的强度分布仿真结果。掩模版图上有两个狭缝。图中水平虚线表示狭缝的尺寸（5μm 和 10μm）和位置

非零照明锥角包含一系列的角度。以每个角度传播的平面波照明条件下都会产生相应的衍射光强分布。非零锥角对应的光强分布是这些衍射光强分布的非相干叠加。照明光的空间非相干性随着锥角的增大而增大。锥角较小时（大约 1°）可在式（7.1）定义的“经典”菲涅耳区内产生足够锐利的阴影。但是，菲涅耳区内仍然会有一些干涉效应，可能导致曝光结果不稳定，特别是在间距较小的情况下。锥角较大时，干涉效应变得不明显，强度分布更加平滑。但锥角增大后经典菲涅耳区的边界处的像会更加模糊。也就是说，大锥角在邻近间距较小时的曝光性能更好，但邻近间距较大时则不能使用。

由于没有投影物镜，接近式光刻对色差不敏感。许多标准的掩模对准曝光机都使用了汞灯的完整 DUV 与可见光谱，包括 365nm、405nm 和 436nm 三个主要峰值。宽带曝光有助于减轻强反射基底的干涉效应导致的驻波效应（见 3.2.2 节中关于驻波效应的讨论）。

有些掩模对准曝光机采用滤波器将入射光波长变为单一波长。常用的是波长为 365nm 的 i 线。采用单一波长的光进行曝光便于对系统进行优化，以获得低于经典分辨率极限的特征尺寸或较大的邻近间距（见 7.1.3 节中关于分辨率增强的讨论）。最近发表的一些文献中报道了峰值波长为 380nm 的 InGaN 紫外发光二极管（LED）[5] 和波长为 193nm 的 ArF 激光器 [6] 在接近式光刻中的应用情况。

由于掩模对准曝光机没有投影物镜，所以很容易控制焦面，但还需要选择合适的邻近间距，并对其加以控制。邻近间距类似于光刻工艺窗口中的焦面。图 7.6

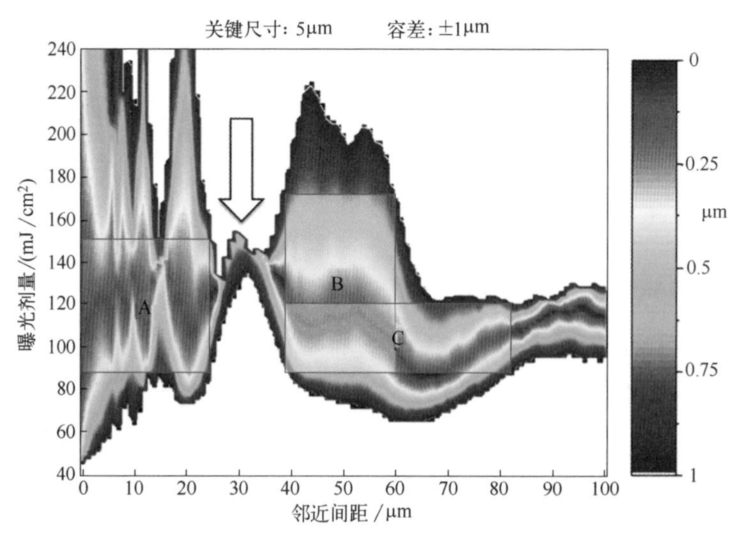

图 7.6　周期为 10μm、宽度为 5μm 的空图形的工艺窗口。颜色表示在相应剂量和邻近间距处与目标图形的偏差量。白色区域的偏差大于 1μm。矩形表示合适的工艺窗口。详细信息请参阅参考文献 [7, 10]

所示为一个掩模对准曝光机的仿真工艺窗口。矩形表示合适的剂量（dose）和间距参数组合，多个矩形代表可以有多种选择。注意，曝光裕度并不随着邻近间距的增加而单调减少。它在邻近间距约 30μm 处有一个明显的最小值。邻近间距为 50μm 左右的工艺窗口与邻近间距低于 20μm 的接触式工作模式对应的工艺窗口差不多。工艺窗口的形状取决于目标图形的大小、掩模尺寸偏差、光谱、照明方向 / 形状，以及图形的轮廓与公差指标等 [7]。有关邻近间距测量和掩模对准曝光机的其他技术细节请见参考文献 [8, 9]。

波长在 0.7nm 和 1.2nm 之间的 X 射线接近式光刻技术也采用了与掩模对准曝光机相同的原理。式（7.2）表明，邻近间距为 10μm 时，分辨率极限为 100nm 左右。由于标准的 X 射线点光源不能提供足够的功率，因此不得不采用电子存储环进行实验研究。X 射线光刻的掩模由厚度为 1 ～ 2μm 的薄膜和原子序数较大的吸收材料组成。这项技术开发于 20 世纪 80 年代初期和 90 年代中期，目前已经达到一个相对成熟的状态 [11, 12]。由于难以找到合适的光源，而且薄膜掩模的稳定性不足，该技术的主要开发活动在 20 世纪 90 年代末就结束了。尽管如此，已开发的建模技术和分辨率增强方案对理解接近式光刻中的物理效应非常有帮助，也可为在可见光和深紫外（DUV）光谱范围内优化接近式光刻提供有价值的参考 [12, 13]。

7.1.3　先进的掩模对准光刻

光学投影光刻分辨率增强技术的发展和应用，以及接近式光刻仿真模型和软件的出现，（重新）激发了人们对接近式光刻的照明、掩模设计、相移掩模和多重曝光技术的研究兴趣 [14-17]。照明以及掩模几何形状在近场或者菲涅耳区内的成像与投影成像不同。虽然如此，照明以及掩模设计中的额外自由度为进一步提高掩模对准光刻的分辨率和工艺裕度提供了新的可能性，可与近场衍射效应和泰伯自成像效应组合使用。本节将简要介绍相关技术。

当特征尺寸接近分辨率极限时，掩模上照明光的方向以及照明形状对硅片面图形的形状有很大影响。图 7.7 所示为硅片面图形的 SEM 图像和不同照明形状下图形的仿真轮廓。针对 SÜSS 掩模对准曝光机的照明系统定制了光阑，产生特定的照明形状，如 SEM 图右上角的子图所示。在图示的三个仿真例中，掩模上均有 10μm × 10μm 的正方形开口，如图中右栏的虚线所示。在第一行的标准圆形照明条件下，光刻胶内形成了一个圆形接触孔图形，为方形接触孔的衍射受限像。中间和第三行的风车形照明增加了衍射光在有效方向上的成分，曝光后图形为正方形或 45° 倾斜的正方形。

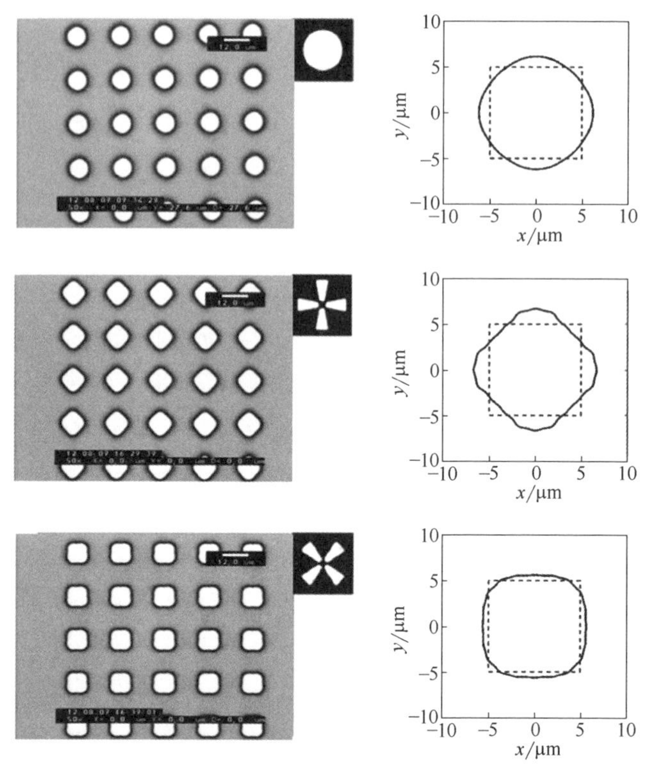

图 7.7　不同照明条件下接触孔阵列的 SEM 图像（左列）和仿真像（右列），转载自参考文献 [18]

利用泰伯效应对周期性图形进行成像，如图 7.8 所示。当平面波照明周期性光栅时，衍射光发生干涉，在距离光栅一定距离处产生光栅的像。这些像按照泰伯距离 L_{Talbot} 周期性地重复出现。泰伯距离取决于光栅的周期 p 和波长 λ：

$$L_{\text{Talbot}}=\frac{2p^2}{\lambda} \tag{7.3}$$

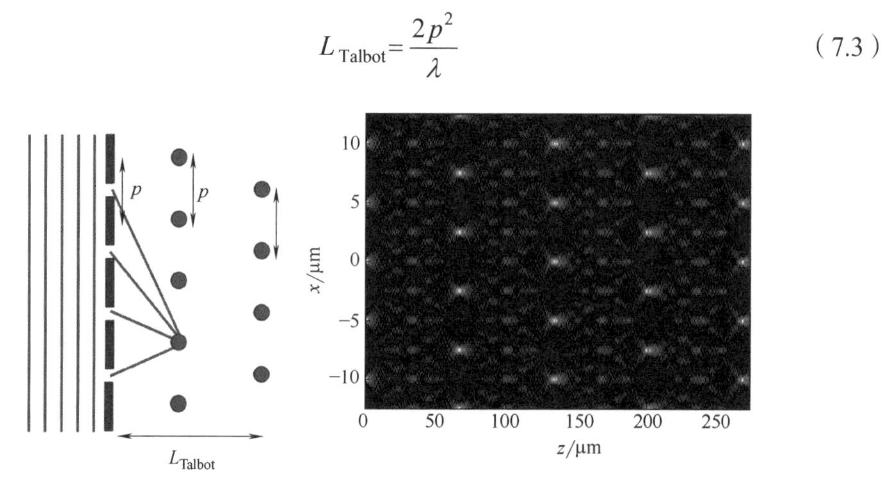

图 7.8　周期性光栅的泰伯自成像。几何结构（左）；计算的强度分布，这种强度图案也被称为泰伯地毯（右）。仿真条件：λ=365nm，光栅周期 p=5nm

在这些主泰伯像之间可以观察到其他像，包括次级泰伯像（在泰伯距离的一半处）。相对于主泰伯像，这些图像偏移了半个周期，频率变为两倍、三倍甚至更高倍数。它们是分数泰伯像，是缩小了的光栅像。泰伯自成像可以实现无透镜成像，广泛应用于光学等领域[19]。

基于泰伯效应，可以利用掩模对准曝光机来曝光周期性图形，其分辨率超越了式（7.2）给出的经典极限，还可以在较大的邻近间距内对周期性图形进行曝光[9, 14]。无透镜 EUV 光刻也利用了泰伯效应[20-23]。

实际应用中，将泰伯效应用于光刻需要解决焦深（DoF）太小的问题。实际成像面与理想泰伯平面之间的微小偏差会导致明显的对比度损失。图 7.9 说明了泰伯位移光刻的工作原理[24]。相比于一般光刻，这种光刻技术在曝光过程需要移动硅片 / 光刻胶，使得泰伯成像曝光不受焦深的限制。利用图 7.9 中使用的周期和波长得到的泰伯长度为 1153nm。在 51.0 ～ 51.8μm 范围内某一固定泰伯距离处对 800 nm 厚的光刻胶进行静态曝光，光刻胶左右（顶部和底部）两侧光强差异较大。曝光过程中，在一个或多个泰伯距离范围内移动硅片 / 光刻胶相当于对一个泰伯周期内的衍射图形进行积分，这样获得的平均强度分布沿 z 方向是均匀的，如图 7.9 右侧矩形框内图形所示，这种情况即为无焦深限制。但这种方法会降低成像对比度。将多次曝光相结合可提供额外的自由度，常用于制备各种具有旋转对称性的光子结构[25]。泰伯光刻仿真可用于研究光源空间相干性和带宽对成像的影响[26, 27]，也可用于比较振幅型和相位型掩模在泰伯位移光刻中的性能优劣[28]。

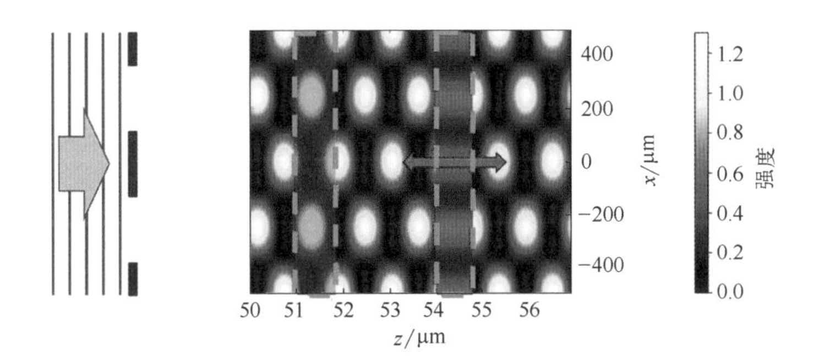

图 7.9　泰伯位移光刻的工作原理。365nm 波长、1 ∶ 1 占空比、500 nm 周期光栅的仿真光强分布或泰伯地毯式图案。虚线框表示 800 nm 厚的光刻胶，在固定的泰伯距离（左框）处曝光，并且在泰伯距离上进行积分 / 求均值（右框）

相移掩模可增强掩模对准曝光机的成像能力。图 7.10 展示了相移对五狭缝图形的近场和菲涅耳区内的衍射光的影响。五狭缝掩模位于所示强度分布的左侧，平面波从左侧入射。左图是二元掩模的仿真结果，该掩模上所有狭缝的相位相同。右图为交替型相移掩模（PSM），相邻狭缝之间存在 180° 相移。

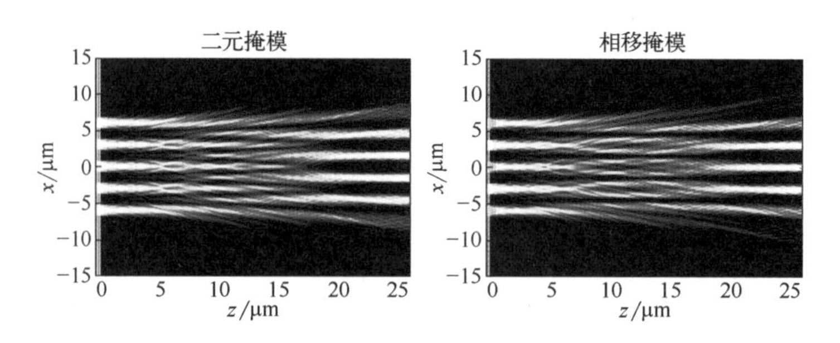

图 7.10 对比二元掩模（左）和相移掩模（右）的近场和菲涅耳区衍射图样。仿真参数设置：λ=365nm，缝宽 1.5μm，缝距 3.0μm

在 25μm 间距附近，两种类型的掩模都可以产生对比度很高的像。二元掩模的像发生了对比度反转，并且只显示有四个狭缝，对应于二分之一泰伯距离处的次级泰伯像。与之相比，相移掩模相邻狭缝衍射光之间的相消干涉在狭缝之间产生了与间距无关的光强最小值，并在正确的位置产生了五个狭缝的高对比度像。当然，由于缺少“邻居”，最上面和最下面狭缝的像略有模糊。可以通过适当的邻近效应修正补偿这种不利影响 [16]。

一般来说，可将接近式光刻的掩模看作是衍射光学元件（DOE）。可采用全反射全息技术及感光材料制造这种 DOE 元件，这是全息光刻技术的一种特殊应用 [29]。也可以利用波动光学算法进行设计，然后利用电子束光刻制造衍射光学元件或掩模版图 [30, 31]。尽管实验已证明这些方法基本可行，但实际应用中它们仍受全息记录材料的转移性能问题以及高精度对准问题的影响，而且制造成本很高。

通过提升照明控制能力，采用定制化照明或者掩模对准曝光机专用掩模，改进掩模成像能力，将掩模接近式光刻推向其物理极限。2010 年，Motzek 等人第一次将光源掩模优化应用于掩模对准曝光机 [32]。结合相移掩模和定制化多极照明，掩模对准曝光光刻能够在较大的邻近间距处对亚微米光栅成像 [33]。掩模基底背面的图形，例如由菲涅耳透镜或线栅偏振器产生的图形，可用于调整照明方向和偏振态，以适应于特定的图形与位置 [34, 35]。

亚琛工业大学发表的文章报道了使用 EUV 光实现接近式光刻的方法 [36]，通过放电等离子体光源产生波长约 10.88nm 的 EUV 光，用于制造大型微米级天线阵列。

7.2 无掩模光学光刻

投影光刻和掩模接近式光刻都需要带有原始设计图形的掩模或者经过邻近效应修正后的掩模。这种掩模的设计和制造耗时长，并且无法灵活地生成图形。本节介绍了两种无需掩模的光学图形生成方法。第一种通过两列或多列平面波之间的干涉产生周期性图形。第二种利用激光（或电子束）直写光刻技术将光束（或电子束）聚焦在光刻胶上，通过扫描产生复杂的图形。

7.2.1　干涉光刻

干涉光刻（技术）有时也被称为全息光刻，是一种特殊的无掩模光刻技术，可用于制造周期性结构[37, 38]。两列或多列（平面）波相干叠加形成周期性图形。

为了便于理解该技术的基本原理和分辨率极限，我们首先考虑两列平面波之间的干涉。这是一种最简单情况。如图 7.11 所示，平面波在 xz 平面内传播，相对于 z 轴的倾角为 $\pm\theta$。对于具有一定强度、偏振和相干性的平面波，其干涉图形可由下式给出：

$$I = 1 + \cos(2\tilde{k}x\sin\theta) \tag{7.4}$$

其中，

$$\tilde{k} = \frac{2\pi n}{\lambda}$$

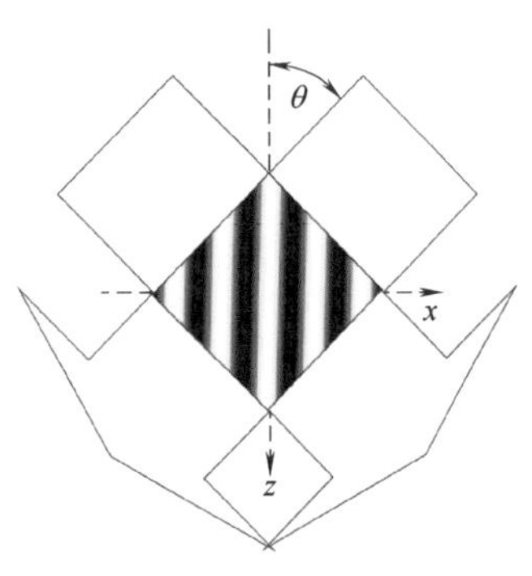

图 7.11　两列平面波的干涉

式中，$\tilde{k}$ 代表传播长度或光波的波矢量 $\boldsymbol{k}$ 的大小，其值取决于波长 λ 和材料的折射率 n。

干涉图形的周期可表示如下：

$$p = \frac{\lambda}{2n\sin\theta} \tag{7.5}$$

当 $\theta = 90°$ 时，相向传播的光波干涉叠加将得到周期最小的干涉图，即干涉光刻的分辨率为（半周期）hp=$\lambda/(4n)$。实际情况中，干涉图的对比度取决于干涉波之间的强度比、光波的偏振态以及它们之间的互相干性。

产生干涉光波的方法有多种。图 7.12 展示了几种基本的光路结构及方法，包括采用劳埃德镜（Lloyd's mirror）或棱镜的分波前法（如左侧所示），以及右侧的分振幅法。一般，分振幅法的光路更难以调整，但是通过增加可变衰减器、偏振器、空间滤波器等光学元件，这种方法可以更加灵活地调整干涉波的方向、偏振、振幅、波前质量和相干性。干涉光刻需要高质量地控制干涉波的波前、相干性与偏振态。更多关于干涉光刻实验装置以及不同装置的优缺点方面的内容请见参考文献 [39, 40]。

采用两束平面波的单次曝光干涉光刻，仅可以制造简单的一维光栅或线空周期性图形。更复杂的周期性和准周期性图形需要通过将多次双光束曝光的结果叠加，

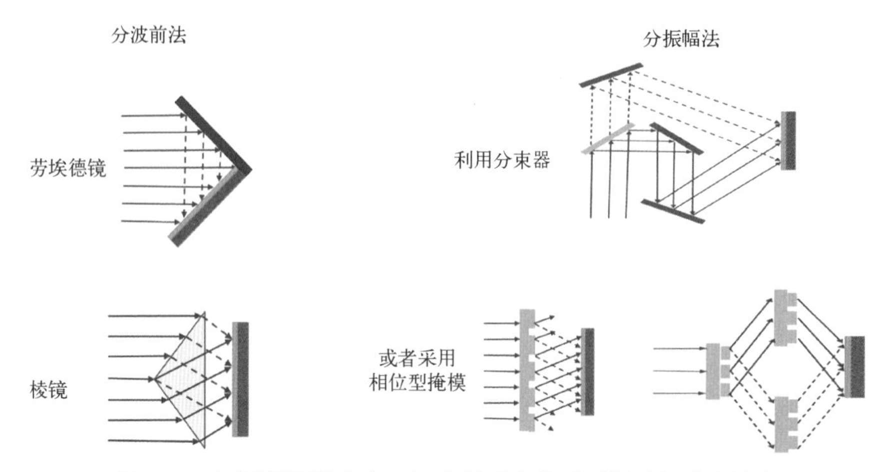

图 7.12　产生干涉图的方法，右下图中的相位型掩模仅用于分波前法

或利用两列以上的光波干涉得到。在每次曝光之后对硅片进行旋转，可以轻松实现多次曝光，每次曝光产生不同的双光束干涉图形 [41]。

利用专用衍射光栅 [42]、特殊类型的棱镜 [40] 或特别设计的相移掩模 [43] 组成多光束干涉光路可提高图形生成的灵活性，可以制造复杂的几何图形。图 7.13 显示了五光束干涉图形的仿真像和实测像。如 7.4 节所述，三列或三列以上平面波的干涉可在图形中引入第三维信息。

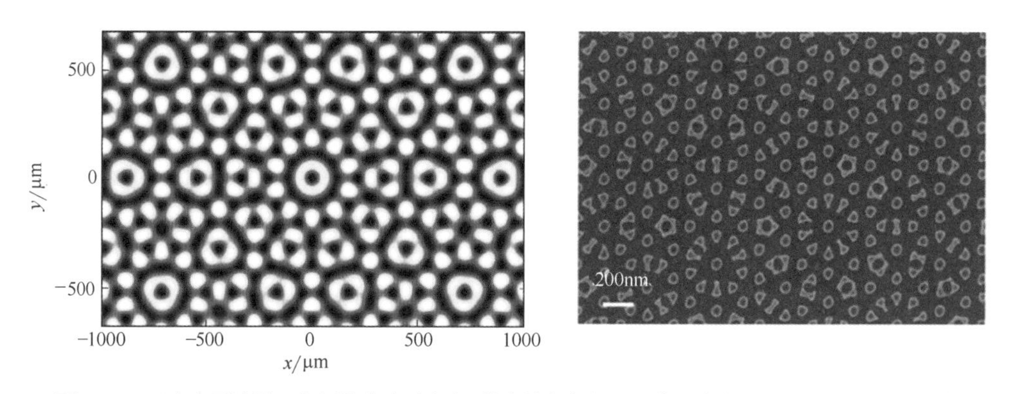

图 7.13　五光束干涉图。空间像仿真（左），摘自埃尔朗根 - 纽伦堡大学 Abdalaziz Awad 2020 年发表的论文；SEM 图像（右）由 Yasin Ekinci 提供 [44]

有研究组将干涉光刻与其他光刻技术相结合制作（接近）任意形状图形。例如，麻省理工学院的一个研究组展示了混合光学无掩模光刻的仿真和实验结果。他们首先利用干涉光刻制作高分辨率密集光栅图形，然后利用传统的投影光刻进行修剪曝光。将干涉光刻和修剪曝光相结合把光栅修改成有用的图形 [45]。

图 7.14 为干涉辅助的混合光刻在多晶硅层曝光中的应用实例。被曝光区域为静态随机存取存储器（SRAM）单元 [46]。该单元采用了一维网格化设计。目标版图

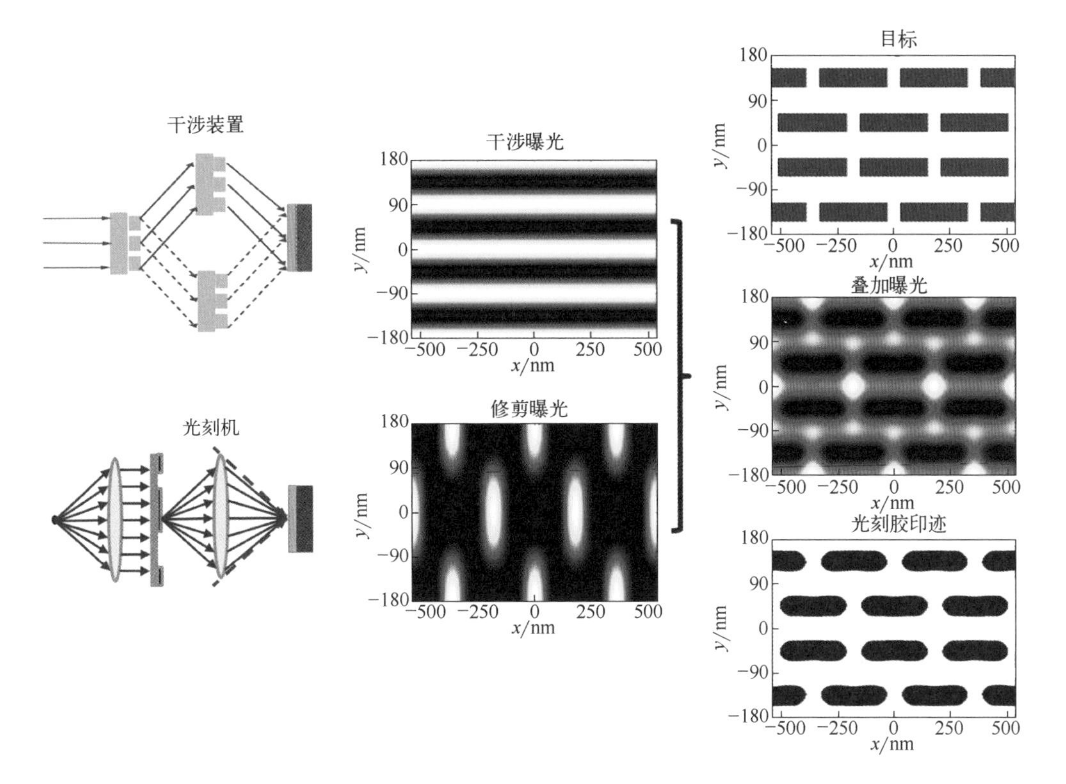

图 7.14 干涉辅助混合光刻在一维网格化设计的 SRAM 单元多晶硅层光刻中的应用[46]。左列：干涉光路简图（上）和步进扫描投影光刻机的光路简图（下）。中列：干涉曝光（上）和步进扫描投影光刻机或修剪曝光（下）得到的强度分布。右列：目标版图（上），干涉和修剪曝光的叠加强度分布（中），以及相应的光刻胶印迹（下）。仿真参数来自参考文献 [46]

如图的右上角所示，使用波长为 193nm、浸没液体为水的干涉光刻曝光技术制作周期为 90nm 的线空图形。利用 193nm 浸没式步进扫描投影光刻机（NA=1.2）进行修剪曝光，将线条分割成有限长度的分段。将干涉光刻曝光和修剪曝光按照适当的方式叠加起来，得到的强度分布和光刻胶印迹如右图所示。光刻胶印迹与目标版图很接近。残余的差异可通过 OPC 解决。

上述“线条与剪切”方法也适用于先进半导体制造（不使用干涉光刻）[47, 48]。半导体制造领域的先进图形化技术不会采用干涉曝光装置。半导体制造领域常采用 DUV 和 EUV 步进扫描光刻机制造尺寸接近分辨率极限的线空图形。这些光刻机可产生强二极照明。为了使剪切图形达到所需的精度，第二次（投影）曝光常会采用 OPC 或 SMO 技术。

除了上述将干涉光刻和投影光刻组合应用的方法之外，还存在图形化干涉光刻与掩模干涉光刻等替代性方案，它们可以应用于要求不高的场景。图形化干涉光刻在中继像平面上放置物理掩模，对干涉图进行滤波[49]；掩模干涉光刻在光刻胶顶部放置一块掩模，将干涉图形限定在特定区域[50]。

干涉光刻技术适用的波段很宽，可从 EUV 波段到可见光波段。由于装置相对简单，干涉光刻至今仍被用于各种 DUV 浸没式光刻和 EUV 光刻技术的早期研究中[21, 51]，特别是在光刻胶材料遴选方面的应用[52]。除此之外，还可用于制造光栅、布拉格反射器、光子带隙结构[53]、抗反射涂层[54, 55]，以及用于控制细胞与材料相互作用的大尺寸蛋白质阵列等[56]。

使用倏逝波或表面等离子体的近场干涉光刻技术具备突破上述分辨率极限的潜力。将在 7.3.1 节中讨论这些技术的基本原理和局限性。非线性光学材料可产生高频谐波，基于这一原理也有可能形成超分辨率干涉光刻技术方案[37]。7.3.2 节将讨论这种方法的局限性。

7.2.2　激光直写光刻

激光直写光刻（LDWL）采用一束或多束聚焦激光束对光刻胶进行曝光（如图 7.15 所示）。通过硅片或激光束的扫描运动控制光刻胶曝光位置。利用工件台与 2D 扫描振镜可以在超过几毫米的大面积上制造微纳结构。工件台一般为 3D 线性压电传感器（PZT）驱动型工件台或电机驱动型工件台。无需光刻胶的激光直写材料加工工艺（LDWP）也采用了类似的工作原理。LDWL 使用标准的激光光源。LDWP 的光源为高功率飞秒脉冲激光器，可以直接对材料进行加工[57-59]。早期的 LDWL 系统主要用于制作光刻掩模，可作为电子束掩模直写设备的高性价比替代方案[60-62]。

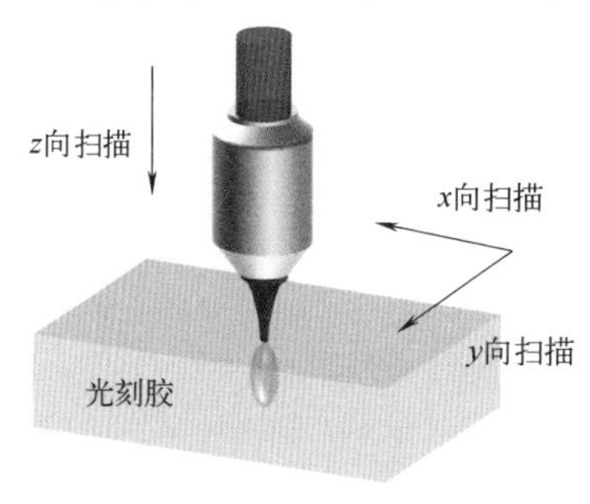

图 7.15　激光直写光刻（LDWL）的基本方案。摘自参考文献 [63]

激光直写光刻不需要使用掩模，只需使用简单的聚焦光学系统就可以非常灵活地生成（几乎是）任意形状图形。激光直写系统的价格低于最先进的光学投影光刻系统，其主要不足是串行写入方式非常耗时、产率低。

激光直写系统的曝光效率取决于聚焦光束的形状及其在光刻胶上的扫描 / 运动方式。激光直写光刻一般可以用于制备 2D 与 3D 图形，例如制备侧壁几乎垂直的 2D 图形、任意几何形状的 3D 图形等。本节介绍的主要是可在硅片 *xy* 平面上制作二元图形的 2D 光刻，忽略深度方向上光束形状的变化。7.4 节介绍 3D 激光直写光刻在 3D 微米 / 纳米曝光中的应用。

图 7.16 为两种激光直写光束强度分布或光束几何形状截面图。平面波经过聚焦透镜形成带有束腰的 sinc^2 函数（柱面透镜）或贝塞尔函数（球面透镜）型强度

分布。由于聚焦透镜只能收集部分平面波，所以这种结构会导致光瞳填充得过满，能效较低，还会产生明显的成像旁瓣。旁瓣导致邻近效应，相邻图形衍射光之间相互干扰。采用光束宽度很小的高斯光束进行照明，可以确保大部分光能量能够穿过光瞳。采用这种配置，光瞳面的光强分布为高斯形，不会完全填充，是 LDWL 的首选。NA 较大的情况下，聚焦后光束的形状明显受偏振态的影响。

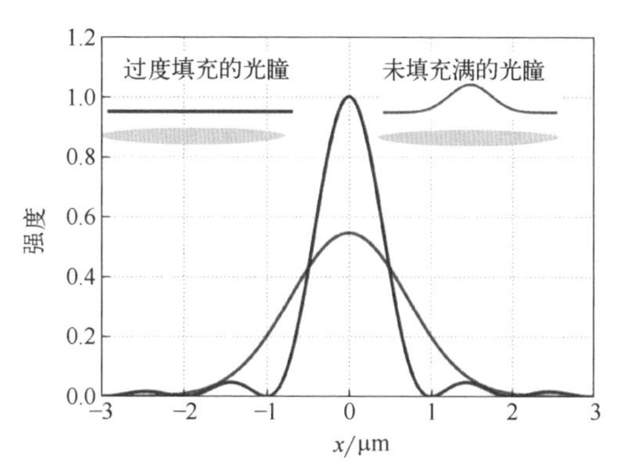

图 7.16　聚焦光束的强度横截面：高斯光束未充满光瞳；$sinc^2$ 形光束对光瞳填充得过满

标准激光直写光刻的分辨率由阿贝 - 瑞利极限 $x_{min}=k_1\lambda/NA$ 决定，取决于曝光波长 λ 和投影物镜的数值孔径 NA。工艺因子 k_1 取决于光束形状、光刻胶和其他工艺条件。激光直写光刻的 k_1 常见值约为 1.0。大多数激光直写光刻系统的波长为 350 ～ 450nm，数值孔径可高达 0.85。因此激光直写光刻的分辨率极限为 300 ～ 500nm。

聚焦激光束的扫描方式包括矢量扫描与栅格扫描两种。矢量扫描过程中聚焦光束移动到需要曝光的位置进行曝光，通常这种方法需要将聚焦光束跳跃性地移动到硅片上的不同区域。在短时间内高精度定位到所需位置的难度很大。因此大多数系统都使用栅格扫描方式。在栅格扫描过程中，聚焦光束沿着矩形网格有规律地移动。下面将详细介绍栅格扫描的技术细节。还有一些系统采用螺旋形扫描模式，类似于激光光盘刻录机的工作方式 [64]。

图 7.17 所示为主流激光直写光刻系统的基本写入策略示意图，即在直线网格上进行栅格扫描的策略。在这种写入策略中，聚焦激光束在均匀网格上移动，类似

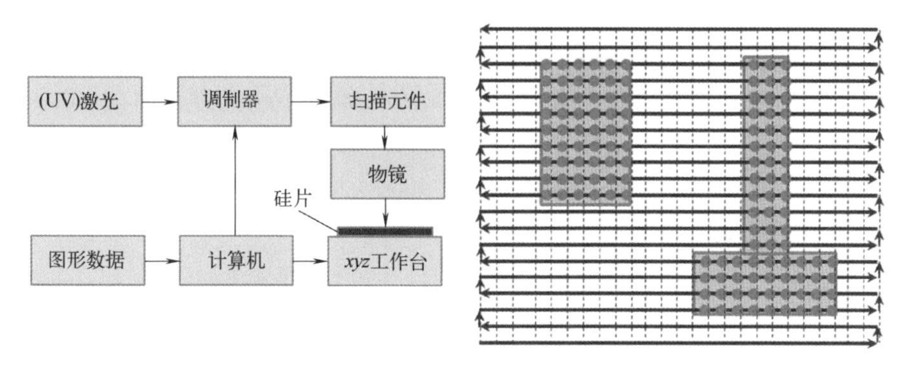

图 7.17　LDWL 系统的写入策略。方框图（左）和 xy 平面中的栅格扫描（右）。左侧部分改编自参考文献 [61]

于老式射线管电视的成像原理。均匀网格也称为寻址网格。由扫描元件执行扫描动作，例如可通过反射镜系统、三维位移台或者工件台来移动光束焦点的位置。通过边扫描边调节光束强度的方法来构建所需的图像。在最简单的情况下，只需打开和关闭光束即可。通过计算机控制扫描运动和光束调制，由用户输入图形数据。

所有离散位置形成了一个等间距的寻址网格。寻址单元（AU）为寻址网格上两个相邻格点之间的距离。网格中的点数或像素数决定了激光直写设备的写入速度。寻址单元较小时产生的图形数据量大，导致写入时间很长；较大的寻址单元可以减少数据量和写入时间，但会降低空间分辨率。图 7.18 为高斯形光束轮廓的宽度 w_{Gauss} 对像的影响。图中的寻址单元为 0.5μm。六个相邻像素组合在一起形成 3μm 宽的特征图形。图中给出了单个像素和整个像的强度分布。小于寻址单元的像素会独立成像。采用两个寻址单元宽的像素就足以分辨 3μm 宽的目标图形。

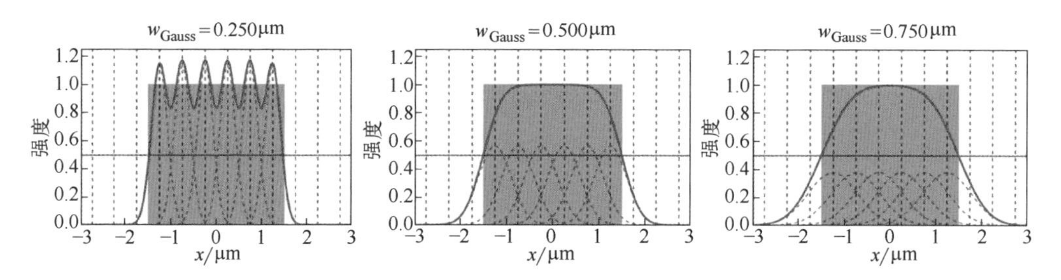

图 7.18 高斯形光束轮廓的宽度 w_{Gauss} 对像的影响。寻址单元为 0.5μm。阴影块表示 3μm 宽目标图形的尺寸。注意随着 w_{Gauss} 的增大局部对比度或 NILS 在名义图形边缘位置会下降

刻写光斑的大小和形状、像素网格的周期 / 方向以及像素间的相对强度等曝光参数决定了栅格化图形的图像质量。将计算机与电视机图像显示技术进行一定修改并应用在激光直写光刻中，可以优化与解决其在刻写速度、网格像大小以及精度方面的矛盾。采用旋转网格、灰度像素和多通曝光的方法可以提高成像的最小特征尺寸、边缘放置分辨率与精度、CD 均匀性以及边缘粗糙度[65]。

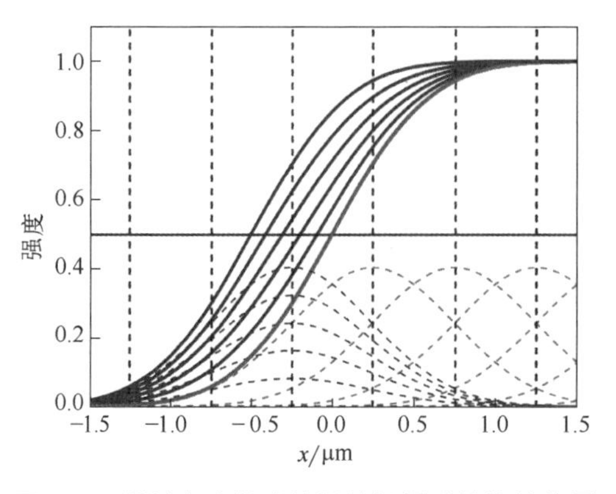

图 7.19 通过灰度像素精调特征图形边缘的位置

如图 7.19 所示为通过灰度像素精调特征图形边缘位置的方法。完全打开和关闭边界像素会使特征图形边缘移动 1 个寻址单元（AU）。采用强度介于完全打开和关闭之间的边界像素（即所谓的灰度像素）可使特征图形边缘的移动更加精细。这样采用具有多灰阶的大尺寸像素也可以实现高精度的边缘放置，能

够以较少的数据量曝光更大的区域 [66]。对该技术进行成像仿真分析可知，图形边缘的移动相对于灰度像素的强度是非线性的。如果没有合理地配置寻址网格、光束形状、灰度和强度阈值，会导致成像 NILS 或特征图形对比度下降 [67]。

利用栅格扫描曝光方法可以更加灵活地刻写任意形状的图形。然而扫描时间会比较长，限制了其可以实现的产率。无掩模光刻结合了激光直写与光学投影光刻的优点 [68-71]。图 7.20 为采用数字微镜阵列（DMD）或其他微镜阵列生成图形的典型装置，可动态调整图形的几何结构。通过调整阵列中单个微反射镜的位置和方向可调制光的空间强度和相位分布 [72]。通过液晶显示（LCD）也可以产生所需的强度分布 [73]。物镜将这种强度分布缩小成像至硅片上的光刻胶内。

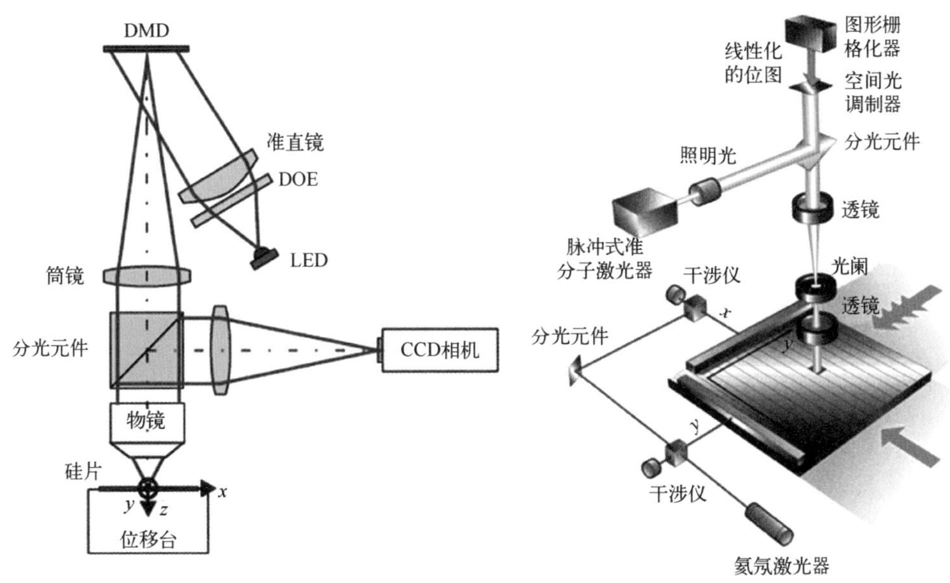

图 7.20　无掩模光学光刻。使用 DMD 的装置（左），转载自参考文献 [73]。使用空间光调制器（SLM）的光刻掩模图形动态生成系统（右），转载自参考文献 [69]。右边的空间光调制器也是基于 DMD 的

简而言之，可以将上述系统看作是具有可编程掩模的投影光刻机。无掩模光刻的性能也受到很多因素的影响。Sandstrom 等人从系统组件、刻写策略、仿真研究等方面研究了这种系统的可行性 [72, 74]。硅片面典型的像素大小约为 30nm。DMD/LCD 的尺寸、缩放倍率和物镜设计限制了像场的大小和产率，其产率只有每小时几片。其他类型的光学无掩模光刻的性能也与之类似，其中包括在像面 [71] 或物面 [75] 使用菲涅耳波带片阵列来产生光斑，对光刻胶进行多焦面扫描曝光的无掩模光刻技术。

目前光学无掩模光刻的性能还不能满足先进半导体制造的需求。激光直写光刻的分辨率虽比不上聚焦电子束光刻 [76]，但它仍被广泛用于制造低分辨率光刻掩模、

印制电路板[66]，原型设计，以及用于各种需要低成本且高度设计灵活性的研发应用场合。先进商用激光直写光刻机采用短波长（如 405nm）可见光和 DMD 来动态地生成图形，分辨率和产率可满足许多应用的需求。

应用于平面（2D）加工的激光直写光刻通常使用标准的 DNQ 型光刻胶或化学放大光刻胶[77]。Hamaker 等人[78]概述了掩模激光直写光刻中的光刻胶效应。7.3.2 节将讨论超越经典分辨率极限的激光直写光刻胶和相关工艺。

7.3 无衍射极限的光学光刻

2.3.1 节中的投影光刻分辨率极限公式 $x_{min}=k_1\lambda/NA$ 是在两个重要的假设条件基础上得出的。首先，假设空间像是由物镜远场的光形成的。该假设条件适用于投影光刻，但不适用于光在掩模附近或材料界面位置的传播。7.3.1 节介绍了几种利用近场光传播的特殊性质来生成图形的技术。所生成的图形的尺寸小于经典阿贝 - 瑞利分辨率极限。其次，假设光在光学线性材料中传播，即入射光不会改变材料的折射率或消光系数。这个假设对于光在空气、真空、玻璃和许多材料中的传播都是合理的。某些类型的光刻胶会表现出漂白效应（bleaching effect）和光致折射率变化。对于这种类型的光刻胶，第二种假设不能成立[79]。5.2 节已介绍了利用光刻胶的光学非线性实现双重曝光的几种方法。7.3.2 节介绍利用光学非线性实现无衍射极限光学光刻的方法。

7.3.1 近场光刻

通过第 2 章的学习我们了解到，投影光刻成像可以理解为平面波的传播与叠加。除了可向前传播的光之外，还存在一些转瞬即逝的电磁波（倏逝波），它们的强度随着与光源距离的增大呈指数形式衰减。只有在光在平面界面处发生全反射、光通过光刻掩模上的小孔或者小物体发生散射等特殊情况下才会产生倏逝波。这些倏逝波可以将光束缚在远小于式（2.20）给出的经典阿贝 - 瑞利极限的区域内。倏逝波也可以与表面等离子体互相耦合，在金属表面形成等离子体振荡。表面等离子体和倏逝波在介电材料与金属材料界面处共同激发形成表面等离激元（SPP）。SPP 的波长可以比激发光的波长小得多，能够获得超高的分辨率[80]，光经过金属层孔的透过率也可以很高[81]。但 SPP 被束缚在电介质 / 金属界面上，不会传播到远场[82]。下面两个示例演示了利用倏逝波和 SPP 形成亚分辨率光刻图形的方法。

图 7.21 为三种不同曝光条件下光刻胶内的双光束干涉图。在这三种情况下，两列入射波都以 ±70°的入射角照射到光刻胶上。三种情形下，光刻胶上（在光刻胶的顶部）的材料不同。干涉图的周期可由式（7.5）给出。

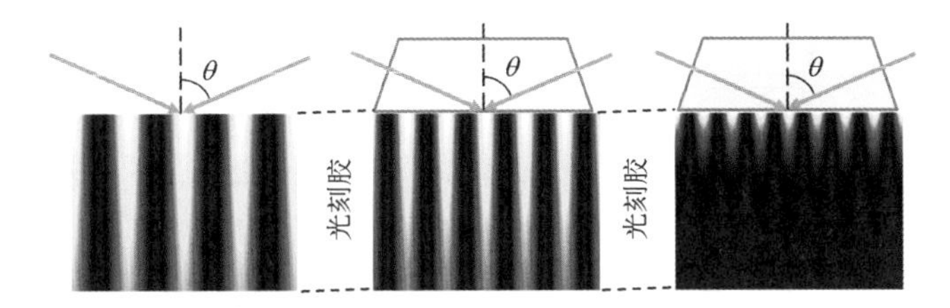

图 7.21 光刻胶内存在传播光和倏逝波的干涉光刻。光刻胶的厚度为 100nm，折射率 n_{resist}=1.7，消光系数 k_{resist}=0.05。左：入射光来自空气，n_{air}=1.0，NA = 0.94，p=205nm。中：入射光来自水，n_{water}=1.44，NA=1.35，p=103nm。右：入射光来自高折射率固体，n_{solid}=2.0，NA=0.94，p=205nm。其他参数：λ=193nm，入射角 θ=70°。引用自参考文献 [83]

图 7.21 中左图所示两列干涉光束直接从空气照射到光刻胶上，产生的干涉图周期为 $p=\lambda/(2\sin\theta)$=205nm。从空气或真空入射时的理论分辨率受入射角的限制。入射角为 90° 时，最高分辨率周期为 $\lambda/2$。图 7.21 中图用折射率为 n_{water}=1.44 的浸没液体（水）代替空气后，干涉图的周期减少到 $p=\lambda/(2n_{\text{water}}\sin\theta)$=143nm。左图和中图都代表标准干涉光刻，如 7.2.1 节所述。

图 7.21 右图采用固体作为浸没物质。光刻胶顶部为折射率 n_{solid}=2.0 的高折射率棱镜。干涉图形的周期为 $p=\lambda/(2n_{\text{solid}}\sin\theta)$=103nm。然而，棱镜内部的入射角大于临界角 $\theta_c=\arcsin(n_{\text{resist}}/n_{\text{solid}}) \approx 58.2°$。因此，入射光在棱镜和光刻胶的界面处发生全反射。

如图 7.21 右图的严格仿真结果所示，部分入射光仍能进入光刻胶，在棱镜 / 光刻胶界面处形成倏逝波。它们发生干涉并形成周期为 103nm 的图形。然而，这些倏逝波和干涉图进入光刻胶后会迅速衰减。式（7.6）给出了典型的穿透深度 [84]：

$$d_{\text{pentration}} = \frac{\lambda}{2\pi\sqrt{n_{\text{solid}}\sin^2\theta - n_{\text{resist}}^2}} \tag{7.6}$$

式中，n_{solid}、n_{resist} 和 θ 的值见图 7.21 的标题。只有厚度小于 30nm 的薄光刻胶才能用于固体浸没式光刻。如果采用特殊底层材料，则可以将光刻胶厚度增加到 2 倍或 3 倍 [83-85]，但这些底层难以集成到工艺中。

小物体对光的衍射也会产生倏逝波。图 7.22 展示了玻璃 - 铬或银光栅的近场衍射图。玻璃基底上铬或银的厚度为 140nm。横向磁场（TM）偏振光的电场矢量在纸面内，波长为 436nm。该光束从图中顶部的玻璃基底入射至光栅。两个光栅的周期均为 80nm，除 0 级光外，其他级次的衍射光无法传播。然而，可以观察到吸收体（光栅）下方光刻胶内的光强分布发生了明显变化。对于左侧光栅，倏逝波以铬光栅沟槽为中心呈对称分布，并在光刻胶内迅速衰减，其穿透深度或可获得足够成像对比度的“焦深”不足 20nm。

光在图 7.22 右侧银光栅中的传输机制以及形成的图形与铬光栅不同。在 436nm

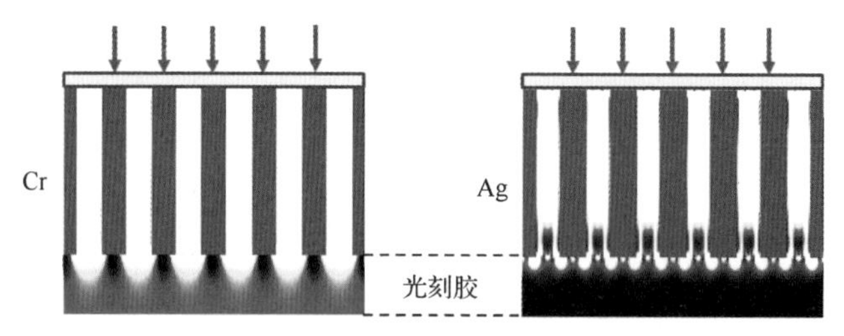

图 7.22 亚波长光栅的近场衍射。左图：铬（n=2.0367，k=3.7855）。右图：银（n=0.13535，k=2.2550）。两种金属的厚度都为 140nm，入射光波长为 436nm，光栅周期为 80nm。光栅顶部为玻璃基底，TM 偏振光从玻璃（折射率 n=1.5）入射（图顶部，电场矢量在纸面内）。光栅下方的材料（图底部）是光刻胶，折射率 n=1.7，消光系数 k=0.05。折射率数据来自参考文献 [86]

波长条件下，银是一种强等离激元材料。入射光在银表面激发 SPP。这些 SPP 从银光栅的顶部传播到底部，它们在银光栅底部直角处产生倏逝波，所成图形的周期约为相应铬掩模所成图形的二分之一。

亚波长纳米图形可用作等离激元透镜，将倏逝波聚焦为尺寸远小于波长的光斑 [87]；也可以作为倏逝波辅助图形，改善光的利用效果，提高光刻掩模图形的成像质量 [84]。也可以将光学近场技术与各种自组装方法相结合。纳米球光刻等与之类似的光刻技术 [88-90] 采用自组装方法生成（金属）有序排列的纳米球或纳米图形阵列。这些纳米球或者图形阵列位于光刻胶顶部。自组装形成的阵列充当后续图形转移步骤的近场掩模。

与之有关的另一个概念是负折射率超透镜。1968 年，Veselago[91] 提出了负折射的概念，其示意如图 7.23 所示。左图表示介质界面处的折射，满足斯涅耳定律 $\sin\theta_2=n_1\sin\theta_1/n_2$，式中，$n_1$、$n_2$ 为界面上下两侧材料的折射率；θ_1、θ_2 分别为入射角与折射角。此例中，$n_2>n_1$，光向表面法线方向偏转。所有天然材料的折射率都为正值。因此，入射光和折射光的波矢位于表面法线矢量的左右两侧，且与 n_1 和 n_2 的相对大小无关。

图 7.23 的中图演示了负折射率材料会发生的现象。在图中所示情况下，入射光和折射光的波矢位于表面法向量的同一侧。图 7.23 的右图显示了利用负折射率材料的负折射性质形成无透镜“完美”成像的方法。负折射将发散光转换为会聚光，经过两次负折射将来自超级透镜左侧的发散光转换为右侧的会聚光。

虽然这种成像只需要一个负折射率平板，但仍有两个基本问题未解决。首先，目前还没有发现天然的负折射率材料；其次，该系统仍然服从平面波传播理论，并未解决衍射受限问题。

Pendry[92] 意识到利用人工设计制造的亚波长结构可以实现负折射率材料。他的研究表明倏逝波在这种人工负折射率材料中不会衰减 [92]。倏逝波能从物面转移到负折射率平行平板的像面。这样负折射率成像就不再受衍射的限制。为了实现负折射

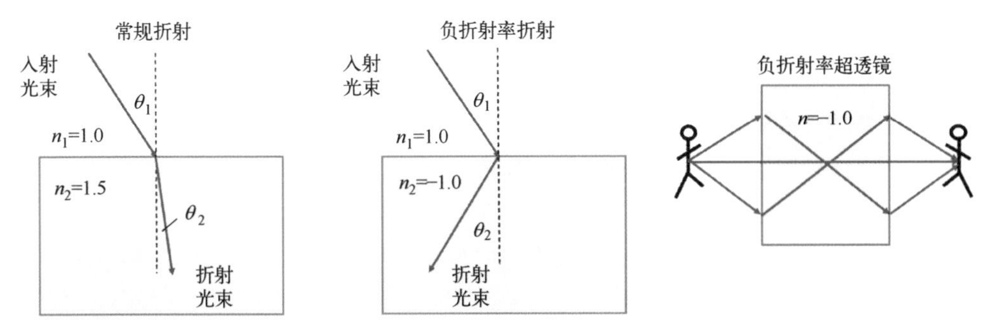

图 7.23　电介质界面上发生的常规折射（左），负折射率折射（中），以及负折射率超透镜内的光路示意图（右）。改编自 2002 年 /2003 年 Katja Shamonina 在埃尔朗根 - 纽伦堡大学所作的报告

率材料的近场与远场组合成像，物体必须非常靠近平板。尽管人们已展示了许多新型负折射率成像方法与原理验证实验，但该技术还不能应用于光刻，离实际应用还有很远的距离。负折射率超透镜的分辨率受到几何结构约束和材料质量的限制。负折射率与共振密切相关，共振过程中常伴随着材料对光的强吸收与耗散等现象 [93]。

对近场衍射的各种仿真研究，已经证明了近场效应在光刻应用中的潜力和局限性 [84, 94, 95]。尽管实验已表明其原理可行 [96, 97]，但这些近场技术对制造和对准公差的要求非常严格，而且等离子体和负折射率材料中的共振效应还会引起高损耗问题，使得这些近场技术的适用范围非常有限。倏逝波和表面等离激元的生成与传播对物体形状和材料特性的微小变化都非常敏感。随着与波源距离的增大，倏逝波呈指数衰减。这意味着焦深和能够适用的光刻胶厚度远低于光的波长。另外，近场技术还存在污染问题。很难找到能在短波长（小于 200nm）条件下具有等离激元效应并且可以集成进光刻设备中的材料。材料问题也非常有挑战性。

7.3.2　光学非线性光刻

5.2 节介绍了利用光学材料的非线性与双重曝光实现密集线空图形成像，工艺因子突破单次曝光极限值 k_1=0.25 的方法。本节介绍利用光学非线性突破阿贝 - 瑞利分辨率极限的光学成像新方法。本书重点介绍基本光学现象，有关材料、化学反应机制与实验研究的内容，请参见本节和 7.4 节有关 3D 光刻的参考文献。

让我们从 5.2.1 节讨论过的双光子吸收（TPA）开始。采用高强度光照射材料，会增加两个光子在同一位置同时被吸收的概率。两个光子叠加后的能量可触发（特定波长）单个光子无法触发的化学反应。TPA 材料的响应与曝光光强的二次方成正比。如后文所述，材料的二次响应增强了光刻胶内光化学反应在横向和轴向的空间局域性。剂量低于某个阈值的光刻胶区域完全不受曝光的影响，这是 TPA 工艺的另一个优点，称为阈值特性。这种特性进一步增强了光刻胶化学调制的空间局域性，并减少后续图像转移过程中的邻近效应。

大部分用于光刻的 TPA 材料都可以产生自由基，在入射光的作用下发生聚合。可实现的分辨率取决于对光聚合空间扩散的控制能力。参考文献 [98-100] 为双光子光刻技术综述，综述内容包括双光子光刻所涉及的光化学现象、材料和一些实验细节。对建模特别感兴趣的读者可以参考 Nitil Uppal[101] 和 Temitope Onanuga[63] 的博士学位论文。

图 7.24 比较了材料被高斯形光斑曝光时发生的线性（单光子吸收）和二次（双光子吸收）响应：

$$I(x,z)=I_0\left[\frac{w_0}{w(z)}\right]^2\exp\left[\frac{-2(x^2+z^2)}{w^2(z)}\right] \quad (7.7)$$

其中，

$$w(z)=w_0\sqrt{1+\frac{\lambda\sqrt{x^2+z^2}}{\pi w_0^2}}$$

式中，w_0 是光束的高斯宽度；λ 是光的波长。轴向坐标 z 为光束传播的方向，横向坐标 x 与 z 方向垂直。双光子吸收的二次响应在轴向和横向都表现出了更好的局域性。轴向分布可用于 3D 图形的激光直写 [102]（更深入的讨论请参见 7.4 节）。图 7.24 右侧的横截面图显示了束腰位置的光强横向分布。为了方便比较，图中利用光强最大值对数据进行了归一化。特征尺寸小于 100nm 时，双光子吸收光强分布截面的斜率（和 NILS）较大。双光子吸收表现出了更强的局域化能力。

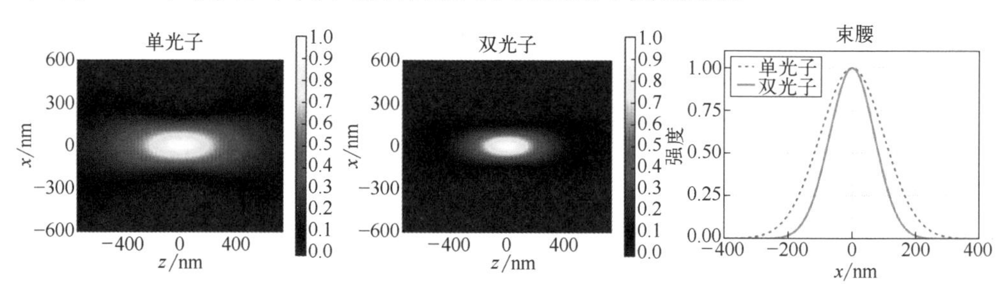

图 7.24 单光子和双光子吸收对高斯光斑的光学响应。左图和中图是线性（单光子）和二次（双光子）响应的 xz 横截面。右图是束腰 z=0 处 x 方向截面对比图。参数：λ=365nm，高斯宽度 w_0=200nm

双光子吸收的二次响应对密集线空图形的制备有何影响？在 7.2.1 节所述的简单双光束干涉情况下：

$$I(x)=I_0\left[1+\cos(\tilde{\kappa}x)\right] \quad (7.8)$$

我们用新的变量 $\tilde{\kappa}$ 代替 $2\tilde{k}\sin\theta$，干涉图的二次响应可由下式描述：

$$I(x)=I_0^2\left[1+\cos(\tilde{\kappa}x)\right]=I_0^2\left[\frac{3}{2}+2\cos(\tilde{\kappa}x)+\frac{1}{2}\cos(2\tilde{\kappa}x)\right] \quad (7.9)$$

根据 Yablonovitch 和 Vrijen[103] 的分析结果，我们将式（7.9）所描述的二次响应曲线与线性响应曲线相比较，如图 7.25 所示。二次响应在强度呈周期性分布的峰值周围表现出更好的局域性，但不会改变图形的周期。式（7.9）的右边包括三项：第一项是常数偏移量，如双光束干涉公式［式（7.8）］所表述的空间频率为 $\tilde{\kappa}x$ 的项；第二项是倍频 $2\tilde{\kappa}x$ 项；第三项是实现“真正”分辨率增强的关键。但是，第二项（具有较低空间频率）的存在减弱了双光子吸收在小周期成像中的优势。

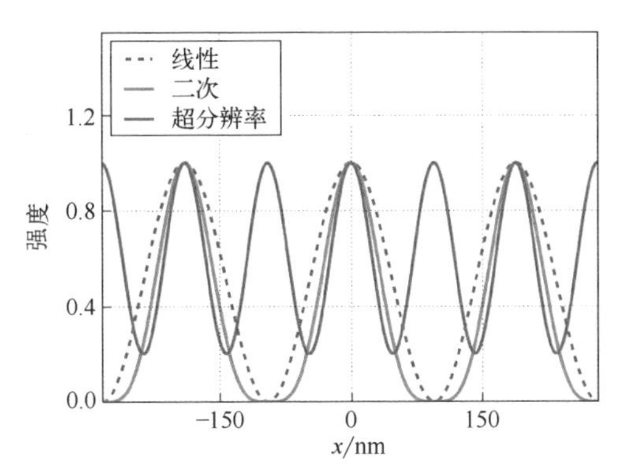

图 7.25　线性材料响应［式（7.8）］、简单二次材料响应［式（7.9）］和纯二次材料响应或超分辨率［式（7.10）］之间的比较图。双光束干涉曝光，图形周期为 189nm。为了方便对比，已经对强度进行了归一化

参考文献 [103] 讨论了消除式（7.9）中第二项的方法。将短脉冲激光与非线性四波混合介质相结合，以多种频率或波长略微失谐的光照明掩模。透镜中的光瞳滤波器将光瞳面不同位置处的频率成分分开，得到的强度分布，见式（7.10），如图 7.25 所示，空间频率翻倍或图形周期减半。

$$I(x)=I_0^2\left[\frac{3}{2}+\frac{1}{2}\cos(2\tilde{\kappa}x)\right] \tag{7.10}$$

量子成像也利用了类似的效应，材料会吸收两个纠缠光子 [104]。尽管此类技术的第一性原理已得到实验验证 [105]，但仍需要在材料和技术方面进行很多改进，加深对其物理和化学过程的理解，才能投入实际应用。

双光子吸收等非线性光学效应需要较高的曝光强度。飞秒激光可以产生高强度峰值或辐照度的聚焦光束，足以触发各种材料中的非线性效应。如 7.4 节所述，这使得双光子吸收有可能应用于 3D 图形的直写光刻。但飞秒激光的曝光剂量无法满足投影光刻大面积曝光的需求。

Hell 和 Wichmann 提出了采用多波长曝光产生光学非线性的方法。这种方法采用的是 Stefan Hell 发明的受激发射损耗（STED）显微镜原理 [106]，可以得到较高的光学非线性度。他们将其应用在纳米尺度的亚分辨率成像 [107]。这类方法需要化学材料能够对两种曝光波长产生不同的响应。例如，利用一个波长进行曝光可以触发光聚合；用另一波长进行曝光可以抑制光聚合。

图 7.26 显示了利用这种技术实现无衍射极限图形刻写的方法。采用第一个波长的光形成具有高斯强度分布的激光光斑。采用另一个波长的光形成环形抑制光

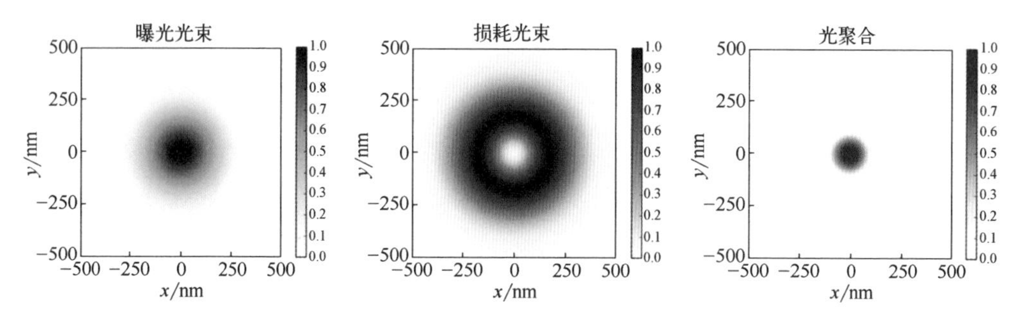

图 7.26　基于 STED 原理的光刻技术。高斯曝光光束和相应的聚合度（左），环形抑制光束和解聚度（中），以及两束光组合曝光实现的聚合水平（右）

束。将两者相结合，在负性光刻胶中形成微小的斑点图形。仅用高斯光束曝光会产生 300nm 直径的圆形区域，其光聚合度大于 0.2。中图所示的环形抑制光束将光聚合限制在更小的区域。事实上，可以通过改变曝光光束强度 I_{expose} 和抑制光束强度 I_{inhibit} 之比，来调节光聚合在空间上的扩展范围和最小特征尺寸 $d_{\min}$：

$$d_{\min} = k_1 \frac{\lambda}{2\,\mathrm{NA}\sqrt{1+\dfrac{I_{\text{inhibit}}}{I_{\text{expose}}}}} \tag{7.11}$$

式（7.11）表明理论上该技术的分辨率是无限的。只需增加抑制光束的强度，就可以使特征尺寸 $d_{\min}$ 无限减小。实践中，材料质量会明显影响分辨率，尤其是材料成分的不均匀性、分子的大小以及化学物质的扩散等。Scott 等人[108]利用三乙二醇二甲基丙烯酸酯（TEGDMA）负性光刻胶进行实验，对基于 STED 的光刻技术进行了验证。采用波长为 473nm 的高斯光束初始化聚合反应。激光器为二极管泵浦固体激光器。采用高斯 - 拉盖尔全息图将波长为 364nm 的氩激光整形为环形抑制光束。受材料不均匀性的影响，最终实现的分辨率为 120nm。John Fourkas 团队采用类似的方法，利用 800nm 曝光波长实现了 40nm 分辨率[109]。在 7.4 节“三维光学光刻”中将讨论 STED 光刻技术在其他方面的应用。

吸收度调制光刻（AMOL）是另一种利用多波长曝光产生光学非线性效应、实现亚分辨率成像的光刻方法。AMOL 使用光致变色层，该变色层在两个不同波长的入射光触发下能分别产生吸收和透明两种光致变色状态[110-112]。图 7.27 所示为 AMOL 的原理图。基底膜层包含光致变色层，或称为吸收度调制层（AML），该层位于光刻胶顶部。曝光光束波长为 λ_{expose}，限制光束波长为 λ_{confine}。两种波长的光分别形成干涉图，曝光膜层。被更强的限制光束曝光的 AML 区域对曝光光束不透明。限制光束将图形转换为 AML 中吸收率的空间变化。用均匀或有空间调制的曝光光束与限制光束同时进行曝光，可将吸收度空间分布图转移到光刻胶内。

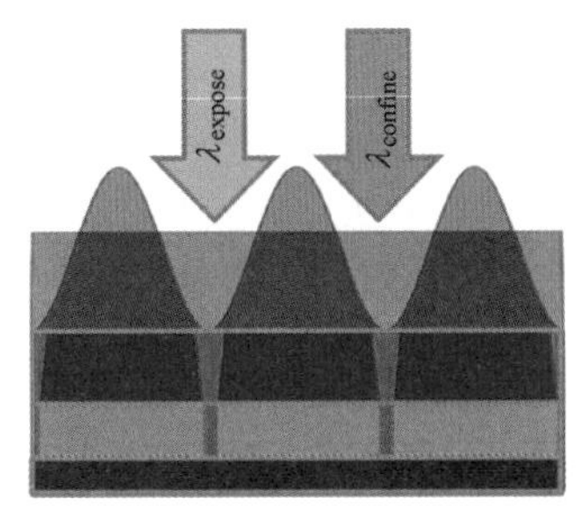

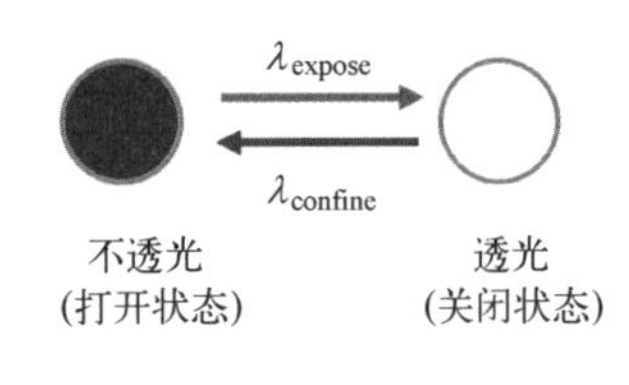

图 7.27　吸收度调制光学光刻（AMOL）。曝光示意图（左），以及通过曝光波长 λ_{expose} 和限制光束 $\lambda_{confine}$ 进行的异构状态转换的示意图（右）。改编自参考文献 [111]

AMOL 与 5.2.3 节中讨论的可逆对比度增强层（RCEL）技术类似。但是，使用曝光光束和限制光束同时曝光能够更灵活地调节吸收率与特征尺寸。AMOL 与使用 RCEL 的光刻技术的缺点相同，都需要进行多次曝光才制作周期更小、密度更高的图形。AMOL 的实际应用受近场衍射效应的影响，其中光刻胶内携带有高频信息且快速衰减的倏逝波带来的影响更加明显。

更多有关双波长光刻的物理化学原理、多波长光刻、新型反应机制以及材料选择方面的内容，请参阅 John Fourkas 等人的文章 [113, 114]。

7.4　三维光学光刻

经过不断优化，光刻工艺已经可以制造二元光刻胶图形。如果采用的是正胶（正性光刻胶），曝光剂量超过一定阈值的区域会被移除，其余区域不会受曝光和工艺的影响。所以光刻工艺非常适用于半导体制造平面工艺。衍射光学元件、虚拟现实 / 增强现实（VR/AR）、微机电系统（MEMS）、智能表面、生物传感器、生物材料和片上实验室等微纳米技术的新型应用都需要制造更复杂的三维（3D）微纳图形。本节简要介绍利用光学光刻技术制作表面连续的形貌和三维微纳图形的技术和方法，包括各种专用曝光技术和可制造表面变化连续的三维形貌的光学投影成像技术。

7.4.1　灰度光刻

灰阶光刻或灰度光刻利用空间分布可变的曝光剂量在低对比度光刻胶上制作三维形貌。制作的三维形貌表面变化连续，如图 7.28 左图所示。箭头的长度表示局部曝光剂量的大小，决定了光刻胶剩余的高度。图 7.28 右侧的 SEM 图像为灰度光刻制作的锯齿型形貌图 [115]。这种光刻仅能够制造无底部内切的连续变化形貌，有时也被称为 2.5D 光刻。

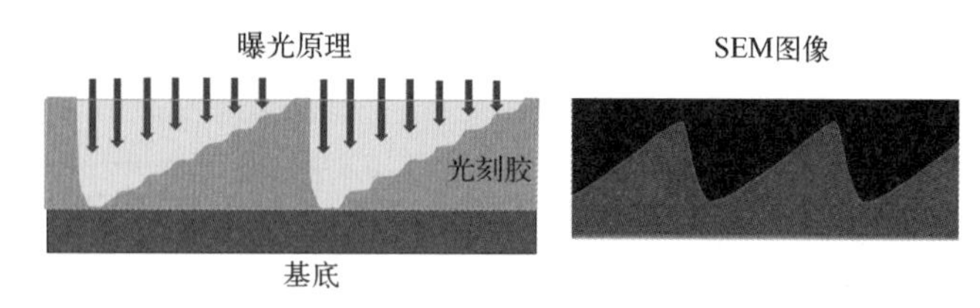

图 7.28 灰度光刻。常见曝光原理示意图（左），改编自参考文献 [116]。实验制作的锯齿形貌的 SEM 图像（右），转载自参考文献 [115]

Bernhard Kley[116] 回顾了早期光学光刻和电子束光刻实现可变剂量曝光的方法。在激光（或电子束）直写系统中，可以比较容易地边扫描边调节曝光剂量。早在 1983 年，Gale 和 Knop[117] 就已将激光直写技术用于制造微透镜阵列。利用改进后的激光光刻系统已可以在曲面上制作微透镜或闪耀光栅 [118]。如 7.2.2 节所述，利用数字微镜阵列（DMD）或液晶显示（LCD）可以明显地提高 LDWL 系统的产率。这一点已在多个灰度光刻应用实例中得到验证 [119-122]。最先进激光灰度直写设备的波长为 405nm，横向（x，y）分辨率为 300nm，纵向 / 轴向（z）分辨率为 50nm[123]。

虽然激光直写系统的产率已有所提高，当产率要求比较高时，采用投影光刻机对灰度掩模进行成像仍是更好的解决方案。但是投影光刻需要用到灰度掩模。而灰度掩模的制造难度很大，而且非常昂贵。有些研究小组已经利用对高能束流敏感（HEBS）型玻璃开发了灰度掩模 [124-126]。还有的小组提出了硫系相变薄膜等灰度光刻材料，可作为备选材料 [127]。

图 7.29 为像素化灰度掩模示意图，可以利用标准的二元掩模材料实现准连续的透过率值。光经过掩模上的微细结构发生衍射，投影物镜对衍射光进行空间频率滤波，两者相结合实现了可变透射效应 [128]。对于尺寸小于光刻机分辨率极限的图形，掩模的有效透过率取决于图形的尺寸和密度。光刻机的衍射受限投影物镜系统不能传递这些亚分辨率图形的细节。像素化掩模灰度光刻的垂向分辨率受到掩模制造水平和投影系统分辨率的限制。Mosher 等人 [129] 采用双曝光灰度光刻技术提高垂向分辨率（与单次曝光相比），该方法不会增大掩模制造的复杂度。参考文献 [129-131] 列举了几项像素化灰度掩模的应用实例。

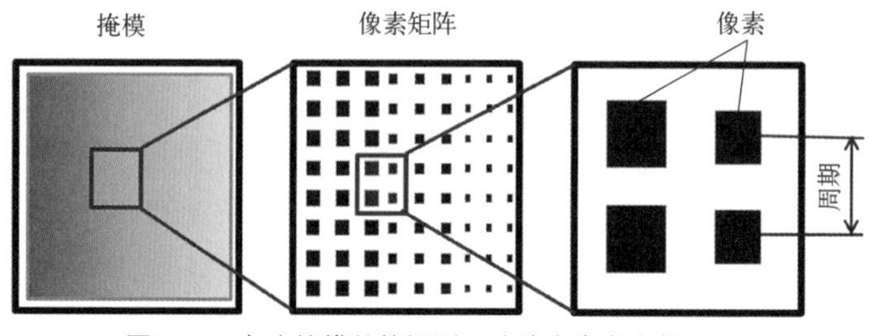

图 7.29 灰度掩模的俯视图。改编自参考文献 [129]

Tina Weichelt 等人[132]提出了一种掩模位移技术，该技术可采用传统的二元掩模进行变剂量曝光。利用掩模对准曝光机进行多次曝光，结合掩模的横向移动，制作了高分辨率闪耀光栅。Harzendorf 等人[133]通过理论与实验研究了像素化掩模在接近式曝光中的应用。他们的研究表明，将周期性像素化图形对光的衍射与泰伯效应相结合，可在不同距离处周期性地获得照明模式的像。利用这种方法可制造微光学元件。Fallica[134]利用 EUV 光的泰伯效应制作了 3D 图形。

将曝光剂量转换为连续变化的光刻胶高度需要采用低对比度光刻胶。大多数灰度光刻都使用厚度较大的光刻胶，从几微米到数百微米不等。厚胶旋涂和曝光需要采用高黏度、低吸收率的光刻胶。对比度曲线法是量化评估光刻工艺特性的标准方法，如图 3.6 所示。测量出剩余光刻胶的厚度关于曝光剂量的变化关系曲线，利用该曲线确定获得目标光刻胶高度所需的曝光剂量[121, 130, 135]。该方法对光刻胶材料、厚度及工艺条件的微小变化非常敏感，而且这种一维关系忽略了很多很重要的效应，例如，发生了局部漂白的光刻胶对光的衍射、化学组分横向扩散、光刻胶的横向显影等。显影后光刻胶的形变或收缩增大了光刻胶三维形貌与理想形貌的偏差。

研究人员针对上述问题提出了几种解决方案，已公开报道。Dillon 等人[126]将 Dill 模型、增强型 Mack 模型等光刻胶模型应用于灰度光刻。Kaspar 等人[136]研发了专门的测试图形，用于表征电子束光刻中的横向显影效应。Onanuga 等人[115]将这些测试图形应用于灰度激光光刻，将测量数据与半经验模型结合起来，计算激光直写光刻工艺的三维点扩散函数。尽管这些方法可以在一定程度上解决上述问题，但为了将这种技术应用于三维微纳图形制造中，还需要提高对灰度光刻工艺仿真预测的准确度和有效性。

7.4.2 三维干涉光刻

7.2.1 节介绍了干涉光刻，其中的大部分方法都是采用两列平面波之间的干涉来产生一维光栅图形。当两列平面波从关于表面法线对称的两个方向照明光刻胶，干涉图不会随光刻胶的高度发生变化，焦深可以无限大。增加平面波的数量可以产生三维干涉图。图 7.30 为三维干涉光刻的原理示意和三维光刻胶结构仿真，以及将光刻胶结构用作高性能超薄超级电容器制造模板的方法。

三维干涉光刻适用于制作三维光子晶体和各种类型的超材料。可以通过调整干涉光束的方向、偏振、强度和数量调整图形的对称性和形状[138]。Jang 等人[139]和 Moon 等人[140]的综述文章中列举了很多这方面的例子。这些综述文章讨论了光束几何结构、干涉图对称性、光刻工艺和各种类型光刻胶之间的关系。曝光装置复杂、图形坍塌、光刻胶收缩等问题限制了三维干涉光刻在实际中的应用范围[141]。

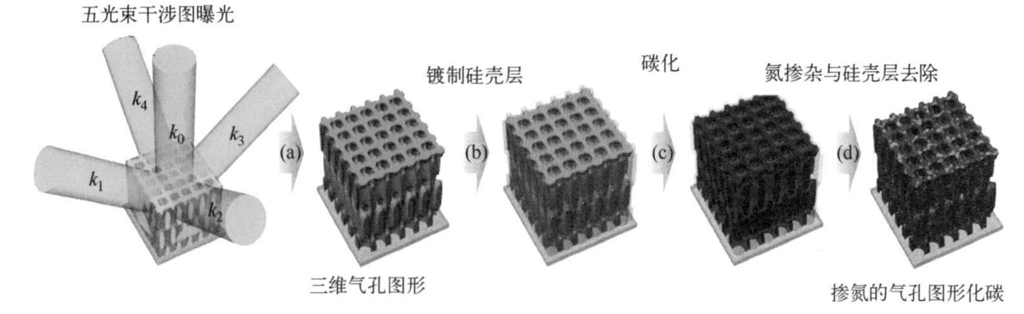

图 7.30　3D 干涉光刻。原理示意图（左）和光刻胶图形转移到功能材料中（右）。转载自参考文献 [137]。版权 2014，Springer Nature

7.4.3　立体光刻与 3D 微打印技术

灰度光刻（7.4.1 节）和 3D 干涉光刻（7.4.2 节）仅能够制造表面连续、无凸起 / 凹陷或周期性很强的图形。本节介绍可加工任意形状 3D 图形的光刻方法。立体光刻技术是一种快速成形技术 [142-144]。与其他 3D 曝光技术相比，该技术的分辨率更高，能够形成质量更高的表面 [145]，最近在组织工程支架 [146]、微流控设备 [147] 和自由形式的微光学元件 [148] 等方面得到应用。

立体光刻装置（SLA）的工作原理如图 7.31 左侧所示。SLA 从下往上逐层沉积液态光敏聚合物，沉积的同时对每层进行选择性曝光，使选定的区域发生聚合或者光固化。利用聚焦激光束扫描或者 DMD 投影 [146] 的方法对各层进行曝光。每个薄层被曝光和固化的部分组成了所需的 3D 物体。采用专用的后处理工艺提高表面质量，获得所需的 3D 形状 [149, 150]。

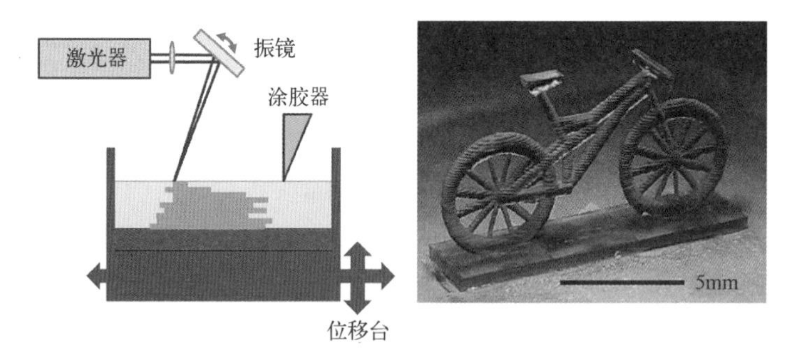

图 7.31　立体光刻。曝光原理示意图（左），改编自参考文献 [143]。实验室内加工的微型自行车（右），转载自参考文献 [147]。版权 2015，Springer Nature

传统立体光刻或 3D 微打印的垂向分辨率主要取决于光在聚合物中的穿透深度 [143] 与各膜层厚度。后续沉积 / 曝光过程中的光会反复曝光已发生了光聚合反应的前序薄层，会导致最终形成的形状偏离目标形状。SLA 膜层的厚度取决于具体的应用场景，可以在几十微米到几毫米之间变化。可以使用遮光剂来减弱光线的穿透能力。横向分辨率取决于曝光策略，可以达到几微米。

研发 SLA 的目的是对较大物体进行原型化设计，适用的尺寸范围为几毫米到几厘米。虽然如此，它也可以加工亚毫米尺寸的物体，并且分辨率可达几微米。该技术的分辨率极限不仅取决于衍射极限以及后续层之间的光学作用，还取决于聚合过程中自由基的扩散。此外，曝光会导致光敏聚合物的力学性能发生变化，使形变更加严重。应用于亚毫米级物体加工时，需要对 SLA 系统进行全面的表征和校准 [147]，而且要在分辨率与产率之间进行平衡 [148]。

双光子聚合（TPP）可以将 3D 微打印技术的应用范围扩展到 100nm 及更小尺寸 [100，151-154]。7.3.2 节已经介绍了双光子吸收（TPA）分辨率高的特点。本书采用文献中常用的术语，使用 TPP 表示高分辨率 3D 曝光中的 TPA。

Kawata 等人最早提出了 TPP[155]。图 7.32 左侧为基于 TPP 的 3D（亚）微打印原理示意图。聚焦激光束对负性光刻胶进行扫描曝光。入射光在焦点附近引发聚合反应，使光刻胶不能溶于显影液。焦点的三维扫描路径决定了显影后光刻胶的形状。

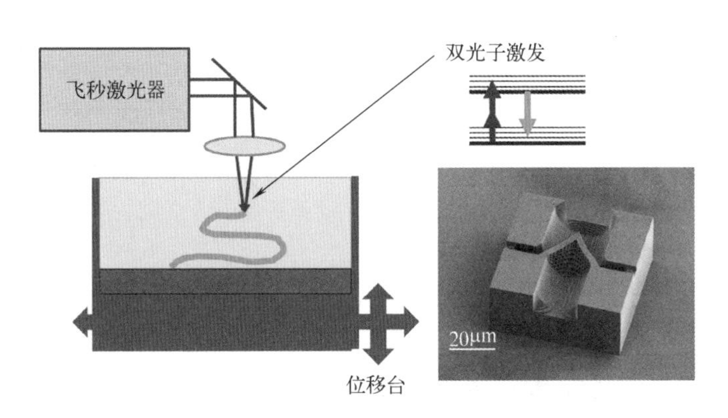

图 7.32　基于双光子聚合（TPP）的 3D 激光直写光刻（LDWL）。曝光原理示意图（左），TPA 的能级图（右上），以及由 Nanoscribe 公司的 Photonic Professional GT 系统打印的无堵塞微流控滤波器的 SEM 图像（右下）。SEM 图像中的白色比例尺为 20μm。不来梅大学微传感器、执行器和系统研究所（IMSAS）提供了设计；SEM 图像由 Nanoscribe GmbH 提供

与图 7.31 所示的标准立体光刻相比，基于 TPP 的微打印技术不需要逐层曝光。飞秒激光的波长很长，能够穿透光刻胶。由于二次响应具有局域化特性（如图 7.24 所示）与阈值特性，聚合反应仅发生在焦点区域（很小的体积内）。这种小体积或称为体素，是高分辨率 3D 激光直写的基本单元。利用小体素可以刻写复杂的 3D 光滑表面，但写入时间较长。体素较大时写入速度更快，但很容易导致形状偏离目标，刻制的表面也会比较粗糙。

TPP 对光斑的聚焦能力更强，可以实现非常高的空间分辨率。在最近发表的文献中，Michael Thiel 等人[156]介绍了双光子灰度光刻技术与传统灰度技术相比所具备的优势。

体素的形状和大小取决于聚焦镜头的 NA、曝光剂量和光聚合反应的扩散程度。光瞳填充情况与光的偏振态决定了高 NA 镜头焦点处的光强分布。径向偏振光可增强光的空间聚合度[157]。体素的尺寸一般随着曝光剂量的增大而增大。曝光不足时不能充分聚合，曝光过度时光敏聚合物会发生微爆。这两种现象使得可以使用的曝光剂量只能处在一定范围之内[98]。光聚合反应的扩散取决于自由基、单体等化学组分的扩散，以及用于终止光聚合的化学反应。可以使用自由基猝灭剂来限制光聚合反应，获得更小的体素，但代价是需要增大曝光剂量[158]。

7.3.2 节介绍过利用 STED 提高光刻分辨率的方法，用一个波长进行光激发的同时用另一个波长抑制光激发的范围，这样可以对体素进行塑形并缩小其尺寸。抑制或耗尽光束将（高斯）激发光束引发的聚合反应限制在小于经典衍射极限的范围内。Fischer 和 Wegener[159]对 3D 光学激光光刻的耗尽机制进行了综述。图 7.33 为高斯激发模式（绿色）与不同耗尽模式（红色）的组合（仿真结果）。利用相位掩模产生这些耗尽模式。相位掩模上有不同的结构[63, 159]。环形模式改善了光激发的横向分布，而“瓶子”模式限制了体素在轴向的扩展。基于 STED 的 3D 激光直写光刻技术的分辨率达到亚 100nm 量级，可应用于 3D 光子晶体、近红外 / 可见光隐身[160, 161]等方面。然而，这项技术需要用到特殊的材料[162]。扫描曝光过程中激发光束和耗尽光束的对准也是一大挑战。

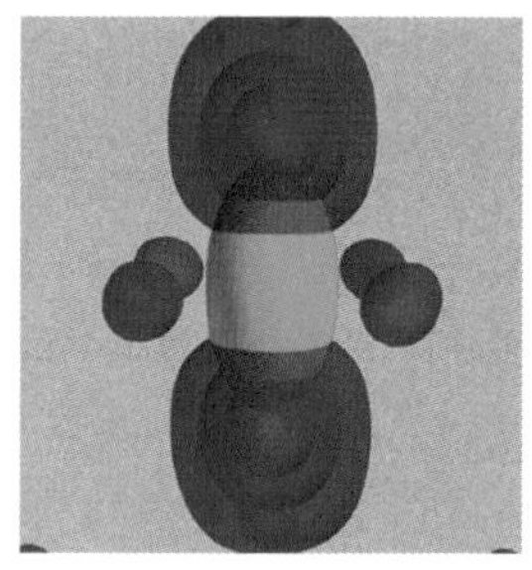

图 7.33　3D STED 光刻中模拟的高斯激发模式（绿色）与不同耗尽模式（红色）的组合。环形模式（左）和瓶子模式（右）。转载自参考文献 [63]

基于 TPP 的微打印技术最常用的材料为丙烯酸光敏聚合物、负性 SU-8 光刻胶，以及有机 - 无机杂化 ORMOCER（有机改性陶瓷）微纳加工光刻胶等。关于这些材料的光敏化和聚合反应机制的内容超出了本书的范围。感兴趣的读者可以参考 Malinauskas 等人[98]和 Farsari 等人[163]的文章。从这些文章中还可以找到可定制属性和功能的高级图形材料的信息。

7.5 关于无光光刻的几点建议

虽然本书主要介绍光学光刻与 EUV 光刻，但还有许多没有（直接）用到光的光刻技术也非常值得关注，其中就包括用于制造 DUV 和 EUV 光刻掩模的电子束光刻。电子束光刻也是一种非常重要的光刻技术。人们对其他形式的基于粒子的光刻技术也开展了研究，包括基于 X 射线、电子束、离子和原子等类型粒子的光刻技术，这些光刻技术也被认为是半导体制造的潜在下一代光刻技术。纳米压印与扫描探针等基于力学的微纳加工技术，为半导体制造领域之外的许多应用提供了经济高效的解决方案。关于这些非光学光刻方法的系统介绍超出了本书的范围。感兴趣的读者可以参考 Marty Feldman 的书 [164] 和一些综述文章 [165, 166]。

由于电子束光刻对于光刻掩模制造非常重要，并且与激光直写光刻相似，所以我们在本章的最后简要介绍电子束光刻。电子束光刻用一束或多束聚焦电子束扫描硅片。由于电子能量高且波长短，这种类型的光刻不受衍射的限制，分辨率可以达到几纳米。实际上，电子束光刻的分辨率主要取决于电子 - 电子相互作用（库仑力）和电子束元件的像差。像差限制了聚焦电子束最小光斑的尺寸。电子 - 电子之间的相互作用还决定了分辨率和产率之间的平衡状态。低束流可降低电子 - 电子之间的相互作用，减小电子束斑的大小，但会降低写入速度和产率。高能束流可提高写入速度和焦深，但会增大电子束斑尺寸。

光刻胶中的电子散射和硅片中次级电子的后向散射会影响电子束光刻的分辨率。可通过类似于 OPC 的邻近修正补偿电子的散射效应。由于电子是非相干的，电子束的邻近修正比部分相干投影曝光系统的 OPC 简单得多。另一方面，加热和负载效应会对电子束邻近修正产生明显影响。

电子束光刻的分辨率比激光直写（LDWL）的分辨率高，可用来制造所有高端 DUV 和 EUV 光刻掩模。经过不断优化，多电子束技术已广泛应用于高产能掩模刻写设备中 [167]。无掩模电子束光刻由于具备高灵活性和高分辨率的优点，在原型加工和许多纳米技术领域也应用广泛。但是，电子束光刻设备比激光直写设备的价格高。因为大多数电子不会停留在光刻胶中，所以电子束光刻也可能会损坏光刻胶下层的材料。

7.6 总结

接近式光刻技术将掩模在菲涅耳衍射区内的阴影曝光到硅片上。这种技术的分辨率受到邻近间距和衍射效应（菲涅耳、近场）的影响。现今，接近式曝光仍然被用于半导体制造的后端工艺，以及特殊 MEMS 或微型光学元件的制造。通过减小波长、应用类似于投影光刻中的分辨率增强技术可提高分辨率，这方面的研究仍在进行中。

干涉光刻技术的基本原理是两列或多列（平面）波之间的干涉，可以用相对简单的装置加工（大面积）周期性图形，且具有相对更高的分辨率，常被用来表征光刻胶材料。多光束干涉，以及干涉光刻与干涉辅助光刻等其他光刻方法的组合，可以作为一些特殊应用的光刻解决方案。

激光直写光刻（LDWL）利用单个或多个聚焦激光束扫描光刻胶，不需要掩模或昂贵的光学元件。但是与投影设备相比，激光直写的扫描过程降低了产率。激光直写光刻的分辨率比电子束直写光刻低，只有几百纳米。高度的灵活性和适中的成本使得 LDWL 对有中等分辨率自定义图形的加工以及研究开发工作非常有吸引力。DMD 和 LCD 性能的持续提升为光学无掩模光刻的发展提供了新机会。

近场技术和光学非线性技术的分辨率可达到亚 100nm 量级，而且不受衍射极限的限制。但是，现有技术还很难精准地控制曝光光束的几何形状与（光学）材料的性质。

灰度光刻技术和双光子聚合技术可用于微纳米结构的 3D 打印，可为一些现有应用和新兴应用提供新型微纳加工手段。这种方法未来是否能够取得成功，还取决于光结构材料的研发进展。光结构材料需要具备合适的力学、光学和电学性质。

参考文献

[1] B. J. Lin, “Electromagnetic near-field diffraction of a medium slit,” *J. Opt. Soc. Am.* **62**(8), 976–981, 1972.

[2] W. Henke, M. Weiss, R. Schwalm, and J. Pelka, “Simulation of proximity printing,” *Microelectron. Eng.* **10**, 127–152, 1990.

[3] B. Meliorisz and A. Erdmann, “Simulation of mask proximity printing,” *J. Micro/Nanolithogr. MEMS MOEMS* **6**(2), 23006, 2007.

[4] R. Voelkel, U. Vogler, A. Bramati, and W. Noell, “Micro-optics and lithography simulation are key enabling technologies for shadow printing lithography in mask aligners,” *Adv. Opt. Technol.* **4**, 63–69, 2015.

[5] M. K. Yapici and I. Farhat, “UV LED lithography with digitally tunable exposure dose,” *J. Micro/Nanolithogr. MEMS MOEMS* **13**(4), 43004, 2014.

[6] S. Partel, S. Zoppel, P. Hudek, A. Bich, U. Vogler, M. Hornung, and R. Voelkel, “Contact and proximity lithography using 193nm excimer laser in mask aligner,” *Microelectron. Eng.* **87**, 936–939, 2010.

[7] R. Voelkel, U. Vogler, A. Bramati, A. Erdmann, N. Uenal, U. Hofmann, M. Hennemeyer, R. Zoberbier, D. Nguyen, and

J. Brugger, "Lithographic process window optimization for mask aligner proximity lithography," *Proc. SPIE* **9052**, 90520G, 2014.

[8] R. Voelkel, "Wafer-scale micro-optics fabrication," *Adv. Opt. Technol.* **1**, 135–150, 2012.

[9] L. Stuerzebecher, F. Fuchs, U. D. Zeitner, and A. Tuennermann, "High-resolution proximity lithography for nano-optical components," *Microelectron. Eng.* **132**, 120–134, 2015.

[10] R. Voelkel, U. Vogler, and A. Bramati, "Advanced mask aligner lithography (AMALITH)," in *Proc. SPIE* **9426**, 422–430, 2015.

[11] J. P. Silverman, "X-ray lithography: Status, challenges, and outlook for 0.13 mm," *J. Vac. Sci. Technol. B* **15**, 2117, 1997.

[12] F. Cerrina, "X-ray imaging: Applications to patterning and lithography," *J. Phys. D: Appl. Phys.* **33**(12), R103, 2000.

[13] J. Z. Y. Guo and F. Cerrina, "Modeling x-ray proximity lithography," *IBM J. Res. Dev.* **37**(3), 331–349, 1993.

[14] L. Stuerzebecher, T. Harzendorf, U. Vogler, U. D. Zeitner, and R. Voelkel, "Advanced mask aligner lithography: Fabrication of periodic patterns using pinhole array mask and Talbot effect," *Opt. Express* **18**, 19485–19494, 2010.

[15] R. Voelkel, U. Vogler, A. Bramati, M. Hennemeyer, R. Zoberbier, A. Voigt, G. Grützner, N. Ünal, and U. Hofmann, "Advanced mask aligner lithography (AMALITH) for thick photoresist," *Microsyst. Technol.* **20**(10), 1839–1842, 2014.

[16] T. Weichelt, U. Vogler, L. Stuerzebecher, R. Voelkel, and U. D. Zeitner, "Resolution enhancement for advanced mask aligner lithography using phase-shifting photomasks," *Opt. Express* **22**(13), 16310–16321, 2014.

[17] A. Vetter, *Resolution Enhancement in Mask Aligner Photolithography*. PhD thesis, Karlsruher Institut für Technologie (KIT), 2019.

[18] R. Voelkel, U. Vogler, A. Bramati, T. Weichelt, L. Stuerzebecher, U. D. Zeitner, K. Motzek, A. Erdmann, M. Hornung, and R. Zoberbier, "Advanced mask aligner lithography (AMALITH)," *Proc. SPIE* **8326**, 83261Y, 2012.

[19] J. Wen, Y. Zhang, and M. Xiao, "The Talbot effect: Recent advances in classical optics, nonlinear optics, and quantum optics," *Adv. Opt. Photon.* **5**(1), 83–130, 2013.

[20] A. Isoyan, F. Jiang, Y. C. Cheng, F. Cerrina, P. Wachulak, L. Urbanski, J. Rocca, C. Menoni, and M. Marconi, "Talbot lithography: Self-imaging of complex structures," *J. Vac. Sci. Technol. B* **27**, 2931, 2009.

[21] B. W. Smith, "Design and analysis of a compact EUV interferometric lithography system," *J. Micro/Nanolithogr. MEMS MOEMS* **8**(2), 21207, 2009.

[22] S. Danylyuk, P. Loosen, K. Bergmann, H.-s. Kim, and L. Juschkin, "Scalability limits of Talbot lithography with plasma-based extreme

ultraviolet sources," *J. Micro/Nanolithogr. MEMS MOEMS* **12**(3), 33002, 2013.
[23] W. Li and M. C. Marconi, "Extreme ultraviolet Talbot interference lithography," *Opt. Express* **23**, 25532–25538, 2015.
[24] H. Solak, C. Dais, and F. Clube, "Displacement Talbot lithography: A new method for high-resolution patterning of large areas," *Opt. Express* **19**, 10686, 2011.
[25] C. Dais, F. Clube, L. Wang, and H. H. Solak, "High rotational symmetry photonic structures fabricated with multiple exposure displacement Talbot lithography," *Microelectron. Eng.* **177**, 9–12, 2017.
[26] T. Sato, A. Yamada, and T. Suto, "Focus tolerance influenced by source size in Talbot lithography," *Adv. Opt. Technol.* **4**, 333–338, 2015.
[27] S. Brose, J. Tempeler, S. Danylyuk, P. Loosen, and L. Juschkin, "Achromatic Talbot lithography with partially coherent extreme ultraviolet radiation: Process window analysis," *J. Micro/Nanolithogr. MEMS MOEMS* **15**(4), 43502, 2016.
[28] P. J. P. Chausse, E. D. L. Boulbar, S. D. Lis, and P. A. Shields, "Understanding resolution limit of displacement Talbot lithography," *Opt. Express* **27**(5), 5918–5930, 2019.
[29] F. S. M. Clube, S. Gray, D. Struchen, J.-C. Tisserand, S. Malfoy, and Y. Darbellay, "Holographic microlithography," *Opt. Eng.* **34**(9), 2724–2730, 1995.
[30] S. Buehling, F. Wyrowski, E.-B. Kley, T. J. Nellissen, L. Wang, and M. Dirkzwager, "High-resolution proximity printing by wave-optically designed complex transmission masks," *Proc. SPIE* **4404**, 221–230, 2001.
[31] G. A. Cirino, R. D. Mansano, P. Verdonck, L. Cescato, and L. G. Neto, "Diffractive phase-shift lithography photomask operating in proximity printing mode," *Opt. Express* **18**(16), 16387–16405, 2010.
[32] K. Motzek, A. Bich, A. Erdmann, M. Hornung, M. Hennemeyer, B. Meliorisz, U. Hofmann, N. Uenal, R. Voelkel, S. Partel, and P. Hudek, "Optimization of illumination pupils and mask structures for proximity printing," *Microelectron. Eng.* **87**, 1164–1167, 2010.
[33] L. Stuerzebecher, F. Fuchs, T. Harzendorf, and U. D. Zeitner, "Pulse compression grating fabrication by diffractive proximity photolithography," *Opt. Lett.* **39**, 1042, 2014.
[34] Y. Bourgin, T. Siefke, T. Käsebier, P. Genevee, A. Szeghalmi, E.-B. Kley, and U. D. Zeitner, "Double-sided structured mask for sub-micron resolution proximity i-line mask-aligner lithography," *Opt. Express* **23**, 16628–16637, 2015.
[35] T. Weichelt, L. Stuerzebecher, and U. D. Zeitner, "Optimized lithography process for through-silicon vias-fabrication using a double-sided (structured) photomask for mask aligner lithography," *J. Micro/Nanolithogr. MEMS MOEMS* **14**(3), 34501, 2015.

[36] G. Kunkemüller, T. W. W. Maβ, A.-K. U. Michel, H.-S. Kim, S. Brose, S. Danylyuk, T. Taubner, and L. Juschkin, "Extreme ultraviolet proximity lithography for fast, flexible and parallel fabrication of infrared antennas," *Opt. Express* **23**, 25487–25495, 2015.
[37] S. R. J. Brueck, "Optical and interferometric lithography: Nanotechnology enablers," *Proc. IEEE* **93**(10), 1704–1721, 2005.
[38] C. Lu and R. H. Lipson, "Interference lithography: A powerful tool for fabricating periodic structures," *Laser & Photonics Reviews* **4**(4), 568–580, 2010.
[39] C. G. Chen, *Beam Alignment and Image Metrology for Scanning Beam Interference Lithography: Fabricating Gratings with Nanometer Phase Accuracy*. PhD thesis, Massachusetts Institute of Technology, 2003.
[40] D. Xia, Z. Ku, S. C. Lee, and S. R. J. Brueck, "Nanostructures and functional materials fabricated by interferometric lithography," *Adv. Mater.* **23**, 147–179, 2011.
[41] S. H. Zaidi and S. R. J. Brueck, "Multiple-exposure interferometric lithography," *J. Vac. Sci. Technol. B* **11**(3), 658–666, 1993.
[42] A. Langner, B. Päivänranta, B. Terhalle, and Y. Ekinci, "Fabrication of quasiperiodic nanostructures with EUV interference lithography," *Nanotechnology* **23**(10), 105303, 2012.
[43] M. Vala and J. Homola, "Multiple beam interference lithography: a tool for rapid fabrication of plasmonic arrays of arbitrary shaped nanomotifs," *Opt. Express* **24**(14), 15656–15665, 2016.
[44] Y. Ekinci, Paul Scherrer Institut, private communication.
[45] M. Fritze, T. M. Bloomstein, B. Tyrrell, T. H. Fedynyshyn, N. N. Efremow, D. E. Hardy, S. Cann, D. Lennon, S. Spector, M. Rothschild, and P. Brooker, "Hybrid optical maskless lithography: Scaling beyond the 45nm node," *J. Vac. Sci. Technol. B* **23**(6), 2743–2748, 2005.
[46] R. T. Greenway, R. Hendel, K. Jeong, A. B. Kahng, J. S. Petersen, Z. Rao, and M. C. Smayling, "Interference assisted lithography for patterning of 1D gridded design," *Proc. SPIE* **7274**, 72712U, 2009.
[47] Y. Borodovsky, "Lithography 2009: Overview of opportunities," in *SemiCon West*, 2009.
[48] M. C. Smayling, K. Tsujita, H. Yaegashi, V. Axelrad, T. Arai, K. Oyama, and A. Hara, "Sub-12-nm optical lithography with 4x pitch division and SMO-lite," *Proc. SPIE* **8683**, 868305, 2013.
[49] G. M. Burrow and T. K. Gaylord, "Parametric constraints in multi-beam interference," *J. Micro/Nanolithogr. MEMS MOEMS* **11**(4), 43004, 2012.
[50] D. Lombardo, P. Shah, and A. Sarangan, "Single step fabrication of nano scale optical devices using binary contact mask deep UV interference lithography," *Opt. Express* **27**(16), 22917–22922, 2019.
[51] V. Auzelyte, C. Dai, P. Farquet, D. Grützmacher, L. L. Heydermann, F.

Luo, S. Olliges, C. Padeste, P. K. Sahoo, T. Thomson, A. Turchanin, C. David, and H. H. Solak, "Extreme ultraviolet interference lithography at the Paul Scherrer Institut," *J. Micro/Nanolithogr. MEMS MOEMS* **8**(2), 21204, 2009.

[52] R. Gronheid and M. J. Leeson, "Extreme ultraviolet interference lithography as applied to photoresist studies," *J. Micro/Nanolithogr. MEMS MOEMS* **8**(2), 21205–21210, 2009.

[53] T. Y. M. Chan, O. Toader, and S. John, "Photonic band gap templating using optical interference lithography," *Phys. Rev. E* **71**(4), 46605, 2005.

[54] C. Zanke, A. Gombert, A. Erdmann, and M. Weiss, "Fine tuned profile simulation of holographically exposed photoresist gratings," *Opt. Commun.* **154**, 109, 1998.

[55] B. Bläsi, N. Tucher, O. Höhnhn, V. Kübler, T. Kroyer, C. Wellens, and H. Hauser, "Large area patterning using interference and nanoimprint lithography," *Proc. SPIE* **9888**, 80–88, 2016.

[56] E. L. Hedberg-Dirk and U. A. Martinez, "Large-scale protein arrays generated with interferometric lithography for spatial control of cell-material interactions," *J. Nanomater.* **2010**, 176750, 2010.

[57] M. Malinauskas, A. Zukauskas, V. Purlys, A. Gaidukeviciute, Z. Balevicius, A. Piskarskas, C. Fotakis, S. Pissadakis, D. Gray, R. Gadonas, M. Vamvakaki, and M. Farsari, "3D microoptical elements formed in a photostructurable germanium silicate by direct laser writing," *Opt. Lasers Eng.* **50**, 1785–1788, 2012.

[58] M. Beresna, M. Gecevicius, and P. G. Kazansky, "Ultrafast laser direct writing and nanostructuring in transparent materials," *Adv. Opt. Photonics* **6**, 293–339, 2014.

[59] K. Sugioka and Y. Cheng, "Femtosecond laser three-dimensional micro- and nanofabrication," *Appl. Phys. Rev.* **1**, 41303, 2014.

[60] P. A. Warkentin and J. A. Schoeffel, "Scanning laser technology applied to high speed reticle writing," *Proc. SPIE* **0633**, 286–291, 1986.

[61] H. Ulrich, R. W. Wijnaendts-van Resandt, C. Rensch, and W. Ehrensperger, "Direct writing laser lithography for production of microstructures," *Microelectron. Eng.* **6**(1), 77–84, 1987.

[62] C. Rensch, S. Hell, M. v. Schickfus, and S. Hunklinger, "Laser scanner for direct writing lithography," *Appl. Opt.* **28**, 3754, 1989.

[63] T. Onanuga, *Process Modeling of Two-Photon and Grayscale Laser Direct-Write Lithography*. PhD thesis, Friedrich-Alexander-Universität Erlangen-Nürnberg, 2019.

[64] M. G. Ivan, J.-B. Vaney, D. Verhaart, and E. R. Meinders, "Direct laser write (DLW) as a versatile tool in manufacturing templates for imprint lithography on flexible substrates," *Proc. SPIE* **7271**, 72711S, 2009.

[65] M. L. Rieger, J. A. Schoeffel, and P. A. Warkentin, "Image quality enhancements for raster scan lithography," *Proc. SPIE* **0922**, 55–65, 1988.

[66] E. J. Hansotte, E. C. Carignan, and W. D. Meisburger, "High speed maskless lithography of printed circuit boards using digital micro-mirrors," *Proc. SPIE* **7932**, 793207–793214, 2011.
[67] C. A. Mack, "Theoretical analysis of the potential for maskless lithography," *Proc. SPIE* **4691**, 98–106, 2002.
[68] J. Paufler, S. Brunn, T. Koerner, and F. Kuehling, "Continuous image writer with improved critical dimension performance for high-accuracy maskless optical patterning," *Microelectron. Eng.* **57-58**, 31–40, 2001.
[69] T. Sandstrom, P. Askebjer, J. Sallander, R. Zerne, and A. Karawajczyk, "Pattern generation with SLM imaging," *Proc. SPIE* **4562**, 38, 2001.
[70] K. F. Chan, Z. Feng, R. Yang, A. Ishikawa, and W. Mei, "High-resolution maskless lithography," *J. Micro/Nanolithogr. MEMS MOEMS* **2**(4), 331–339, 2003.
[71] R. Menon, A. Patel, D. Gil, and H. I. Smith, "Maskless lithography," *Materials Today* **8**, 26–33, 2005.
[72] H. Martinsson, T. Sandstrom, A. Bleeker, and J. D. Hintersteiner, "Current status of optical maskless lithography," *J. Micro/Nanolithogr. MEMS MOEMS* **4**(1), 11003–11015, 2005.
[73] M. Rahlves, C. Kelb, M. Rezem, S. Schlangen, K. Boroz, D. Gödeke, M. Ihme, and B. Roth, "Digital mirror devices and liquid crystal displays in maskless lithography for fabrication of polymer-based holographic structures," *J. Micro/Nanolithogr. MEMS MOEMS* **14**(4), 41302, 2015.
[74] T. Sandstrom, A. Bleeker, J. D. Hintersteiner, K. Troost, J. Freyer, and K. van der Mast, "OML: Optical maskless lithography for economic design prototyping and small-volume production," *Proc. SPIE* **5377**, 777, 2004.
[75] K. C. Johnson, "Nodal line-scanning method for maskless optical lithography," *Appl. Opt.* **53**, J7–J18, 2014.
[76] Y. Chen, "Nanofabrication by electron beam lithography and its applications: a review," *Microelectron. Eng.* **135**, 57–72, 2015.
[77] S. Diez, "The next generation of maskless lithography," *Proc. SPIE* **9761**, 976102–976111, 2016.
[78] H. C. Hamaker, G. E. Valentin, J. Martyniuk, B. G. Martinez, M. Pochkowski, and L. D. Hodgson, "Improved critical dimension control in 0.8-NA laser reticle writers," *Proc. SPIE* **3873**, 49–63, 1999.
[79] A. Erdmann, C. L. Henderson, and C. G. Willson, "The impact of exposure induced refractive index changes of photoresists on the photolithographic process," *J. Appl. Phys.* **89**, 8163, 2001.
[80] R. J. Blaikie, D. O. S. Melville, and M. M. Alkaisi, "Super-resolution near-field lithography using planar silver lenses: A review of recent developments," *Microelectron. Eng.* **83**, 723–729, 2006.
[81] T. W. Ebbesen, H. J. Lezec, H. F. Ghaemi, T. Thio, and P. A. Wolff, "Extraordinary optical transmission through sub-wavelength hole

arrays," *Nature* **391**, 667, 1998.

[82] A. V. Zayats, I. I. Smolyaninov, and A. A. Maradudin, "Nano-optics of surface plasmon polaritons," *Phys. Rep.* **408**, 131–314, 2005.

[83] L. Bourke and R. J. Blaikie, "Herpin effective media resonant underlayers and resonant overlayer designs for ultra-high NA interference lithography," *J. Opt. Soc. Am. A* **34**(12), 2243–2249, 2017.

[84] B. W. Smith, Y. Fan, J. Zhou, N. Lafferty, and A. Estroff, "Evanescent wave imaging in optical lithography," *Proc. SPIE* **6154**, 61540A, 2006.

[85] P. Mehrotra, C. A. Mack, and R. J. Blaikie, "A solid immersion interference lithography system for imaging ultra-high numerical apertures with high-aspect ratios in photoresist using resonant enhancement from effective gain media," *Proc. SPIE* **8326**, 83260Z, 2012.

[86] M. N. Polyanskiy, "Refractive index database." https://refractiveindex.info.

[87] W. Srituravanich, L. Pan, Y. Wang, C. Sun, D. B. Bogy, and X. Zhang, "Flying plasmonic lens in the near field for high-speed nanolithography," *Nat. Nanotechnol.* **3**, 733–737, 2008.

[88] P. G. Kik, S. A. Maier, and H. A. Atwater, "Plasmon printing - a new approach to near-field lithography," *MRS Proceedings* **705**, 2002.

[89] B. S. Luk'yanchuk, R. Paniagua-Domínguez, I. Minin, O. Minin, and Z. Wang, "Refractive index less than two: Photonic nanojets yesterday, today and tomorrow," *Opt. Mater. Express* **7**(6), 1820–1847, 2017.

[90] Z. Pan, Y. F. Yu, V. Valuckas, S. L. K. Yap, G. G. Vienne, and A. I. Kuznetsov, "Plasmonic nanoparticle lithography: Fast resist-free laser technique for large-scale sub-50 nm hole array fabrication," *Appl. Phys. Lett.* **112**(22), 223101, 2018.

[91] V. G. Veselago, "The electrodynamics of substances with simultaneously negative values of epilon and mu," *Phys.-Uspekhi.* **10**, 509–514, 1968.

[92] J. B. Pendry, "Negative refraction makes a perfect lens," *Phys Rev Lett.* **85**, 3966, 2000.

[93] J. B. Pendry and D. R. Smith, "The quest for the superlens," *Scientific American* **295**(1), 60, 2006.

[94] M. Paulus, B. Michel, and O. J. F. Martin, "Near-field distribution in light-coupling masks for contact lithography," *J. Vac. Sci. Technol. B* **17**, 3314–3317, 1999.

[95] C. Girard and E. Dujardin, "Near-field optical properties of top-down and bottom-up nanostructures," *J. Opt. A: Pure Appl. Opt.* **8**, S73, 2006.

[96] P. Xie and B. W. Smith, "Scanning interference evanescent wave lithography for sub-22-nm generations," *J. Micro/Nanolithogr. MEMS MOEMS* **12**(1), 13011, 2013.

[97] L. Liu, X. Zhang, Z. Zhao, M. Pu, P. Gao, Y. Luo, J. Jin, C. Wang, and X. Luo, "Batch fabrication of metasurface holograms enabled by plasmonic cavity lithography," *Adv. Opt. Mater.* **5**(21), 1700429, 2017.

[98] M. Malinauskas, A. Zukauskas, G. Bickauskaite, R. Gadonas, and S. Juodkazis, "Mechanisms of three-dimensional structuring of photo-polymers by tightly focussed femtosecond laser pulses," *Opt. Express* **18**, 10209–10221, 2010.

[99] J. B. Mueller, J. Fischer, F. Mayer, M. Kadic, and M. Wegener, "Polymerization kinetics in three-dimensional direct laser writing," *Adv. Mater.* **26**, 6566–6571, 2014.

[100] X. Zhou, Y. Hou, and J. Lin, "A review on the processing accuracy of two-photon polymerization," *AIP Adv.* **5**(3), 30701, 2015.

[101] N. Uppal, *Mathematical Modeling and Sensitivity Analysis of Two Photon Polymerization for 3D Micro/Nano Lithography*. PhD thesis, University of Texas at Arlington, 2008.

[102] H. B. Sun and S. Kawata, "Two-photon laser precision microfabrication and its applications to micro-nano devices and systems," *J. Light. Technol.* **21**, 624–633, 2003.

[103] E. Yablonovitch and R. B. Vrijen, "Optical projection lithography at half the Rayleigh resolution limit by two-photon exposure," *Opt. Eng.* **38**(2), 334, 1999.

[104] M. D'Angelo, M. V. Chekhova, and Y. H. Shih, "Two-photon diffraction and quantum lithography," *Phys. Rev. Lett.* **87**, 013602, 2001.

[105] E. Pavel, G. Prodan, V. Marinescu, and R. Trusca, "Recent advances in 3- to 10-nm quantum optical lithography," *J. Micro/Nanolithogr. MEMS MOEMS* **18**(2), 1–3, 2019.

[106] S. W. Hell and J. Wichmann, "Breaking the diffraction resolution limit by stimulated emission: stimulated-emission-depletion fluorescence microscopy," *Opt. Lett.* **19**(11), 780–782, 1994.

[107] S. W. Hell, "Strategy for far field optical imaging and writing without diffraction limit," *Phys. Lett. A* **326**, 140–145, 2004.

[108] T. F. Scott, T. A. Kowalski, A. C. Sullivan, C. N. Bowman, and R. R. McLeod, "Two-color single-photon photoinitiation and photoinhibition for subdiffraction photolithography," *Science* **324**, 913, 2009.

[109] L. Li, R. R. Gattas, E. Gershgoren, H. Hwang, and J. T. Fourkas, "Achieving lambda/20 resolution by one color initiation and deactivation of polymerization," *Science* **324**, 910, 2009.

[110] T. L. Andrew, H. Y. Tsai, and R. Menon, "Confining light to deep subwavelength dimensions to enable opical nanopatterning," *Science* **324**, 917, 2009.

[111] A. Majumder, P. L. Helms, T. L. Andrew, and R. Menon, "A comprehensive simulation model of the performance of photochromic films in absorbance-modulation-optical-lithography," *AIP Adv.* **6**(3), 35210, 2016.

[112] A. Majumder, L. Bourke, T. L. Andrew, and R. Menon, "Superresolution

optical nanopatterning at low light intensities using a quantum yield-matched photochrome," *OSA Continuum* **2**(5), 1754–1761, 2019.

[113] J. T. Fourkas and J. S. Petersen, "2-colour photolithography," *Phys. Chem. Chem. Phys.* **16**, 8731–8750, 2014.

[114] J. T. Fourkas and Z. Tomova, "Multicolor, visible-light nanolithography," *Proc. SPIE* **9426**, 94260C, 2015.

[115] T. Onanuga, C. Kaspar, H. Sailer, and A. Erdmann, "Accurate determination of 3D PSF and resist effects in grayscale laser lithography," *Proc. SPIE* **10775**, 60–66, 2018.

[116] E.-B. Kley, "Continuous profile writing by electron and optical lithography," *Microelectron. Eng.* **34**, 261–298, 1997.

[117] M. T. Gale and K. Knop, "The fabrication of fine lens arrays by laser beam writing," *Proc. SPIE* **0398**, 347–353, 1983.

[118] D. Radtke and U. D. Zeitner, "Laser-lithography on non-planar surfaces," *Opt. Express* **15**(3), 1167–1174, 2007.

[119] Z. Cui, J. Du, and Y. Guo, "Overview of greyscale photolithography for microoptical elements fabrication," *Proc. SPIE* **4984**, 111, 2003.

[120] J. H. Lake, S. D. Cambron, K. M. Walsh, and S. McNamara, "Maskless grayscale lithography using a positive-tone photodefinable polyimide for MEMS applications," *J. Microelectromech. Syst.* **20**(6), 1483–1488, 2011.

[121] J. Loomis, D. Ratnayake, C. McKenna, and K. M. Walsh, "Grayscale lithography - automated mask generation for complex three-dimensional topography," *J. Micro/Nanolithogr. MEMS MOEMS* **15**(1), 13511, 2016.

[122] H.-C. Eckstein, U. D. Zeitner, R. Leitel, M. Stumpf, P. Schleicher, A. Bräuer, and A. Tünnermann, "High dynamic grayscale lithography with an LED-based micro-image stepper," *Proc. SPIE* **9780**, 97800T, 2016.

[123] A. Grushina, "Direct-write grayscale lithography," *Adv. Opt. Technol.* **8**, 163–169, 2019.

[124] W. Daschner, R. D. Stein, P. Long, C. Wu, and S. H. Lee, "One-step lithography for mass production of multilevel diffractive optical elements using high-energy beam sensitive (HEBS) gray-level mask," *Proc. SPIE* **2689**, 153–155, 1996.

[125] J. D. Rogers, A. H. O. Kärkkäinen, T. Tkaczyk, J. T. Rantala, and M. R. Descour, "Realization of refractive microoptics through grayscale lithographic patterning of photosensitive hybrid glass," *Opt. Express* **12**(7), 1294–1303, 2004.

[126] T. Dillon, M. Zablocki, J. Murakowski, and D. Prather, "Processing and modeling optimization for grayscale lithography," *Proc. SPIE* **6923**, 69233B, 2008.

[127] R. Wang, J. Wei, and Y. Fan, "Chalcogenide phase-change thin

films used as grayscale photolithography materials," *Opt. Express* **22**, 4973–4984, 2014.

[128] W. Henke, W. Hoppe, H.-J. Quenzer, P. Staudt-Fischbach, and B. Wagner, "Simulation and process design of gray-tone lithography for the fabrication of arbitrarily shaped surfaces," *Jpn. J. Appl. Phys.* **33**, 6809–6815, 1994.

[129] L. Mosher, C. M. Waits, B. Morgan, and R. Ghodssi, "Double-exposure grayscale photolithography," *J. Microelectromech. Syst.* **18**(2), 308–315, 2009.

[130] M. Heller, D. Kaiser, M. Stegemann, G. Holfeld, N. Morgana, J. Schneider, and D. Sarlette, "Grayscale lithography: 3D structuring and thickness control," *Proc. SPIE* **8683**, 868310, 2013.

[131] J. Schneider, D. Kaiser, N. Morgana, M. Heller, and H. Feick, "Revival of grayscale technique in power semiconductor processing under low-cost manufacturing constraints," *Proc. SPIE* **10775**, 107750W, 2018.

[132] T. Weichelt, R. Kinder, and U. D. Zeitner, "Photomask displacement technology for continuous profile generation by mask aligner lithography," *J. Opt.* **18**(12), 125401, 2016.

[133] T. Harzendorf, L. Stuerzebecher, U. Vogler, U. D. Zeitner, and R. Voelkel, "Half-tone proximity lithography," *Proc. SPIE* **7716**, 77160Y, 2010.

[134] R. Fallica, "Beyond grayscale lithography: Inherently three-dimensional patterning by Talbot effect," *Adv. Opt. Technol.* **8**, 233–240, 2019.

[135] F. Lima, I. Khazi, U. Mescheder, A. C. Tungal, and U. Muthiah, "Fabrication of 3D microstructures using grayscale lithography," *Adv. Opt. Technol.* **8**, 181–193, 2019.

[136] C. Kaspar, J. Butschke, M. Irmscher, S. Martens, and J. N. Burghartz, "A new approach to determine development model parameters by employing the isotropy of the development process," *Microelectron. Eng.* **176**, 79–83, 2017.

[137] D.-Y. Kang and J. H. Moon, "Lithographically defined three-dimensional pore-patterned carbon with nitrogen doping for high-performance ultrathin supercapacitor applications," *Sci. Rep.* **4**, 5392, 2014.

[138] R. C. Rumpf and E. G. Johnson, "Fully three-dimensional modeling of the fabrication and behavior of photonic crystals formed by holographic lithography," *J. Opt. Soc. Am. A* **21**, 1703–1713, 2004.

[139] J. H. Jang, C. K. Ullal, M. Maldovan, T. Gorishnyy, S. Kooi, C. Y. Koh, and E. L. Thomas, "3D micro- and nanostructures via interference lithography," *Adv. Funct. Mater.* **17**, 3027–3041, 2007.

[140] J. H. Moon, J. Ford, and S. Yang, "Fabricating three-dimensional

polymeric photonic structures by multi-beam interference lithography," *Polym. Adv. Technol.* **17**(2), 83–93, 2006.
[141] S. M. Kamali, E. Arbabi, H. Kwon, and A. Faraon, "Metasurface-generated complex 3-dimensional optical fields for interference lithography," *Proc. Natl. Acad. Sci.* **116**(43), 21379–21384, 2019.
[142] H. Kodama, "Automatic method for fabricating a three-dimensional plastic model with photo-hardening polymer," *Rev. Sci. Instrum.* **52**(11), 1770–1773, 1981.
[143] A. Bertsch and P. Renaud, "Microstereolithography," in *Three-Dimensional Microfabrication Using Two-Photon Polymerization*, T. Baldacchini, Ed., Elsevier, 2016.
[144] M. Shusteff, A. E. M. Browar, B. E. Kelly, J. Henriksson, T. H. Weisgraber, R. M. Panas, N. X. Fang, and C. M. Spadaccini, "One-step volumetric additive manufacturing of complex polymer structures," *Science Advances* **3**(12), 2017.
[145] B. Bhushan and M. Caspers, "An overview of additive manufacturing (3D printing) for microfabrication," *Microsyst. Technol.* **23**, 1117–1124, 2017.
[146] K. C. Hribar, P. Soman, J. Warner, P. Chung, and S. Chen, "Light-assisted direct-write of 3D functional biomaterials," *Lab Chip* **14**(2), 268–275, 2014.
[147] M. P. Lee, G. J. T. Cooper, T. Hinkley, G. M. Gibson, M. J. Padgett, and L. Cronin, "Development of a 3D printer using scanning projection stereolithography," *Sci. Rep.* **5**, 9875, 2015.
[148] X. Chen, W. Liu, B. Dong, J. Lee, H. O. T. Ware, H. F. Zhang, and C. Sun, "High-speed 3D printing of millimeter-size customized aspheric imaging lenses with sub 7 nm surface roughness," *Adv. Mater.* **30**(18), 1705683, 2018.
[149] H.-C. Kim and S.-H. Lee, "Reduction of post-processing for stereolithography systems by fabrication-direction optimization," *Comput. Aided Des.* **37**(7), 711–725, 2005.
[150] G. D. Berglund and T. S. Tkaczyk, "Fabrication of optical components using a consumer-grade lithographic printer," *Opt. Express* **27**(21), 30405–30420, 2019.
[151] Z. Sekkat and S. Kawata, "Laser nanofabrication in photoresists and azopolymers," *Laser & Photonics Reviews* **8**(1), 1–26, 2014.
[152] J. K. Hohmann, M. Renner, E. H. Waller, and G. von Freymann, "Three-dimensional printing: An enabling technology," *Adv. Opt. Mater.* **3**(11), 1488–1507, 2015.
[153] M. Mao, J. He, X. Li, B. Zhang, Q. Lei, Y. Liu, and D. Li, "The emerging frontiers and applications of high-resolution 3D printing," *Micromachines* **8**(4), 113, 2017.
[154] L. Jonušauskas, D. Gailevičius, S. Rekštyte, T. Baldacchini,

S. Juodkazis, and M. Malinauskas, "Mesoscale laser 3D printing," *Opt. Express* **27**(11), 15205–15221, 2019.

[155] S. Kawata, H.-B. Sun, T. Tanaka, and K. Takada, "Finer features for functional microdevices," *Nature* **412**, 697–698, 2001.

[156] M. Thiel, Y. Tanguy, N. Lindenmann, A. Tungal, R. Reiner, M. Blaicher, J. Hoffmann, T. Sauter, F. Niesler, T. Gissibl, and A. Radke, "Two-photon grayscale lithography," in the conference on Laser 3D Manufacturing VII, B. Gu and H. Chen, Chairs, SPIE Photonics West LASE Symposium, 2020.

[157] S. Quabis, R. Dorn, M. Eberler, O. Glöckl, and G. Leuchs, "Focusing light to a tighter spot," *Opt. Commun.* **179**, 1, 2000.

[158] K. Takada, H.-B. Sun, and S. Kawata, "Improved spatial resolution and surface roughness in photopolymerization-based laser nanowriting," *Appl. Phys. Lett.* **86**(7), 071122, 2005.

[159] J. Fischer and M. Wegener, "Three-dimensional optical laser lithography beyond the diffraction limit," *Laser Photonics Rev.* **7**, 22–44, 2012.

[160] M. Thiel, J. Fischer, G. von Freymann, and M. Wegener, "Direct laser writing of three-dimensional submicron structures using a continuous-wave laser at 532 nm," *Appl. Phys. Lett.* **97**, 221102, 2010.

[161] J. Fischer, T. Ergin, and M. Wegener, "Three-dimensional polarization-independent visible-frequency carpet invisibility cloak," *Opt. Lett.* **36**(11), 2059–2061, 2011.

[162] J. Fischer, G. von Freymann, and M. Wegener, "The materials challenge in diffraction-unlimited direct-laser-writing optical lithography," *Adv. Mater.* **22**, 3578–3582, 2010.

[163] M. Farsari, M. Vamvakaki, and B. N. Chichkov, "Multiphoton polymerization of hybrid materials," *J. Opt.* **12**(12), 124001, 2010.

[164] M. Feldman, *Nanolithography: The Art of Fabricating Nanoelectronic and Nanophotonic Devices and Systems*, Woodhead Publishing, Cambridge, 2013.

[165] F. Pease and S. Y. Chou, "Lithography and other patterning techniques for future electronics," *Proc. IEEE* **96**, 248, 2008.

[166] T. Michels and I. W. Rangelow, "Review on scanning probe micromachining and its applications within nanoscience," *Microelectron. Eng.* **126**, 191–203, 2014.

[167] E. Platzgummer, C. Klein, and H. Loeschner, "Electron multi-beam technology for mask and wafer writing at 0.1nm address grid," *Proc. SPIE* **8680**, 15–26, 2013.

第 8 章 光刻投影系统：进阶主题

第 2 章在几种简化条件下讨论了理想投影成像系统的成像。投影光学系统被简化为衍射受限系统，仅考虑系统孔径对光束传播的限制，忽略光学像差、随机散射光或杂散光等物理因素；掩模和硅片分别位于理想物面和像面；照明系统被简化为带宽无限小的单色光理想照明系统，忽略所有偏振效应；将电磁场和系统的传递函数视为标量。本章将讨论实际投影系统中的各种物理效应，这些投影系统不满足第 2 章给出的简化条件。

首先讨论实际投影系统的光学波前。采用泽尼克多项式波前描述方法定量分析相关现象。本章将研究球差、像散和彗差等泽尼克波像差对典型掩模图形光刻成像的影响。8.2 节简要介绍杂散光或随机散射光。8.3 节介绍高 NA 投影系统中的各种偏振效应，将重点讨论偏振在成像中的作用以及薄膜干涉效应。本章最后一节简要讨论机械振动和准分子激光器的带宽引起的成像模糊效应。

8.1 实际投影系统中的波像差

如第 2 章所述，理想衍射受限投影系统将物面上一点发出的发散球面波转换为向像面会聚的球面波（见图 2.5）。$P(f_x, f_y)$ 表示波前从投影物镜入瞳至出瞳的传播。在数值孔径 NA 之外光瞳函数的值为零。在 NA 内部，光瞳函数的值取决于多个因素。光瞳函数的相位决定了通过光瞳不同位置的光之间的光程差。这种光程差源于设计、材料均匀性、制造和装配方面的不足。后文介绍针对这些问题的数学处理方法，并讨论它们导致的像差效应。光瞳透过率均匀性与切趾效应对于高保真度成像也越来越重要。

8.1.1 泽尼克多项式描述方法

弗里茨 • 泽尼克提出了描述投影系统相位的数学方法 [1]。泽尼克多项式利用在单位圆上正交的一系列项来描述波前。利用前几项可将投影系统波前表示为

$$W(\rho,\omega) = Z_1 + Z_2\rho\cos\omega + Z_3\rho\sin\omega + Z_4(2\rho^2 - 1) + \cdots \tag{8.1}$$

式中，采用了极坐标 $\rho = \lambda\sqrt{f_x^2 + f_y^2}$ 和 $\omega = \arctan(f_y / f_x)$ 表示光瞳内的位置；系数 Z_i 的值决定了物镜的真实波前。对于给定波前，投影物镜的光瞳函数可表示为：

$$P(f_x, f_y) = \begin{cases} \exp[\mathrm{i}2\pi W(\rho,\omega)], & \rho \leqslant \mathrm{NA} \\ 0, & 其他 \end{cases} \tag{8.2}$$

现有的几种泽尼克多项式采用的归一化方法以及各泽尼克项的排列顺序略有不同。下文中，我们使用光学设计软件 CODE V[2] 中常用的条纹泽尼克多项式。所有泽尼克系数均以波长为单位。泽尼克系数为 1/4 时，投影光瞳内会产生大小为 π 的峰谷相移。

表 8.1 给出了前 11 项条纹泽尼克多项式。前两列为 Zernike 多项式编号、相应的像差类型以及多项式表达式。表中给出了波前变形的三维视图，以及波像差为四分之一波长时 45nm 孤立方形接触孔图形的光刻空间像。光瞳某个位置的多项式或波前变形的符号为正号时，表示光程长度比无像差或衍射受限成像的光程长度短。实际波前位于理想成像中的参考波前之前。相反，负号表示光程长度增加或向像面传播时波前发生延迟。根据光瞳相位的形式和像差的类型，波前变形会导致成像位置偏移、模糊或对比度损失，以及其他形变。8.1.2 节～ 8.1.7 节分析了特定像差对光刻成像的影响。

表 8.1　条纹泽尼克多项式第 1 ～ 11 项。第三列和第四列分别为 45nm × 45nm 孤立方形接触孔的波前变形和空间像。仿真中像差大小为四分之一波长，相应的泽尼克系数为 Z_i = 0.25。仿真条件为数值孔径 1.35 的浸没式光刻机，二元掩模（基尔霍夫方法），*xy* 偏振环形照明，内、外部分相干因子分别为 σ_{in}=0.3 和 σ_{out} =0.7，波长为 193nm

序号	种类 / 多项式	波前形变	接触孔的空间像
1	直流量 1	2 1 0 −1 −2 0.5 0.0 −0.5 −0.5 0.0 0.5 1.0	200 100 0 −100 −200 y/nm −200 −100 0 100 200 x/nm

续表

序号	种类 / 多项式	波前形变	接触孔的空间像
2	倾斜（x 轴） $\rho\cos\omega$		
3	倾斜（y 轴） $\rho\sin\omega$		
4	离焦 $2\rho^2-1$		
5	像散（0°/90°） $\rho^2\cos(2\omega)$		
6	像散（±45°） $\rho^2\sin(2\omega)$		

续表

序号	种类 / 多项式	波前形变	接触孔的空间像
7	彗差（x 轴） $(3\rho^3-2\rho)\cos\omega$	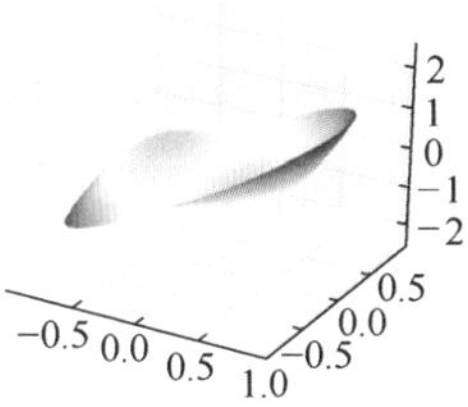	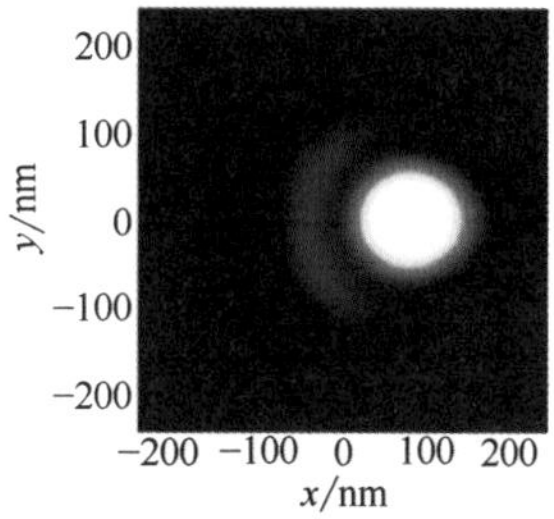
8	彗差（y 轴） $(3\rho^3-2\rho)\sin\omega$	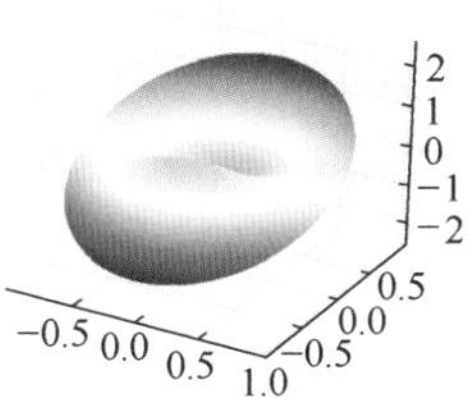	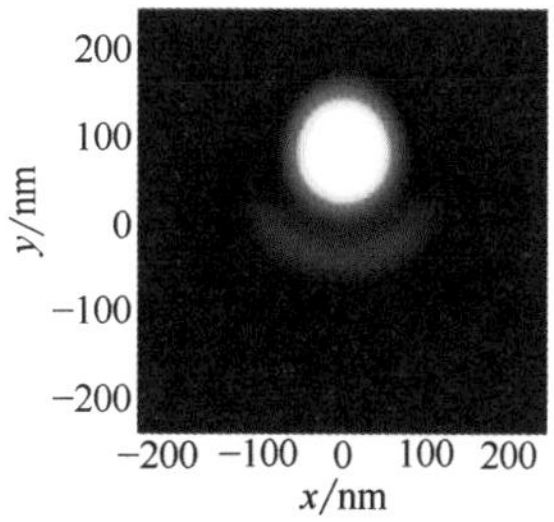
9	球差 $(6\rho^4-6\rho^2+1)$	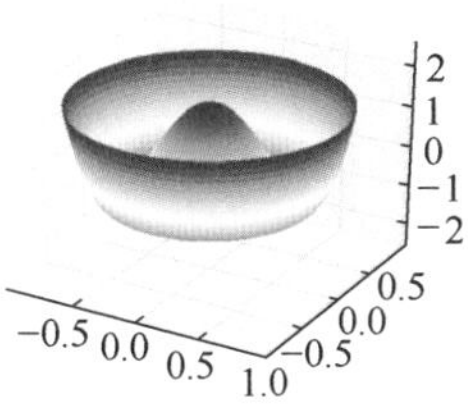	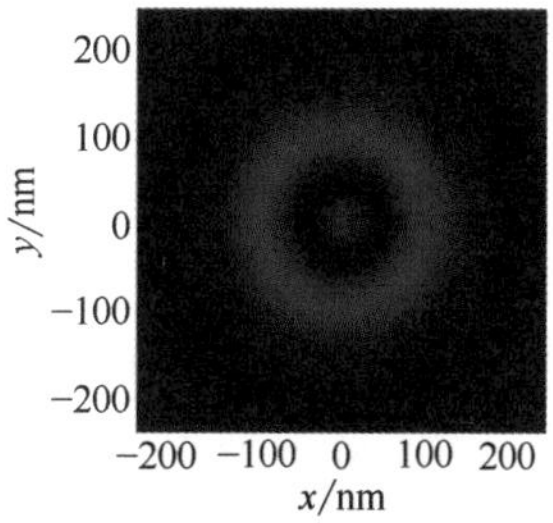
10	三叶像差（x 轴） $\rho^3\cos(3\omega)$	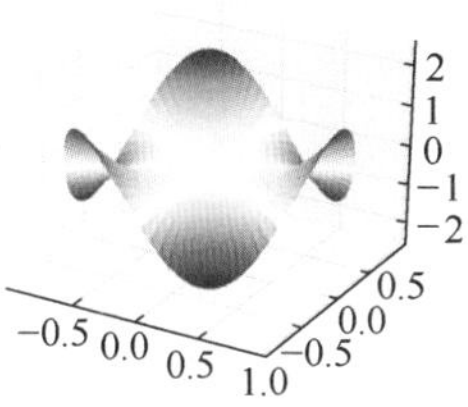	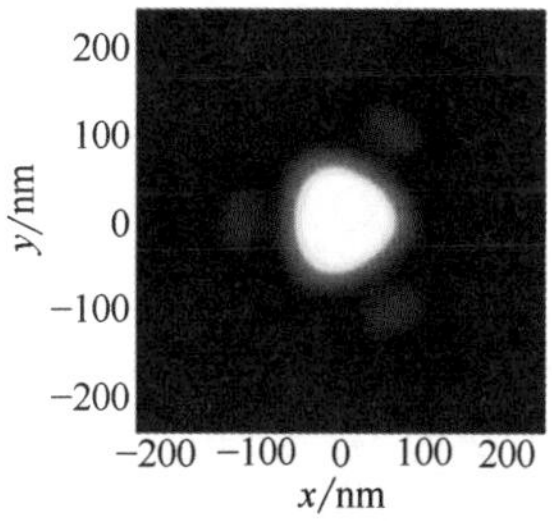
11	三叶像差（y 轴） $\rho^3\sin(3\omega)$	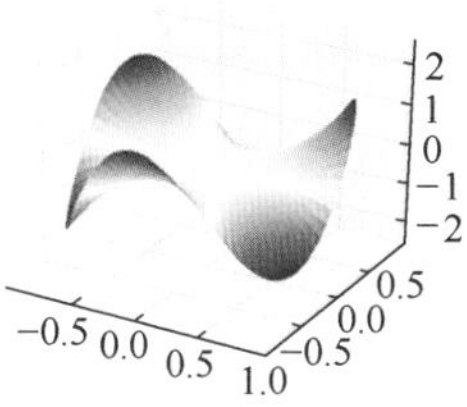	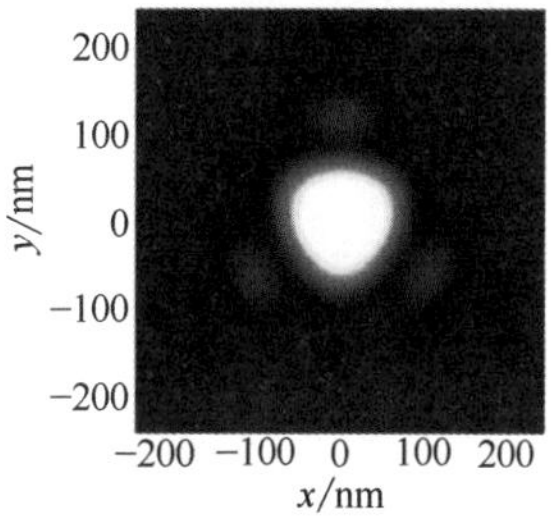

在开始分析单项泽尼克像差之前，我们先来学习一些关于泽尼克波像差描述方法的常识。光瞳函数及其相应的泽尼克系数不仅取决于它们在像场中的位置，而且可能随时间变化，需要特别注意。波前和相应泽尼克项与具体场点密切相关是投影物镜（设计）的一个固有特性。设计投影物镜时可以在整个像场上将波前误差降至最低。为补偿局部物镜热效应等引起的投影物镜光瞳函数的动态变化，先进步进扫描投影光刻机一般都配备有先进的波前调制模块[3, 4]。通过 8.3 节的学习，我们将了解到泽尼克多项式还与透过光学元件的光的偏振状态密切相关。

图 8.1 左图为一个老式光刻投影物镜的实测相位图。由于光瞳中心有遮拦，所以中心没有数据。图中用泽尼克多项式对数据进行了拟合。右图给出了拟合残差相对于展开式中包含的泽尼克项数的变化关系。虽然拟合残差随着泽尼克项数的增加而减少，但 35 项泽尼克项只能拟合出 75% 的波前。不论采用多少项泽尼克多项式都不能够描述光瞳相位分布中的高空间频率成分。

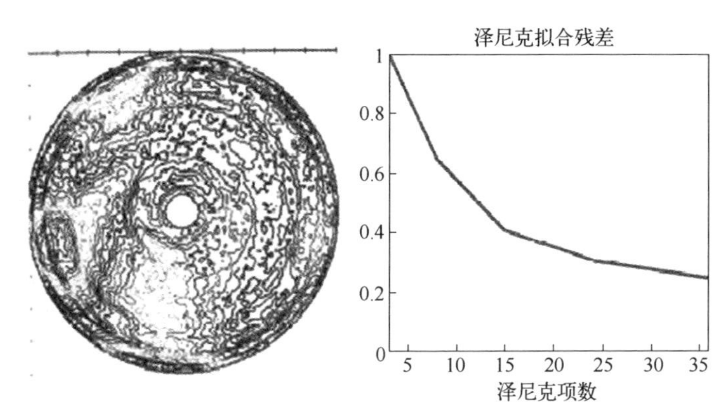

图 8.1 投影物镜实测光瞳函数（左），以及泽尼克拟合残差相对于泽尼克多项式项数的变化图（右）。转载自参考文献 [5]

从上述对光瞳函数相位的讨论中可得出三种不同成像机制。相位（和振幅）为常数的光瞳产生衍射受限成像。第 2 章介绍了衍射受限成像及其可以达到的分辨率水平。光瞳函数相位变化的低频和中频成分会导致几种成像缺陷，例如与焦面有关的放置误差、沿焦深方向的成像不对称、更强的旁瓣等。后续小节将分析初级像差对光刻成像的影响。采用有限数量的泽尼克多项式无法拟合出高频相位变化。它们会导致长程杂散光效应，以及随机分布的背景光强分布。8.2 节简要介绍了杂散光效应的功率谱密度（PSD）描述方法。

接下来，我们将分析几种典型像差对光刻投影系统成像性能的影响。为了展示不同像差的影响，我们将研究接触孔阵列在焦深方向上的成像结果。图 8.2 显示了无像差情况下的成像仿真结果。这一结果将作为参考。在最佳焦面位置——离焦量为 0nm——我们获得了高对比度像。像强度分布几乎与孔在阵列中的位置无关。

在 ±100nm 的离焦位置，外侧接触孔的像强度分布与中间接触孔的像强度分布明显不同。

第一项泽尼克多项式（直流偏置）描述了所有衍射级次的常数相移。相移量大小与衍射级次在投影光瞳中的位置无关。常数相移对像强度分布没有影响。因此我们将从泽尼克项 Z_2 与 Z_3 开始分析。

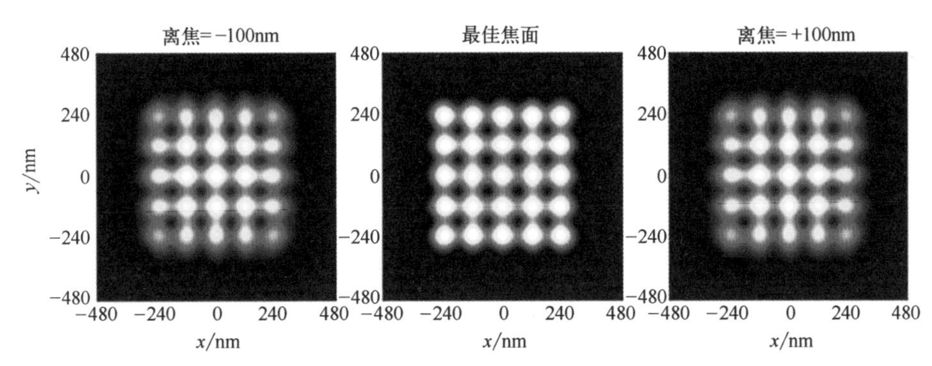

图 8.2　5×5 方形接触孔阵列的衍射受限空间像。二元掩模的周期为 120nm，尺寸为 70nm。从左至右离焦量分别为 -100nm、0nm 和 +100nm。仿真条件为：波长 193nm，*xy* 偏振 CQuad 照明模式，内、外部分相干因子为 σ_{in}/σ_{out}=0.5/0.7，张角为 30°，纯水浸没液，数值孔径 1.35，4× 缩小

8.1.2　波前倾斜

全局或常数波前倾斜只会影响成像位置。图 8.3 为 Z_2=0.5 时接触孔阵列的空间像。正的 Z_2 使光瞳波前的右侧部分（正 f_x）向像面弯曲。因此，空间像沿着 x 轴的负方向向左偏移。成像位置偏移、离焦与接触孔在阵列中的位置无关。沿 y 轴（Z_3）的倾斜表现也类似，只是将空间像沿着 y 轴的负方向向下移动。位置偏移量与掩模图形类型和尺寸无关。虽然波前倾斜对光刻工艺窗口没有任何影响，但是会影响系统的套刻性能，特别是当波前倾斜在像场发生波动时。

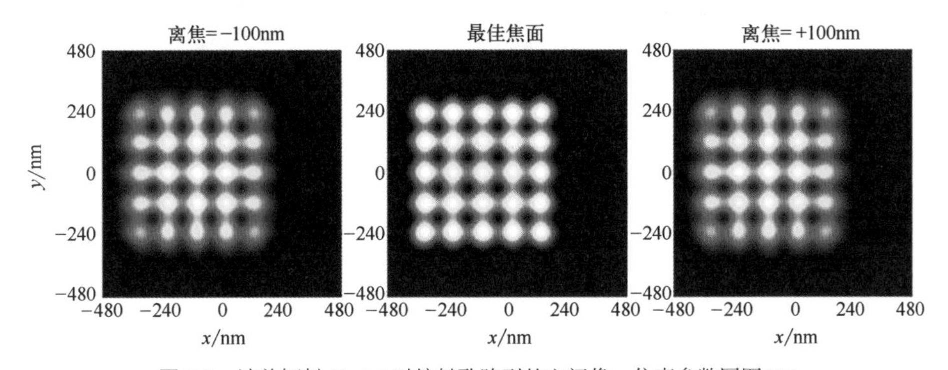

图 8.3　波前倾斜 Z_2=0.5 时接触孔阵列的空间像。仿真参数同图 8.2

8.1.3 离焦像差

Z_4 与光瞳极径 ρ 成二次函数关系。离焦像差会导致离焦效应。正的 Z_4 导致光瞳波前的外侧向像面方向弯曲。最佳焦面位置向出瞳靠近。图 8.4 给出了接触阵列的仿真结果。负离焦一般会使空间像远离出瞳。离焦像差 Z_4=0.5 可与之相互补偿。因此，负离焦时接触孔阵列的空间像变得更清晰，而正离焦时接触孔阵列的空间像变得更模糊。

如图 8.5 和图 8.6 所示，体像和工艺窗口表明了离焦像差对焦深方向成像的影响。正离焦像差 Z_4 使得最佳焦面沿物镜方向向上移动。工艺窗口的最佳焦面向左移动，即向负离焦方向移动。

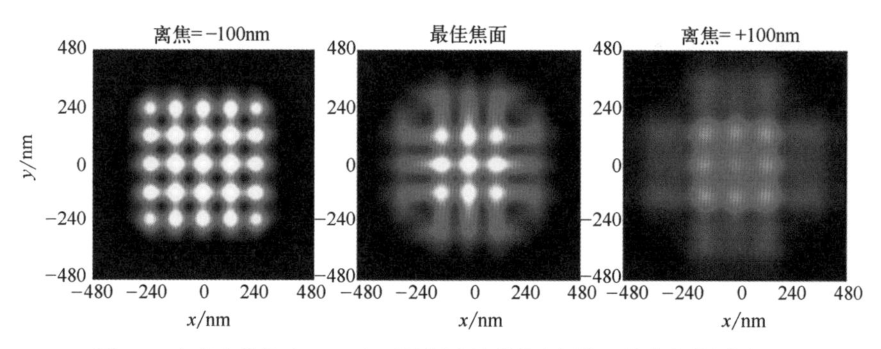

图 8.4　含离焦像差（Z_4=0.5）时接触孔阵列的空间像。仿真参数同图 8.2

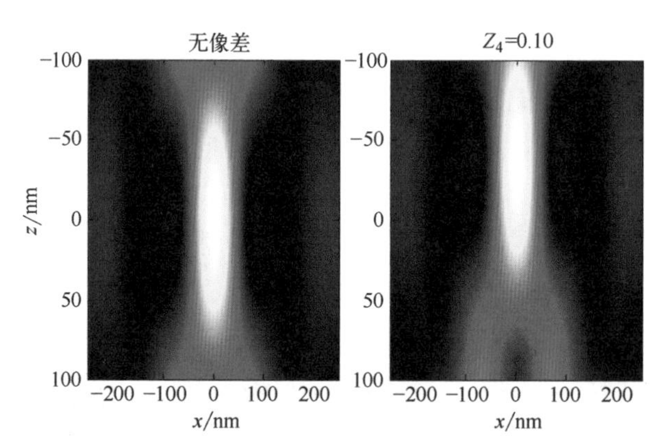

图 8.5　周期 500nm、尺寸 100nm 的空图形的衍射受限成像，体像。左图中无像差，右图中离焦像差 Z_4=0.1。其他仿真条件：6% 衰减型相移掩模，波长 193nm，纯水浸没液，数值孔径 1.35，二极照明 σ_{in}/σ_{out}=0.5/0.7，极张角为 40°

8.1.4 像散

与离焦像差 Z_4 类似，泽尼克多项式表明 Z_5 和 Z_6 与光瞳极径 ρ 成平方关系（见

表 8.1)。由于存在 cos(2ω) 和 sin(2ω) 两个因子，它们产生的离焦效应与图形方向有关，如图 8.7 所示。负离焦时空间像在 y 方向变模糊。正离焦时在水平方向变模糊。如图 8.8 所示，Z_5 像散使得 x 和 y 线条的最佳焦面向相反的离焦方向偏移。正交图形的重叠工艺窗口大幅减少。

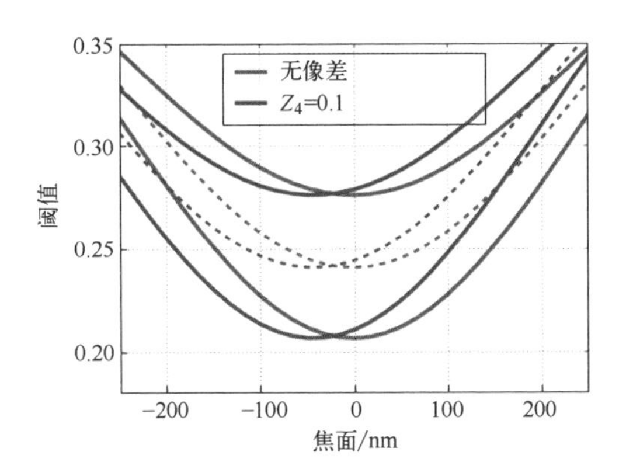

图 8.6　周期 130nm、宽度 45nm 线条图形的工艺窗口，对于衍射受限成像以及离焦像差 Z_4=0.1。成像条件：6% 衰减型相移掩模，波长 193nm，浸没液体为纯水，数值孔径 1.35，二极照明 σ_{in}/σ_{out}=0.5/0.7，极张角为 40°

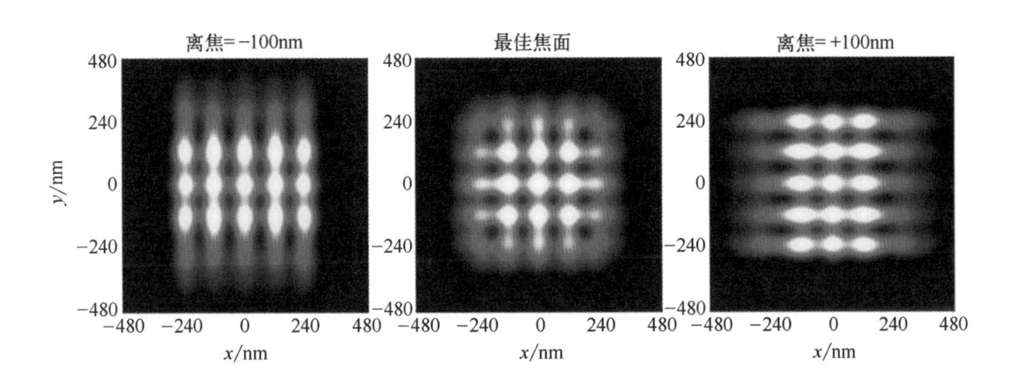

图 8.7　像散 Z_5=0.5 时接触孔阵列的空间像。仿真参数同图 8.2

8.1.5　彗差

低阶彗差的泽尼克多项式 Z_7 和 Z_8 包含归一化光瞳极径 ρ 的线性项和三阶项。透镜的微小倾斜即可产生这种类型的像差。与泽尼克项 Z_2 和 Z_3 类似，彗差造成波前倾斜，但是波前的局部倾斜不是常数。彗差导致的图形位置偏移取决于衍射级次在光瞳面的位置。相位偏差不同的衍射级次干涉后会产生新的成像缺陷。图 8.9 为含彗差（Z_7=0.5）时接触孔阵列的空间像。

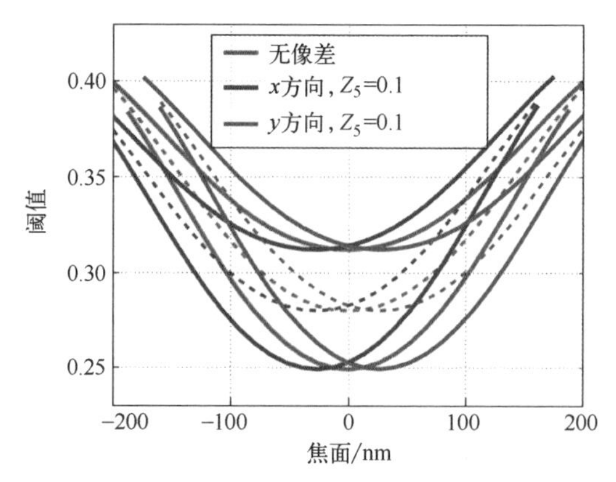

图 8.8 周期 180nm、线宽 60nm 的 x 与 y 方向线条图形的工艺窗口。衍射受限成像与像散 Z_5=0.1 条件下的成像。无像差时工艺窗口与线条方向无关。成像条件：6% 衰减型相移掩模，波长 193nm，纯水浸没，数值孔径 1.35，环形照明 σ_{in}/σ_{out}=0.5/0.7

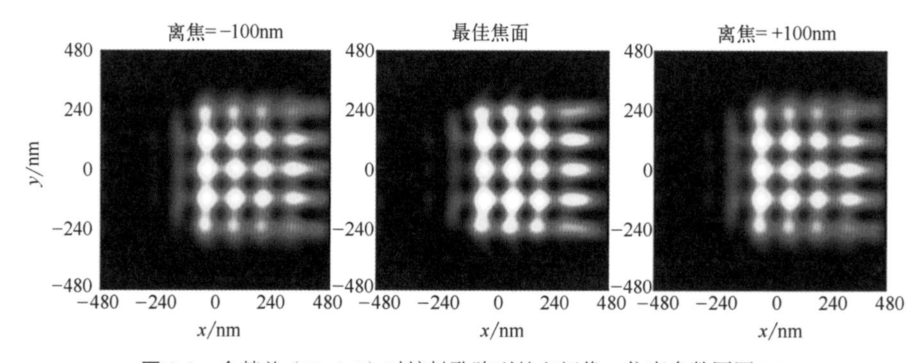

图 8.9 含彗差（Z_7=0.5）时接触孔阵列的空间像。仿真参数同图 8.2

波前倾斜 Z_2 和彗差 Z_7 的泽尼克多项式含有符号相反的线性项（见表 8.1）。因此，这两个像差引起的图形偏移方向相反。彗差中的三阶项会导致空间像发生明显变形。

图 8.10 为彗差对不同物体成像的影响。彗差一词源于接触孔等明亮物体的彗星状成像（见图 8.10 左图）。右图为五线测试图形的空间像，彗差导致了典型的图形不对称失真。通过测量此图形中左右两侧线 / 空图形宽度的差异可以测量彗差。其他彗差测量方法，例如框套框（box-in-box）测试，利用图形偏移量与特征尺寸之间的关系进行检测 [6, 7]。图 8.9 和图 8.10 表明彗差可产生明显的旁瓣。因此彗差对旁瓣的印出性有重要影响，特别是采用了衰减型相移掩模时。当系统存在微小彗差时，衍射受限系统中原来不会印出的旁瓣变得可印出。

图 8.11 为 100nm 空图形的 x-z 向空间像仿真结果，可以看出彗差对成像的另一个重要影响。彗差引起的放置误差随离焦量的增大而增大。这类像的形状很像香蕉。沿着离焦方向对各焦面强度分布的重心进行拟合，所得拟合多项式的二次项称为“香蕉形变”。香蕉形变效应随 NA^3/λ^2 的增大而增加。

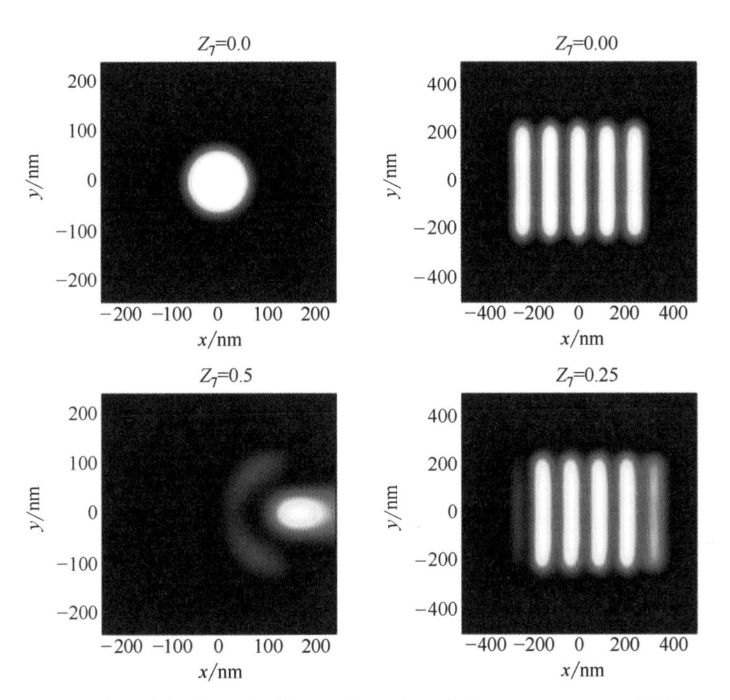

图 8.10　45nm 方形接触孔的空间像（左列），含尺寸为 60nm × 500nm、周期 120nm 的空的 5 线测试图形的空间像（右列）。第一行为衍射受限成像，第二行为含彗差空间像。图中标注了彗差的大小。成像条件：波长 193nm，*xy* 偏振环形照明，σ_{in}/σ_{out}=0.3/0.7。纯水浸没，数值孔径 1.35，4 × 缩小，离焦量为零

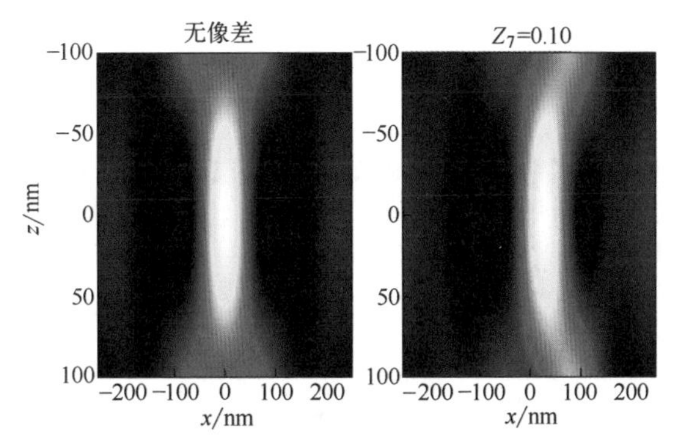

图 8.11　宽度为 100nm、周期为 500nm 空图形的体像。左图为衍射受限成像，右图为含彗差成像。其他成像条件：6% 衰减型相移掩模，波长 193nm，纯水浸没，数值孔径 1.35，二极照明 σ_{in}/σ_{out}=0.5/0.7，张角 40°

如图 8.12 所示，彗差对工艺窗口的形状也有一定影响。然而，彗差引起的放置误差和旁瓣对于含彗差系统的成像影响更大。

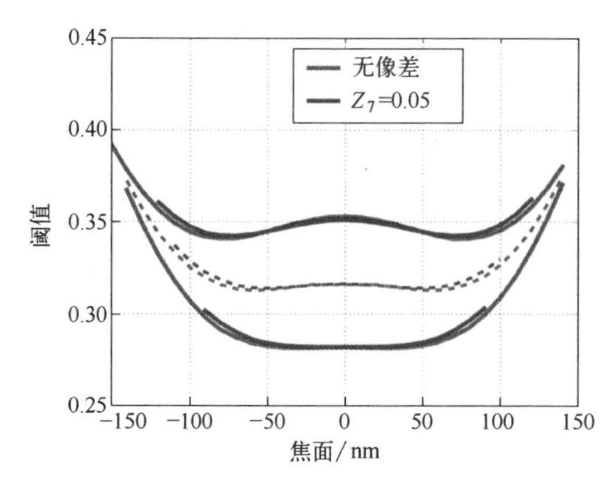

图 8.12 周期 180nm、线宽 45nm 线条图形的工艺窗口。衍射受限成像与含彗差 Z_7=0.05。其他成像条件：6% 衰减型相移掩模，波长 193nm，纯水浸没，数值孔径 1.35，二极照明 σ_{in}/σ_{out}=0.5/0.7，极张角 40°

8.1.6 球差

泽尼克多项式 Z_9 为旋转对称像差。该像差会改变系统沿焦深方向的成像表现。在图 8.13 所示的接触孔阵列空间像中可以观察到该像差导致的成像非对称。球差的成像效果与离焦像差 Z_4 相似。但仔细分析可以发现两者之间存在一个重要区别。泽尼克多项式的四阶项导致的聚焦效应与衍射级次在投影光瞳内的位置密切相关。周期以及光瞳内衍射级位置不同的物体会被聚焦到光轴的不同位置成像。如图 8.14 所示，周期 200nm、线宽 100nm 的空图形的最佳焦面在 z 轴负方向上移动了约 75nm。将周期增加到 500nm 会使焦面偏移减少到 50nm 以下。

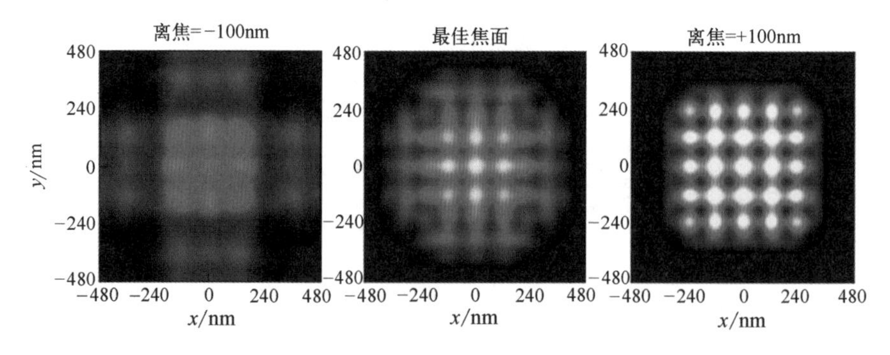

图 8.13 球差 Z_9=0.25 时接触孔阵列的空间像。仿真参数同图 8.2

从图 8.15 可以看到球差对成像的另一个重要影响：工艺窗口倾斜。在实验数据中可以经常观察到这种现象。

众所周知，会聚光穿过介质界面时会产生球差[8]。掩模保护膜和光刻胶都会产生这种界面，导致光刻系统产生球差。此外，掩模上微小图形对光的衍射也会引入类似球差的成像效应[9]。很多种光学效应都可能导致球差和类球差效应，因此球差在先进光刻成像系统的设计和优化中非常重要。

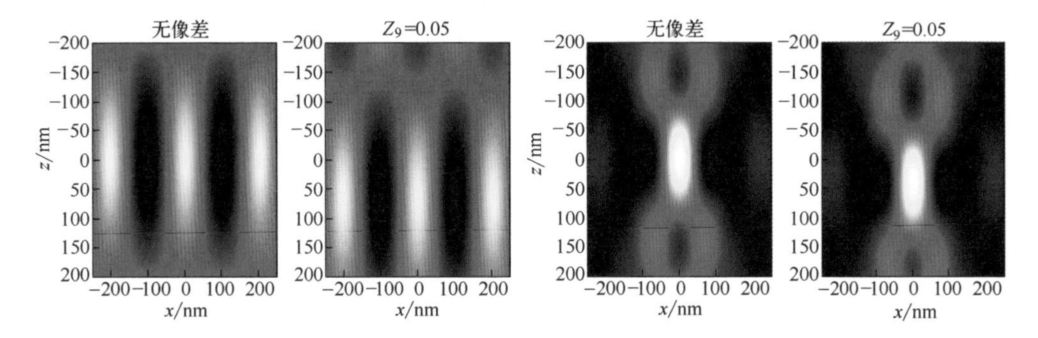

图 8.14　100nm 空图形的体像，衍射受限成像与含球差（Z_9=0.05）成像。左图图形的周期为 200nm，右图图形的周期为 500nm。成像条件：6% 衰减型相移掩模，波长 193nm，纯水浸没，数值孔径 1.35，二极照明 σ_{in}/σ_{out}=0.5/0.7，张角为 40°

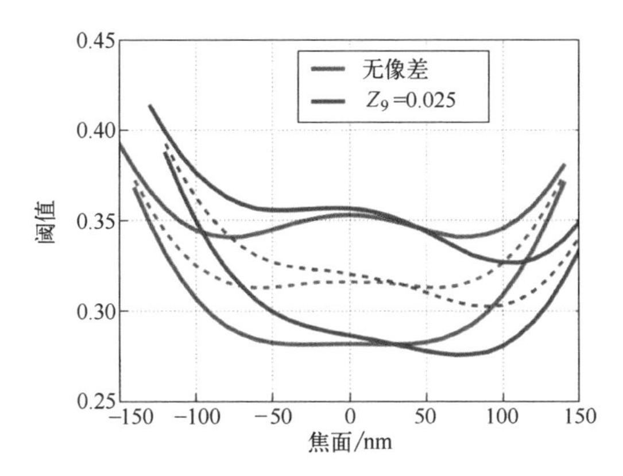

图 8.15　周期 180nm、线宽 45nm 线条图形的工艺窗口。衍射受限成像与含球差（Z_9=0.05）成像。其他成像条件：6% 衰减型相移掩模，波长 193nm，纯水浸没，数值孔径 1.35，二极照明 σ_{in}/σ_{out}=0.5/0.7，极张角 40°

8.1.7　三叶像差

三叶像差是本书中介绍的最后一类泽尼克像差。三叶像差也由光瞳极径的奇数阶多项式表示。与彗差类似，三叶像差会导致成像不对称。由于存在 $\cos(3\omega)$ 和 $\sin(3\omega)$ 项，三叶像差导致的图像失真具有三次对称性。这可以从表 8.1 所示的接触孔空间像中观察到。5×5 接触孔阵列的空间像如图 8.16 所示。

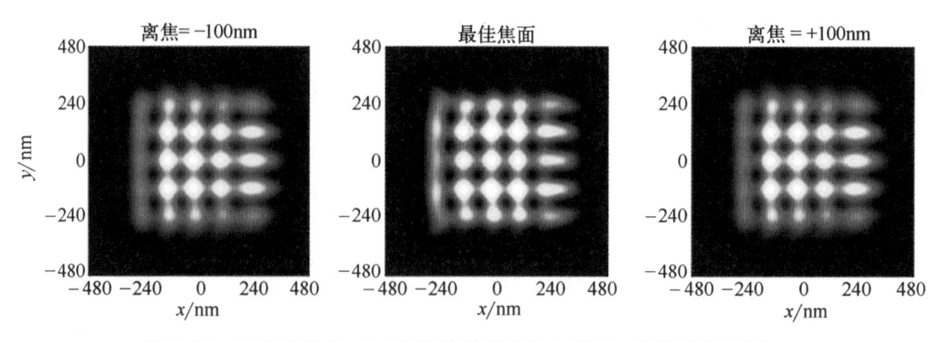

图 8.16 三叶像差 Z_{10}=0.5 时接触孔阵列的空间像。仿真参数同图 8.2

8.1.8 泽尼克波像差总结

表 8.2 总结了几种波像差导致的光刻效应。更多讨论请见 Brunner[6]、Flagello 等人[10] 以及 Smith 和 Schlief[11] 的文章。前文仅讨论了第 2 至第 11 项泽尼克多项式。光刻投影物镜的像差一般可用 36 项泽尼克多项式表示，有时甚至需要更多项，例如高阶像散、彗差、球差以及四叶像差、五叶像差等高阶对称项。这些项对成像的影响与前面章节中讨论的效应类似。但是，研究表明高阶像差（含光瞳半径 ρ 和方位角 ω 高阶项的像差）对成像的影响与衍射级次在光瞳面的位置、图形周期、尺寸之间的关系更加复杂。

表 8.2 主要波像差及其对光刻成像的影响

像差类型	对光刻成像的影响
像散	与图形方向有关的焦面偏移
球差	与图形方向和周期有关的焦面偏移；半密集和孤立图形的工艺窗口倾斜
波前倾斜	全局图形放置误差
彗差	与特征尺寸有关的放置误差与成像不对称

上一节的仿真中设定的泽尼克系数的大小为 0.05 ～ 0.5［50 ～ 500mλ（千分之一波长）］。这么大的像差对于光刻投影系统来说是不可接受的。仿真中设置的值较大只是为了突出关键光刻效应。光刻投影物镜的波像差总大小一般为几 mλ。由于光刻投影物镜的像差很小，所以可以开发线性模型或者简化模型，进行波像差效应仿真（见参考文献 [10，12，13]）。

已存在多种波前与泽尼克系数测量技术。光刻机用户无法使用光路穿过投影物镜的相位测量干涉技术进行像差测量。因此，人们研发了多种像差间接测量技术。所有这些技术都使用检测标记的成像特征表征光刻机的像差。在前文关于彗差的讨论中，已经提到了框套框（box-in-box）测试和五线测试等像差监测技术。其他技术使用不同周期的光栅、接触孔 [14]、圆形相位物体 [15] 或专门设计的相移掩模 [16] 进行像差测量。

也可以从光学投影物镜设计程序的输出中获得已知设计的泽尼克系数。将这种物镜设计程序与光刻仿真软件耦合使用，可作为光刻投影物镜优化的另一种技术手段。

8.2　杂散光

光学系统中的“杂散光”一词是指杂光或沿非设计方向散射的光。粗糙表面、不均匀材料与划痕对光的散射与反射都可能引起杂散光。高斯型表面的散射光强度正比于 $1/\lambda^2$。波长较短时，尤其是使用 193nm[17] 和 EUV 光谱范围内的波长时 [18, 19]，杂散光更严重。杂散光的方向既可以分布在一定的角度范围之内，也可以在某些特定方向上。镜面散射光可能是由光学表面划痕引起的。对镜面反射进行建模需要知道光学系统的详细信息以及引起镜面反射的几何结构信息。光刻仿真一般无法获得镜面杂散光建模所需的信息。光刻系统必须避免产生镜面散射光。下面仅讨论随机散射光。

下面仅讨论投影物镜中光散射导致的杂散光。这种类型的杂散光对应于光瞳函数的高频分量，无法利用泽尼克多项式进行拟合。来自光瞳的非镜面杂散光会降低空间像对比度，并导致空间像中的亮场图形发生展宽。非镜面杂散光按照其影响范围可以分为几类 [20]。短程杂散光主要是由透镜精加工误差引起的，影响范围可达数微米。短程杂散光可能会影响 OPC。透镜材料的不均匀性和镀膜缺陷会引起中程杂散光，影响范围可扩展到几十到几百微米。中程杂散光会导致像面发生与图形密度有关的 CD 变化。物镜内表面对光的反射和表面污染会引起长程杂散光，影响范围从几百微米到几毫米。长程杂散光会影响最佳曝光剂量。

光刻系统的其他部分也会产生杂散光。照明系统中的杂散光会导致掩模面照明方向发生变化，即光源形状发生微小变化。使用实测光源形状可以解决照明系统的杂散光问题。掩模的表面粗糙度，尤其是掩模线边粗糙度，也会引起杂散光效应 [21]。

本节剩余部分中，我们将讨论两种不同的杂散光模型，一种是简单的常数杂散光模型，另一种是基于功率谱密度（PSD）的杂散光模型。

8.2.1　常数杂散光模型

以往通过对空间像强度进行一定的偏置来描述杂散光效应，这种模型通常可以写为

$$I(x,y)=I_0(x,y)(1-f_m)+f_m f_b \tag{8.3}$$

式中，$I_0(x, y)$ 是不含杂散光的空间像强度分布。

根据杂散光强度 f_m 对不含杂散光的空间像强度进行调制，空间像强度减小。同时将杂散光强度作为背景光添加到调制后的空间像中。设置参数 f_b 对常数背景光强进行加权。该参数主要由掩模上透光图形的平均密度决定。f_m 和 f_b 都是经验参数，与表面粗糙度、材料不均匀性和掩模图形无关。

图 8.17 显示了常数杂散光参数对简单线空图形空间像影响的仿真结果。可以看出，增加 f_m 和 f_b 会增大背景光强、降低空间像对比度。杂散光对空间像的影响与图形大小、相邻图形无关。

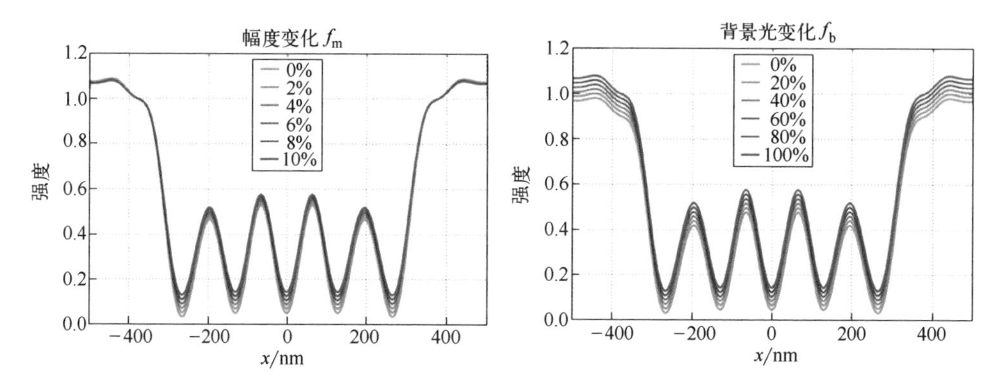

图 8.17 不同杂散光水平下周期为 130nm、含 5 个 65nm 线条图形的空间像截面图。左图为不同水平的杂散光强度图，右图为不同水平的背景光强度图。成像条件：波长 193nm，纯水浸没，数值孔径 1.35，环形照明 σ_{in}/σ_{out}=0.4/0.7，y 偏振照明。默认杂散光参数：f_m=10%，f_b=100%

常数杂散光模型易于在空间像仿真中实现，但是它并没有包含散射光分布信息以及与图形间距有关的所有效应。因此，该模型不适用于杂散光量较大的系统，特别是 EUV 光刻系统。

8.2.2 基于功率谱密度的杂散光模型

通过将无杂散光空间像 $I_0(x, y)$ 与光瞳 $\mathrm{PSD}_\phi(x, y)$ 相位（ϕ）误差的功率谱密度进行卷积，可以对杂散光效应进行更准确的建模。利用统计光学原理得到 PSD 模型。该模型考虑了元件表面和材料特有的散射特性，常见的表达式如下 [22]：

$$I(x,y)=I_0(x,y)(1-\sigma_\phi^2-f_{\mathrm{dc}})+I_0(x,y)\otimes \mathrm{PSD}_\phi(x,y)+f_{\mathrm{dc}} \quad (8.4)$$

光瞳误差的相位方差 σ_ϕ^2 表示总积分散射，即所有可能方向上散射光的积分：

$$\sigma_\phi^2=\iint_{r_{\min}}^{\infty}\mathrm{PSD}(r,\omega)\,\mathrm{d}r\mathrm{d}\omega \quad (8.5)$$

f_{dc} 项用于表示额外的“类直流”型杂散光。这种杂散光无法用 PSD 描述，且通常很小。

式（8.6）～式（8.8）给出了一些光刻投影系统建模中常用的典型 PSD 函数 [22]。图 8.18 给出了这些 PSD 函数的线性坐标图和对数坐标图。图中各 PSD 函数的参数可使各函数的总积分散射（TIS）都为 9.2%。PSD 函数在杂散光的径向分布上存在明显差异。双高斯杂散光模型［式（8.6）］的值主要集中在一个半径较小的圆内。高斯分布中的指数函数描述了散射光随距离增大急剧衰减的现象。双分形模型［式（8.7）］和 ABC 模型［式（8.8）］在距离 r 较小时的函数形式有所不同。双分形模型和 ABC 模型都包括一个分形成分，用于表示长程杂散光。已证明将这种分形函数添加至简单的单一分形模型或 ABC 模型，有助于实验数据的拟合。通常，第二个分形分量 n_2 的阶数接近于 1[22]。

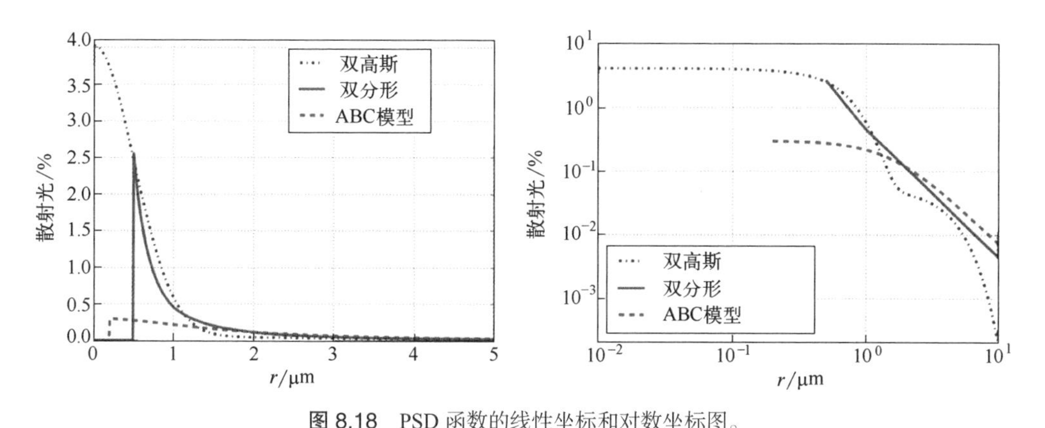

图 8.18 PSD 函数的线性坐标和对数坐标图。
双高斯模型参数为 σ_1=0.0622，w_1=0.5，σ_2=0.03，w_2=3.0。
双分形模型参数：r_{min}=0.5，ξ_1=0.0045，v_1=1.0，v_2=1.0。
ABC 模型参数：r_{min}=0.2，A=0.003，B=0.4，v_1=1.0，r_2=1.0，v_2=1.0

大多数情况下，r_{min} 半径范围内杂散光的 PSD 为 0。当 $r < r_{min}$ 时，实际光瞳函数可采用泽尼克多项式表示。为了显示清楚，图中 PSD 的 r_{min} 设定为不同值。实际应用中 r_{min} 的值接近 $3\lambda/\text{NA}$。

双高斯模型表示为：

$$\text{PSD}(r)=\frac{1}{2\pi}\left[\frac{\sigma_1}{w_1^2}\exp\left(\frac{-r^2}{2w_1^2}\right)+\frac{\sigma_2}{w_2^2}\exp\left(\frac{-r^2}{2w_2^2}\right)\right] \tag{8.6}$$

式中，参数 w_1、w_2 和 σ_1、σ_2 分别表示两个高斯函数的宽度和幅度。

双分形模型的表达式为：

$$\mathrm{PSD}(r)=\begin{cases}0, & r<r_{\min}\\ \dfrac{\xi_1}{r^{\nu_1+1}}, & r_{\min}\leqslant r<r_2\\ \dfrac{\xi_2}{r^{\nu_2+1}}, & r\geqslant r_2\end{cases} \tag{8.7}$$

为了避免产生奇异值，分形杂散光模型必须始终从一定距离 $r_{\min}$ 处开始取值。$\xi_{1/2}$ 和 $\nu_{1/2}$ 分别是两个分形杂散光分量的幅度和阶数。分形阶数通常在 1.0 到 3.0 之间。根据杂散光关于半径 r 的连续性确定其他参数的值，进而确定第二个杂散光分量 ξ_2 的大小。半径 r_2 将两种分形模型的适用范围分开。

ABC 模型是双分形模型的一般形式：

$$\mathrm{PSD}(r)=\begin{cases}0, & r<r_{\min}\\ \dfrac{A}{1+Br^{\nu_1+1}}, & r_{\min}\leqslant r<r_2\\ \dfrac{\xi_2}{r^{\nu_2+1}}, & r\geqslant r_2\end{cases} \tag{8.8}$$

式（8.8）提供了更高的自由度，便于在小距离 r 范围内拟合杂散光数据。通常，利用双分形模型和 ABC 模型可以很好地拟合实验数据。大多数情况下，双高斯模型的有效性低于这两种模型。

EUV 光刻中，杂散光的重要参数 r 的范围可能从几百微米扩展到几毫米。仿真杂散光效应时需要特别注意这一点。式（8.4）中的卷积计算需要已知无杂散光时的空间像。空间像的计算范围需要与 PSD 中 r 的范围基本一致。但是这并不一定需要进行大面积空间像精确仿真。大多数情况下，利用近似方法进行标准的空间像仿真就足够用了。

图 8.19 为不同 PSD 模型的杂散光仿真结果。为了显示它们之间的区别，仿真中使用了不同尺寸的暗场方孔图形。在没有杂散光的情况下，方孔的像非常清晰。

理论上，不透光方孔的空间像中存在完全没有光的区域（暗区）。杂散光导致这些区域的光总量增加。杂散光的空间特性决定了杂散光是否能够传播到更大方孔的中心位置。为了突出显示杂散光效应，图 8.19 对含杂散光的空间像等高线图进行了缩放，以凸显低强度值。双高斯杂散光模型在距离较远时下降最快。在如图所示的空间像中，两个最大的方孔仍然很暗，清晰可见。

如图 8.18 所示，在较大方孔（几微米）的尺寸范围内，双分形杂散光模型的 PSD 值远大于 ABC 模型的 PSD 值。因此，较大的方孔受此类杂散光的影响更严重。

方孔消失测试中常使用尺寸范围更大的方孔阵列来测量杂散光的径向分布[23, 24]。

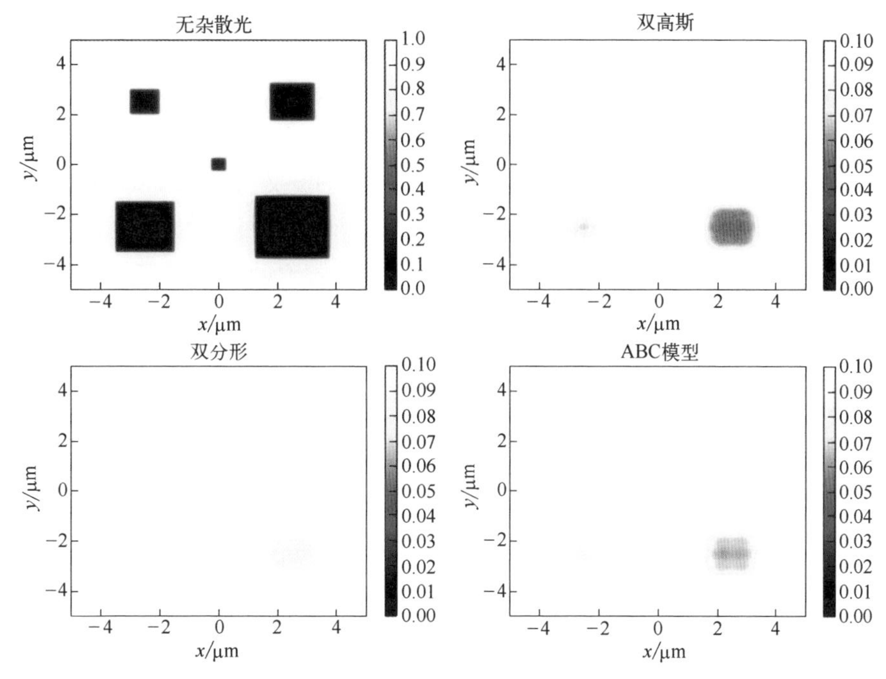

图 8.19　对不同大小方孔阵列图形的杂散光仿真结果。方孔的大小为从 0.5（中间）到 2.5（右下），按照步长 0.5 增大。仿真条件：波长 193nm，数值孔径 1.35，环形照明 σ_{in}/σ_{out}=0.8/0.98。三幅含杂散光空间像中的杂散光参数如图 8.18 所示

8.3　高 NA 投影光刻中的偏振效应

前面的章节采用标量模型描述光刻成像过程。标量模型中不包含任何偏振现象。高数值孔径系统的应用引入了几个非常重要的偏振效应。本节概述照明、掩模衍射、高 NA 投影物镜光瞳的描述方法，以及空气和光刻胶中成像需要考虑的偏振效应。首先介绍偏振和偏振态的定义。

电场矢量 $\boldsymbol{E}$ 的方向为光的偏振方向。通常，光由电场矢量方向随机分布的非偏振光以及电场方向固定的完全偏振光组成。偏振度（DoP）的定义为：

$$\mathrm{DoP}=\frac{I_{\mathrm{CP}}}{I_{\mathrm{CP}}+I_{\mathrm{UP}}} \tag{8.9}$$

式中，I_{CP} 和 I_{UP} 分别表示光的完全偏振分量的强度和非偏振分量的强度。

线偏振光的电场矢量方向不随时间变化，具有一个特定的偏振角。光刻技术中常用的偏振光是 x 或者 y 偏振光以及切向偏振光。x 或者 y 偏振光的电场矢量在 x

或者 y 方向。切向偏振光的电场矢量的方向取决于光源点在照明光瞳中的位置。对于线空图形，TE 偏振或 TM 偏振分别表示平行或垂直于线条方向的电场矢量方向。

8.3.1 掩模偏振效应

尺寸达到小于或等于波长量级时，掩模图形对光的衍射与偏振密切相关。图 8.20 显示了密集线空图形掩模的衍射效率。衍射效率定义为衍射级次的强度与入射光强度之比，可利用不同的掩模模型进行计算。

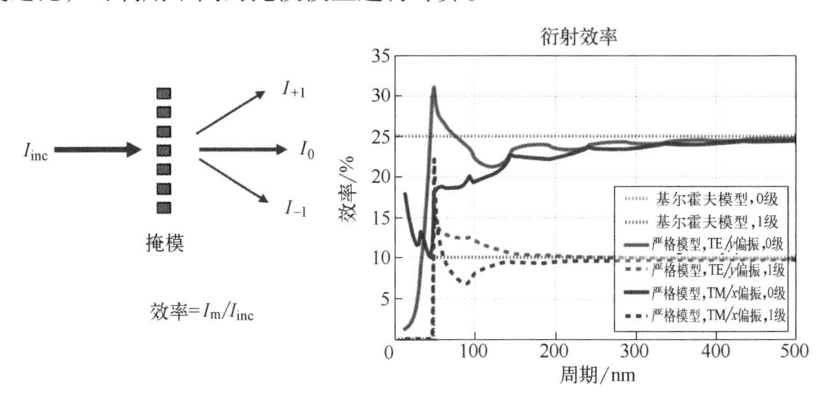

图 8.20　密集线空图形玻璃 - 铬二元掩模的衍射效率。
左图：光路和衍射效率定义。TE 和 TM 偏振分别定义为电场方向垂直于纸面和在纸面内的偏振。
右图：不同建模方法和偏振态情况下计算的衍射效率随掩模周期（硅片面）的变化图

标量基尔霍夫方法（见 2.2.1 节）表明衍射效率不随周期的变化而变化。对应某一衍射级次，掩模图形存在截止周期，在截止周期处衍射效率快速衰减。通过数值求解麦克斯韦方程组对掩模衍射光进行严格建模（见 9.1 节），物理上可正确地描述该问题。当掩模周期较大时，衍射效率与偏振无关。与基尔霍夫方法预测的结果基本一致。周期小于 200nm（硅片面）时，掩模衍射与偏振密切相关。特征尺寸较小的掩模会产生标量基尔霍夫方法无法预测的偏振效应 [25]。9.2.1 节将对掩模衍射效应进行详细的严格仿真分析。

8.3.2 成像中的偏振效应

光刻空间像由投影物镜出瞳出射的平面波相互干涉产生。干涉结果与平面波的偏振态密切相关。以两个平面波之间的双光束干涉为例进行证明（见图 8.21）。两列波的波矢定义了一个平面。光的偏振由电场矢量方向相对于该平面的方向决定。TE 偏振光的电场矢量方向与该平面垂直，TM 偏振光的电场矢量在平面内。

TE 和 TM 平面波的干涉图可以分别表示为 [26]：

$$I_{\mathrm{TE}} = 2\left[1+\cos(2\tilde{k}x\sin\theta)\right] \tag{8.10}$$

$$I_{\mathrm{TM}}=4\cos^2(\tilde{k}x\sin\theta)\cos^2\theta+4\sin^2(\tilde{k}x\sin\theta)\sin^2\theta \tag{8.11}$$

式中，θ 为两列波夹角的一半；$\tilde{k}=2\pi n/\lambda$ 是折射率为 n 的材料中波矢的幅度。图 8.21 显示了不同 θ 情况下该公式的函数曲线图。正如预期，角度越大，干涉图周期越小。对于 TE 偏振光，两列干涉波的电场矢量始终相互平行。因此，干涉图的对比度与 θ 无关。相反，TM 偏振光电场矢量的方向和对比度随 θ 变化。当 θ=45°时，两个场矢量相互垂直，干涉图强度为常数，对比度为零。θ 值继续增大，对比度就会发生反转。

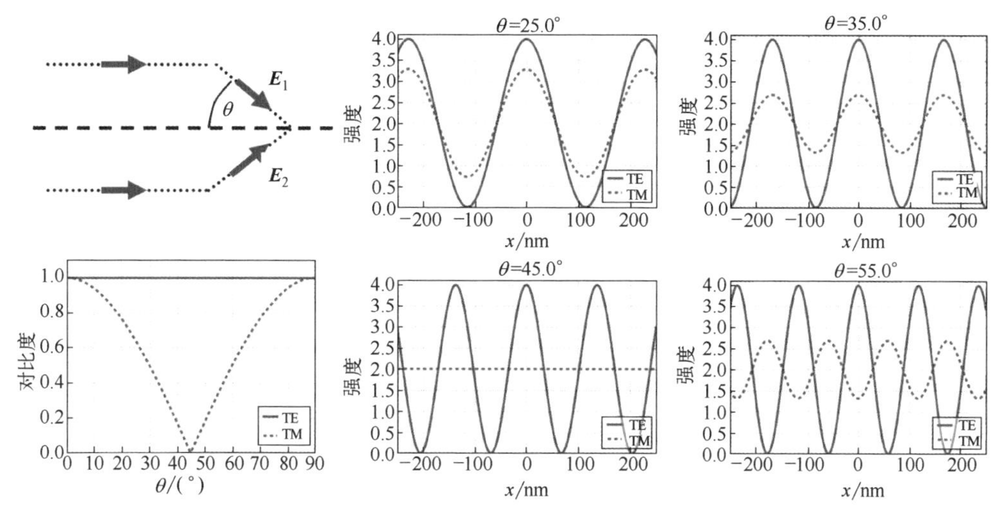

图 8.21　不同出射角情况下等强度 TE 和 TM 偏振光的双光束干涉成像。光路结构（左上），不同出射角 θ 情况下的干涉图（中间列和右列）以及成像对比度随 θ 的变化图（左下）

图 8.22 和图 8.23 显示了偏振效应对密集线空图形空间像的影响。图中所示为在不同掩模和照明条件下仿真生成的空间像。为了比较不同数值孔径下的空间像成

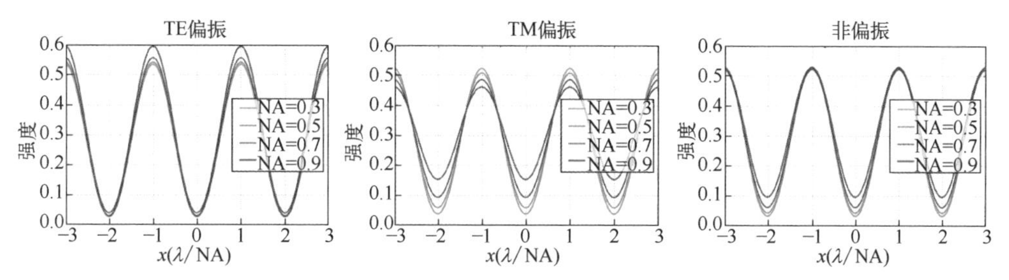

图 8.22　不同数值孔径、特征尺寸和偏振态下密集线空图形衰减型相移掩模的空间像。为了保证 k_1 为常数值 0.5，利用数值孔径对掩模周期进行了归一化（NA=0.3 对应 p=322nm，NA=0.5 对应 p=193nm，NA=0.7 对应 p=138nm，NA=0.9 对应 p=106nm）。成像参数：波长 193nm，圆形照明，部分相干因子 σ=0.7

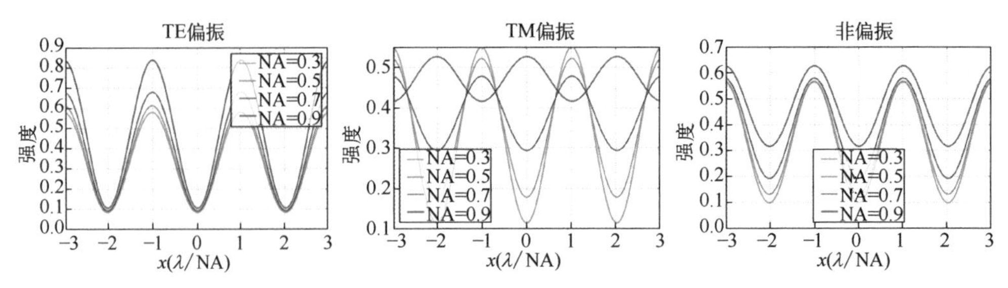

图 8.23 不同数值孔径、特征尺寸和偏振态下密集线空图形交替型相移掩模的空间像。为了保证 k_1 为常数值 0.3，利用数值孔径对掩模周期进行了归一化（NA=0.3 对应 p=193nm，NA=0.5 对应 p=116nm，NA=0.7 对应 p=82nm，NA=0.9 对应 p=64nm）。成像参数：波长 193nm，圆形照明，部分相干因子 σ=0.3

像结果，对掩模图形的周期进行了缩放，以获得恒定的阿贝 - 瑞利因子 k_1。图中利用 k_1 因子对 x 轴坐标进行了归一化。

在高数值孔径、k_1=0.5 左右大小的工艺因子条件下对衰减型 PSM 进行成像，采用 TM 偏振光获得的空间像对比度显著降低，非偏振光照明条件下的对比度损失不明显。在 k_1=0.3 和 TM 偏振光照明条件下对交替型 PSM 进行成像，NA 达到图中最大值时空间像波峰和波谷发生反转，非偏振光的偏振效应仍然非常重要。

8.3.3 光刻胶与硅片膜层材料界面引起的偏振效应

光学光刻技术中，空间像位于基底膜层顶部的光刻胶中。在许多情况下可以认为这些薄层是平面的。光在各层界面的反射与折射导致了两个重要效应。首先考虑在光刻胶与空气 / 浸没液界面发生的效应。光在该界面的折射改变了干涉平面波的方向以及 TM 偏振光的成像对比度。此外，光在光刻胶表面的反射率和透射率取决于入射光的方向和偏振态。图 8.24 为光在空气 / 光刻胶界面的反射率仿真数据。

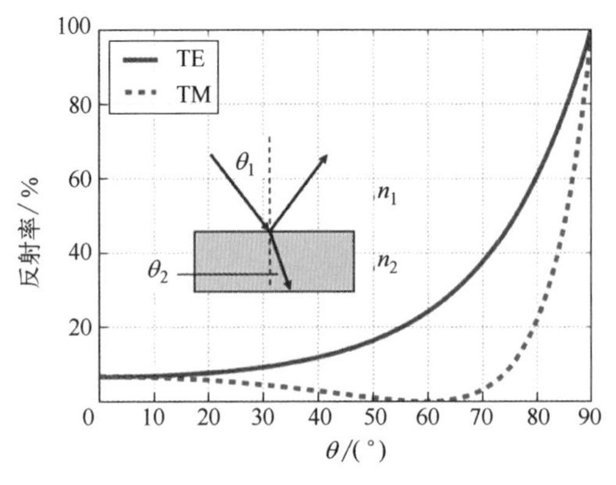

图 8.24 TE 和 TM 偏振光入射至空气 / 光刻胶界面（n_1=1.0，n_2=1.7）的反射率随着入射角的变化图。图中嵌套的子图为光路结构

设入射角为 θ_1、上 / 下材料的折射率为 n_1/n_2，光的传播方向遵循斯涅耳定律：

$$\sin\theta_2 = \frac{n_1}{n_2}\sin\theta_1 \tag{8.12}$$

菲涅耳公式为：

$$\begin{aligned} R_{\mathrm{TE}} &= \left(\frac{n_1\cos\theta_1 - n_2\cos\theta_2}{n_1\cos\theta_1 + n_2\cos\theta_2}\right)^2 \\ R_{\mathrm{TM}} &= \left(\frac{n_2\cos\theta_1 - n_1\cos\theta_2}{n_2\cos\theta_1 + n_1\cos\theta_2}\right)^2 \end{aligned} \tag{8.13}$$

菲涅耳公式分别给出了 TE 偏振光和 TM 偏振光的反射率与入射角 θ_1 的关系。TE 偏振光的反射率随着入射角的增大单调递增。TM 偏振光存在一个特殊入射角，在这个入射角下 TM 偏振光不会发生反射，这个特殊的角度就是布儒斯特（Brewster）角：

$$\theta_{\mathrm{Brewster}} = \arctan\frac{n_1}{n_2} \tag{8.14}$$

与 TE 偏振光相比，TM 偏振光与光刻胶的耦合效率更高，特别是在入射角较大的情况下。但 TM 偏振光的成像对比度较低。

可以用传输矩阵法描述（例如参考文献 [27]）光在平面膜层中界面上的折射和反射。这种方法将菲涅耳公式［式（8.13）］和其他描述光在均匀介质层内传播和吸收的项组合在一起。

该方法还可以描述不同界面反射光之间的干涉。传输矩阵法提供了解析数学表达式，可计算多层膜层中任意位置处向下和向上传播的光，适用于任意层数的膜层，以及任意折射率 n、消光系数 k（或吸收系数 $\alpha=4\pi k/\lambda$）、任意入射角和偏振态。下面给出一些具体的例子。

图 8.25 为 x-z 向光刻胶内空间像（体像）的仿真结果，入射平面波与光刻胶表面法向量的夹角为 θ。光刻胶位于硅基底上。波长为 193nm 时，硅基底会反射大量的入射光。入射光与反射光干涉，产生驻波。驻波与由光刻胶吸收导致的强度损失叠加在一起。垂直入射光的反射与偏振态无关。因此，当 $\theta=0°$ 时 TE 偏振光和 TM 偏振光的光强分布相同，只有一种光强分布。

斜入射情况下像的强度与光的偏振态密切相关。空气 / 光刻胶界面的布儒斯特角为 59.5°。入射角 $\theta=60°$，与布儒斯特角非常接近，因此 TM 偏振入射光的平均强度高于 TE 偏振入射光。另一方面，对于 TE 偏振，入射光和反射光的电场矢量平行，导致驻波的对比度很高。TM 偏振光的电场矢量之间不平行，可以观察到驻波存在明显的对比度损失。

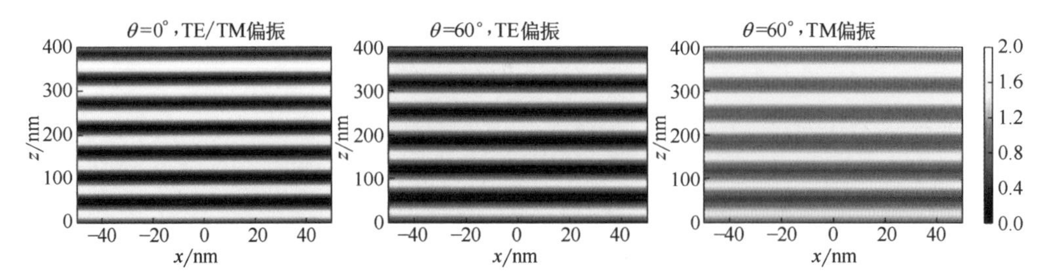

图 8.25 不同入射角和偏振态下光刻胶内的光强分布仿真结果。光刻胶参数：n=1.71，A_{Dill}=0.0μm^{-1}，B_{Dill}=1.319μm^{-1}。光刻胶位于硅基底（n=0.9096，k=−2.797）上。入射光是波长为 193nm 的平面波

图 8.26 为仿真得到的双光束干涉曝光 x-z 向体像。TE 偏振光成像对比度高，TM 偏振光耦合效率高。图中显示了两种基底材料和两种偏振态条件下像的强度分布。玻璃基底的折射率接近光刻胶的折射率，反射回光刻胶内的光强很弱，线空图形的对比度很高。TM 偏振光与光刻胶的耦合效率更高，但成像对比度低。

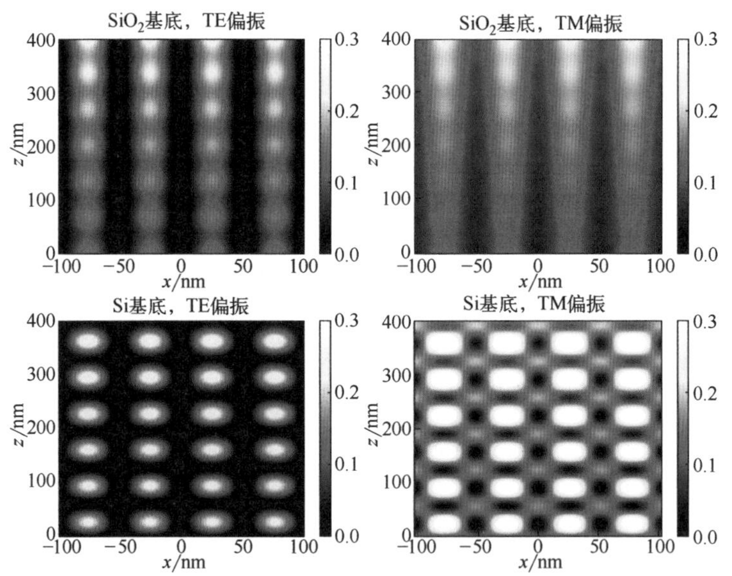

图 8.26 双光束干涉成像条件下光刻胶内的光强分布仿真结果。
光刻胶厚度为 400nm。第一行：光刻胶位于玻璃基底（n=1.5，k=0）。
第二行：光刻胶位于硅基底（n=0.9096，k=−2.797）。
第一列入射光为 TE 偏振光，第二列为 TM 偏振光。设置：波长 193nm，
入射角 ±70°。光刻胶参数：n=1.71，A_{Dill}=0.0μm^{-1}，B_{Dill}=1.319μm^{-1}

图 8.26 第二行是硅基底对应的强度分布。可以看到线空图形的像与高基底反射率引起的驻波发生了叠加。驻波如图 8.25 所示。Flagello 和 Milster[28] 对这一问题进行了详细讨论。

8.3.4 投影物镜偏振效应与矢量光刻成像模型

为了避免光在物镜内发生背向反射，避免光向照明系统反向传播，投影物镜的光学元件普遍镀有抗反射膜层。在一定入射角范围内对这些抗反射膜进行优化。高 NA 系统中，不同衍射级次入射到光学系统界面的入射角范围很大，导致了各种与偏振有关的振幅和相位效应，它们随光学系统内部衍射光方向的变化而变化。可利用琼斯光瞳 $\hat{\boldsymbol{J}}(f_x, f_y)$ 描述投影物镜与偏振有关的相位与振幅特性。琼斯光瞳由八个标量光瞳函数组成，其中四个光瞳函数用于描述两个正交偏振态的相位和切趾，另外四个光瞳函数用于描述正交偏振态幅值和相位之间的耦合作用。这些传递函数可以简化为波前、切趾、衰减和延迟等基本物理效应的光瞳图 [29, 30]。从标量成像中我们已经了解了像差和切趾（光瞳面的透过率变化）的成像效应。部分内容已经在 8.1 节进行了讨论。衰减和延迟引入了其他物理效应。这些效应与入射光偏振态相对于琼斯光瞳主轴的方向有关（更详细的讨论参见 Ruoff 和 Totzeck[30] 的文章）。

光通过投影物镜后的变化可以用广义的式（2.9）描述：

$$\begin{aligned}\boldsymbol{E}^{\text{exit}}(f_x, f_y, f_x^{\text{inc}}, f_y^{\text{inc}}) = \hat{\boldsymbol{T}}^{\text{out}}(f_x, f_y)\hat{\boldsymbol{J}}(f_x, f_y)\hat{\boldsymbol{T}}^{\text{in}}(f_x, f_y)\times \\ \boldsymbol{E}^{\text{ff}}(f_x, f_y, f_x^{\text{inc}}, f_y^{\text{inc}})\end{aligned} \tag{8.15}$$

式中，$\boldsymbol{E}^{\text{ff}}(f_x, f_y, f_x^{\text{inc}}, f_y^{\text{inc}})$ 是在照明点 f_x^{inc}、f_y^{inc} 照明下的掩模远场电场，即投影物镜入瞳 f_x、f_y 位置的电场。可以利用严格衍射场仿真或标量基尔霍夫方法计算这种电场。基尔霍夫方法通过将照明光的偏振特性分解到标量远场进行矢量性表征。$\boldsymbol{E}^{\text{exit}}(f_x, f_y, f_x^{\text{inc}}, f_y^{\text{inc}})$ 为投影物镜出瞳处的电场。Mansuripur[31] 矩阵 $\hat{\boldsymbol{T}}^{\text{in/out}}$ 用于描述光进入或者射出投影物镜光瞳面时偏振方向的变化。

与标量方法类似，通过逆傅里叶变换得到像面 x、y 处的电场：

$$\boldsymbol{E}^{\text{img}}(f_x, f_y, f_x^{\text{inc}}, f_y^{\text{inc}}) = \mathfrak{I}^{-1}[\boldsymbol{E}^{\text{exit}}(f_x, f_y, f_x^{\text{inc}}, f_y^{\text{inc}})] \tag{8.16}$$

最后，将所有正交场分量 E_i 叠加得到空间像强度（式中，source 指光源）：

$$I(x, y) = \iint_{\text{source}} S(f_x^{\text{inc}}, f_y^{\text{inc}}) \sum_{i=x,y,z} [E_i^{\text{img}}(f_x, f_y, f_x^{\text{inc}}, f_y^{\text{inc}}) E_i^{\text{img}}(f_x, f_y, f_x^{\text{inc}}, f_y^{\text{inc}})^*] \mathrm{d}f_x^{\text{inc}} \mathrm{d}f_y^{\text{inc}} \tag{8.17}$$

图 8.27 显示了矢量效应对高 NA 光刻成像的重要性。图中对比了数值孔径 NA=0.93 条件下接触孔阵列的空间像。左侧空间像是标量模型的仿真结果；右侧空间像是矢量模型的仿真结果，是正确的空间像。与标量模型相比，矢量模型仿真出了空间像对比度损失现象。

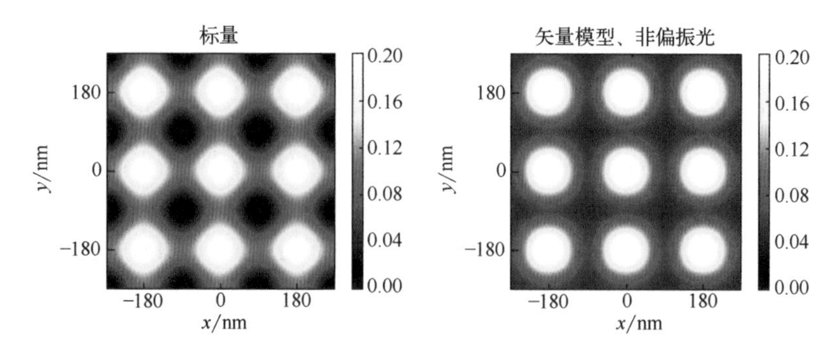

图 8.27 x 和 y 方向宽度 90nm、周期 180nm 的接触孔阵列的仿真空间像。左图为标量成像模型仿真结果，右图为矢量成像模型的仿真结果。成像条件：波长 193nm，数值孔径 0.93，四极照明 σ_{in}/σ_{out}=0.7/0.9，极张角为 20°

通常将矢量成像模型与传输矩阵法相结合，模拟光在平面膜层系统中的传播，计算光刻胶内的空间像强度。图 8.28 为交替型 PSM 在光刻胶内成像的强度分布截面图。仿真中采用了一种折射率匹配的基底材料。本仿真中的偏振效应比图 8.23 所示空间像中的偏振效应弱。这是光线在空气 / 光刻胶界面折射的结果。较小的传播角减少了光刻胶内 TM 偏振光的成像对比度损失。

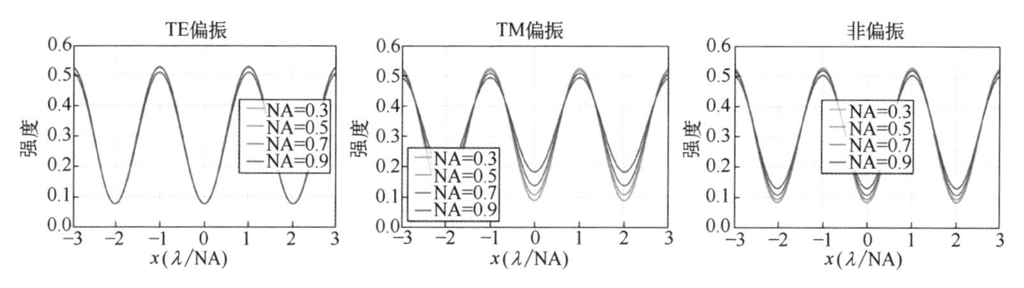

图 8.28 不同数值孔径、特征尺寸下密集线空图形交替型相移掩模的胶内像。光刻胶位于折射率匹配的基底上。掩模和光学参数与图 8.23 所示仿真中的参数相同

8.3.5 偏振照明

如图 8.28 所示，数值孔径 NA ≤ 0.7 时，TE 光和非偏振光照明条件下的空间像对比度几乎相同。该现象以及光刻仿真结果表明，NA ≤ 0.7 时，非偏振光可以用于光刻成像。大多数数值孔径低于 0.75 的步进扫描投影光刻机采用非偏振照明。对于更大数值孔径，非偏振光不能提供最佳的空间像对比度和光刻性能。因此，高 NA 光刻成像中采用偏振照明。

从前文的结果可以看出，TE 偏振光明显改善了单方向线空图形的成像对比度。通常，掩模上包含不同方向的线空图形，以及边缘平行于 x 和 y 轴的 2D 图形。这些图形对应的最佳偏振态是什么？如何产生最佳偏振态？由于很难改变投影物镜光

瞳内衍射级次的偏振状态，所以常通过调整照明系统内光的偏振态改善成像质量。图 8.29 显示了不同偏振照明模式下接触孔阵列的空间像仿真结果。

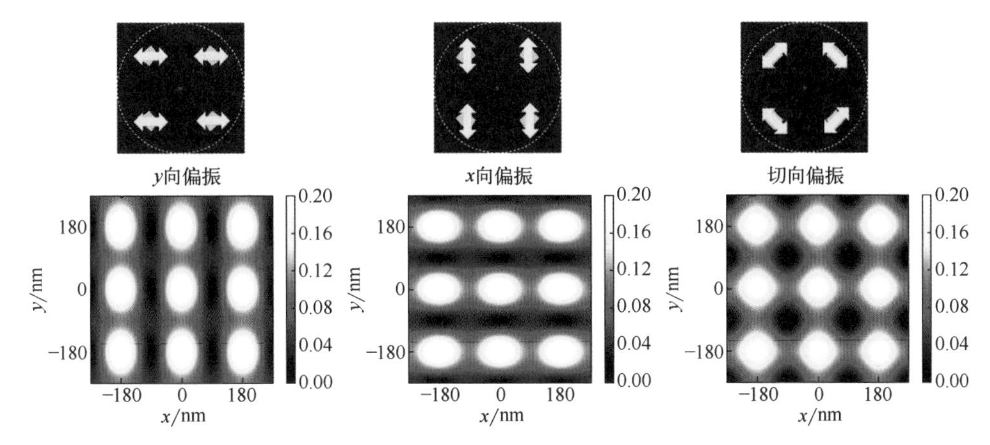

图 8.29　不同偏振照明模式下接触孔阵列的空间像仿真结果。四极照明各个极中的箭头表示偏振方向（第一行）。第二行为相应的空间像。掩模和光学参数与图 8.23 所示仿真中的参数相同

所有照明点都采用相同的线偏振会产生非常不对称的空间像。如图 8.29 左图所示，y 方向偏振光照明条件下，空间像在 x 方向的调制度很高，但 y 方向的调制度较差。第二列所示 x 偏振光照明条件下的表现正好相反。切向偏振照明时 x 和 y 两个方向的成像对比度最高，如右图所示。

本节给出的是干式光刻的例子，光刻胶的折射率为 1.71，光刻胶顶部空气的折射率为 1.0。与空气中偏振对成像对比度的影响相比，光在空气 / 光刻胶界面上的折射减小了光在光刻胶内的传播角度，减弱了偏振对光刻胶中成像对比度的影响。浸没式光刻中界面两侧的材料为水（n=1.44）和光刻胶（n≈1.7），衍射对偏振影响的削弱效果不如在干式光刻中明显。换句话说，在相同的工艺因子 k_1 下，浸没式光刻的偏振效应比干式光刻更明显。在 EUV 光谱范围内，所有材料的折射率都接近 1。偏振效应会完整地传递到光刻胶上。

关于高 NA 空间像仿真和相关效应的更详细讨论超出了本书的范围。更系统的数学和物理解释可以见 Yeung 等人 [32, 33]、Flagello 和 Rosenbluth[34]、Totzeck 等人 [35] 的文章，以及 Yen 和 Yu[36] 最近出版的著作。

8.4　步进扫描投影光刻机中的其他成像效应

扫描过程中，掩模和硅片的微小振动，以及掩模和硅片运动的不完全同步，都会导致纵向和轴向成像变模糊。通过将未受干扰的像与适当的概率密度函数或模糊核 [37] 进行卷积，可以描述这些效应。像面的扫描运动平均了投影系统不同场点的

像差。将焦面位置进行轻微的移动可以增加焦深，但会降低一定的对比度（参见4.6节中有关多焦面曝光技术或FLEX的内容）。参考文献[38]讨论了几种仿真方法，可以有效地仿真这些效应。

目前为止，我们假设曝光用的光是单色光。实际准分子激光源的带宽只有零点几皮米。这么小的照明带宽会使得焦面位置相对于波长发生微小变化。根据2006年文献[39]中报道的典型值，每皮米带宽通常会造成200～500nm的离焦。可通过卷积适当的模糊核函数的方法对聚焦模糊进行建模（类似于工件台振动的建模方法；见上一段参考资料）。已通过仿真和实验研究了激光带宽对光刻成像的影响[39-41]。

8.5 总结

设计与制造方面的约束使得光学系统中波前的变换偏离理想状态。可用泽尼克多项式描述实际波前与理想波前之间的相位偏差。波像差有几种主要类型。波前倾斜会导致与特征尺寸和焦面无关的放置误差。像散导致的焦面偏移与图形方向有关。彗差引入了与图形大小有关的放置误差、旁瓣和其他成像缺陷。球差会导致与图形大小有关的焦面偏移与非对称工艺窗口。高空间频率相位偏差产生随机散射光或杂散光。

光的偏振对高NA投影系统至关重要。光刻成像系统的各个部分都可能产生偏振效应。光从空气或浸没液体到光刻胶的耦合也与偏振密切相关。为了理解和优化成像条件，需要通过矢量成像算法和琼斯光瞳对这些效应进行正确建模。非最佳偏振态会导致成像对比度损失。先进的高NA DUV步进扫描投影光刻机支持不同的偏振照明模式。

对工件台振动、激光带宽以及其他模糊效应进行正确建模，对于OPC非常重要，可以保证OPC模型的预测性能。

参考文献

[1] F. Zernike, “Beugungstheorie des Schneidenverfahrens und seiner verbesserten Form, der Phasenkontrastmethode,” *Physica* **1**, 689–704, 1934.

[2] *CODE V Reference Manual*; see: www.cadfamily.com/download/Optical/CodeV-Wav/appendixc.pdf.

[3] P. Liu, M. Snajdr, Z. Zhang, Y. Cao, J. Ye, and Y. Zhang, “A computational method for optimal application specific lens aberration control in microlithography,” *Proc. SPIE* **7640**, 76400M, 2010.

[4] H. Aoyama, T. Nakashima, T. Ogata, S. Kudo, N. Kita, J. Ikeda, R. Matsui, H. Yamamoto, A. Sukegawa, K. Makino, M. Murayama, K. Masaki, and T. Matsuyama, "Scanner performance predictor and optimizer in further low k1 lithography," *Proc. SPIE* **9052**, 90520A, 2014.

[5] C. Progler and A. K.-K. Wong, "Zernike coefficients: Are they really enough?" *Proc. SPIE* **4000**, 40–52, 2000.

[6] T. A. Brunner, "Impact of lens aberrations on optical lithography," *IBM J. Res. Dev.* **41**, 57–67, 1997.

[7] C. Summerer and Z. G. Lu, "Sensitivity of coma monitors to resist processes," *Proc. SPIE* **4000**, 1237, 2000.

[8] S. H. Wiersma, T. D. Visser, and P. Török, "Annular focusing through a dielectric interface: Scanning and confining the intensity," *Pure Appl. Opt.* **7**, 1237–1248, 1998.

[9] A. Erdmann, "Topography effects and wave aberrations in advanced PSM-technology," *Proc. SPIE* **4346**, 345–355, 2001.

[10] D. G. Flagello, J. de Klerk, G. Davies, R. Rogoff, B. Geh, M. Arnz, U. Wegmann, and M. Kraemer, "Towards a comprehensive control of full-field image quality in optical photolithography," *Proc. SPIE* **3051**, 672, 1997.

[11] B. W. Smith and R. Schlief, "Understanding lens aberration and influences to lithographic imaging," *Proc. SPIE* **4000**, 294, 2000.

[12] A. Erdmann, M. Arnz, M. Maenhoudt, J. Baselmans, and J. C. van Osnabruegge, "Lithographic process simulation for scanners," *Proc. SPIE* **3334**, 164, 1998.

[13] A. Y. Burov, L. Li, Z. Yang, F. Wang, and L. Duan, "Aerial image model and application to aberration measurement," *Proc. SPIE* **7640**, 764032, 2010.

[14] P. Dirksen, J. Braat, A. J. E. M. Janssen, and C. Juffermans, "Aberration retrieval using the extended Nijboer-Zernike approach," *J. Micro/Nanolithogr. MEMS MOEMS* **2**(1), 61–68, 2003.

[15] P. Dirksen, C. Juffermans, R. Pellens, M. Maenhoudt, and P. De Bisschop, "Novel aberration monitor for optical lithography," *Proc. SPIE* **3679**, 77, 1999.

[16] G. C. Robins and A. R. Neureuther, "Are pattern and probe aberration monitors ready for prime time?" *Proc. SPIE* **5754**, 1704, 2005.

[17] K. Lai, C. J. Wu, and C. J. Progler, "Scattered light: The increasing problem for 193-nm exposure tools and beyond," *Proc. SPIE* **4346**, 1424–1435, 2001.

[18] C. G. Krautschik, M. Ito, I. Nishiyama, and S. Okazaki, "Impact of EUV light scatter on CD control as a result of mask density changes," *Proc. SPIE* **4688**, 289, 2002.

[19] G. F. Lorusso, F. van Roey, E. Hendrickx, G. Fenger, M. Lam,

C. Zuniga, M. Habib, H. Diab, and J. Word, "Flare in extreme ultraviolet lithography: Metrology, out-of-band radiation, fractal point-spread function, and flare map calibration," *J. Micro/Nanolithogr. MEMS MOEMS* **8**(4), 41505, 2009.

[20] M. A. van de Kerkhof, W. de Boeij, H. Kok, M. Silova, J. Baselmans, and M. Hemerik, "Full optical column characterization of DUV lithographic projection tools," *Proc. SPIE* **5377**, 1960, 2004.

[21] P. P. Naulleau and G. Gallatin, "Spatial scaling metrics of mask-induced line-edge roughness," *J. Vac. Sci. Technol. B* **26**(6), 1903, 2008.

[22] Y. C. Kim, P. De Bisschop, and G. Vandenberghe, "Evaluation of stray light and quantitative analysis of its impact on lithography," *J. Micro/Nanolithogr. MEMS MOEMS* **4**(4), 43002, 2005.

[23] D. G. Flagello and A. T. S. Pomerene, "Practical characterization of 0.5 um optical lithography," *Proc. SPIE* **772**, 6–20, 1987.

[24] J. P. Kirk, "Scattered light in photolithographic lenses," *Proc. SPIE* **2197**, 566–572, 1994.

[25] A. Erdmann and P. Evanschitzky, "Rigorous electromagnetic field mask modeling and related lithographic effects in the low k1 and ultrahigh NA regime," *J. Micro/Nanolithogr. MEMS MOEMS* **6**(3), 31002, 2007.

[26] B. Smith, J. Zhou, and P. Xie, "Applications of TM polarized illumination," *Proc. SPIE* **6924**, 69240J, 2008.

[27] M. V. Klein and T. E. Furtak, *Optics,* John Wiley and Sons, Inc., New York, 1986.

[28] D. G. Flagello and T. D. Milster, "High-numerical-aperture effects in photoresist," *Appl. Opt.* **36**, 8944, 1997.

[29] B. Geh, J. Ruoff, J. Zimmermann, P. Gräupner, M. Totzeck, M. Mengel, U. Hempelmann, and E. Schmitt-Weaver, "The impact of projection lens polarization properties on lithographic process at hyper-NA," *Proc. SPIE* **6520**, 186–203, 2007.

[30] J. Ruoff and M. Totzeck, "Orientation Zernike polynomials: A useful way to describe the polarization effects of optical imaging systems," *J. Micro/Nanolithogr. MEMS MOEMS* **8**(3), 31404, 2009.

[31] M. Mansuripur, "Certain computational aspects of vector diffraction problems," *J. Opt. Soc. Am. A* **6**(6), 786–805, 1989.

[32] M. Yeung, "Modeling high numerical aperture optical lithography," *Proc. SPIE* **922**, 149–167, 1988.

[33] M. S. Yeung, D. Lee, R. Lee, and A. R. Neureuther, "Extension of the Hopkins theory of partially coherent imaging to include thin-film interference effects," *Proc. SPIE* **1927**, 452, 1993.

[34] D. G. Flagello and A. E. Rosenbluth, "Vector diffraction analysis of phase-mask imaging in photoresist films," *Proc. SPIE* **1927**, 395, 1993.

[35] M. Totzeck, P. Gräupner, T. Heil, A. Göhnermeier, O. Dittmann, D. Krahmer, V. Kamenov, J. Ruoff, and D. Flagello, "How to describe polarization influence on imaging," *Proc. SPIE* **5754**, 23, 2005.

[36] A. Yen and S.-S. Yu, *Optical Physics for Nanolithography*, SPIE Press, Bellingham, Washington, 2018.

[37] J. Bischoff, W. Henke, J. van der Werf, and P. Dirksen, "Simulations on step & scan optical lithography," *Proc. SPIE* **2197**, 953, 1994.

[38] A. Erdmann, M. Arnz, M. Maenhoudt, J. Baselmans, and J. C. van Osnabrugge, "Lithographic process simulation for scanners," *Proc. SPIE* **3334**, 164, 1998.

[39] T. A. Brunner, D. A. Corliss, S. A. Butt, T. J. Wiltshire, C. P. Ausschnitt, and M. D. Smith, "Laser bandwidth and other sources of focus blur in lithography," *J. Micro/Nanolithogr. MEMS MOEMS* **5**(4), 1–7, 2006.

[40] A. Kroyan, I. Lalovic, and N. R. Farrar, "Effects of 95% integral vs. FWHM bandwidth specifications on lithographic imaging," *Proc. SPIE* **4346**, 1244–1253, 2001.

[41] P. De Bisschop, I. Lalovic, and F. Trintchouk, "Impact of finite laser bandwidth on the critical dimension of L/S structures," *J. Micro/Nanolithogr. MEMS MOEMS* **7**(3), 33001, 2008.

第 9 章 光刻中的掩模形貌效应与硅片形貌效应

第 4 ～ 6 章介绍了光刻技术的发展、建模与应用。光刻分辨率不断提高，特征尺寸逐渐缩小。波长的缩短推动了光刻技术的发展。通过增大数值孔径以及应用光学邻近效应修正、离轴照明、相移掩模等光学分辨率增强技术，大大降低了光刻特征尺寸与曝光波长之间的比值。

图 9.1 第一行显示了不同类型典型掩模图形的尺寸。图中坐标轴标注的尺寸单位为曝光波长。标准的玻璃 - 铬掩模（不经过光学邻近效应修正）常用于数值孔径小于 0.7、工艺因子 $k_1 \geqslant 0.8$ 的光刻成像。由于光刻投影系统采用了 4× 缩小倍率，掩模上吸收层图形的尺寸一般是波长的几倍（如左上图所示）。低 k_1 成像需要采用光学邻近效应修正技术。该技术会引入辅助衬线（亚分辨率辅助图形，SRAF）等新的吸收层图形。这些图形的尺寸与波长相当（如中上图所示）。光源掩模优化技术产生了像素化掩模图形 [1]，特征尺寸一般小于波长（如右上图所示）。

图 9.1 第二行为以波长为单位的掩模厚度数据，坐标轴单位为波长。标准掩模上铬材料的厚度约为 80nm，小于最先进 DUV 光刻曝光波长（193nm）的一半（左下图）。AltPSM 掩模上刻蚀沟槽的深度与波长大小相近（中下图）。EUV 掩模（见第 6 章）上的吸收层厚度为 60 ～ 80nm，相当于 4 ～ 5 个波长（λ=13.5nm）（右下图）。

2.2.1 节利用基尔霍夫边界条件描述光经过掩模的衍射现象。该方法假设掩模无限薄，仅利用掩模几何图形计算掩模的透射场，忽略了掩模形貌以及吸收层边缘的衍射光。当掩模图形（横向）尺寸与波长相当或者小于波长或者 / 并且掩模厚度为波长量级时，需要采用严格电磁场仿真方法计算掩模衍射光，实现精确建模。

前几章中用到的一种重要方法涉及硅片膜层。8.3.3 节采用菲涅耳公式和传输矩阵法描述光在平面硅片膜层中的传播。光刻胶以及其下面的材料层被看作均匀平面层。事实上光刻并不只在平面基底上进行，大多数光刻步骤在有图形的基底上进行。通常，采用抗反射涂层（BARC）抑制底层非平面层的反射光，减小反射对光刻胶内光强分布的影响。

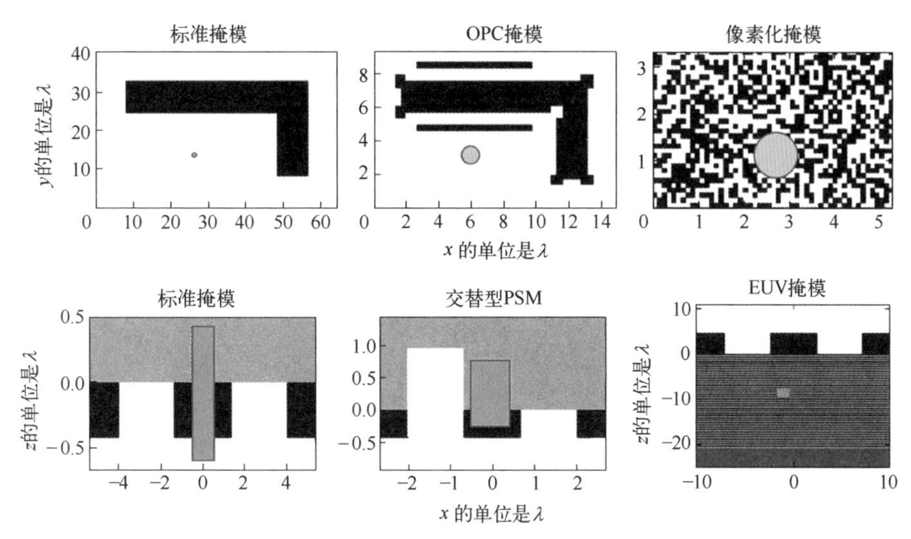

图 9.1　典型掩模图形相对于波长的特征尺寸和厚度值。第一行：不进行 OPC 的标准掩模、进行了简单 OPC 的掩模以及像素化掩模的尺寸。第二行：标准掩模（铬）、交替型 PSM 和 EUV 掩模的厚度尺寸。波长大小分别用上下两行中的圆和长条表示

先进光刻技术中存在几种常用的曝光场景和硅片膜层。在这些应用场景和膜层中 BARC 不足以抑制硅片膜层内非平面层的影响。离子注入层的光刻不能使用标准的不可显影 BARC。此外，BARC 的有效性取决于其厚度和入射光的角度范围。沉积到非平面硅片上的 BARC 厚度不一致，对反射光的抑制效果随着厚度的变化而变化。光刻机 NA 较大时，硅片上光线的入射角度范围很大。由于一种 BARC 只对入射角在一定范围内的入射光有效，所以超出范围的入射方光将被反射。双重图形和双重曝光技术的应用产生了许多不均匀光刻胶层，并限制了 BARC 的有效性。所有这些光刻场景都需要对硅片上微小形貌图形的衍射光进行严格建模。

本章概述了电磁场（EMF）仿真方法在光刻中的应用以及相应的掩模、硅片形貌引起的衍射效应。首先简要概述 EMF 仿真方法及其在光刻中的应用。然后研究掩模的重要衍射效应。这些效应被称为掩模形貌效应、3D 掩模效应或掩模 3D 效应。本书使用掩模形貌效应这一术语。这些效应包括与传统基尔霍夫方法（假设掩模无限薄）的仿真结果相比衍射光振幅、相位和偏振态的变化，以及 EUV 光刻掩模形貌特有的效应。最后一部分介绍了与硅片散射有关的衍射效应，即所谓的硅片形貌效应，此效应在先进光刻技术中变得越来越重要。

9.1 严格电磁场仿真方法

掩模和硅片的表面形貌与光的相互作用可通过麦克斯韦方程组描述。掩模和硅片上的材料一般是非磁性、各向同性介质。掩模和硅片不包含电流源。因此，麦克斯韦方程组可以写成：

$$\nabla \times \boldsymbol{E} = -\mu_0 \frac{\partial \boldsymbol{H}}{\partial t} \tag{9.1}$$

$$\nabla \times \boldsymbol{H} = -\varepsilon_0 \varepsilon \frac{\partial \boldsymbol{E}}{\partial t} + \sigma \boldsymbol{E} \tag{9.2}$$

$$\nabla \left(\varepsilon \boldsymbol{E} \right) = 0 \tag{9.3}$$

$$\nabla \boldsymbol{H} = 0 \tag{9.4}$$

这些方程将关于空间 $\boldsymbol{r}$ 和时间 t 的电场 $\boldsymbol{E}=(E_x, E_y, E_z)$ 和磁场 $\boldsymbol{H}=(H_x, H_y, H_z)$ 统一起来，常量 ε_0 和 μ_0 分别为真空中的介电常数和磁导率，ε 和 σ 分别表示仿真区域与材料和位置相关的介电常数和电导率，它们包含掩模或硅片的几何形状信息。

给定几何形状、材料参数、边界条件和入射光场，EMF 仿真方法可利用适当的数值方法求解麦克斯韦方程组。入射场是照射到掩模或硅片上的平面波。常见的边界条件假设有限大小的仿真区域在横向方向，即平行于掩模与硅片平面（x 与 y）的方向，具有周期性。垂直方向（z）上采用透明边界条件，确保光不会被反射回入射端或者不会在硅片面发生反射。

本书采用了不同的 EMF 仿真方法描述掩模和硅片对光的散射。下文将介绍光刻仿真最常用的方法——时域有限差分（FDTD）方法和波导法。此外，有限元方法（FEM）[2-4]、有限积分技术（FIT）[5] 和伪谱时域方法（PSTD）[6] 也已用于光刻仿真。这些方法的细节请见引用的文献。

麦克斯韦方程组一般将电场和磁场的所有六个分量耦合在一起。需要求解整个麦克斯韦方程才能描述三维散射问题。二维散射问题是一种重要的特殊情况，含六个场分量的麦克斯韦方程组被解耦为两个相互独立、各含有三个场分量的微分方程组。如果几何结构和入射场分量在一个横向方向上恒定，上述情况就会发生。假设几何结构和场在 y 方向不变，式（9.1）和式（9.2）可以改写为两个解耦的微分方程组：

$$\begin{aligned}
\frac{\partial H_x}{\partial t} &= \frac{1}{\mu_0}\left(\frac{\partial E_y}{\partial t}\right) \\
\frac{\partial E_y}{\partial t} &= \frac{1}{\varepsilon_0 \varepsilon}\left(\frac{\partial H_z}{\partial t} - \frac{\partial H_x}{\partial t} + \sigma E_y\right) \\
\frac{\partial H_z}{\partial t} &= \frac{1}{\mu_0}\left(-\frac{\partial E_y}{\partial x}\right)
\end{aligned} \tag{9.5}$$

式（9.5）对应于 TE 偏振光或者 y 偏振光，场分量为 H_x、E_y、H_z。

$$\begin{aligned}
\frac{\partial E_x}{\partial t} &= -\frac{1}{\mu_0}\left(\frac{\partial H_y}{\partial z} + \sigma E_x\right) \\
\frac{\partial H_y}{\partial t} &= \frac{1}{\varepsilon_0 \varepsilon}\left(\frac{\partial E_z}{\partial x} - \frac{\partial E_x}{\partial z}\right) \\
\frac{\partial E_z}{\partial t} &= \frac{1}{\mu_0}\left(\frac{\partial H_y}{\partial x} + \sigma E_z\right)
\end{aligned} \tag{9.6}$$

式（9.6）对应于 TM 偏振光或 x 偏振光，场分量为 E_x、H_y、E_z。这些方程描述了 TE 偏振光和 TM 偏振光照明条件下 y 方向线空图形的衍射。求解二维衍射问题比求解完整的三维问题需要的计算资源更少。下面几小节中给出的大都是这类二维衍射问题的例子和解释。3D 实例可以参考引用的文献。

9.1.1　时域有限差分法

时域有限差分（FDTD）法的基本思想是将式（9.1）和式（9.2）对时间进行积分 [7]。在交错网格上对电场分量和磁场分量进行数值积分。在这种交错网格上，TE 方程式（9.5）的有限差分公式为：

$$\begin{aligned}
H_x\Big|_{i,j}^{m+1/2} &= H_x\Big|_{i,j}^{m-1/2} + D\Big|_{i,j}\left(E_y\Big|_{i,j+1}^{m} - E_y\Big|_{i,j}^{m}\right) \\
E_y\Big|_{i,j}^{m+1} &= C_a\Big|_{i,j} E_y\Big|_{i,j}^{m} + C_b\Big|_{i,j}\left(H_x\Big|_{i,j}^{m+1/2} - H_x\Big|_{i-1,j}^{m+1/2} - H_z\Big|_{i,j}^{m+1/2} - H_z\Big|_{i,j-1}^{m+1/2}\right) \\
H_z\Big|_{i,j}^{m+1/2} &= H_z\Big|_{i,j}^{m-1/2} - D\Big|_{i,j}\left(E_y\Big|_{i+1,j}^{m} - E_y\Big|_{i,j}^{m}\right)
\end{aligned} \tag{9.7}$$

式中，整数 i 和 j 表示在均匀网格上的位置；整数 m 表示时间步长。

$$\begin{aligned}
C_a\Big|_{i,j} &= \left(1 - \frac{\sigma_{i,j}\Delta t}{2\varepsilon_0 \varepsilon_{i,j}}\right)\left(1 + \frac{\sigma_{i,j}\Delta t}{2\varepsilon_0 \varepsilon_{i,j}}\right)^{-1} \\
C_b\Big|_{i,j} &= \left(\frac{\Delta t}{\varepsilon_0 \varepsilon_{i,j}\Delta x}\right)\left(1 + \frac{\sigma_{i,j}\Delta t}{2\varepsilon_0 \varepsilon_{i,j}}\right)^{-1} \\
D\Big|_{i,j} &= \left(\frac{\Delta t}{\mu_0 \Delta x}\right)\left(1 + \frac{\rho_{i,j}\Delta t}{2\mu_0}\right)^{-1}
\end{aligned} \tag{9.8}$$

更新系数 C_a、C_b 和 D 的值取决于均匀时间步长 Δt、空间离散间隔 Δx=Δy 等数值参数以及离散网格上的材料属性（$\varepsilon_{i,j}$，$\rho_{i,j}$）。为保证算法的数值稳定性，时间步长 Δt 与空间离散间隔 Δx 之间需要满足以下关系：

$$\Delta t \leqslant \frac{\Delta x}{\sqrt{2\mu_0\varepsilon_0}}$$

式（9.7）和式（9.8）为电场和磁场分量随时间变化的更新方程。这些方程给出了利用第 m–1 时刻的场分量计算第 m 时刻电场和磁场分量的方法。磁场分量的上标 1/2 表示电场和磁场分量的时间步长存在交错。TM 偏振照明条件下的 2D 问题和一般的 3D 问题也具有类似的表达式（参见参考文献 [8]）。场分量在空间和时间上的交错保证了得到的解可同时满足其余两个麦克斯韦方程［式（9.3）和式（9.4）］。

许多实际应用中，需要将 FDTD 与其他技术相结合使用。这些组合方法包括强吸收材料建模中使用的 Luebbers 方法 [9]、对透明边界条件高效建模的完美匹配层法 [10]，以及在仿真域中有效激发电磁场的全 / 散射场方法。Taflove 的书 [8] 对这些技术进行了解释，给出了许多关于 FDTD 电磁场仿真技术实现和应用方面的细节。Alfred Wong 最早将 FDTD 方法应用于光刻掩模衍射光的严格仿真 [11]。

图 9.2 为 FDTD 仿真得到光强随着积分时间的变化。掩模几何结构如左上图所示。光线从顶部入射。积分时间为理论时间的 10% 时，入射光到达 AltPSM 的刻蚀沟槽。部分光线被沟槽底部反射，产生驻波。仿真时间为 15% 时，光到达玻璃基底底部。玻璃基底 / 铬界面的强反射对掩模基底相应区域的驻波产生强烈调制。相比之下，玻璃基底 / 空气界面上方的驻波不太明显。15% 的理论仿真时间后，光开始在掩模下面的空气中传播。到达理论积分时间后达到稳态，掩模附近的近场强度分布不再变化。当达到稳态时，可以提取掩模的透射近场，用于后续的成像仿真。

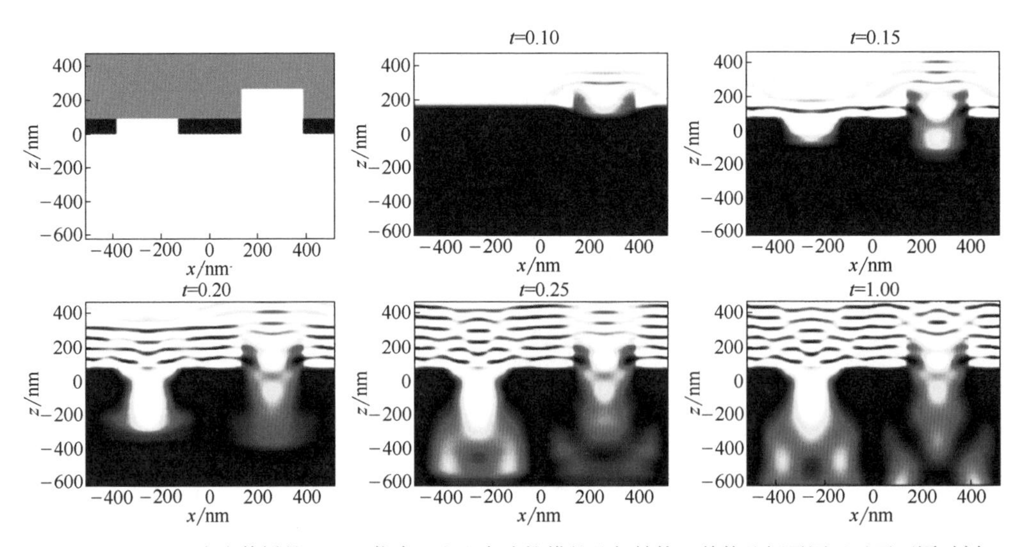

图 9.2 AltPSM 中光传播的 FDTD 仿真，左上角为掩模的几何结构，其他几幅子图显示了不同时刻仿真区域内的电场强度。FDTD 积分时间在图的上方（任意单位）。

设置：λ=193nm，X 偏振或 TM 偏振垂直入射，4 × 65nm 线宽，p= 4 × 130nm

FDTD 是一种空域方法，需要在均匀网格上描述图形的几何形状，如图 9.3 左侧所示。均匀网格和掩模几何形貌决定了计算结果的准确性。亚像素技术 [12] 和网格局部细分技术 [13] 可以减少离散误差。

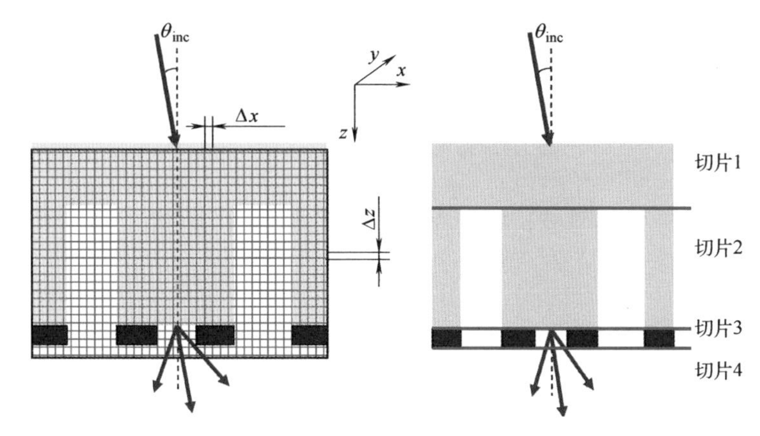

图 9.3　FDTD（左）和波导法（右）对光刻掩模几何结构的描述方法

FDTD 是一种非常灵活的方法，可以应用于任意几何形状和入射场条件下的计算，而且使用方便。FDTD 的准确性取决于几个数值参数，包括 FDTD 网格的空间离散间隔 Δx（$=\Delta y=\Delta z$）、积分时间，以及边界条件和色散关系公式中的其他参数。FDTD 的计算量与仿真区域的大小呈线性关系。

9.1.2　波导法

波导法在空间频率域内求解给定波长单色光的电磁场衍射计算问题。将电磁场和几何图形进行傅里叶级数展开，得到描述傅里叶分量传播和相互之间耦合关系的线性方程组，求解该方程组得到电磁场。波导法的数学公式请见 Lucas 等人的文章 [14]。

波导法几乎与严格耦合波分析（RCWA）相同。20 世纪 80 年代初，这两种方法（RCWA[15]、波导法 [16]）各自被独立提出，并在不同研究领域得到发展。RCWA 主要用于分析面向不同应用的各种衍射光栅，而波导法最初是为了精确仿真光刻掩模和硅片图形的显微成像。傅里叶模态法（FMM）是一种类似的方法，相比之下它增加了 z 向的傅里叶展开。参考文献 [17] 对这些方法进行了综述。因为本书主要面向对光刻感兴趣的读者，所以下面的讨论中使用了术语“波导法”。事实上，波导法也应用了 FMM/RCWA 的许多技术思路 [18, 19]。

FDTD 在空域计算光的衍射，而波导法是在空间频率域进行计算，求解时谐形式的麦克斯韦方程组。将光场表示为时间变量的显式表达式：

$$\tilde{A} = A\exp(-\mathrm{i}\tilde{\omega}t)$$

并引入复介电常数

$$\tilde{\varepsilon} = \varepsilon - \mathrm{i}\frac{\sigma}{\tilde{\omega}}$$

和一个自由空间中的空间频率

$$\tilde{k}_0 = \sqrt{\mu_0\varepsilon_0}\,\frac{2\pi\tilde{\omega}}{\lambda}$$

对于波长为 λ 的电磁波，将麦克斯韦方程式（9.1）～式（9.4）代入亥姆霍兹波动方程得到：

$$\nabla^2\boldsymbol{A} + \tilde{k}_0^2\tilde{\varepsilon}\boldsymbol{A} = 0 \tag{9.9}$$

该式对电场和磁场都有效。波导法将物体分割为一定数量的薄层，在各薄层 z 向分布均匀的条件下，求解亥姆霍兹波动方程，如图 9.3 的右侧所示。波导状薄层 s 内电磁场和复介电常数的傅立叶级数展开式为：

$$\boldsymbol{A}^s = \sum_{l,m}\boldsymbol{a}_{l,m}^s \exp[-\mathrm{i}(\tilde{k}_{l,m}^x x + \tilde{k}_{l,m}^y y)]$$
$$\tilde{\varepsilon}^s = \sum_{l,m}\tilde{\varepsilon}_{l,m}^s \exp[-\mathrm{i}(\tilde{k}_{l,m}^x x + \tilde{k}_{l,m}^y y)]$$

上述线性方程中电磁场系数 $\boldsymbol{a}_{l,m}^s$ 是未知量。利用方程组中有限数量的傅里叶展开系数构建传递矩阵连接薄层上下边界的场分量。将传递矩阵法进行扩展，得到波导法求解散射问题的方法。在大多数应用案例中波导法都会引入特殊的场势 [14]，以及通过改变傅里叶级数数量提高收敛性的技术 [20, 21]。

图 9.4 为对电磁场进行傅里叶级数展开后，取不同数量的波导级次或者傅里叶变换系数对二元铬掩模近场透射光的仿真结果。波导级数（wgOrder）定义了正负两个方向上傅里叶变换系数的数量，比如波导级数 wgOrder =10 时傅里叶变换系数为 −10 级到 +10 级。为了正确地仿真近场，TM 偏振光比 TE 偏振光需要的波导级数更大。进一步研究表明，TM 偏振照明条件下只有在仿真倏逝波的时候才需要额外的傅里叶展开系数（见 7.3.1 节关于倏逝波及其潜在应用的讨论）。对典型光刻掩模，改变 wgOrder 的值，分析波导法的收敛性，结果表明 TE 偏振和 TM 偏振照明模式之间没有明显差异。

如本例所示，波导法仿真的准确性取决于场的傅里叶级数或波导级数。所需的波导级数取决于波长 λ、掩模面周期 p、材料最小 / 最大折射率之间的差异以及消光系数。经验设置方法是：

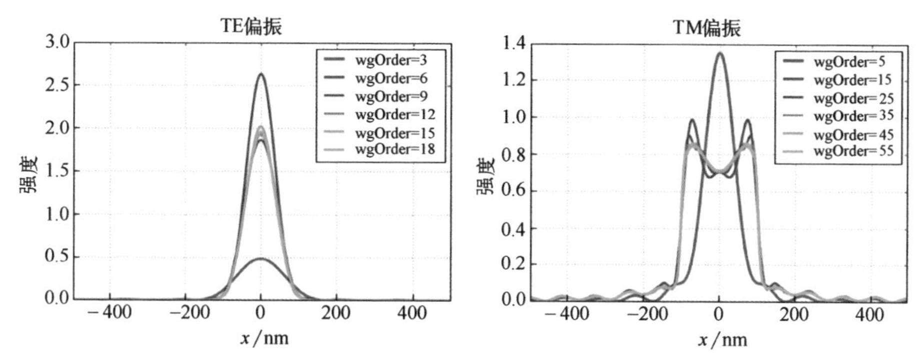

图 9.4　不同数量傅里叶展开系数（wgOrder）情况下二元铬掩模透射近场的波导法仿真结果。掩模周期 1000nm，缝宽 200nm，TE 偏振或 y 偏振照明（左），TM 偏振或 x 偏振照明（右），λ=193nm，垂直入射光，80nm 厚的吸收层

$$
\begin{aligned}
\text{wgOrder} &= \frac{3p}{\lambda}\text{，对于可见光/DUV光谱范围的材料} \\
\text{wgOrder} &= \frac{p}{2\lambda}\text{，对于EUV光谱范围的材料}
\end{aligned}
\tag{9.10}
$$

波导法的计算时间和内存需求取决于波导级数和非均匀薄层的数量。在大多数实际案例中，都可以将光波正确地描述为关于时间的单色波，都可以精确地描述薄层内的几何结构，使得波导法在光刻仿真中的表现优于 FDTD。这两种方法的详细比较可参考文献 [22]。

标准波导法在计算量随仿真面积的增长方式方面存在不足，特别是在三维仿真中。一般来说，FDTD 的计算量随 x 向和 y 向仿真面积的增大而线性增加。而波导法的计算量按照 $\text{wgOrderX}^3 \times \text{wgOrderY}^3$ 的关系增加，这里 wgOrderX 和 wgOrderY 分别是 x 和 y 方向的波导级数，与相应的掩模尺寸或周期成比例 [参见式（9.10）]。利用 9.2.5 节和参考文献中介绍的分解技术，可以一定程度上解决这种不利的增长方式带来的问题。

9.2　掩模形貌效应

图 9.5 显示了基尔霍夫方法与严格电磁场（EMF）的仿真结果之间的区别。基尔霍夫方法假定掩模为无限薄，根据掩模图形直接得到掩模透射光。无吸收层区域的透射率为 1.0，铬覆盖区域的透射率为 0。整个掩模透射光的相位是常数。

严格 EMF 仿真可以计算吸收层图形附近的光强和相位。入射光与来自基底 / 吸收层界面的反射光之间的干涉产生了驻波，如图 9.5 左上方和右上方所示。部分光透过吸收层的刻蚀开口，向投影物镜传播。透射光的相位类似于从掩模开口出射的柱面波。在吸收层的下方直接提取透射近场的强度和相位。与基尔霍夫方法不同，透射光的强度和相位都沿 x 轴连续变化。

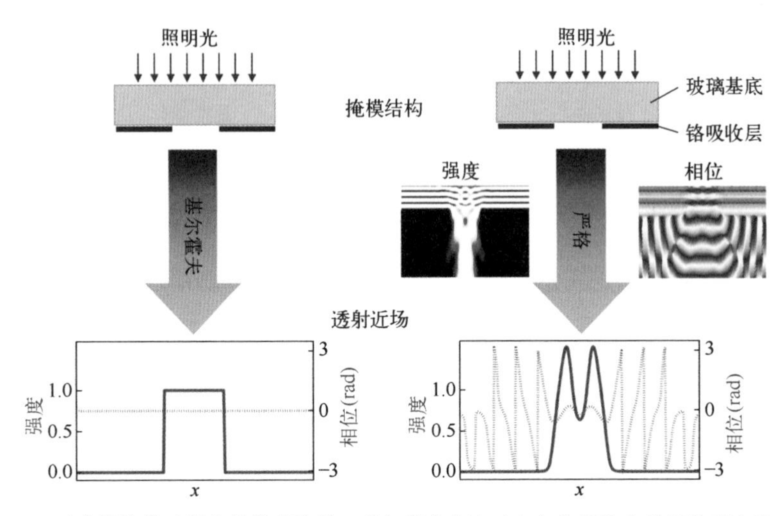

图 9.5　二元光学掩模透射光的仿真结果：基尔霍夫方法（左）和严格电磁场仿真方法（右）。改编自参考文献 [23]

两种掩模建模方法仿真得到的透射光相差很大。但是，不是所有的差异都对掩模远场光斑重要。造成差异的另一个原因是倏逝波不会传播到远场。此外，投影物镜的数值孔径起到带通滤波器的作用，会滤除一部分差异。接下来的两节研究远场衍射光和光刻投影系统所成的像。

9.2.1　掩模衍射分析

首先我们考虑平面波照明条件下周期性线空图形的衍射。掩模衍射分析主要是研究各衍射级的强度、相位与偏振、周期和入射角的关系。分析结果可以用于确定需要严格电磁场仿真的应用条件，有助于深入理解掩模形貌引起的成像缺陷。除了可用于系统地研究掩模材料和几何结构带来的影响之外，掩模衍射分析还可以用于设计消除或利用掩模形貌效应的方法。

如图 9.6 所示，周期性图形将入射光衍射为几个离散的衍射级。令周期为 p、波长为 λ，则离散衍射级或衍射角的方向可由光栅方程给出：

$$\sin\theta_m = \sin\theta_{\text{inc}} + m\frac{\lambda}{p} \tag{9.11}$$

式中，m 为衍射级序数。对于给定的周期和波长，只有有限数量衍射级的衍射角 θ_m 为实数，可向前传播。垂直入射条件下（θ_{inc}=0°），这个衍射级数量可由如下表达式得出：

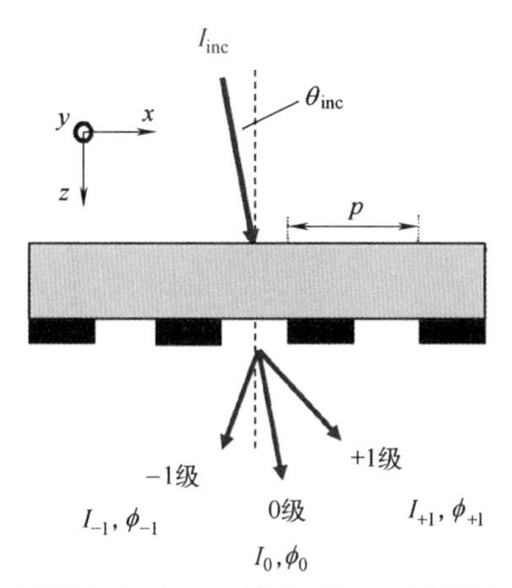

图 9.6　掩模衍射分析的光路图。TE 偏振或者 y 偏振是沿着 y 轴的电场矢量。TM 偏振或者 x 偏振光是沿着与 xz 面垂直方向的电场矢量

$$\left|m\frac{\lambda}{p}\right| \leqslant 1$$

可以利用衍射效率以及各级次相对于 0 级衍射光的相位差对衍射分析获得的数据进行评估，衍射效率的公式为：

$$\eta_m = \frac{I_m}{I_{\text{inc}}} \tag{9.12}$$

各衍射级次与 0 级衍射光之间的相位差表示为：

$$\Delta\phi_m = \phi_m - \phi_0 \tag{9.13}$$

同时，利用偏振分数表征掩模的偏振性能 [24]：

$$\text{FPOL}_m = \frac{\eta_m^{\text{TE}} - \eta_m^{\text{TM}}}{\eta_m^{\text{TE}} + \eta_m^{\text{TM}}} \tag{9.14}$$

该参数描述了第 m 级 TE 或 TM 偏振光中非偏振成分的多少。偏振分数 FPOL_m=1.0/−1.0 时掩模可作为第 m 级衍射光的 TE/TM 起偏器。FPOL_m=0.0 表示两种偏振光的衍射效率相同。

图 9.7 为 MoSi 衰减型相移掩模（AttPSM）的衍射分析结果。从中可以看出垂直入射（θ_{inc}=0°）条件下占空比（线宽和周期之比）为 1 ∶ 2 的密集线图形的 0 级和 1 级衍射光的特点。周期值采用了掩模面尺寸。对于 4× 缩小系统，换算为硅片面周期（和尺寸）时需要除以 4。采用基尔霍夫方法预测的零级衍射效率为恒定值，其值对应于掩模的平均透过率。只有当周期大于波长 193nm 时第一级衍射光才向前传播。除了这一截止特性之外，一级衍射光的大小为恒定值。

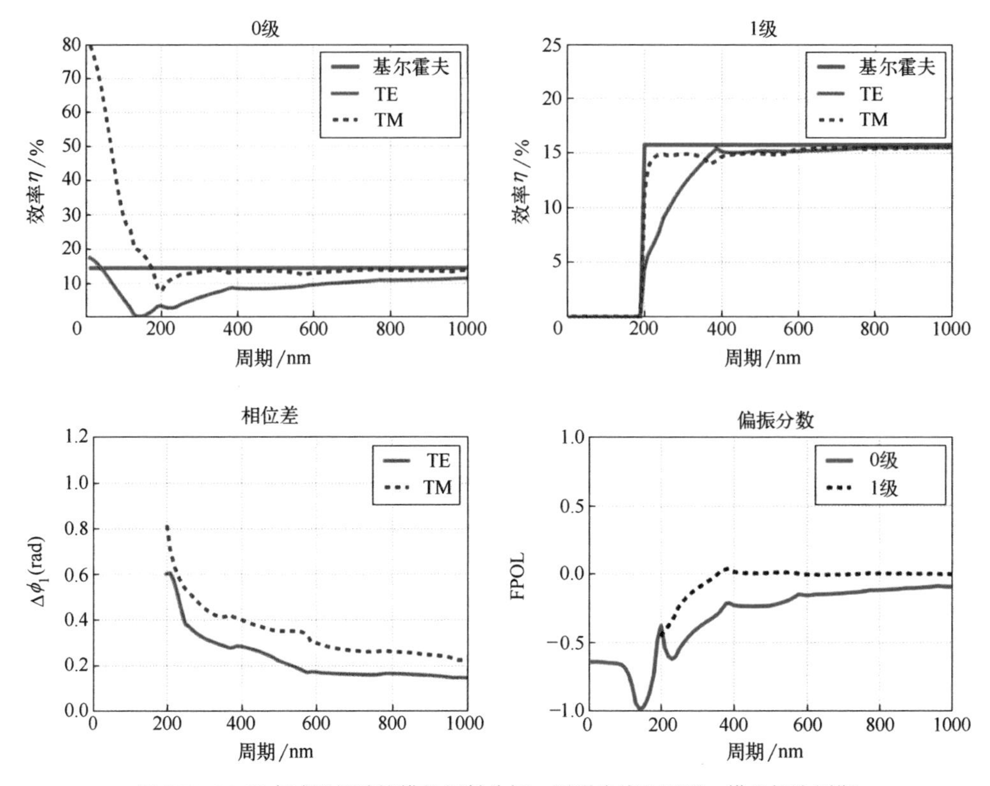

图 9.7　MoSi 衰减型相移掩模的衍射分析，图形为线空图形，横坐标为周期。左上图为0级衍射光的衍射效率。右上图为1级衍射光的衍射效率。左下图为0级和1级衍射光的相位差。右下图为偏振分数。设置：λ=193nm，ϕ_{inc}=0.0°，MoSi 层厚度为 68nm（折射率 n=2.343，消光系数 k=0.586），石英基底（n=1.563，k=0.0）

相比之下，严格 EMF 仿真可以预测与偏振和周期相关的衍射效率。周期较大时，严格计算的衍射效率与基尔霍夫方法的计算结果接近。即，当掩模面周期大于 800nm 时基尔霍夫方法的仿真精度可以接受。这时硅片面周期为 200nm，线宽为 100nm。当尺寸减小时，基尔霍夫方法的仿真精度不足。

严格 EMF 仿真表明 TM 偏振光的衍射效率高于 TE 偏振光。从图 9.7 右下方的偏振分数图中也可以看出这一点。特征尺寸很小时 MoSi 掩模起到了 TM 起偏器的作用。而高数值孔径系统的成像需要 TE 偏振光（见 8.3.2 节）。显然这与成像的需求相矛盾。MoSi 型掩模对光的这种不利衍射特性有时被称为“MoSi 危机”。铬和其他掩模吸收层材料的偏振特性更好[25, 26]。

在图 9.7 左下角的相位图中可以观察出掩模衍射的另一个重要特征。图形周期小于 600nm 时，掩模形貌引入了与周期有关的相位效应，可以在远场衍射光中观察到。它们对成像性能的影响类似于投影物镜的波像差[27]。下几节将讨论几种掩模像差效应及其对光刻成像的影响。

也可以对其他类型的掩模和材料进行类似的分析[28]。分析结果表明，特征尺寸达到或小于波长量级的掩模类似于散射物体，对衍射光振幅和相位的影响与偏振有关。

9.2.2　斜入射效应

掩模对光的衍射不仅与掩模形貌和材料特性有关，还与入射光方向密切相关。掩模上入射光的角度范围由下式给出：

$$\sin\theta_{\max}=\frac{\sigma_{\max}\mathrm{NA}}{Mn_{\mathrm{s}}} \tag{9.15}$$

式中，$\theta_{\max}$ 是入射光的最大张角；NA 是物面或者硅片面数值孔径；M 是光刻机的缩小倍率；n_{s} 是掩模基底的折射率。DUV 照明的入射角范围相对于 θ=0° 的光轴对称。EUV 光刻机的入射角范围取决于特征图形的方向。对于垂直图形，入射角也关于 θ=0° 对称；对于水平图形，入射角范围随 CRAO 的变化而变化。

图 9.8 为不同数值孔径 DUV 和 EUV 光刻中密集线空图形衍射效率的典型值（仿真结果）。为了使工艺因子 k_1 的大小差不多，仿真中对特征尺寸进行了缩放。为了清楚地显示对比结果，将 EUV 吸收层材料放置在真空中（无多层膜）。考虑到光两次穿过吸收层（分别在多层膜反射之前和之后），吸收层厚度值中设置了因子 2。

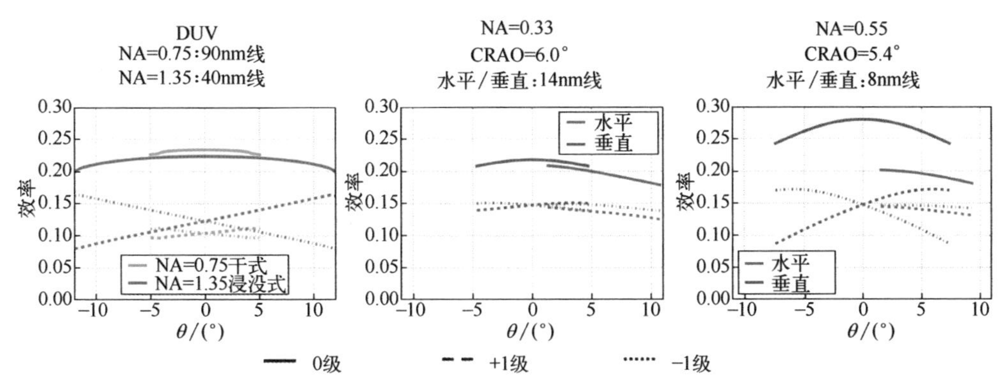

图 9.8　在典型入射角范围内对 DUV 和 EUV 密集线空图形的衍射效率仿真结果。左图为干式和浸没式 DUV 光刻；中图为 EUV 光刻水平和垂直线条的仿真结果，NA=0.33；右图为 EUV 光刻水平和垂直线条，NA=0.55。吸收层参数：DUV 吸收层为 73nm 厚的 Cr，EUV 吸收层为 2×56nm 厚的 TaBN

首先，我们讨论从 DUV 光刻中观察到的现象。入射角 $\theta_{\max}$ 小于 5°时，掩模衍射光几乎不受掩模上入射光方向变化的影响。在这个入射光方向范围内，可以将垂直照明条件下的衍射光谱进行简单平移得到斜入射时的衍射光谱。只需要一次严格 EMF 仿真就可以准确计算部分相干照明条件下的光刻成像。这种利用掩模衍射的平移不变性进行成像仿真的方法通常被称为霍普金斯方法。式（9.15）表明霍普金斯近似可应用于数值孔径小于 0.8 的系统和 σ 较小的高数值孔径系统。

强离轴照明高数值孔径 DUV 光刻的入射角范围更大，不能采用霍普金斯方法。在此入射角范围内，0 级光和 1 级光的衍射效率都表现出了明显的变化。同时，较厚的吸收层材料（与波长相比）和倾斜入射，使得 NA=0.33 的 EUV 光刻系统中，水平向图形对入射光方向的变化非常敏感。高数值孔径 EUV 光刻机（参见 6.7.2 节）对入射光方向变化的敏感性更高。该系统中对入射光方向变化敏感性最高的是（4 倍）垂向图形。硅片面尺寸相同的（4 倍）垂向图形的掩模面尺寸小于（8 倍）水平向图形的掩模面尺寸 [29]。

大多数先进高数值孔径 DUV 光刻系统常采用强离轴照明或设置 σ 值大于 0.5。这些系统中光的衍射效率不具有平移不变性，不符合霍普金斯假设条件。在典型的 EUV 光刻系统中，掩模衍射光不具有平移不变性。所有 EUV 光刻系统和高数值孔径 DUV 光刻系统都需要采用严格建模，不能应用霍普金斯假设条件。需要在几个有代表性的入射角下计算掩模衍射光。采用霍普金斯方法计算每个入射角附近照明点对应的衍射光，称为局部霍普金斯方法。最终的像是这些像的非相干叠加。虽然在多个入射角下进行严格 EMF 仿真增加了掩模与成像仿真的计算量，但对于高精度 EUV 光刻成像建模和高数值孔径 DUV 光刻成像建模来说，这么做是必须的 [31]。

9.2.3 掩模引起的成像效应

首先，交替型相移掩模（AltPSM）[32] 的成像光强不对称性证实了严格建模的重要性。AltPSM 吸收层材料的刻蚀开口深度很大，使得掩模对形貌效应非常敏感。图 9.2 为 AltPSM 的近场仿真结果。在该仿真中，我们采用波导法结合矢量成像研究具有 65nm 密集线图形的 AltPSM 的成像性能。在本例及后续的成像示例中，掩模尺寸采用硅片面尺寸。同时，按照如下公式设定刻蚀相移层的深度，产生 180° 相移（与未刻蚀区域的透射光相比）：

$$d_{\text{etch}} = \frac{\lambda}{2(n_{\text{quartz}} - 1)} \tag{9.16}$$

式中，n_{quartz} 是石英基底的折射率；λ 是波长。

图 9.9 左侧显示了仿真得到的空间像截面图。实线为相同宽度的空图形在刻蚀和未刻蚀条件下的像。与左侧未刻蚀条件下的像强度相比，右侧刻蚀产生的相移层边缘对光的散射降低了空间像的强度。未刻蚀掩模的成像强度更大，使得两个强度最大值之间的强度最小值向右侧偏移了 12nm。

增加刻蚀相移层图形的宽度可以补偿 AltPSM 的成像强度不对称及其导致的放

置误差。图 9.9 左图中虚线为不同相移图形宽度 $w_{shifter}$ 对应的空间像，相移图形宽度为 85nm 时，左右两个像的强度一致；右图显示了最小值位置与宽度的关系（仿真结果），宽度为 82.5nm 时，可将放置误差降低为零。

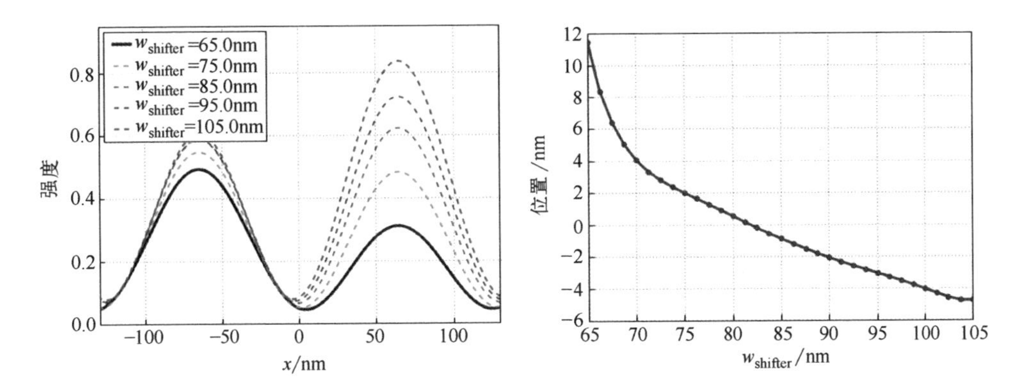

图 9.9 掩模形貌效应引起的像强度不对称。图形为 65nm 交替型相移掩模密集线。左图为不同相移层宽度 $w_{shifter}$ 对应的像横截面图。右图为线的位置随着 $w_{shifter}$ 变化的关系。成像条件：λ=193nm，y 偏振圆形光源 σ=0.3，NA=1.2，缩小倍率为 4，离焦量为 0。Cr 吸收层的厚度为 80nm（n=0.842，k=1.647）。基底为石英（n_{quartz}=1.563，k=0.0）。掩模结构见图 9.2

然而，这些仿真仅在单个焦面位置研究掩模形貌引起的成像不对称。系统的仿真和实验研究表明，与简单地增加刻蚀图形宽度的方法相比，利用欠刻蚀或预刻蚀等策略进行不对称补偿，在焦深方向的成像性能表现更优 [33]。

此外，微细图形的掩模衍射效应也会影响衰减型相移掩模和二元掩模的设计。图 9.10 为 50nm 线空图形的光学邻近效应曲线。掩模为 MoSi 型 AttPSM。仿真中没有应用辅助图形。利用简单的光刻胶阈值模型提取硅片面的 CD 数据。光刻胶位于折射率与之非常匹配的基底上。掩模线宽以及硅片面 CD 采用的都是硅片面尺寸。

图 9.10 的左侧显示了没有对掩模进行 OPC 时掩模线宽（LW）、硅片面 CD 仿真值与图形周期之间的关系。基尔霍夫方法与严格掩模模型的仿真结果差异可达 5nm。右图显示了为获得 50nm 的目标 CD，在各种周期条件下计算得到的掩模线宽。很多其他仿真结果也都表明，OPC 模型必须考虑掩模形貌效应才能满足掩模设计的需要。

图 9.10 中的 OPC 没有添加辅助图形。辅助特征尺寸小于主图形。9.2.1 节讨论的掩模形貌效应与特征尺寸之间的关系表明，辅助图形的成像性能对掩模形貌效应更加敏感，如图 9.11 所示。图 9.11 为 MoSi 型 AttPSM 上孤立线图形的仿真空间像横截面图。为了比较不同节点光刻对应的仿真结果，使用阿贝 - 瑞利公式 NA=0.3λ/LW 对数值孔径进行缩放后再对孤立线进行成像仿真。阿贝 - 瑞利公式中，LW 表示硅片面特征尺寸或线宽。

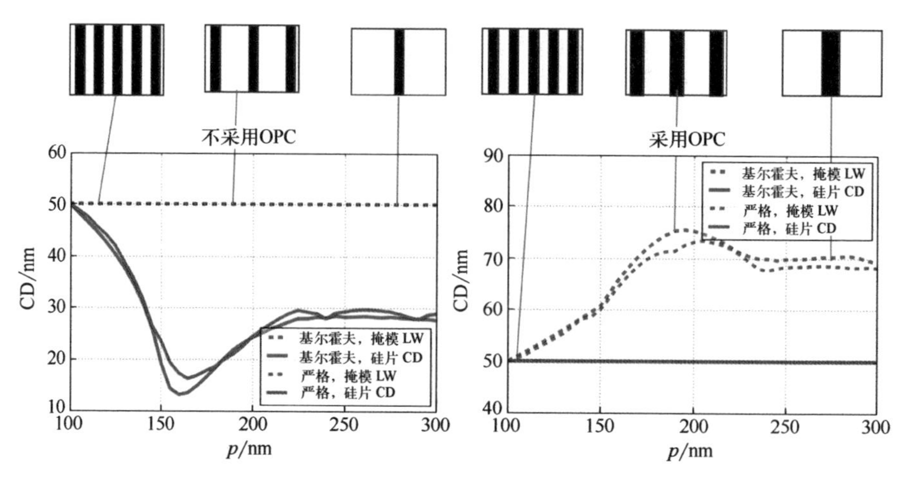

图 9.10 CD 和掩模线宽随着图形周期的变化曲线。图形为线空图形，掩模类型为 MoSi 型衰减相移掩模。左图没有进行 OPC，右图为 OPC 之后的结果。采用了基尔霍夫模型和严格掩模模型。成像条件：λ=193nm，xy 偏振 CQuad 光源 σ 为 0.5、0.9，极张角为 20°，NA=1.35，缩小倍率为 4，离焦量为 0。MoSi 吸收层的厚度为 68nm（n=2.343，k=0.586）。基底为石英（n_{quartz}=1.563，k=0.0）。线宽为 50nm，没有添加辅助图形，CD 截取自光刻胶内空间像

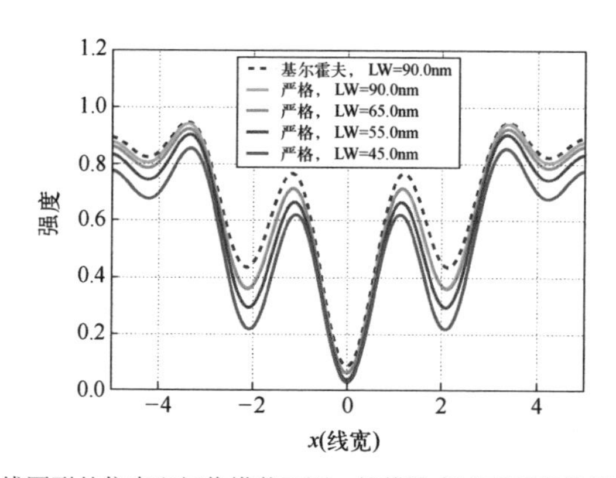

图 9.11 孤立线图形的仿真空间像横截面图。掩模为衰减型相移掩模，含辅助图形。采用基尔霍夫和严格掩模模型。y 偏振二极照明，NA=0.3λ/LW，辅助图形的宽度为 LW/3，辅助图形的距离为 2LW。其他参数与图 9.10 相同

分别利用基尔霍夫模型和严格仿真方法对不透光辅助图形进行光散射仿真。严格仿真得到的辅助图形周围的光强最小值小于基尔霍夫模型的仿真结果。因此，确定 OPC 辅助图形的宽度时必须考虑这种影响。从观察到的结果看，这种影响与光的偏振和掩模极性密切相关。一般来说，基尔霍夫仿真方法不能充分预测不透光辅助图形的印出风险。对于透光辅助图形，TE 偏振光照明下仿真预测的印出风险过高。TM 偏振光照明下与 TE 偏振光照明下的结果相反。

如 9.2.1 节所述，掩模形貌效应不仅影响衍射光的振幅，还影响衍射光的相位。这些相位效应会导致工艺窗口不对称、与周期和方向有关的最佳焦面偏移等类似像

差的成像现象[27, 34, 35]。图 9.12 展示了其中的一些效应，分别为不同掩模材料对应的工艺窗口和不同周期的最佳焦面分析结果。不透明 MoSi- 玻璃掩模（OMOG）[36]和传统 MoSi 掩模的工艺窗口均关于离焦量为零的标称像面不对称。对最佳焦面位置的分析表明，最佳焦面位置随着周期的变化而变化。这类似于投影物镜的球差引起的成像现象（详见 8.1.6 节）。

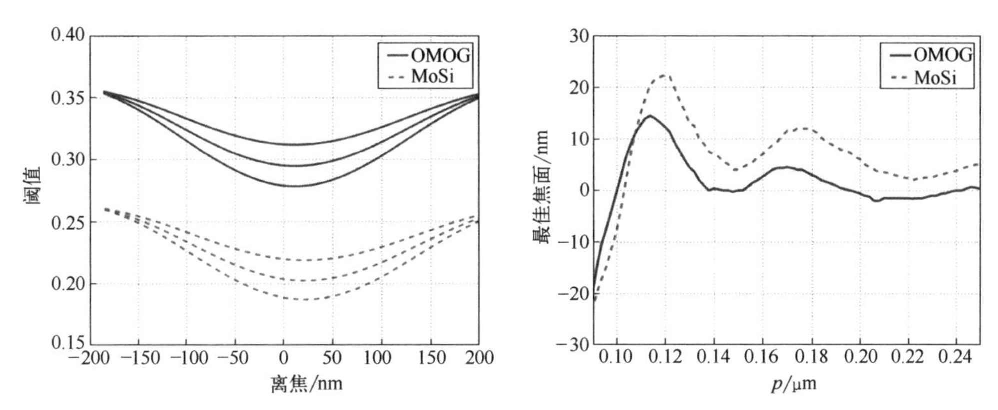

图 9.12　掩模导致的最佳焦面偏移。掩模为 MoSi 型和 OMOG 型掩模，45nm 线图形。左图为周期 120nm 时的工艺窗口。右图为最佳焦面随周期的变化图。成像条件：λ=193nm，xy 偏振 CQuad 光源 σ 为 0.66、0.82，极张角为 60°，NA=1.35，缩放倍率为 4。MoSi 吸收层的厚度为 68nm（n=2.343，k=0.586）。OMOG 吸收层为双层结构，底层厚度为 43nm，n=1.239，k=2.249，顶层厚度为 4nm，n=2.2235，k=0.8672。石英基底（n_{quartz}=1.563，k=0.0）

图 9.12 等例子表明，先进光学光刻掩模的三维形貌会产生相位效应，对成像的影响与像差类似。所以有可能将掩模引起的像差现象当作投影物镜的波像差。由于像差测量技术常利用专门设计的检测掩模，通过对该掩模多焦面位置的像进行分析来测量波像差，所以在应用像差测量技术时，也需要考虑这些效应[37-39]。

通过控制投影物镜波前、改进掩模吸收层材料的方法可补偿掩模引起的像差效应[40-42]。参考文献 [35] 中详细讨论了投影物镜像差和掩模引起的像差之间的关系，其中介绍了基于衍射谱严格仿真的泽尼克分析方法。该方法可以作为量化掩模效应的有效方法。

图 9.13 展示了基尔霍夫和严格掩模仿真方法对缺陷可印性仿真预测结果的差异。20nm 方形暗场缺陷位于两 45nm 线条之间。缺陷可能是在掩模制造过程中产生的，也可能是使用过程中落到掩模上的。图示为利用几个大小略有差异的阈值截取掩模版表面的像得到的轮廓图。从基尔霍夫方法的仿真结果中可以看到，缺陷使得线条之间的空间变窄，不能充分预测缺陷带来的影响。严格仿真预测出了两根线条之间的桥连，特别是在光强略低于目标尺寸阈值时。

缺陷可印性的预测结果对模型的假设条件高度敏感。缺陷是光刻掩模上最小的图形，所以它们对掩模的形貌效应十分敏感。通常，基尔霍夫方法仿真预测的暗场缺陷可印性低于实际，仿真预测的亮场缺陷的可印性高于实际。交替性相移掩模上的相位缺陷可以会聚或者散射来自其附近的光。它们被印出的风险随焦面位置的变化呈现出不对称波动[43]。

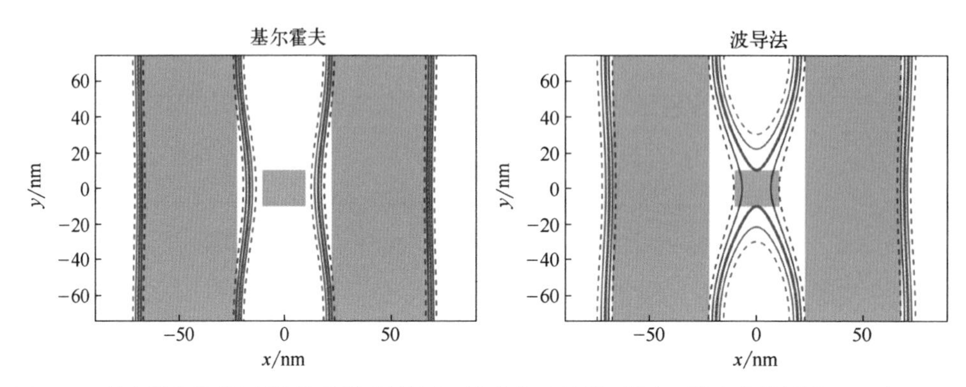

图 9.13　基尔霍夫模型和严格掩模模型的缺陷可印性仿真结果。填充区域为掩模版图：CD 为 45nm、周期为 90nm 的密集线图形。缺陷位于两条线之间，大小为 20nm，方形。MoSi 参数同图 9.12。实线和虚线分别为采用图形的阈值截取的像轮廓图。光学参数设置：λ=193nm，xy 偏振 CQuad 光源 σ 为 0.7、0.9，极张角为 60°，NA=1.35，缩小倍率为 4

9.2.4　EUV 光刻中的掩模形貌效应与缓解策略

上一节举例说明了严格掩模建模对 DUV 光刻的重要性。掩模形貌效应的幅度通常随（掩模面）特征尺寸和所用波长之间比例的减小而增加。EUV 光的波长短，增大了掩模上特征尺寸与波长之间的比例。这是否意味着 EUV 光刻对掩模形貌效应的敏感度更低呢?

显然不是。掩模形貌效应重要程度的第二个影响因素是图形的厚度或高度。EUV 吸收层材料的厚度与光学光刻掩模吸收层材料的厚度基本一致。EUV 光刻掩模吸收层厚度大约为波长的 4 到 5 倍。吸收层材料厚度与波长之间的比例很大，使得 EUV 光刻对掩模形貌效应非常敏感。EUV 掩模的特殊几何结构及其在成像系统中的集成方式使得 EUV 光刻产生了几种特有的形貌效应。

图 9.14 对比了反射式 EUV 光刻掩模和透射式 DUV 光刻掩模。与 DUV 光刻相比，在 EUV 光刻波段，光学材料性质（折射率 n 和消光系数 k）的变化要小得多。因此，为了获得所需的强度和相位调制，需要增加吸收层厚度。

EUV 光刻吸收层图形的相对厚度（由波长归一化）远大于 DUV 光刻。由于光两次通过吸收层，EUV 掩模吸收层的厚度变得更加重要。首先，照明系统发出的光照射到掩模时第一次穿过吸收层材料；然后经多层膜反射后再次穿过吸收层。

EUV 掩模多层膜白板引入了 EUV 光刻特有的掩模效应。光的反射不是发生在多层膜顶部，而是在多层内部的几个界面，这增加了掩模的有效厚度。倾斜照明、多层膜反射率对入射光角度的依赖性以及（厚）吸收层材料对光的两次衍射使得 EUV 光刻的斜入射效应变得更加重要（参见 9.2.2 节）。

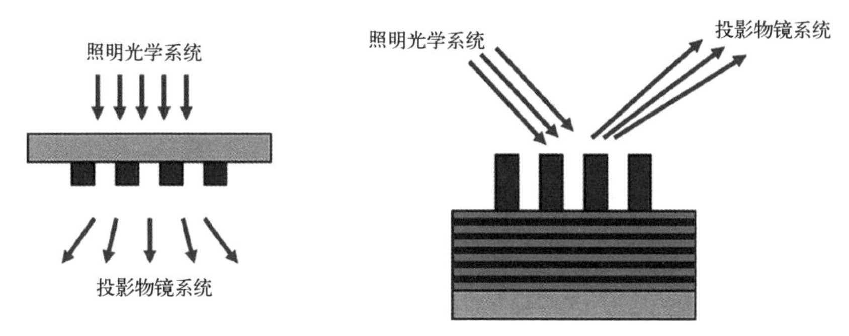

图 9.14　DUV 光刻的透射式掩模（左）与 EUV 光刻的反射式掩模（右）原理图。EUV 掩模的多层膜仅是示意图。实际的 Mo/Si 多层膜白板由 40 对 Mo/Si 膜组成。转载自参考文献 [44]

光的衍射与掩模上入射光的方向密切相关，对成像有重要影响。图 9.15 显示了二极照明条件下，NA=0.33 的 EUV 成像系统对 16nm 密集线在不同焦面的成像结果。图中为采用单极照明和两极同时照明情况下的像。

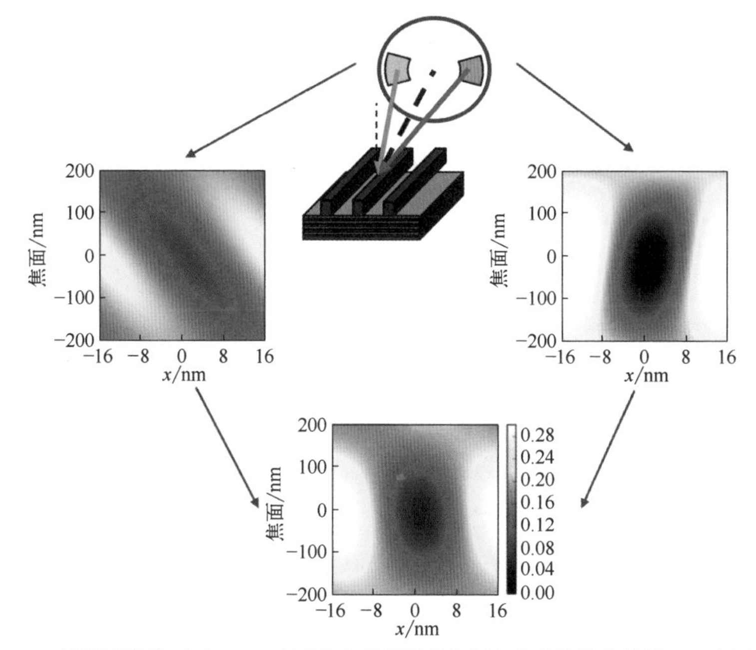

图 9.15　二极照明条件下对 16nm 水平密集线图形的焦深方向成像仿真结果。上中图为掩模结构和照明方向示意图。细虚线和粗虚线分别表示掩模表面法线方向和主光线入射角。圆以及里面的扇形区域分别表示 0.33 的数值孔径以及左右两极在照明光瞳的位置。分别绘制了左极、右极以及左右两极对应的空间像强度关于焦面的图。成像条件设置：CRAO=6°，二极照明 σ_{in}/σ_{out}=0.4/0.8，极张角为 30°，非偏振光。改编自参考文献 [44]

由于照明方向不同，两个单极照明条件下的（多焦面）成像差别很大。由于衍射效率随照明方向的变化而变化，两个单极照明条件下不仅远心性相反（图形位置与离焦面的关系），而且对比度和平均强度也不同。在其他周期和成像条件下，也可以观察到类似的现象[29, 45]。将 EUV 照明光瞳的几个分区（不同的）所成像进行叠加通常会降低成像对比度[46, 47]。掩模形貌效应与照明几何形状的强耦合性使得光源掩模优化（SMO）对 EUV 光刻来说更加重要。参考文献 [48，49] 介绍了 EUV 光刻 SMO 面临的最大挑战和可能的解决方案。

图 9.16 所示为另一种掩模形貌效应，左图为 EUV 吸收层导致的波前变形。前面已经介绍并讨论了反射近场的相位形变，如图 6.9 所示。图 9.16 右侧为（归一化的）对比度与仿真空间像焦面位置之间的关系，由图可知，当与周期有关的最佳焦面偏移量为 20nm 时对比度最高。在 DUV 光刻中也可以观察到类似的效应[50]。由于焦深减小，这种效应对 EUV 光刻的影响更为明显。

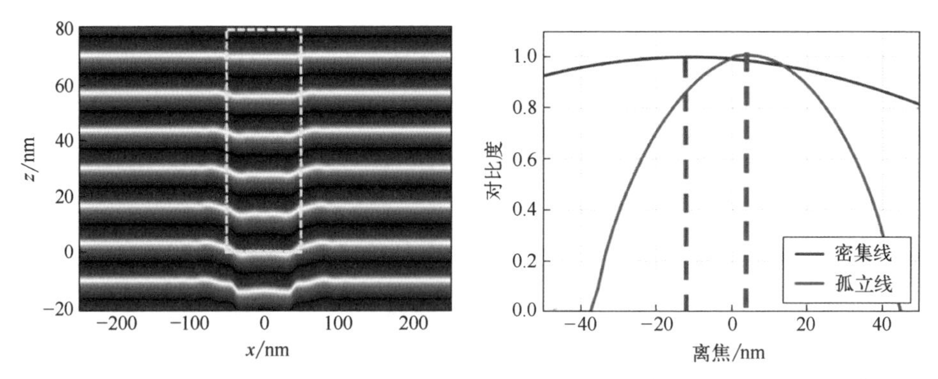

图 9.16 EUV 光刻的最佳焦面偏移效应。左图：波前在 88nm（掩模面）TaBN 吸收层中传播的近场仿真结果；系统位于真空中，掩模为反射式多层膜；虚线矩形表示吸收层的轮廓。右图：密集和孤立图形的归一化局部对比度（NILS）随焦面的变化。掩模面特征尺寸为 88nm，二极照明 σ_{in}/σ_{out}=0.4/0.8，极张角为 30°。改编自参考文献 [44]

进一步减小 EUV 光刻中的特征尺寸和工艺因子 k_1，需要缓解掩模形貌效应带来的不利影响。人们已研发了几种缓解方法。这里给出了三个例子。前两种方法通过对照明形状或者掩模版图进行不对称性修正提高 EUV 掩模吸收层的成像性能。这些方法虽然很容易实现，但常常与具体的掩模版图密切相关，通用性较差。虽然第三个例子中的新型吸收层材料对掩模结构影响很大，但是这些新材料可从根本上解决掩模形貌效应问题，可作为更通用的解决方案。

如图 9.17 所示，客户化照明形状可减弱两个相邻空图形在焦深方向的成像不对称性[51]。如左图所示，二极对称照明条件下空间像和 CD 仿真值在焦深方向明显不对称。利用优化后的不对称客户化照明（右图所示）可以完全补偿掉这些不对称性。进行光源优化时必须特别注意，需要在保持高成像对比度的同时避免产生异常的像灵敏度。

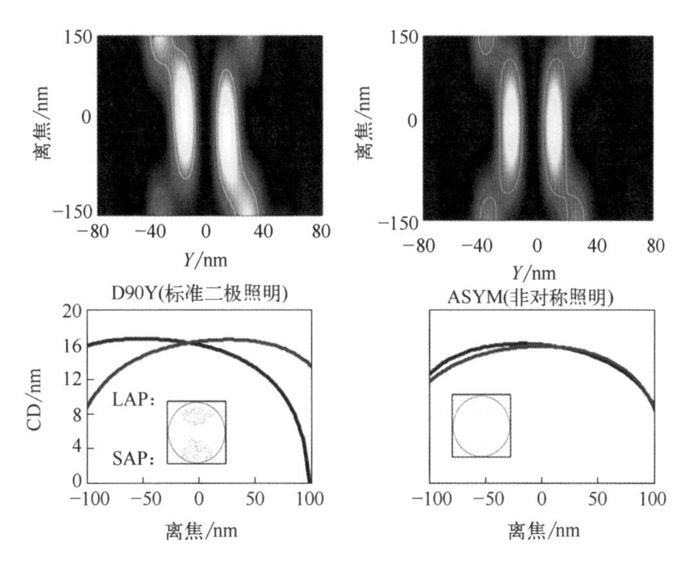

图 9.17　标准二极照明（左图）与优化的非对称照明（右图）条件下，水平双缝图形的成像仿真结果。第一行：横坐标为焦面的空间像强度图。第二行：顶部狭缝（Y 的正向）以及底部狭缝（Y 的负向）的特征尺寸或者 CD，横坐标为焦面。红线和黑线分别对应左右狭缝。照明形状如第二行图中的内嵌图所示。LAP 表示大角度极，SAP 表示小角度极。改编自参考文献 [51]

应用不对称辅助图形也可以减弱 EUV 光刻成像对比度的衰减。Stephen Hsu 和 Jingjing Liu 对不对称放大倍率高数值孔径 EUV 成像系统进行了仿真 [52]，如图 9.18 所示，验证了这一点。

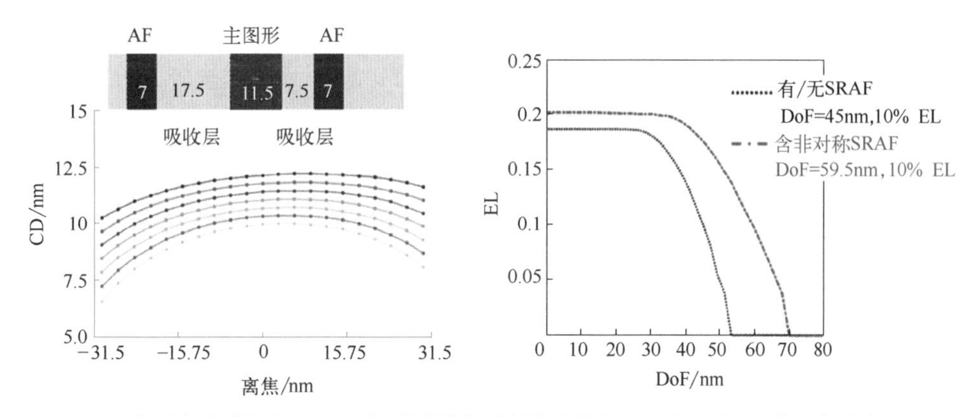

图 9.18　非对称辅助图形（AF）对工艺性能提升的仿真结果。左图：采用了非对称辅助图形的 11nm 线宽、70nm 周期的线空图形，以及相应的 Bossung 曲线。右图：不含 SRAF 以及包含优化后 SRAF 情况下的曝光裕度（EL）- 焦深（DoF）图。改编自参考文献 [52]

不对称辅助图形有助于改善不同方向入射光对应衍射级的对称性。需要特别注意的是，需要保证辅助图形在焦深方向的有效性，并防止辅助图形在有用焦深范围内被印出。参考文献 [52] 详细介绍了 EUV 光刻不对称辅助图形及其对工艺性能的影响。替换掩模材料是解决掩模形貌效应问题的最常用方法。利用高 k 材料可以减小吸收层的厚度。折射率接近 1 的吸收层材料导致的波前和光的相位变化更小。图 9.19 中的近场图验证了这一结论。

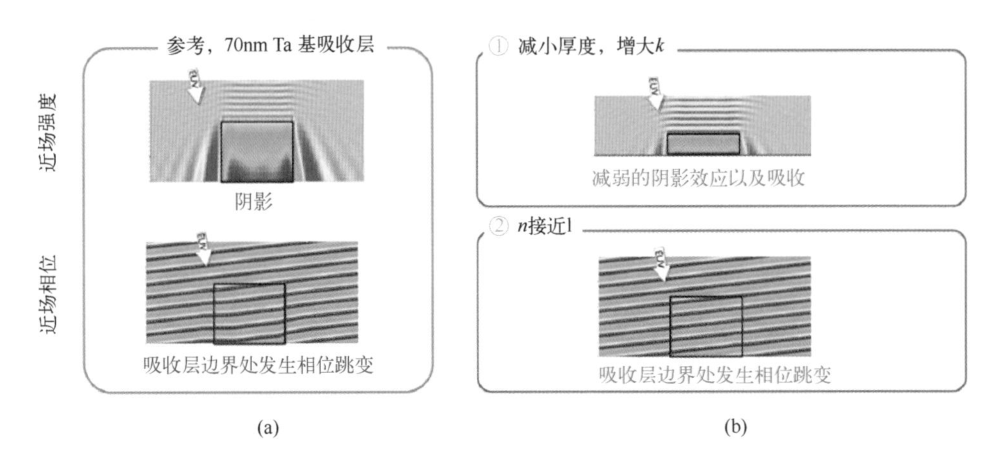

图 9.19 （a）70nm 厚 Ta 材料参考吸收层的近场（上）和相位（下）仿真结果。（b）减小吸收层厚度并增大消光系数后的近场强度（上）与 70nm 厚、消光系数为 1 的吸收层近场相位（下）。箭头表示 EUV 光的入射方向，黑色框表示吸收层的位置。转载自参考文献 [53]

另一方面，消光系数更低、折射率为 0.88 ～ 0.95 的吸收层材料可用于制造 EUV 光刻 AttPSM[54]。折射率低的吸收层材料也有利于光在无吸收层区域的传播（折射角小），并减小不同照明条件下所成像之间的位置偏差 [45]。

掩模吸收层材料和结构方面的研究仍在进行中 [55-57]。需要综合考虑不同的成像指标（如 NILS、目标尺寸阈值、非远心度等）才能确定最佳材料和结构，而且这些材料还需要满足掩模刻写、寿命、检测、修复等方面的需求。初步实验研究表明，采用高 k 吸收层材料可以提高 EUV 光刻机的套刻精度 [58]。除此之外，还必须考虑多层膜的特性 [59]。

9.2.5 三维掩模模型

应用于大面积版图仿真时，严格掩模仿真需要大量的计算资源。利用并行算法 [60, 61] 和专用硬件 [62, 63] 可以一定程度上解决该问题。另一方面，应用于光刻成像计算的掩模衍射场建模有一定特殊性，允许模型存在合理的精度损失。例如，由于投影系统的数值孔径大小有限，掩模衍射谱的高空间频率成分对远场像没有作用。所以可以容忍这些高空间频率成分的数值计算误差。而且，掩模图形大多是层次结构的，边通常沿着设计偏好的方向。可以利用这些信息建立更有效的模型，描述掩模形貌效应的影响。

掩模分解技术将大面积、三维问题拆分成简单的小面积或者二维 / 一维问题。Kostas Adam 和 Andrew Neureuther 提出了一种结合了时域有限差分（FDTD）法的域分解技术（DDT）。DDT 使用 FDTD 计算掩模孤立边对光的衍射。之后，将特征衍射图形应用于版图中的所有边。当掩模图形的边距离不是很近时，这种方法很准确。该模型还可以应用于拐角衍射效应仿真或者不同入射角情况下的衍射仿真。专门开发了适用于波导法的掩模分解技术。这种方法将三维问题拆分成几个二维问题，例如将接触孔阵列或者更复杂版图对光的衍射拆分为线空图形对光的衍射问题。

其他简化程度更高的模型尝试在不解麦克斯韦方程组的情况下描述掩模形貌效应。这些紧凑模型通过修正基尔霍夫掩模模型或者成像系统来仿真掩模形貌效应。边界层模型在基尔霍夫掩模图形边缘增加半透明薄层。利用严格掩模模型进行校准，确定出薄层的宽度，透射率和相位。边界脉冲模型也采用类似的方法，将具有一定强度和相位的点脉冲添加到基尔霍夫掩模模型的所有边上。这种模型已经用于光学和 EUV 掩模仿真。

掩模形貌效应会引起与偏振密切相关的振幅和相位效应。这种效应可以通过修改投影物镜光瞳函数来近似地仿真。在投影物镜的琼斯光瞳中引入复杂的光瞳滤波器。采用泽尼克或切比雪夫多项式描述这些光瞳滤波器的形状，采用严格掩模和成像仿真进行标定。这些多项式也可以直接用于描述掩模的衍射谱。也可以利用神经网络仿真掩模形貌效应引起的衍射谱变化，这种方法更加灵活。利用测试图形对神经网络进行训练，可高精度地仿真出各种掩模形貌效应。

上述紧凑型掩模模型都必须采用完全严格的 EMF 仿真进行校准。模型的精度、性能、灵活性和可扩展性取决于掩模类型、成像条件和具体的应用场景。

图 9.20 给出了掩模模型的分类，从薄掩模或者基尔霍夫模型到完全严格的模型（不采用霍普金斯假设条件）。与基尔霍夫模型相比，紧凑型模型提高了仿真准确性，但需要利用严格模型进行校准。利用分解技术严格仿真可应用于更大掩模区域的仿真。模型的精确性和计算量从左到右递增。需要根据具体的应用场景选择最佳模型。将不同模型组合使用，便于在光学邻近效应修正和光源掩模优化中考虑掩模形貌效应。

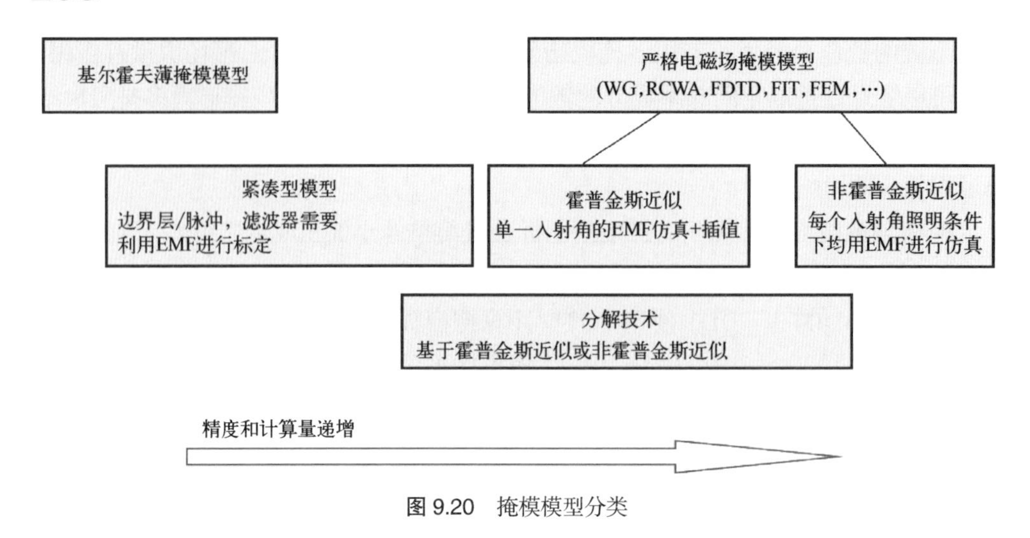

图 9.20　掩模模型分类

9.3　硅片形貌效应

20 世纪 80 年代后期第一次详细研究了非平面基底上的光刻曝光。Matsuzawa 等人[72] 利用有限元法研究硅片基底上台阶图形的光散射，证明了散射光会引起局部曝光剂量以及光刻胶形貌的变化。除有限元法外，还采用其他方法对这种反光槽进行了研究。尽管早期已有一些关于硅片形貌对光刻工艺影响的研究，但是当时严格电磁场仿真模型在硅片面散射效应研究中的应用还比较少见。

通常，化学机械抛光（CMP）可以一定程度上调节硅片的平整度，底部抗反射涂层（BARC）可抑制硅片上图形对光的反射。利用这两种技术可提高焦面和工艺控制能力。如 3.2.2 节所述，BARC 改善了光刻胶形貌的形状，降低了 CD 对光刻胶厚度波动的敏感度。此外，他们还可减少光向硅片表面介质不均匀区域的传播。降低了硅片表面介质不均匀导致的光衍射对成像的负面影响。基于这种结论，可以利用解析的薄膜传递矩阵来描述光刻胶内部的强度分布。FinFET（鳍式场效应晶体管）等新器件结构以及双重图形技术等新工艺的应用，使得硅片形貌效应变得更加重要。

相比于掩模形貌效应的严格建模，硅片散射效应的严格电磁场建模更具挑战性。由于步进扫描光刻机采用了缩小倍率，硅片面形貌效应建模需要仿真的区域小于掩模上的面积。但是，硅片面入射光的角度和部分相干效应更大，增加了硅片形貌效应仿真的计算量。需要计算、存储并叠加多个光源点对应的散射场。此外，采用严格模型仿真硅片面散射效应时，对电磁场的高空间频率分量的数值误差更为敏感。投影物镜有限的数值孔径和相应的带通滤波效应减小了这种误差对掩模形貌效应仿真的影响。但是硅片形貌效应与掩模形貌效应不同，电场里所有空间频率分量都会影响光刻胶内部的强度分布。

本节重点介绍由硅片面散射现象导致的几个重要光刻效应。这些效应无法用薄膜传递矩阵法进行研究。这方面的研究工作包括不同 BARC 沉积策略之间的比较研究、多晶硅线附近光刻胶底部残留效应研究，以及双重图形技术中硅片形貌效应引起的线宽变化研究。

9.3.1　底部抗反射涂层的沉积策略

第一个示例为 45nm 密集线图形的光刻曝光和光刻胶工艺结果。密集线图形与硅片上 10nm 高、150nm 宽的硅台阶图形交叉。曝光参数和硅片膜层参数见图 9.21 的标题。图中最上面一行显示了用平面化沉积工艺（左）和保形沉积工艺（右）进行底部抗反射涂层（BARC）沉积得到的两种不同的硅片几何形状。图 9.21 中间一行显示了硅片膜层内过中心点的光强横截面图。虚线表示 BARC 的顶部轮廓。最下面一行为计算出的光刻胶轮廓。

平面化沉积工艺产生的 BARC/ 光刻胶界面为一个平面。仅硅基底台阶图形顶部对应的 BARC 厚度为最佳值。没有在该台阶顶部中心位置上方的光刻胶中观察到驻波。台阶两边的 BARC 太厚，反射光导致了明显的驻波图形。台阶两侧 BARC 的抗反射表现也欠佳，可以观察到明显的驻波和底部光刻胶残留。

保形沉积工艺沉积的 BARC 厚度均匀。在相应强度分布中几乎都没有驻波。但是硅或者 BARC 形成的台阶对光的散射降低了台阶两侧光刻胶 /BARC 界面周围的光强，导致了相应区域光刻胶线条的线宽波动以及光刻胶残留。

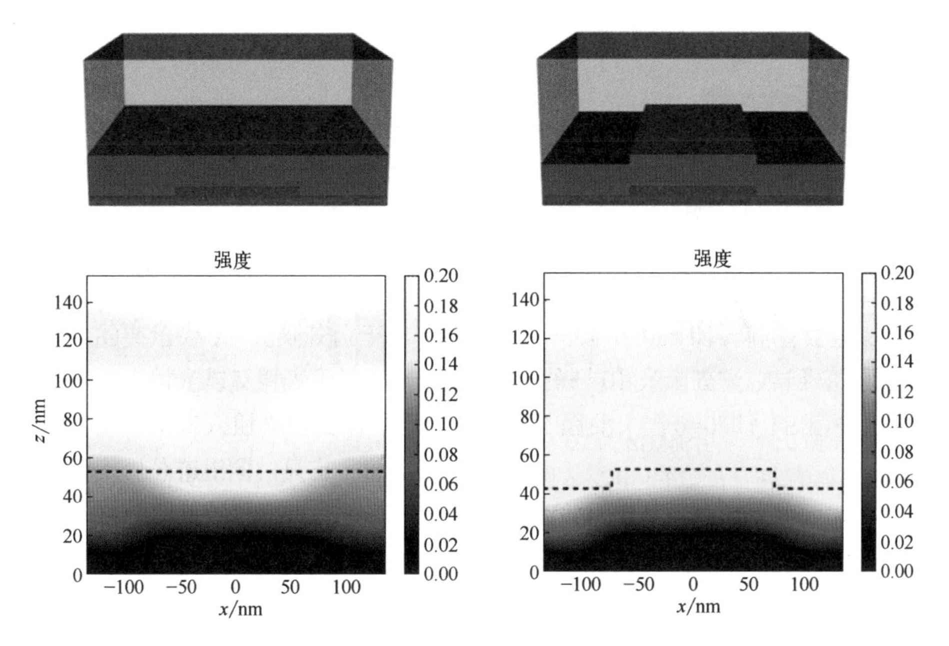

图 9.21

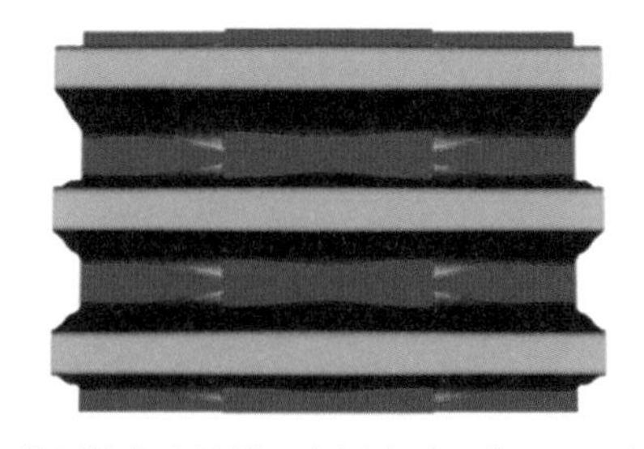

图 9.21　45nm 密集线图形的光刻曝光和光刻胶工艺严格仿真结果。左侧为平面化 BARC 沉积工艺，右侧为保形沉积工艺。第一行：硅片膜层的侧视图。第二行：过空图形中心的膜层内光强分布横截面图。第三行：光刻工艺处理后光刻胶形貌的俯视图。曝光参数：λ=193nm，偏振二极照明：σ 为 0.76、0.89，极张角 35°，NA=1.25。硅片膜层：中间的硅台阶，高 10nm，宽 150nm，厚度 34nm；BARC，n=1.8，k=0.46；厚度为 100nm 的化学放大光刻胶，n=1.71，A_{dill}=1.88μm^{-1}，B_{dill}=0.0μm^{-1}，C_{dill}=0.015cm^2/mJ

9.3.2　多晶硅线附近的光刻胶残留

在某些情况下，例如 BARC 材料与特定工艺步骤不兼容时，不能采用化学机械抛光（CMP）和 BARC 降低硅片形貌效应的影响，而且 BARC 和 CMP 会增加工艺的时间和成本。图 9.22 为一个典型的例子。为了简化讨论，在如图所示的仿真中，假设基底与光刻胶的折射率相同。在 500nm 厚的光刻胶中埋入一根 70nm 宽、175nm 高的多晶硅线。这根多晶硅线是后续注入步骤的掩模，是由之前的光刻和刻蚀产生的。由于 BARC 会影响离子注入的特性，因此没有使用 BARC。图中图形为线宽 250nm、周期 1000nm 的线条。这些线条垂直于多晶硅线。

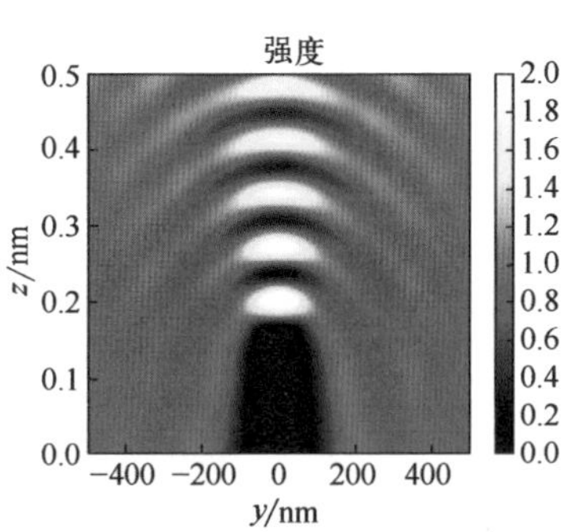

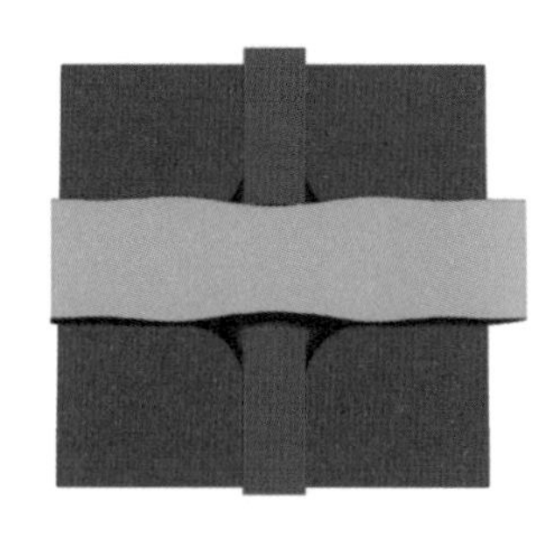

图 9.22　硅片面微细多晶硅台阶的光刻曝光和光刻胶工艺的严格仿真结果。本仿真例中没有使用 BARC。左图为硅片膜层几何结构侧视图。中图为过硅片膜层中心的膜层内强度分布截面图。右图为光刻工艺后的光刻胶形貌俯视图。曝光参数：λ=248nm，非偏振圆形照明，σ 为 0.45，NA=0.6。二元掩模：250nm 线空图形，周期为 1000nm。硅片膜层：折射率匹配的基底材料，中间的多晶硅台阶的高度为 175nm、宽度为 70nm；光刻胶为厚 500nm 的化学放大光刻胶

图 9.22 的中间为过空图形中心的光刻胶内强度分布横截面图。多晶硅线不透光，会将光散射到光刻胶的其他位置。多晶硅线顶部的散射光在光刻胶相应区域引起了明显的驻波效应。多晶硅线的垂直边缘将光散射至左右两侧，降低了光刻胶相应区域的局部曝光剂量。多晶硅线左右两侧的曝光剂量减小，会在多晶硅线底部附近形成光刻胶残留（如图 9.22 右侧所示）。多晶硅线顶部的散射光增加了线宽变化。文献 [74，75] 对各种曝光场景下的光刻胶残留效应进行了系统的仿真研究，包括与实验数据之间的比较。表明光刻胶残留的大小取决于掩模上入射光的方向。强离轴照明有助于减少光刻胶残留。

9.3.3 双重图形技术中的线宽变化

本节最后举例说明硅片形貌效应对双重图形技术（DPT）的重要性。图 9.23 为光刻 - 冻结 - 光刻 - 刻蚀（LFLE）工艺中第一次曝光和光刻胶工艺步骤完成后，得到的硅片几何结构。该工艺的目的是利用后续曝光对正交线空图形进行处理后形成（长方形的）接触孔阵列。冻结步骤会改变第一步光刻后光刻胶的折射率。图 9.23 左图假设冻结使光刻胶中心部分的折射率增加 0.03。

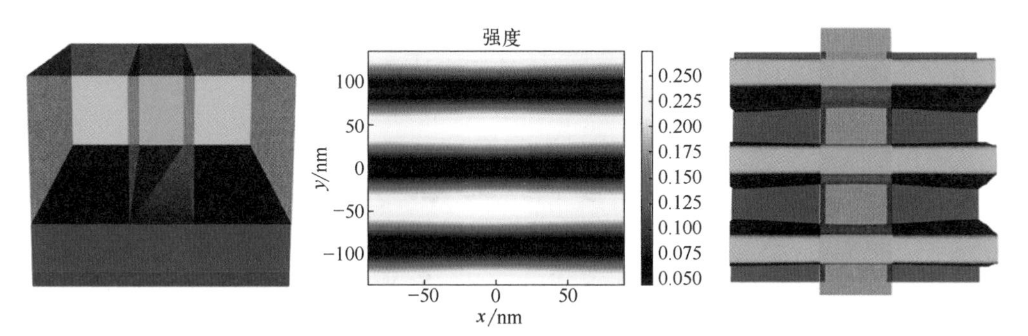

图 9.23　LFLE 工艺中第二次光刻曝光和光刻胶工艺的严格仿真结果。
左图为硅片膜层几何结构侧视图。中图为光刻胶底部强度分布的俯视图。
右图为光刻工艺后的光刻胶形貌俯视图。曝光参数：λ=193nm，偏振二极照明，σ 为 0.76、0.89，极张角为 35°，NA=1.25。衰减型相移掩模：90nm 密集线空图形。硅片膜层：100nm 厚的化学放大光刻胶，下面是 BARC 和硅片。第一次曝光后冻结得到的 90nm 光刻胶线，位于中间位置，折射率略有增加。详细内容请见邵峰等人发表的论文 [19]

折射率变大后更多的光会偏折进来，在光刻胶底部产生强度分布。如图 9.23 中间所示。冻结的光刻胶附近局部曝光剂量较高，使得第二次曝光后线宽发生变化（见图 9.23 右图）。文献 [76] 系统、定量地研究了不同周期的图形在第二次光刻后的线宽变化与冻结引起的光刻胶光学性质变化的关系，他们研究了利用严格硅片形貌效应仿真选择合适材料的方法、确定冻结过程中允许的折射率变化量的方法，并利用严格硅片形貌效应仿真优化双重图形技术中图形的设计拆分。其他人也利用类似的建模技术研究了第二次光刻胶旋涂和硅片形貌效应对双重图形工艺第二次光刻的影响。

9.4 总结

随着掩模和硅片面特征尺寸的减小，电磁散射效应在先进光刻中的重要性越来越高。可采用严格电磁场（EMF）仿真方法描述这些效应。波导法（或严格耦合波分析，RCWA）与时域有限差分（FDTD）法是光刻中最流行的严格电磁仿真方法。

掩模形貌效应是指不能用薄掩模和基尔霍夫方法来描述的掩模衍射效应。这些效应包括衍射光的强度（衍射效率）、相位和偏振的变化。真实掩模对光的衍射取决于掩模材料的光学特性（折射率和消光系数）、吸收层的厚度/几何形状，以及照明方向。对掩模进行光学邻近效应修正时必须考虑掩模形貌效应。此外，实际DUV与EUV掩模对光的衍射作用会引入与周期有关的最佳焦面偏移等类似于投影物镜波像差的相位效应。

硅片图形对光的散射导致了硅片形貌效应。这种效应可以在非平面硅片上产生反射槽、光刻胶残留，以及CD变化。优化底部抗反射涂层（BARC）时，必须考虑这些效应。双重图形技术（DPT）和二次曝光技术对硅片形貌效应非常敏感。

参考文献

[1] V. Singh, B. Hu, K. Toh, S. Bollepalli, S. Wagner, and Y. Borodovsky, “Making a trillion pixels dance,” *Proc. SPIE* **6924**, 69240S, 2008.

[2] H. P. Urbach and D. A. Bernard, “Modeling latent-image formation in photolithography, using the Helmholtz equation,” *J. Opt. Soc. Am. A* **6**, 1343–1356, 1989.

[3] G. Wojcik, J. Mould, R. Ferguson, R. Martino, and K. K. Low, “Some image modeling issues for i-line, 5x phase shifting masks,” *Proc. SPIE* **2197**, 455, 1994.

[4] S. Burger, R. Köhle, L. Zschiedrich, H. Nguyen, F. Schmidt, R. März, and C. Nölscher, “Rigorous simulation of 3D masks,” *Proc. SPIE* **6349**, 63494Z, 2006.

[5] Z. Rahimi, A. Erdmann, C. Pflaum, and P. Evanschitzky, “Rigorous EMF simulation of absorber shape variations and their impact on the lithographic process,” *Proc. SPIE* **7545**, 75450C, 2010.

[6] M. S. Yeung, “A next-generation EMF simulator for EUV lithography based on the pseudo-spectral time-domain method,” *Proc. SPIE* **8322**,

83220D, 2012.

[7] K. S. Yee, "Numerical solution of initial boundary value problems involving Maxwell's equations in isotroptic media," *IEEE Trans. Antennas Propag.* **14**, 302–307, 1966.

[8] A. Taflove, *Computational Electrodynamics: The Finite-Difference Time-Domain Method*, Artech House, Norwood, Massachusetts, 1995.

[9] R. Luebbers, F. Hunsberger, and K. S. Kunz, "A frequency-dependent finite-difference time-domain formulation," *IEEE Trans. Antennas Propag.* **39**, 29, 1991.

[10] J.-P. Berenger, "A perfectly matched layer for the absorption of electromagnetic waves," *J. Comput. Phys.* **114**, 185–200, 1994.

[11] A. K.-K. Wong and A. R. Neureuther, "Rigorous three-dimensional time-domain finite-difference electromagnetic simulation for photolithographic applications," *IEEE Trans. Semicond. Manuf.* **8**, 419–431, 1995.

[12] J. Liu, M. Brio, and J. V. Moloney, "Subpixel smoothing finite-difference time-domain method for material interface between dielectric and dispersive media," *Opt. Lett.* **37**, 4802–4804, 2012.

[13] A. R. Zakharian, M. Brio, C. Dineen, and J. V. Moloney, "Second-order accurate FDTD space and time grid refinement method in three space dimensions," *IEEE Photon. Technol. Lett.* **18**, 1237–1239, 2006.

[14] K. Lucas, H. Tanabe, and A. J. Strojwas, "Efficient and rigorous three-dimensional model for optical lithography dimulation," *J. Opt. Soc. Am. A* **13**, 2187–2199, 1996.

[15] M. G. Moharam and T. K. Gaylord, "Rigorous coupled-wave analysis of planar-grating diffraction," *J. Opt. Soc. Am.* **71**, 811–818, 1981.

[16] D. Nyyssonen, "Theory of optical edge detection and imaging of thick layers," *J. Opt. Soc. Am.* **72**, 1425, 1982.

[17] H. Kim, J. Park, and B. Lee, *Fourier Modal Method and its Applications in Computational Nanophotonics*, CRC Press, Boca Raton, Florida, 2012.

[18] P. Evanschitzky and A. Erdmann, "Fast near field simulation of optical and EUV masks using the waveguide method," *Proc. SPIE* **6533**, 65530Y, 2007.

[19] F. Shao, P. Evanschitzky, T. Fühner, and A. Erdmann, "Efficient simulation and optimization of wafer topographies in double patterning," *J. Micro/Nanolithogr. MEMS MOEMS* **8**(4), 43070, 2009.

[20] P. Lalanne and G. M. Morris, "Highly improved convergence of the coupled-wave method for TM polarization," *J. Opt. Soc. Am. A* **13**, 779–784, 1996.

[21] L. Li, "Use of Fourier series in the analysis of discontinuous periodic structures," *J. Opt. Soc. Am. A* **13**, 1870–1876, 1996.

[22] A. Erdmann, P. Evanschitzky, G. Citarella, T. Fühner, and P. De Bisschop, "Rigorous mask modeling using waveguide and FDTD methods: An assessment for typical hyper NA imaging problems," *Proc.*

SPIE **6283**, 628319, 2006.

[23] A. Erdmann, T. Fühner, P. Evanschitzky, V. Agudelo, C. Freund, P. Michalak, and D. Xu, "Optical and EUV projection lithography: A computational view," *Microelectron. Eng.* **132**, 21–34, 2015.

[24] D. Flagello, B. Geh, S. Hansen, and M. Totzeck, "Polarization effects associated with hyper-numerical-aperture lithography," *J. Micro/Nanolithogr. MEMS MOEMS* **4**(3), 31104, 2005.

[25] M. Yoshizawa, V. Philipsen, and L. H. A. Leunissen, "Optimizing absorber thickness of attenuating phase-shifting masks for hyper-NA lithography," *Proc. SPIE* **6154**, 61541E, 2006.

[26] A. Erdmann and P. Evanschitzky, "Rigorous electromagnetic field mask modeling and related lithographic effects in the low k1 and ultrahigh NA regime," *J. Micro/Nanolithogr. MEMS MOEMS* **6**(3), 31002, 2007.

[27] A. Erdmann, "Topography effects and wave aberrations in advanced PSM-technology," *Proc. SPIE* **4346**, 345–355, 2001.

[28] A. Erdmann, T. Fühner, S. Seifert, S. Popp, and P. Evanschitzky, "The impact of the mask stack and its optical parameters on the imaging performance," *Proc. SPIE* **6520**, 65201I, 2007.

[29] A. Erdmann, P. Evanschitzky, G. Bottiglieri, E. van Setten, and T. Fliervoet, "3D mask effects in high NA EUV imaging," *Proc. SPIE* **10957**, 219–231, 2019.

[30] A. Erdmann, G. Citarella, P. Evanschitzky, H. Schermer, V. Philipsen, and P. De Bisschop, "Validity of the Hopkins approximation in simulations of hyper-NA line-space structures for an attenuated PSM mask," *Proc. SPIE* **6154**, 61540G, 2006.

[31] K. Adam, M. C. Lam, N. Cobb, and O. Toublan, "Application of the hybrid Hopkins-Abbe method in full-chip OPC," *Microelectron. Eng.* **86**, 492–496, 2008.

[32] A. K.-K. Wong and A. R. Neureuther, "Mask topography effects in projection printing of phase-shifting masks," *IEEE Trans. on Electron Devices* **41**, 895–902, 1994.

[33] C. Friedrich, L. Mader, A. Erdmann, S. List, R. Gordon, C. Kalus, U. Griesinger, R. Pforr, J. Mathuni, G. Ruhl, and W. Maurer, "Optimising edge topography of alternating phase shift masks using rigorous mask modelling," *Proc. SPIE* **4000**, 1323, 2000.

[34] J. Ruoff, J. T. Neumann, E. Smitt-Weaver, E. van Setten, N. le Masson, C. Progler, and B. Geh, "Polarization induced astigmatism caused by topographic masks," *Proc. SPIE* **6730**, 67301T, 2007.

[35] A. Erdmann, F. Shao, P. Evanschitzky, and T. Fühner, "Mask topography induced phase effects and wave aberrations in optical and extreme ultraviolet lithography," *J. Vac. Sci. Technol. B* **28**, C6J1, 2010.

[36] G. McIntyre, M. Hibbs, T. Faure, J. Tirapu-Azpiroz, G. Han, R. Deschner, B. Morgenfeld, S. Ramaswamy, A. Wagner, T. Brunner,

S. Halle, and Y. Kikuchi, "Lithographic qualification of new opaque MoSi binary mask blank for the 32-nm node and beyond," *J. Micro/Nanolithogr. MEMS MOEMS* **9**(1), 13010, 2010.
[37] P. Dirksen, J. Braat, A. J. E. M. Janssen, and C. Juffermans, "Aberration retrieval using the extended Nijboer-Zernike approach," *J. Micro/Nanolithogr. MEMS MOEMS* **2**(1), 61–68, 2003.
[38] G. C. Robins and A. R. Neureuther, "Are pattern and probe aberration monitors ready for prime time?" *Proc. SPIE* **5754**, 1704, 2005.
[39] L. Duan, X. Wang, G. Yan, and A. Bourov, "Practical application of aerial image by principal component analysis to measure wavefront aberration of lithographic lens," *J. Micro/Nanolithogr. MEMS MOEMS* **11**(2), 23009, 2012.
[40] J. Finders, M. Dusa, P. Nikolsky, Y. van Dommelen, R. Watso, T. Vandeweyer, J. Beckaert, B. Laenens, and L. van Look, "Litho and patterning challenges for memory and logic applications at the 22nm node," *Proc. SPIE* **7640**, 76400C, 2010.
[41] T. Fühner, P. Evanschitzky, and A. Erdmann, "Mutual source, mask and projector pupil optimization," *Proc. SPIE* **8322**, 83220I, 2012.
[42] M. K. Sears, J. Bekaert, and B. W. Smith, "Lens wavefront compensation for 3D photomask effects in subwavelength optical lithography," *Appl. Opt.* **52**, 314, 2013.
[43] A. Erdmann and C. Friedrich, "Rigorous diffraction analysis for future mask technology," *Proc. SPIE* **4000**, 684, 2000.
[44] A. Erdmann, D. Xu, P. Evanschitzky, V. Philipsen, V. Luong, and E. Hendrickx, "Characterization and mitigation of 3D mask effects in extreme ultraviolet lithography," *Adv. Opt. Technol.* **6**, 187–201, 2017.
[45] M. Burkhardt, A. D. Silva, J. Church, L. Meli, C. Robinson, and N. Felix, "Investigation of mask absorber induced image shift in EUV lithography," *Proc. SPIE* **10957**, 1095710, 2019.
[46] C.-T. Shih, S.-S. Yu, Y.-C. Lu, C.-C. Chung, J. J. H. Chen, and A. Yen, "Mitigation of image contrast loss due to mask-side non-telecentricity in an EUV scanner," *Proc. SPIE* **9422**, 94220Y, 2015.
[47] J. Finders, L. de Winter, and T. Last, "Mitigation of mask three-dimensional induced phase effects by absorber optimization in ArFi and extreme ultraviolet lithography," *J. Micro/Nanolithogr. MEMS MOEMS* **15**(2), 21408, 2016.
[48] X. Liu, R. Howell, S. Hsu, K. Yang, K. Gronlund, F. Driessen, H.-Y. Liu, S. Hansen, K. van Ingen Schenau, T. Hollink, P. van Adrichem, K. Troost, J. Zimmermann, O. Schumann, C. Hennerkes, and P. Gräupner, "EUV source-mask optimization for 7nm node and beyond," *Proc. SPIE* **9048**, 171–181, 2014.
[49] A. Armeanu, V. Philipsen, F. Jiang, G. Fenger, N. Lafferty, W. Gillijns, E. Hendrickx, and J. Sturtevant, "Enabling enhanced EUV lithographic performance using advanced SMO, OPC, and RET," *Proc. SPIE* **10809**,

85–93, 2019.
[50] A. Erdmann, P. Evanschitzky, J. T. Neumann, and P. Gräupner, "Mask-induced best-focus shifts in deep ultraviolet and extreme ultraviolet lithography," *J. Micro/Nanolithogr. MEMS MOEMS* **15**(2), 21205, 2016.
[51] T. Last, L. de Winter, P. van Adrichem, and J. Finders, "Illumination pupil optimization in 0.33-NA extreme ultraviolet lithography by intensity balancing for semi-isolated dark field two-bar M1 building blocks," *J. Micro/Nanolithogr. MEMS MOEMS* **15**(4), 043508, 2016.
[52] S. D. Hsu and J. Liu, "Challenges of anamorphic high-NA lithography and mask making," *Adv. Opt. Technol.* **6**, 293–310, 2017.
[53] V. Philipsen, K. V. Luong, L. Souriau, A. Erdmann, D. Xu, P. Evanschitzky, R. W. E. van de Kruijs, A. Edrisi, F. Scholze, C. Laubis, M. Irmscher, S. Naasz, C. Reuter, and E. Hendrickx, "Reducing extreme ultraviolet mask three-dimensional effects by alternative metal absorbers," *J. Micro/Nanolithogr. MEMS MOEMS* **16**(4), 041002, 2017.
[54] A. Erdmann, P. Evanschitzky, H. Mesilhy, V. Philipsen, E. Hendrickx, and M. Bauer, "Attenuated phase shift mask for extreme ultraviolet: Can they mitigate three-dimensional mask effects?," *J. Micro/Nanolithogr. MEMS MOEMS* **18**(1), 011005, 2018.
[55] V. Philipsen, K. V. Luong, K. Opsomer, C. Detavernier, E. Hendrickx, A. Erdmann, P. Evanschitzky, R. W. E. van de Kruijs, Z. Heidarnia-Fathabad, F. Scholze, and C. Laubis, "Novel EUV mask absorber evaluation in support of next-generation EUV imaging," *Proc. SPIE* **10810**, 108100C, 2018.
[56] F. J. Timmermans, C. van Lare, J. McNamara, E. van Setten, and J. Finders, "Alternative absorber materials for mitigation of mask 3D effects in high NA EUV lithography," *Proc. SPIE* **10775**, 107750U, 2018.
[57] A. Erdmann, H. Mesilhy, P. Evanschitzky, V. Philipsen, F. Timmermans, and M. Bauer, "Perspectives and tradeoffs of novel absorber materials for high NA EUV lithography," *J. Micro/Nanolithogr. MEMS MOEMS* **19**(4), 041001, 2020.
[58] J. Finders, R. de Kruif, F. Timmermans, J. G. Santaclara, B. Connely, M. Bender, F. Schurack, T. Onoue, Y. Ikebe, and D. Farrar, "Experimental investigation of a high-k reticle absorber system for EUV lithography," *Proc. SPIE* **10957**, 268–276, 2019.
[59] H. Mesilhy, P. Evanschitzky, G. Bottiglieri, E. van Setten, T. Fliervoet, and A. Erdmann, "Pathfinding the perfect EUV mask: The role of the multilayer," *Proc. SPIE* **11323**, 244–259, 2020.
[60] A. K.-K. Wong, R. Guerrieri, and A. R. Neureuther, "Massively parallel electromagnetic simulation for photolithographic applications," *IEEE Trans. Comput.-Aided Des. Integr. Circuits Syst.* **14**, 1231, 1995.
[61] H. Kim, I.-M. Lee, and B. Lee, "Extended scattering-matrix method for

efficient full parallel implementation of rigorous coupled-wave analysis," *J. Opt. Soc. Am. A* **24**, 2313–2327, 2007.
[62] K.-H. Kim, K. Kim, and Q.-H. Park, "Performance analysis and optimization of three-dimensional FDTD on GPU using roofline model," *Comput. Phys. Commun.* **182**, 1201–1207, 2011.
[63] J. Tong and S. Chen, "Computation improvement for the rigorous coupled-wave analysis with GPU," in *Fourth International Conference on Computational and Information Sciences*, 2012.
[64] K. Adam and A. R. Neureuther, "Domain decomposition methods for the rapid electromagnetic simulation of photomask scattering," *J. Micro/Nanolithogr. MEMS MOEMS* **1**, 253–269, 2002.
[65] F. Shao, P. Evanschitzky, D. Reibold, and A. Erdmann, "Fast rigorous simulation of mask diffraction using the waveguide method with parallelized decomposition technique," *Proc. SPIE* **6792**, 679206, 2008.
[66] J. Tirapu-Azpiroz, P. Burchard, and E. Yablonovitch, "Boundary layer model to account for thick mask effects in photolithography," *Proc. SPIE* **5040**, 1611, 2003.
[67] M. C. Lam and A. R. Neureuther, "Simplified model for absorber feature transmissions on EUV masks," *Proc. SPIE* **6349**, 63492H, 2006.
[68] Y. Cao, X. Wang, A. Erdmann, P. Bu, and Y. Bu, "Analytical model for EUV mask diffraction field calculation," *Proc. SPIE* **8171**, 81710N, 2011.
[69] V. Agudelo, P. Evanschitzky, A. Erdmann, T. Fühner, F. Shao, S. Limmer, and D. Fey, "Accuracy and performance of 3D mask models in optical projection lithography," *Proc. SPIE* **7973**, 79730O, 2011.
[70] V. Agudelo, P. Evanschitzky, A. Erdmann, and T. Fühner, "Evaluation of various compact mask and imaging models for the efficient simulation of mask topography effects in immersion lithography," *Proc. SPIE* **8326**, 832609, 2012.
[71] V. Agudelo, T. Fühner, A. Erdmann, and P. Evanschitzky, "Application of artificial neural networks to compact mask models in optical lithography simulation," *J. Micro/Nanolithogr. MEMS MOEMS* **13**(1), 11002, 2013.
[72] T. Matsuzawa, A. Moniwa, N. Hasegawa, and H. Sunami, "Two-dimensional simulation of photolithography on reflective stepped substrate," *IEEE Trans. Comput.-Aided Des. Integr. Circuits Syst.* **6**, 446, 1987.
[73] M. S. Yeung and A. R. Neureuther, "Three-dimensional reflective-notching simulation using multipole-accelerated physical optics approximation," *Proc. SPIE* **2440**, 395, 1995.
[74] A. Erdmann, C. K. Kalus, T. Schmöller, Y. Klyonova, T. Sato, A. Endo, T. Shibata, and Y. Kobayashi, "Rigorous simulation of exposure over nonplanar wafers," *Proc. SPIE* **5040**, 101, 2003.
[75] T. Sato, A. Endo, K. Hashimoto, S. Inoue, T. Shibata, and

Y. Kobayashi, “Resist footing variation and compensation over nonplanar wafer,” *Proc. SPIE* **5040**, 1521, 2003.
[76] A. Erdmann, F. Shao, J. Fuhrmann, A. Fiebach, G. P. Patsis, and P. Trefonas, “Modeling of double patterning interactions in litho-curing-litho-etch (LCLE) processes,” *Proc. SPIE* **76740**, 76400B, 2010.
[77] S. A. Robertson, M. T. Reilly, T. Graves, J. J. Biafore, M. D. Smith, D. Perret, V. Ivin, S. Potashov, M. Silakov, and N. Elistratov, “Simulation of optical lithography in the presence of topography and spin-coated films,” *Proc. SPIE* **7273**, 727340, 2009.

第10章 先进光刻中的随机效应

前面章节中我们利用连续变量描述光和光刻胶的性质。这种描述方法无法解释几十纳米及更小分辨率光刻中的随机效应和现象。这些随机现象包括光刻胶图形的边缘粗糙度、图形关键尺寸与位置的局部微小变化，以及偶然性的非系统性光刻错误等。为了理解这些随机现象，需要了解能量（光）和物质（光刻胶）的离散性以及有关反应或者物理化学过程的随机性。本章介绍先进光刻技术中的随机效应。

本章概述几个重要的离散变量和物理化学过程及其导致的光刻现象、对应的建模方法，以及各种物理量和效应之间的关系。将解释 Chris Mack[1] 的话："随机效应定义了光刻的极限"。最后一节讨论几种随机效应缓解策略，特别是新型光刻胶材料的研发和应用，以尽可能地将光刻极限推向更远。本章提供了大量关于随机效应的参考资料，见参考文献部分。

10.1 随机变量与过程

光由光子组成，每个光子的能量为

$$E_{\text{photon}} = hf = hc / \lambda \tag{10.1}$$

式中，h 为普朗克常数（$6.626 \times 10^{-34} \text{J} \cdot \text{s}$）；$c$ 是光在真空中的速度（$2.998 \times 10^{8} \text{m/s}$）；$f$ 和 λ 分别为光的频率和波长。给定曝光剂量 D，面积 A 上入射光子的平均数量 $\overline{N}_{\text{photon}}$ 可表示为：

$$\overline{N}_{\text{photon}} = \frac{DA}{E_{\text{photon}}} = \frac{DA\lambda}{hc} \tag{10.2}$$

由于 EUV 光的波长很短（λ=13.5nm），相同曝光剂量下 EUV 光子的平均数大约为 DUV 光（λ=193nm）的十四分之一。吸收系数为 α、厚度为 d 的光刻胶吸收的光子的平均数为：

$$\overline{N}=\frac{D\alpha Ad\lambda}{hc} \tag{10.3}$$

图 10.1 左图为正方形区域吸收的 EUV 和 DUV 光子平均数的仿真结果，图中采用了对数坐标。

在某一时刻某一位置，光子随机地从光源射出。因此，在给定区域和给定时间间隔（曝光时间）内，光刻胶吸收光子的实际数量围绕式（10.3）所示的平均值波动。光子的实际数量服从泊松分布，其标准差为：

$$\sigma_{\text{photon}}=1/\sqrt{\overline{N}}=\sqrt{\frac{hc}{\lambda}}\sqrt{\frac{1}{Ad}}\sqrt{\frac{1}{\alpha D}} \tag{10.4}$$

光子散粒噪声即吸收的光子数的变化，是导致随机现象的根本原因之一。从式（10.4）和图 10.1 可以知道什么情况下光子散粒噪声变得不可忽略。

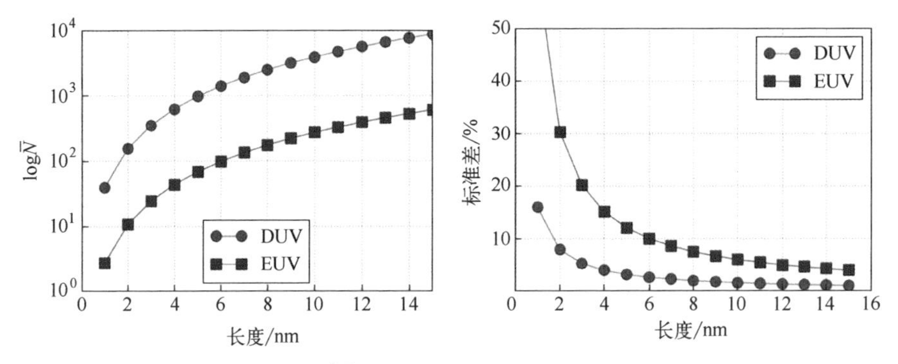

图 10.1 吸收的光子的平均数$\overline{N}$的计算结果（左图）与相应的归一化标准差（右图）。DUV 波长为 193nm，EUV 波长为 13.5nm。光刻胶厚度为 50nm，吸收系数 α=4μm^{-1}，曝光剂量 D=20mJ/cm^2。横坐标为正方形曝光区域的边长

首先，是否变得重要取决于所考察的体积 Ad（如果光刻胶的厚度 d 固定，只需考虑面积 A）。Neureuther 和 Willson[3] 给出了 X 射线光刻散粒噪声的临界值，即 CD/4 体积内光子数为 1000 时随机效应变得重要。图 10.1 显示了 CD 为 20nm 时，边长为 5nm 的立方体内的光子数。吸收的 DUV 光子数量约为 1000，吸收的 EUV 光子数量小于 100。图中 5nm 长度的标准差约为 10%，充分表明了光子噪声对 EUV 光刻的重要性。

从式（10.4）可以得出两种减少随机效应的方法：增加曝光剂量或增强光刻胶对光的吸收。10.4 节将讨论此类缓解策略。

曝光掩模图形时光子的分布与空间像或者光刻胶内像强度的分布一致。图 10.2 给出了DUV 与EUV光照下光刻胶吸收的光子分布的仿真结果。掩模图形为接触孔。本仿真例假设 EUV 与 DUV 光刻空间像相同，突出显示 EUV 光子的散粒噪声效应。

在掩模透光区光刻胶吸收的光子数多，在非透光区吸收的光子数少。DUV 光子数量更多，使得两个区域之间的过渡变得平滑。

造成随机效应的另一个因素是光刻胶。光刻胶由离散的分子、单体和有限大小的聚合物组成。当考察的体积很小时，第 3 章中使用的化学浓度概念就失去了意义 [4]。几位作者给出了标准化学放大光刻胶的典型平均数 [1, 5, 6]。对于边长为 10nm 的立方体，PAG 分子的平均数在 40 到 200 之间，猝灭剂分子在 10 到 30 之间，保护基团在 1000 到 2000 之间。所考察体积内 PAG 分子、猝灭剂分子和保护基团的实际数量也是随机变量。光刻胶中化学成分的随机分布决定了化学噪声。

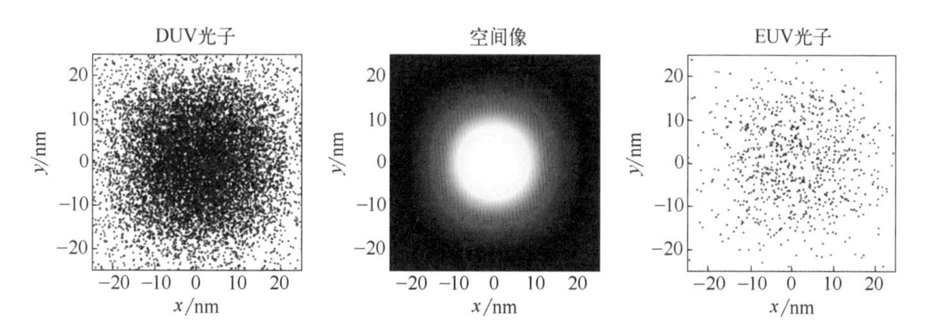

图 10.2　空间像仿真结果与吸收光子的平均数。DUV（左图）与 EUV（右图）光照射下光刻胶所吸收光子的分布。中图为接触孔的空间像

上一段中的数据以及仿真结果都表明，猝灭剂分子的分布很大程度上决定了化学噪声对光刻的影响。但是，最终造成影响的不是相对猝灭剂噪声，而是相对于酸分子平均数的绝对猝灭剂噪声 [7]。

通常假设化学成分的分布遵循泊松统计。但这种假设有一定的局限性。例如，PAG 含量高时可能会发生结晶 [8]。决定光刻胶显影速度的保护基团附着在长链聚合物分子上，它们并不相互独立存在。典型光刻胶中聚合物的体积约为 $10nm^3$。该体积的大小也会影响随机现象 [9]。

光和光刻胶的随机变量在随机过程中相互作用。例如，入射光子可能撞击 PAG 分子产生光酸，也可能穿过光刻胶，不产生光酸。EUV 光子可能会激发二次电子，也可能不会激发。产生的二次电子将经历另一系列的随机过程，最终在光子被吸收的位置周围释放出一定量的光酸。可采用概率数表征这些随机过程，例如量子效率（每吸收一个 EUV 光子释放出的光酸分子的平均数量）以及电子模糊半径（释放光酸的位置与光子被吸收的位置之间的平均距离）等。

曝光后烘焙和显影过程中也会发生类似的随机过程。光酸在被释放的位置附近随机移动，可能使具有保护基团的高分子聚合物发生脱保护反应（或不发生）。光酸也可能遇到猝灭剂分子并产生新的化学成分。常利用动力学反应常数和扩散长度

表征这些随机过程发生的概率。扩散长度也可以被视为是所释放光酸的平均迁移率的度量参数。

在介绍上述随机现象的随机仿真方法、确定某些趋势和微缩需要满足的规则之前，我们先了解一下光刻工艺输出的光刻胶形貌特征及性质等方面的内容。

10.2 现象

光子和化学成分的离散性、随机性，以及相关随机过程是光刻胶形貌等存在随机波动的原因。本书前几章介绍的连续模型可以有效地预测平均尺寸（CD）、位置、光刻胶形貌等光刻工艺的平均结果。光和光刻胶的离散性质导致了光刻工艺的（附加）随机效应。如 Andy Neureuther 和 Grant Willson[3] 所指出的，光刻工艺的随机效应既体现为具有统计性的线边粗糙度，也表现为随机缺陷。

图 10.3 左图为线条图形的粗糙边缘示意图。图中的线条表面不平滑、边缘不清晰，光刻胶形貌和边缘的位置沿线条变化。在右侧 SEM 俯视图中也可以看到线条边缘的变化和线条的“扭曲”。

如图 10.3 中图所示，可通过计算线条边缘与理想光滑表面或图形边缘的标准差，定量评估线边粗糙度（LER）：

$$\sigma_{\mathrm{LER}}=\sqrt{\frac{\sum_{i=1}^{N}\left(x_i-x_{\mathrm{a}}\right)^2}{N-1}} \tag{10.5}$$

式中，x_i 表示沿线条边缘的 N 个离散采样点；x_{a} 是线条边缘位置的平均值。测量数据服从正态分布，99.73% 的测量数据 x_i 分布在 $x_{\mathrm{a}}\pm 3\sigma_{\mathrm{LER}}$ 范围内。标准差一般在几纳米到 15nm 之间。左右边界的粗糙度不相关，线宽粗糙度（LWR）的标准差为 $\sigma_{\mathrm{LWR}}=\sqrt{2}\sigma_{\mathrm{LER}}$。式（10.5）忽略了 LER 的空间分布信息（或空间频率），不能说明 LER 与线条长度的关系。

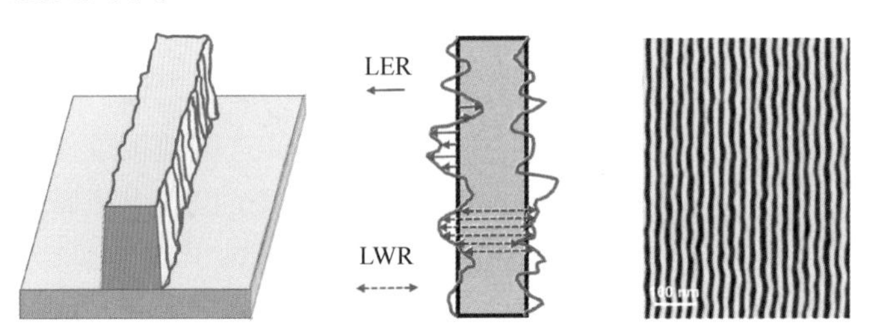

图 10.3 线边粗糙度（LER）和线宽粗糙度（LWR）。左图：线条的粗糙边缘示意图（改编自参考文献 [10]）。中图：LER 测量数据示意图（实线箭头），LWR 测量数据示意图（虚线箭头）。右图：含有 LER 和 LWR 的光刻胶线条的 SEM 俯视图（转自参考文献 [11]）

Constantoudis 等人[12, 13] 利用粗糙光刻胶表面与随机分形之间的相似性质提出 LER 定量表征方法。大多数实测光刻胶边缘具有自仿射特性，可以用功率谱密度（PSD）描述，如图 10.4 所示。

PSD 定义在空间频率域。低空间频率描述了沿线条方向大周期的慢变化成分。高空间频率是小周期的快速变化成分（另请参见 2.2.1 节成像部分关于空间频率概念的讨论）。PSD 的三个特征参数为：PSD_0（无限长线条的 PSD）、相关长度 ξ 和粗糙度指数 H[12, 14]：

$$\mathrm{PSD}(f)=\frac{\mathrm{PSD}_0}{1+|2\pi f\xi|^{2H+1}} \tag{10.6}$$

图 10.4 的第二行为第一行中各个 PSD 函数对应的特征边缘的形状。

需要注意的是，标准差的测量值取决于实测边缘的长度 L：$\sigma_{\mathrm{LER}}^2(L)$。只有当 L 足够大时 $\sigma_{\mathrm{LER}}^2(L)$ 才与长度无关。常数 LER 值所对应的边缘长度由相关长度 ξ 决定。测量 LER 时使用的 L 大约为 1μm。

PSD_0 和足够长边缘的标准差之间的关系为[14]：

$$\sigma_{\mathrm{LER}}^2=\frac{\mathrm{PSD}_0}{(1.2H+1.4)\xi} \tag{10.7}$$

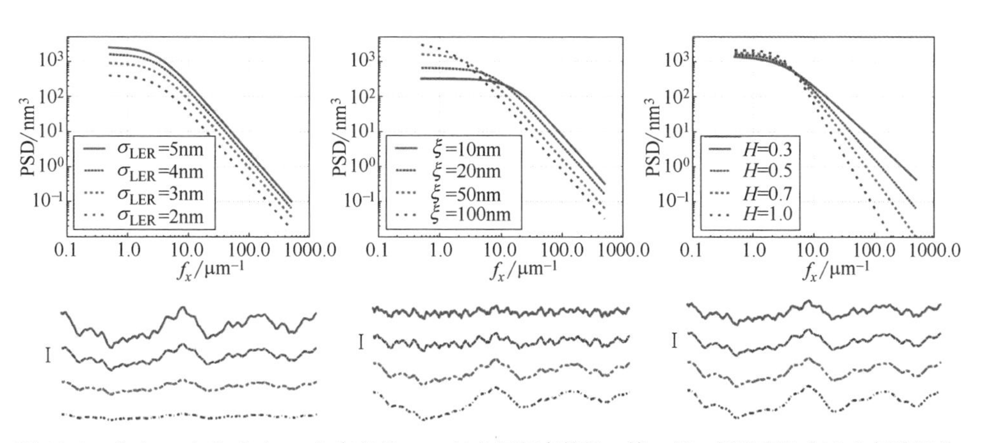

图 10.4 式（10.6）和式（10.7）定义的 LER 的空间频率特性。第一行：粗糙度的典型功率谱密度。第二行：相应的线条边缘。左图、中图和右图分别为标准差 σ_{LER}、相关长度 ξ 和粗糙度指数 H 对 PSD 的影响。σ_{LER}=4nm，ξ=50nm，H=0.5。线条边缘图左侧的黑色比例尺表示高度为 5nm

沿着边缘粗糙的线条测量 CD，可以得到平均值附近 CD 值的分布。此分布的宽度表示局部 CD 均匀性（LCDU）。LCDU 和 LWR 关于线条长度的变化规律相反，两者具有互补的行为表现[15]。对光刻随机性的分析已经从线条图形扩展到接触孔和其他二维图形[16]。

利用SEM数据进行LER实验分析，必须考虑SEM测量导致的随机效应。利用专用算法可将SEM产生的噪声从粗糙度测量数据中去除，获得无偏差的粗糙度数据[17, 18]。有关LER和LWR计量等方面的内容和讨论可参考Vassilios Constantoudis等人[17, 19]和Chris Mack[14, 20]的论文。

光刻图形的粗糙度会影响电子元件的电气性能，尤其是线路电阻和栅极漏电流。而随机效应可能会产生更加明显的影响。图10.5中的SEM照片显示了几种随机缺陷，包括桥连、断线、接触孔的缺失和融合[21]。这种缺陷发生的概率一般非常低，因此，这些缺陷有时被称为“黑天鹅”事件。这种缺陷将导致器件故障，并限制工艺良率。

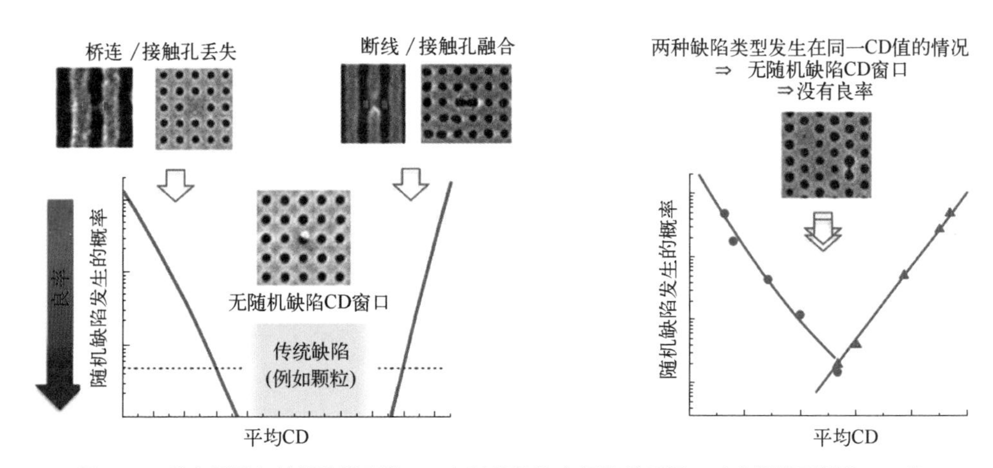

图10.5 线空图形与接触孔阵列的CD与随机缺陷之间的关系图。对应横轴两侧的CD值出现了两种不同类型的缺陷。转载自参考文献[21]

Peter De Bisschop引入了一种新的光刻评价方法来量化随机效应，称为NOK（not OK）[21, 22]。图10.5为随机缺陷发生的概率（纵轴采用了对数坐标）关于平均CD的变化趋势示意图。图中左右两侧都可能出现随机缺陷。CD分布宽度的增加将增加随机缺陷发生的概率，降低良率。CD分布太宽时，工艺可能无法实现足够高的良率。有关随机缺陷的详细分析和讨论，请参见Peter De Bisschop的论文[21, 22]。

10.3 建模方法

在分子尺度上描述光刻胶的方法是最严格的光刻工艺随机效应建模方法。得克萨斯大学奥斯汀分校的Grant Willson团队[23-25]开发了第一个分子光刻胶模型。该模型在三维晶格结构内准确描述了光刻胶的分子成分，如图10.6左图所示。采用蒙特卡洛方法仿真分子的动态演化过程（位置、相互作用和反应的变化）。采用临界电离模型表征光刻胶显影步骤中的溶解度。溶解度的大小取决于聚合物分子链中脱保护位点的数量[23, 26]。其他研究小组也研发了类似的分子型模型，来描述表面粗糙度和 LER[27-30]。最新的分子光刻胶模型采用了分子动力学（MD）中的有限差分公式[31]（见图 10.6 右侧）和粗粒度模型[32]。与定向自组装建模中采用的粗粒度模型类似（参见 5.4 节）。

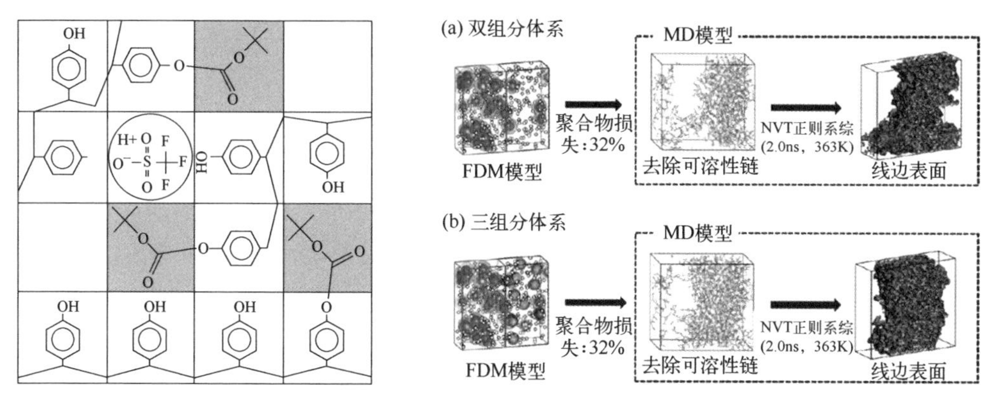

图 10.6　光刻胶随机效应的分子建模方法。左图：第一个分子尺度光刻胶模型描述光刻胶的方法（转载自参考文献 [24]）。右图：最新的分子动力学仿真结果举例，以及无猝灭剂碱时的线边粗糙度（第一行为仅含两种成分的光刻胶）与含猝灭剂碱时的线边粗糙度（第二行为含三种成分的光刻胶）。转载自参考文献 [31]

分子光刻胶模型需要大量的计算资源和光刻胶分子成分信息。这些信息通常难以获得。已有多种不同形式的光刻随机效应模型。虽然它们不那么严格，但仍然可以有效表示（表面粗糙的）光刻胶图形形成过程中的基本物理化学效应。

Mülders 等人[5] 和 Philippou 等人[33] 建立了描述分子动力学和扩散概率的主方程，并通过 Gillespie 算法求解这些方程[34]。图 10.7 显示了这种模型的典型流程。首先，使用标准连续模型计算给定掩模版图和光学参数下空间像和体像的强度分布。模型中应用了泊松统计，使得光刻胶内吸收光子的分布为离散分布。通过主方程对光酸的产生、耦合动力学行为和扩散现象进行随机效应建模，生成脱保护位点的分布。脱保护反应改变了光刻胶的溶解性，显影后生成边缘粗糙的光刻胶图形。

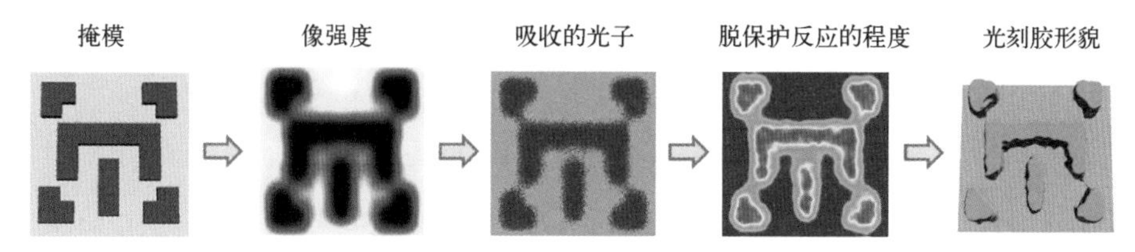

图 10.7　光刻胶随机效应仿真的典型流程。Sentaurus 软件的光刻仿真举例。由新思科技提供

类似的随机模型利用随机变量和概率密度函数描述光刻胶工艺（见 John Biafore 等人[2, 6] 和 Mark Smith[35] 的论文）。这些方法通过 Smoluchowski 的二元扩散受限反应模型计算化学放大光刻胶 PEB 过程中的扩散受限脱保护反应。可以将该模型形象地描述为一个周围环绕着大量布朗粒子的球体，模型会捕获所有进入球体的粒子[4]。

光刻胶随机现象的半经验模型将曝光统计数据与不同的方法相结合，仿真显影过程中的脱保护模糊[8, 36-38] 和分形表面的缩放行为[39]。尽管不那么严格，但这些公式、抽象计数模型[40] 和相关器[21] 可以有效表征 LER、LCDU 和随机缺陷与光刻工艺 / 光刻胶参数的关系。下一节将讨论实现微缩需要满足的关系。

随机模型采用不同的方法将光子、化学成分等的概率分布转化为光刻评价参数（CD、NOK 等）。典型的输入变量符合泊松统计规律。可以用高斯分布描述它们。然而，光刻工艺的非线性会导致评价参数的不对称分布，如图 10.8 中所示，图片改编自 Robert Bristol 和 Marie Krysak[41] 的论文。

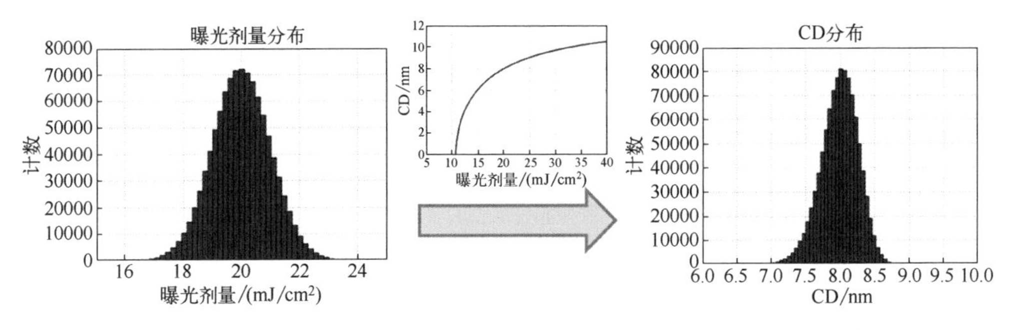

图 10.8 高斯分布的曝光剂量（左）转换为不对称 CD 分布（右）。8nm 孤立沟道图形的 EUV 光刻工艺仿真。采用了仿真的特征转换器（中）。为显示文中所述效应，EUV 光刻工艺采用了高数值孔径 EUV 光刻机。转载自参考文献 [41]

图 10.8 显示了满足高斯分布的曝光剂量转换为 CD 分布的过程。左侧曝光剂量分布的中心为 20mJ/cm^2，标准差为 1mJ/cm^2。中图为 CD 与曝光剂量之间的关系。该关系是对 8nm 孤立沟槽图形的高 NA 极紫外光刻工艺进行仿真分析得出的结论。右图 CD 分布左右两侧的尾部数据看起来有差别。这种不对称性提高了曲线左侧“肥尾巴”处出现小 CD 值的可能性[15]。利用 CD 分布的尾部数据可以更有效地预测缺陷[42]。尽管图中未直接显示相应的信息，但出现致命缺陷或宽度小于临界值的沟槽的可能性很小。

10.4 内在联系与影响

通过对 LER 和其他随机现象进行建模和实验研究，揭示了先进光刻技术中一些物理量之间的关系，发现了一些新的现象和规律。这些关系和新发现不仅为工艺和材料的优化提供了有价值的信息，而且对半导体光刻技术的未来产生了重要影响。

最明显的比例关系产生自光子噪声，如式（10.4）所示。该式表示线边粗糙度 σ_{LER} 与曝光剂量 D 的关系，即与 $1/\sqrt{D}$ 成比例。但是，通过增大曝光剂量降低 LER 的难度很大。在光刻胶和工艺一定的情况下，增加曝光剂量将改变 CD 值。为获得目标 CD，需要对光刻胶进行改性，例如在光刻胶中添加碱作为猝灭剂。因为提高曝光剂量需要增大光源功率或者降低产率，所以无限地提高曝光剂量也是不可行的。比例关系 $1/\sqrt{D}$ 决定了即使在大曝光剂量情况下，线边粗糙度也不能达到 0。光刻胶的化学噪声和相应的工艺也会影响 LER。

可以通过提高光刻胶对光的吸收能力和增加光刻胶吸收的光子数量来减少光子噪声对 LER 的影响。例如，通过添加金属纳米颗粒 [43] 或金属盐 [44]，或使用氟化聚合物 [45]，可以提高光刻胶的吸收能力。

光学方面，影响 LER 的第二个因素是成像质量。许多理论研究结果表明 LER 将随着 1/NILS 的减小而减小 [36, 46-48]。这种关系非常直观，因为较大的像斜率将减小曝光和未曝光光刻胶之间过渡区域的宽度。这一区域即是光刻胶边缘区域。实际上，1/NILS 的关系式并不是在所有情况下都满足。Steve Hansen 分析了大量 LER 仿真数据。利用公式 $\sigma_{\mathrm{LER}}=a(\mathrm{NILS})^b$ 对化学放大光刻胶模型产生的 LER 数据进行拟合，得到参数 $b\approx-0.77$。对化学放大光刻胶（含光漂白猝灭剂）的建模结果和 Peter De Bisschop 的实验数据 [22] 表现出了不同的行为。

导致化学噪声的其他重要因素还包括单位体积内的分子数和分子大小。添加猝灭剂碱 [48]（增大 PAG 的负载）可以减小 LER。这是 PAG 和猝灭剂分子数量符合泊松统计的直接结果。此外，增大猝灭剂的负载需要更大的曝光剂量，减少了光子噪声的影响。LER 还取决于光刻胶聚合物的体积。然而，与扩散类似，也不存在特有的规律。较大的聚合物增加了光刻胶材料的粒度，可以提高 LER。另一方面，分子更大的聚合物有将电离基团的波动进行平均的趋势 [33]。利用基于杯芳烃衍生物的分子光刻胶可以减小分子大小，有多种方案可供选择 [49]。

Danilo De Simone 等人 [50] 的一篇综述文章概述了现有化学放大光刻胶材料的改性方法和新型 EUV 光刻胶材料。具有应用前景的材料包括金属光刻胶（MCR）等。这些材料由金属氧化物 / 有机颗粒组成，不添加任何其他分子成分。MCR 表现出了与 CAR 同样优秀的光刻性能（请见对这些材料的仿真结果 [51-53]）。具有应用前景的新型 EUV 光刻胶还有多触发光刻胶 [54] 与光敏化学放大光刻胶（PSCAR）[55] 等。

掩模是影响 LER 的另一个因素。掩模吸收层的粗糙边缘在频域被成像系统滤除。掩模多层膜的重复性粗糙度会引起散斑[57, 58]。对最先进 EUV 掩模和工艺的实验研究表明，与光刻胶和光子噪声相比，掩模引起的 LER 很小[59]。

Greg Gallatin 总结出 LER、灵敏度和分辨率之间存在如下重要关系：

$$\sigma_{\mathrm{LER}}^2 \times D \times \mathrm{blur}^3 = 常数 \tag{10.8}$$

上式表明，很难获得同时具备低 LER、高灵敏度（即低剂量）和高分辨率（即低模糊，blur）的光刻胶材料。分辨率 -LER- 灵敏度（RLS）之间的不确定关系如图 10.9 所示。

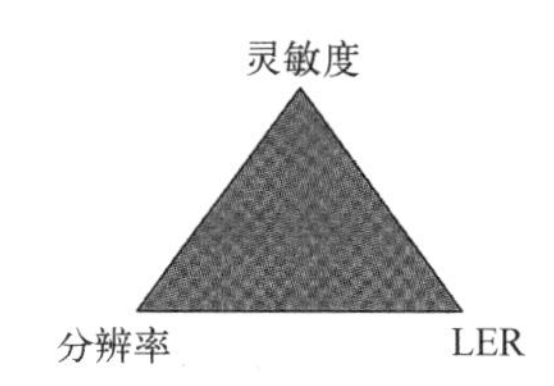

图 10.9　分辨率、线边粗糙度（LER）与灵敏度之间的不确定关系（RLS 不确定关系）

David Van Steenwinckel 等人[60] 提出了光刻不确定性法则（LUP），作为光刻胶性能的单一评价指标：

$$K_{\mathrm{LUP}} = \sqrt{\frac{D_{\mathrm{s}}}{h\nu}} D_{\mathrm{l}} \sigma_{\mathrm{LER}} \frac{L_{\mathrm{d}}^{3/2}}{p} \tag{10.9}$$

式中，D_{s} 和 D_{l} 分别是可产生目标 CD 的曝光剂量以及曝光裕度；其他参数是光子能量 $h\nu$、酸扩散长度 L_{d} 和图形周期 p。Steenwinkel 等人测量了几种 DUV 光刻 CAR 的特征 K_{LUP} 值，并证明了 K_{LUP} 几乎与像对比度和 PAG/ 猝灭剂的负载无关，它仅取决于光刻胶的吸收率与量子效率。

Bernd Geh[61] 提出了一种方法，概括了 LER 对 LCDU 的影响，如下式所示，其中 k_4 为技术因子：

$$\mathrm{LCDU} = k_4 \frac{1}{\mathrm{NILS}} \sqrt{\frac{h\nu}{D}} \tag{10.10}$$

Jara Santaclara 等人[62] 对这种方法进行了扩展，增加了特定周期 p 下的光刻胶模糊效应：

$$\mathrm{LCDU} = k_4 \exp\left(\frac{\sqrt{2\pi}\sigma_{\mathrm{blur}}}{p}\right)^2 \sqrt{\frac{h\nu}{D_{\mathrm{thr}}}} \times \frac{1}{\mathrm{ILS}} \tag{10.11}$$

式中，像对数斜率（ILS）代表了来自光学方面的贡献，其他部分代表了给定 D_{thr}（可将光刻胶完全移除的曝光剂量）和高斯模糊宽度 σ_{blur} 情况下光刻胶对 LCDU 的贡献。

对随机现象的分析表明，在不降低分辨率或提高剂量要求的情况下，LER 或 LCDU 可以改善的空间有限。除了对光刻胶材料进行修改之外，还提出了几种后处理技术来减少光刻工艺之后的 LER[22, 63]。刻蚀可以去除 LER 的高空间频率成分[28]。选择适当的有机底层材料，可能有助于减少 LER 的低空间频率成分[64]。为了在未来光刻技术中实现足够低的 LER，还需要进行大量的材料和工艺研究。随机效应对分辨率的影响表现为线边粗糙度，是对光刻分辨率的最基本限制[1]。

10.5 总结

光子噪声和化学噪声，即小体积中化学成分含量的波动，引起了半导体光刻中的随机效应。随机效应导致了光刻胶图形的粗糙度、特征尺寸的局部变化（LCDU）以及随机缺陷。特征尺寸小于 20nm 时，随机效应变得越来越重要。由于 EUV 光子的能量更高，EUV 光刻对随机效应更敏感。各种建模方法和大量高质量的实验数据有助于解释相关现象，有助于建立描述随机效应与光刻工艺参数之间的比例关系。

进一步提高半导体光刻的分辨率需要大曝光剂量、高图像对比度（NILS）、吸收率更高的新型（低灵敏度）光刻胶材料，以及包含了后处理技术和刻蚀的综合工艺优化技术。

参考文献

[1] C. A. Mack, “Line-edge roughness and the ultimate limits of lithography,” *Proc. SPIE* **7639**, 763931, 2010.

[2] J. J. Biafore, M. D. Smith, C. A. Mack, J. W. Thackeray, R. Gronheid, S. A. Robertson, T. Graves, and D. Blankenship, “Statistical simulation of photoresists at EUV and ArF,” *Proc. SPIE* **7273**, 727343, 2009.

[3] A. R. Neureuther and C. G. Willson, “Reduction in x-ray lithography shot noise exposure limit by dissolution phenomena,” *J. Vac. Sci. Technol. B* **6**(1), 167–173, 1988.

[4] J. J. Biafore, M. D. Smith, D. Blankenship, S. A. Robertson, E. van Setten, T. Wallow, Y. Deng, and P. Naulleau, “Resist pattern prediction at EUV,” *Proc. SPIE* **7636**, 76360R, 2010.

[5] T. Mülders, W. Henke, K. Elian, C. Nölscher, and M. Sebald, “New stochastic post-exposure bake simulation method,” *J. Micro/Nanolithogr. MEMS MOEMS* **4**(4), 43010, 2005.

[6] J. J. Biafore, M. D. Smith, S. A. Robertson, and T. Graves,

"Mechanistic simulation of line-edge roughness," *Proc. SPIE* **6519**, 65190Y, 2007.

[7] P. Naulleau and G. Gallatin, "Defining and measuring development rates for a stochastic resist: A simulation study," *J. Micro/Nanolithogr. MEMS MOEMS* **17**(4), 041015, 2018.

[8] C. A. Mack, "A simple model of line edge roughness," *Future Fab International* **34**, 2010.

[9] C. A. Mack, "Defining and measuring development rates for a stochastic resist: A simulation study," *J. Micro/Nanolithogr. MEMS MOEMS* **12**(3), 33006, 2013.

[10] N. G. Orji, T. V. Vorburger, J. Fu, R. G. Dixson, C. V. Nguyen, and J. Raja, "Line edge roughness metrology using atomic force microscopes," *Meas. Sci. Technol.* **16**(11), 2147–2154, 2005.

[11] D. J. Dixit, S. O'Mullane, S. Sunkoju, A. Gottipati, E. R. Hosler, V. K. Kamineni, M. E. Preil, N. Keller, J. Race, G. R. Muthinti, and A. C. Diebold, "Sensitivity analysis and line edge roughness determination of 28-nm pitch silicon fins using Mueller matrix spectroscopic ellipsometry-based optical critical dimension metrology," *J. Micro/ Nanolithogr. MEMS MOEMS* **14**(3), 031208, 2015.

[12] V. Constantoudis, G. P. Patsis, A. Tserepi, and E. Gogolides, "Quantification of line-edge roughness of photoresists. II. Scaling and fractal analysis and the best roughness descriptors," *J. Vac. Sci. Technol. B* **21**, 1019, 2003.

[13] V. Constantoudis, G. P. Patsis, L. H. A. Leunissen, and E. Gogolides, "Line edge roughness and critical dimension variation: Fractal characterization and comparison using model functions," *J. Vac. Sci. Technol. B* **22**, 1974, 2004.

[14] C. A. Mack, "Reducing roughness in extreme ultraviolet lithography," *J. Micro/Nanolithogr. MEMS MOEMS* **17**(4), 041006, 2018.

[15] T. A. Brunner, X. Chen, A. Gabor, C. Higgins, L. Sun, and C. A. Mack, "Line-edge roughness performance targets for EUV lithography," *Proc. SPIE* **10143**, 101430E, 2017.

[16] V. Constantoudis, V.-K. M. Kuppuswamy, and E. Gogolides, "Effects of image noise on contact edge roughness and critical dimension uniformity measurement in synthesized scanning electron microscope images," *J. Micro/Nanolithogr. MEMS MOEMS* **12**(1), 13005, 2013.

[17] V. Constantoudis, G. Papavieros, G. Lorusso, V. Rutigliani, F. V. Roey, and E. Gogolides, "Line edge roughness metrology: Recent challenges and advances toward more complete and accurate measurements," *J. Micro/Nanolithogr. MEMS MOEMS* **17**(4), 041014, 2018.

[18] G. F. Lorusso, V. Rutigliani, F. V. Roey, and C. A. Mack, "Unbiased roughness measurements: Subtracting out SEM effects," *Microelectron. Eng.* **190**, 33–37, 2018.

[19] V. Constantoudis, E. Gogolides, and G. P. Patsis, "Sidewall roughness in nanolithography: Origins, metrology and device effects," in *Nanolithography*, M. Feldman, Ed., Woodhead Publishing, Cambridge, 503–537, 2014.
[20] C. A. Mack, "Generating random rough edges, surfaces, and volumes," *Appl. Opt.* **52**(7), 1472–1480, 2013.
[21] P. De Bisschop, "Stochastic printing failures in EUV lithography," *J. Micro/Nanolithogr. MEMS MOEMS* **17**(4), 41011, 2018.
[22] P. De Bisschop, "Stochastic effects in EUV lithography: Random, local CD variability, and printing failures," *J. Micro/Nanolithogr. MEMS MOEMS* **16**(4), 041013, 2017.
[23] L. W. Flanagin, V. K. Singh, and C. G. Willson, "Molecular model of phenolic polymer dissolution in photolithography," *J. Polym. Sci. B Polym. Phys.* **37**, 2103–2113, 1999.
[24] G. M. Schmid, V. K. Singh, L. W. Flanagin, M. D. Stewart, S. D. Burns, and C. G. Willson, "Recent advances in a molecular level lithography simulation," *Proc. SPIE* **3999**, 675–685, 2000.
[25] G. M. Schmid, M. D. Stewart, S. D. Burns, and C. G. Willson, "Mesoscale Monte Carlo simulation of photoresist processing," *J. Electrochem. Soc.* **151**, G155–G161, 2004.
[26] P. C. Tsiartas, L. W. Flanagin, C. L. Henderson, W. D. Hinsberg, I. C. Sanchez, R. T. Bonnecaze, and C. G. Willson, "The mechanism of phenolic polymer dissolution: A new perspective," *Macromolecules* **30**, 4656–4664, 1997.
[27] G. P. Patsis and E. Gogolides, "Simulation of surface and line-edge roughness formation in resists," *Microelectron. Eng.* **57–58**, 563–569, 2001.
[28] D. Drygianakis, M. D. Nijkerk, G. P. Patsis, G. Kokkoris, I. Raptis, L. H. A. Leunissen, and E. Gogolides, "Simulation of the combined effects of polymer size, acid diffusion length and EUV secondary electron blur on resist line-edge roughness," *Proc. SPIE* **6519**, 65193T, 2007.
[29] R. A. Lawson and C. L. Henderson, "Mesoscale kinetic Monte Carlo simulations of molecular resists: The effect of PAG homogeneity on resolution, LER, and sensitivity," *Proc. SPIE* **7273**, 727341, 2009.
[30] P. J. Rodriguez-Canto, U. Nickel, and R. Abargues, "Understanding acid reaction and diffusion in chemically amplified photoresists: An approach at the molecular level," *J. Phys. Chem. C* **115**, 20367, 2011.
[31] H. Lee, M. Kim, J. Moon, S. Park, B. Lee, C. Jeong, and M. Cho, "Multiscale approach for modeling EUV patterning of chemically amplified resist," *Proc. SPIE* **10960**, 1096008, 2019.
[32] J. Park, S.-G. Lee, Y. Vesters, J. Severi, M. Kim, D. De Simone, H.-K. Oh, and S.-M. Hur, "Molecular modeling of EUV photoresist revealing the effect of chain conformation on line-edge roughness

formation," *Polymers* **11**(12), 2019.

[33] A. Philippou, T. Mülders, and E. Schöll, "Impact of photoresist composition and polymer chain length on line edge roughness probed with a stochastic simulator," *J. Micro/Nanolithogr. MEMS MOEMS* **6**(4), 43005, 2007.

[34] D. T. Gillespie, "Exact stochastic simulation of coupled chemical reactions," *J. Phys. Chem.* **81**(25), 2340–2361, 1977.

[35] M. D. Smith, "Mechanistic model of line edge roughness," *Proc. SPIE* **6153**, 61530X, 2006.

[36] G. M. Gallatin, "Resist blur and line edge roughness," *Proc. SPIE* **5754**, 38–52, 2005.

[37] G. M. Gallatin, P. Naulleau, D. Niakoula, R. Brainard, E. Hassanein, R. Matyi, J. Thackeray, K. Spear, and K. Dean, "Resolution, LER, and sensitivity limitations of photoresists," *Proc. SPIE* **6921**, 69211E, 2008.

[38] A. Saeki, T. Kozawa, and S. Tagawa, "Relationship between resolution, line edge roughness, and sensitivity in chemically amplified resist of post-optical lithography revealed by Monte Carlo and dissolution simulations," *Appl. Phys. Express* **2**(7), 75006, 2009.

[39] C. A. Mack, "Stochastic modeling of photoresist development in two and three dimensions," *J. Micro/Nanolithogr. MEMS MOEMS* **9**(4), 41202, 2010.

[40] S. G. Hansen, "Photoresist and stochastic modeling," *J. Micro/Nanolithogr. MEMS MOEMS* **17**(1), 013506, 2018.

[41] R. L. Bristol and M. E. Krysak, "Lithographic stochastics: Beyond 3sigma," *J. Micro/Nanolithogr. MEMS MOEMS* **16**(2), 23505, 2017.

[42] M. J. Maslow, H. Yaegashi, A. Frommhold, G. Schiffelers, F. Wahlisch, G. Rispens, B. Slachter, K. Yoshida, A. Hara, N. Oikawa, A. Pathak, D. Cerbu, E. Hendrickx, and J. Bekaert, "Impact of local variability on defect-aware process windows," *Proc. SPIE* **10957**, 109570H, 2019.

[43] M. Krysak, M. Trikeriotis, E. Schwartz, N. Lafferty, P. Xie, B. Smith, P. Zimmerman, W. Montgomery, E. Giannelis, and C. K. Ober, "Development of an inorganic nanoparticle photoresist for EUV, ebeam and 193 nm lithography," *Proc. SPIE* **7972**, 79721C, 2011.

[44] Y. Vesters, J. Jiang, H. Yamamoto, D. De Simone, T. Kozawa, S. D. Gendt, and G. Vandenberghe, "Sensitizers in extreme ultraviolet chemically amplified resists: Mechanism of sensitivity improvement," *J. Micro/Nanolithogr. MEMS MOEMS* **17**(4), 043506, 2018.

[45] H. Yamamoto, T. Kozawa, S. Tagawa, H. Yukawa, M. Sato, and J. Onodera, "Enhancement of acid production in chemically amplified resist for extreme ultraviolet lithography," *Appl. Phys. Express* **1**, 47001, 2008.

[46] H. Fukuda, "Analysis of line edge roughness using probability process model for chemically amplified resists," *Jpn. J. Appl. Phys.* **42**(6S), 3748, 2003.

[47] J. L. Cobb, F. A. Houle, and G. M. Gallatin, "Estimated impact of shot noise in extreme-ultraviolet lithography," *Proc. SPIE* **5037**, 397, 2003.

[48] R. L. Brainard, P. Trefonas, C. A. Cutler, J. F. Mackevich, A. Trefonas, S. A. Robertson, and J. H. Lammers, "Shot noise, LER, and quantum efficiency of EUV photoresists," *Proc. SPIE* **5374**, 74, 2004.

[49] H. Oizumi, T. Kumise, and T. Itani, "Development of new negative-tone molecular resists based on calixarene for EUV lithography," *J. Photopolym. Sci. Technol.* **21**, 443, 2008.

[50] D. De Simone, Y. Vesters, and G. Vandenberghe, "Photoresists in extreme ultraviolet lithography (EUVL)," *Adv. Opt. Technol.* **6**, 163–172, 2017.

[51] A. V. Pret, M. Kocsis, D. De Simone, G. Vandenberghe, J. Stowers, A. Giglia, P. de Schepper, A. Mani, and J. J. Biafore, "Characterizing and modeling electrical response to light for metal-based EUV photoresists," *Proc. SPIE* **9779**, 977906, 2016.

[52] R. Maas, M.-C. van Lare, G. Rispens, and S. F. Wuister, "Stochastics in extreme ultraviolet lithography: Investigating the role of microscopic resist properties for metal-oxide-based resists," *J. Micro/Nanolithogr. MEMS MOEMS* **17**(4), 041003, 2018.

[53] Z. Belete, A. Erdmann, P. De Bisschop, and U. Welling, "Simulation study for organometallic resists for EUV lithography," in *17th Fraunhofer Lithography Simulation Workshop*, 2019.

[54] G. O'Callaghan, C. Popescu, A. McClelland, D. Kazazis, J. Roth, W. Theis, Y. Ekinci, and A. P. G. Robinson, "Multi-trigger resist: Novel synthesis improvements for high resolution EUV lithography," *Proc. SPIE* **10960**, 109600C, 2019.

[55] S. Nagahara, M. Carcasi, G. Shiraishi, H. Nakagawa, S. Dei, T. Shiozawa, K. Nafus, D. De Simone, G. Vandenberghe, H.-J. Stock, B. Küchler, M. Hori, T. Naruoka, T. Nagai, Y. Minekawa, T. Iseki, Y. Kondo, K. Yoshihara, Y. Kamei, M. Tomono, R. Shimada, S. Biesemans, H. Nakashima, P. Foubert, E. Buitrago, M. Vockenhuber, Y. Ekinci, A. Oshima, and S. Tagawa, "Photosensitized chemically amplified resist (PSCAR) 2.0 for high-throughput and high-resolution EUV lithography: Dual photosensitization of acid generation and quencher decomposition by flood exposure," in *Proc. SPIE* **10146**, 101460G, 2017.

[56] P. P. Naulleau and G. Gallatin, "Spatial scaling metrics of mask-induced line-edge roughness," *J. Vac. Sci. Technol. B* **26**(6), 1903, 2008.

[57] G. M. Gallatin, N. Kita, T. Ujike, and B. Partio, "Residual speckle in a lithographic illumination system," *J. Micro/Nanolithogr. MEMS MOEMS* **8**(4), 430003, 2009.

[58] O. Noordman, A. Tychkov, J. Baselmans, J. Tsacoyeanes, M. Patra, V. Blahnik, and M. Maul, "Speckle in optical lithography and its

influence on linewidth roughness," *J. Micro/Nanolithogr. MEMS MOEMS* **8**(4), 43002, 2009.

[59] X. Chen, E. Verduijn, O. Wood, T. A. Brunner, R. Capelli, D. Hellweg, M. Dietzel, and G. Kersteen, "Evaluation of EUV mask impacts on wafer line-width roughness using aerial and SEM image analyses," *J. Micro/Nanolithogr. MEMS MOEMS* **17**(4), 041012, 2018.

[60] D. V. Steenwinckel, R. Gronheid, F. V. Roey, P. Willems, and J. H. Lammers, "Novel method for characterizing resist performance," *J. Micro/Nanolithogr. MEMS MOEMS* **7**(2), 23002, 2008.

[61] B. Geh, "EUVL: The natural evolution of optical microlithography," *Proc. SPIE* **10957**, 1095705, 2019.

[62] J. G. Santaclara, B. Geh, A. Yen, J. Severi, D. De Simone, G. Rispens, and T. Brunner, "One metric to rule them all: New k4 definition for photoresist characterization," *Proc. SPIE* **11323**, 113231A, 2020.

[63] M. Chandhok, K. Frasure, E. S. Putna, T. R. Younkin, W. Rachmady, U. Shah, and W. Yueh, "Improvement in linewidth roughness by postprocessing," *J. Vac. Sci. Technol. B* **26**(6), 2265–2270, 2008.

[64] V. Rutigliani, G. F. Lorusso, D. De Simone, F. Lazzarino, G. Papavieros, E. Gogolides, V. Constantoudis, and C. A. Mack, "Setting up a proper power spectral density and autocorrelation analysis for material and process characterization," *J. Micro/Nanolithogr. MEMS MOEMS* **17**(4), 041016, 2018.

附录

附录 1　名词中英文对照

3D interference lithography：三维干涉光刻
3D lithography：三维光刻
3D mask effect：三维掩模效应
3D microprinting：三维微打印
5-bar test：五线测试

A

Abbe method：阿贝方法
Abbe-Rayleigh criteria：阿贝 - 瑞利准则
aberration：像差
    astigmatism：像散
    aberration measurement：像差测量
    coma：彗差
    power aberration：离焦像差
    spherical aberration：球差
    trefoil aberration：三叶像差
absorbance modulation optical lithography (AMOL)：吸收度调制光刻
address grid：寻址网格
Airy disk：艾里斑
alternating PSM (AltPSM)：交替型相移掩模
anamorphic len：变形物镜
annular illumination：环形照明
antireflective coating：抗反射涂层
Arrhenius dependency：阿伦尼乌斯公式

assist feature：辅助图形
assist line：辅助衬线
astigmatism aberration：像散像差
attenuated PSM (AttPSM)：衰减型相移掩模

B

bananicity：香蕉形变
bandwidth：带宽
BARC：底部抗反射涂层
beyond EUV lithography (BEUV)：6.*x* nm 波长 EUV 光刻
black border effect：黑边效应
bleaching：漂白
block copolymer：嵌段共聚物
Bossung curves：Bossung 曲线
bottom antireflective coating (BARC)：底部抗反射涂层
bottom-up nanofabrication：自下而上的纳米制造
boundary layer model：边界层模型
box-in-box test：框套框测试
Bragg's law：布拉格定理
Brewster angle：布儒斯特角
bull's eye illumination：牛眼照明
bump defect：凸起型缺陷

C

capping layer：顶盖层
CAR：化学放大光刻胶
CARL：化学放大光刻胶线
CD：关键尺寸
CD uniformity (CDU)：关键尺寸均匀性
CEL：对比度增强层
chalcogenide glasses：硫系玻璃
chemical contrast：化学对比度
chemical noise：化学噪声
chemically amplified resist (CAR)：化学放大光刻胶

chemically amplified resist lines：化学放大光刻胶线
chemoepitaxy：化学外延法
chief ray angle at the object (CRAO)：物方主光线角
chromeless phase shift lithography (CPL)：无铬相移光刻
chromeless PSM：无铬相移掩模
circular illumination：圆形照明
coarse-grained model：粗粒度模型
coherence：相干性
　　spatial coherence：空间相干性
　　temporal coherence：时间相干性
coma aberration：彗差
compact model：紧凑型模型
compact resist model：紧凑型光刻胶模型
contact hole array：接触孔阵列
contact printing：接触式光刻
contrast：对比度
　　chemical contrast：化学对比度
　　contrast enhancement layer (CEL)：对比度增强层
　　contrast fading：对比度降低
　　image contrast：成像对比度
　　photoresist contrast：光刻胶对比度
conventional illumination：传统照明
CPL：无铬相移掩模
CQuad illumination：旋转了 45°的四极照明
CRAO：物方主光线角
critical dimension (CD)：关键尺寸
critical ionization model：临界电离模型
cross linking：交联
cross section：横截面
cutline：切线

D

dark field imaging：暗场成像
deep-ultraviolet (DUV) lithography：深紫外光刻

defocus：离焦
degree of polarization (DoP)：偏振度
demagnification：缩小倍率
deprotection：脱保护
depth of focus (DoF)：焦深
DESIRE：扩散增强硅化光刻胶
development：显影
puddle development：旋覆浸没式显影
spray development：喷洒显影
diazonaphthoquinone (DNQ) photoresist：重氮萘醌光刻胶
diffraction：衍射
    diffraction angle：衍射角
    diffraction efficiency：衍射效率
    diffraction equation：衍射公式
    diffraction limitation：衍射受限
    diffraction limited imaging：衍射受限成像
    diffraction order：衍射级
    diffraction spectrum：衍射谱
    Fraunhofer diffraction：夫琅禾费衍射
    Fresnel diffraction：菲涅耳衍射
diffractive optical element (DOE)：衍射光学元件
diffusion：扩散
    diffusion coefficient：扩散系数
    diffusion length：扩散长度
diffusion enhanced sylilated resist (DESIRE)：扩散增强硅化光刻胶
digital mirror display (DMD)：数字微镜阵列
Dill model：Dill 模型
dipole illumination：二极照明
directed self-assembly (DSA)：导向自组装
discharge-produced plasma (DPP) source：放电等离子体 (DPP) 光源
dissolution inhibitor：溶解抑制剂
DMD：数字微镜阵列
DNQ photoresist：重氮萘醌光刻胶
DOE：衍射光学元件

domain-decomposition technique (DDT)：域分解技术
DoP：偏振度
dose latitude：曝光剂量裕度
dose-to-clear：清除剂量
double exposure：双重曝光
double patterning：双重图形技术
DPP source：放电等离子体光源
DSA：导向自组装
DTD：双重显影技术
DUV lithography：深紫外光刻
dyed photoresist：染色后的光刻胶

E

e-beam lithography：电子束光刻
edge placement error：边缘放置误差
electromagnetic field simulation：电磁场仿真
EMF simulation：电磁场仿真
EPE：边缘放置误差
EUV lithography：极紫外光刻
evanescent：倏逝
  evanescent order：倏逝级次
  evanescent wave：倏逝波
excimer laser：准分子激光
  ArF excimer laser：ArF 准分子激光
  F_2 excimer laser：F_2准分子激光
  KrF excimer laser：KrF 准分子激光
exposure：曝光
exposure slit：曝光狭缝
extreme-ultraviolet (EUV) ：极紫外
  EUV lithography：极紫外光刻
  EUV light source：极紫外光源
  EUV mask：极紫外掩模
  EUV mask defect：极紫外掩模缺陷
  EUV mask shadowing：极紫外掩模阴影效应

EUV resist：极紫外光刻胶

high-NA EUV lithography：高数值孔径极紫外光刻

F

fast marching method：快速行进算法

FDTD：时域有限差分

FEM：有限元法

Fickian diffusion：Fickian 扩散

finite element method：有限元法

finite integral technique：有限积分技术

finite-difference time-domain (FDTD) method：时域有限差分方法

FIT：有限积分技术

flare：杂散光

FLEX：焦面裕度增强曝光

flood exposure：泛曝光

Flory–Huggins parameter：弗洛里 - 哈金斯参数

FMM：有限元法

focus drilling：多焦面曝光技术

focus latitude：焦面裕度

focus latitude enhancement exposure (FLEX)：焦面裕度增强曝光

footprint：印迹

Fourier modal method (FMM)：傅里叶模式法

Fourier optics：傅里叶光学

fraction of polarization：偏振分数

fragmentation：分段

Fraunhofer diffraction：夫琅禾费衍射

free-form illumination：自由照明

Fresnel：菲涅耳

Fresnel diffraction：菲涅耳衍射

Fresnel equations：菲涅耳公式

Fresnel zone：菲涅耳区

G

g-line：g 线

Gillespie algorithm：Gillespie 算法
graphoepitaxy：制图外延法
grating equation：光栅方程
grayscale lithography：灰度光刻
graytone lithography：灰调光刻
grazing incidence mirror：掠入射反射镜
guiding pattern：导向图形

H

h-line：h 线
hammerhead：锤头
hardmask：硬掩模
HEBS：高能束流敏感
Helmholtz equation：亥姆霍兹方程
high-energy-beam-sensitive (HEBS) glass：高能束流敏感型玻璃
holographic lithography：全息光刻
Hopkins：霍普金斯
    Hopkins approach：霍普金斯方法
    Hopkins assumption：霍普金斯假设条件
    Hopkins imaging equation：霍普金斯成像公式
    Hopkins method：霍普金斯方法
horizontal line-space patterns：水平向线空图形
hotspot：热点
HSQ：氢倍半硅氧烷
Huygens–Fresnel principle：惠更斯 - 菲涅耳原理
hybrid lithography：混合光刻
hydrogen silsesquioxane (HSQ) photoresist：氢倍半硅氧烷光刻胶

I

i-line：i 线
IDEAL：先进光刻新型双重曝光
illumination：照明
    annular illumination：环形照明
    bull's eye illumination：牛眼照明

circular illumination：圆形照明

conventional illumination：传统照明

CQuad illumination：旋转了 45° 的四极照明

dipole illumination：二极照明

free-form illumination：自由照明

illumination bandwidth：照明带宽

illumination system：照明系统

off-axis illumination：离轴照明

quadrupole illumination：四极照明

ILT：反向光刻技术

image：像

aerial image：空间像

bulk image：体像

image field：像场

image formation：像的形成

image imbalancing：成像不对称

image contrast：成像对比度

immersion lithography：浸没式光刻

inhibitor：抑制剂

innovative double exposure by advanced lithography (IDEAL)：先进光刻新型双重曝光

intensity imbalancing：强度不对称

interference lithography (technology)：干涉光刻（技术）

interferometric lithography：干涉光刻

intermediate state two-photon (ISTP) material：中间态双光子材料

inverse lithography technology (ILT)：反向光刻技术

iso-dense bias：孤立 - 密集图形成像偏差

J

Jones pupil：琼斯光瞳

K

Kirchhoff：基尔霍夫

Kirchhoff approach：基尔霍夫方法

Kirchhoff boundary condition：基尔霍夫边界条件
Köhler：科勒
Köhler illumination：科勒照明
Köhler integrator：科勒积分器
Kramers-Kronig relation：Kramers-Kronig 关系

L

Lambert-Beer law：朗伯 - 比尔定律
laser direct write lithography (LDWL)：激光直写光刻
laser direct write material processing (LDWP)：激光直写材料加工工艺
laser-produced plasma (LPP) source：激光等离子体光源
LCD：液晶显示
LDWL：激光直写光刻
LDWP：激光直写材料加工工艺
LELE：光刻 - 刻蚀 - 光刻 - 刻蚀
lensless EUV lithography：无透镜 EUV 光刻
LER：线边粗糙度
level-set algorithm：水平集算法
LFLE：光刻 - 冻结 - 光刻 - 刻蚀
light-emitting diode：发光二极管
light-induced refractive index change：光致折射率变化
line edge roughness (LER)：线边粗糙度
line width roughness (LWR)：线宽粗糙度
line-end shortening：线端缩短
line-space pattern：线空图形
liquid crystal display (LCD)：液晶显示
litho-cure-litho-etch (LCLE)：光刻 - 固化 - 光刻 - 刻蚀
litho-etch-litho-etch (LELE)：光刻 - 刻蚀 - 光刻 - 刻蚀
litho-freeze-litho-etch (LFLE)：光刻 - 冻结 - 光刻 - 刻蚀
litho-litho-etch (LLE)：光刻 - 光刻 - 刻蚀
Littrow mounting：利特罗入射条件
LPP source：LPP 光源
lumped parameter model：集总参数模型
LWR：线宽粗糙度

M

N

nanosphere lithography：纳米球光刻
near-field lithography：近场光刻
negative index superlens：负折射率超透镜
negative tone photoresist：负性光刻胶，负胶
NILS：归一化像对数斜率
NOK：随机效应的量化评价方法
non-Fickian diffusion：非 Fickian 扩散系数
non-telecentricity：非远心性
normalized image log slope (NILS)：归一化像对数斜率
not OK metric for stochastic printing failures：随机光刻缺陷的 NOK 评价指标
numerical aperture (NA)：数值孔径

O

off-axis illumination：离轴照明
OOB：带外
OPC：光学邻近效应修正
OPD：光程差
OPE：光学邻近效应
optical nonlinearity：光学非线性
optical path difference (OPD)：光程差
optical proximity correction：光学邻近效应修正
optical proximity effect：光学邻近效应
optical proximity effect (OPE) curve：光学邻近效应曲线
optical threshold material：光学阈值材料
organically modified ceramic (ORMOCER) microresist：有机改性陶瓷微纳加工光刻胶
out-of-band (OOB) radiation：带外辐射
outgassing：放气
overlay：套刻精度

P

PAG：光酸生成剂
pattern integrated interference lithography：图形化干涉光刻
pattern multiplication：图形倍增

pattern rectification：图形修正
PEB：曝光后烘焙
pellicle：掩模保护膜
percolation model：渗流模型
phase conflicts：相位冲突
phase shift mask：相移掩模
    alternating phase shift mask：交替型相移掩模
    attenuated phase shift mask：衰减型相移掩模
    chromeless phase shift mask：无铬相移掩模
    strong phase shift mask：强相移掩模
phase shift mask (PSM)：相移掩模
photoacid：光酸
photoacid generator (PAG)：光酸生成剂
photoactive component (PAC)：光活性成分
photobase generator：光碱生成剂
photodoping：光掺杂
photoisomerization：光敏化
photomask：光掩模
photon noise：光子噪声
photoresist：光刻胶
    classification：分类
    contrast：对比度
    contrast curve：对比度曲线
    development：显影
    polarity：极性
    shrinkage：收缩
    tonality：色调
photosensitivity：光敏性
pit defect：凹陷型缺陷
pitch：周期
pitch walking：周期摆动
pixelated mask：像素化掩模
placement error：放置误差
PMMA (polymethylmethacrylate)：聚甲基丙烯酸甲酯

photoresist：光刻胶
Poisson distribution：泊松分布
polarization：偏振
　　polarization effect：偏振效应
　　polarization illumination：偏振照明
polymerization：聚合反应
post-exposure bake (PEB)：曝光后烘焙
power aberration：离焦像差
power spectral density (PSD)：功率谱密度
pre-bake：前烘
pre-pulse technology：预脉冲技术
process：工艺
　　process flow：工艺流程
　　process linearity：工艺线性度
　　process variation (PV) band：工艺变化带
　　process window：工艺窗口
programmable mask：可编程掩模
projection：投影
　　projection imaging：投影成像
　　projection len：投影物镜
　　projection scanner：步进扫描投影光刻机
　　projection stepper：步进重复投影光刻机
　　projection system：投影系统
propagating wave：传播波
proximity effect：邻近效应
proximity gap：邻近间距
proximity printing：接近式光刻
PS-b-PMMA：聚苯乙烯 - 聚甲基丙烯酸甲酯嵌段共聚物
PSD：功率谱密度
pseudo-spectral time-domain (PSTD)：伪谱时域
PSM：相移掩模
pupil filter：光瞳滤波
pupil function：光瞳函数
PV band：PV 带

Q

quadrupole illumination：四极照明
quantum imaging：量子成像
quencher：猝灭剂

R

raster scan：栅格扫描
ray tracing：光线追迹
Rayleigh criteria：瑞利准则
RCEL：可逆对比度增强层
RCWA：严格耦合波分析
reduction：缩小
reflective notching：反光槽
resolution：分辨率
reversible contrast enhancement layer (RCEL)：可逆对比度增强层
rigorous coupled wave analysis (RCWA)：严格耦合波分析
rigorous EMF modeling：严格电磁场建模
RLS trade-off：RLS 平衡
roadrunner resist model：RoadRunner 光刻胶模型
rule based OPC：基于规则的 OPC

S

SADP：自对准双重图形技术
scanning electron microscopy (SEM)：扫描电子显微镜
Schwarzschild optic：施瓦西物镜
SDDP：间隔层双重图形技术
self-aligned double patterning (SADP)：自对准双重图形技术
serif：亚分辨率辅助图形
shadowing effect：阴影效应
shrinkage：收缩
sidewall angle：侧墙倾角
SLA：立体光刻
SMO：光源掩模优化
Snell’s law：斯涅耳定律

SOCS：相干系统叠加
soft X-ray radiation：软 X 射线辐射
solid immersion lithography：固体浸没式光刻
source map：光源图
source mask optimization：光源掩模优化
spacer-defined double patterning (SDDP)：间隔层双重图形技术
spatial coherence：空间相干性
spatial frequency：空间频率
spherical aberration：球差像差
spin coating：旋转涂胶
SPP：表面等离激元
standing-wave pattern：驻波图
STED：受激发射损耗
STED inspired lithography：基于 STED 的光刻技术
STED microscopy：受激发射损耗显微镜
stereolithography：立体光刻
stereolithography apparatus：立体光刻装置
stimulated emission depletion：受激发射损耗
stochastic printing failure：随机光刻缺陷
stray light：杂散光
SU-8 photoresist：SU-8 光刻胶
subresolution assist feature：亚分辨率辅助图形
sum of coherent systems (SOCS)：相干系统叠加
surface plasmon polariton (SPP)：表面等离激元 (SPP)
swing effect：摆动效应

T

Talbot：泰伯
    Talbot displacement lithography：泰伯位移光刻
    Talbot distance：泰伯距离
    Talbot effect：泰伯效应
    Talbot image：泰伯像
TARC：顶部抗反射涂层
TE polarization：TE 偏振

technology factor k_1：技术因子 k_1

telecentricity error：远心误差

thin film imaging：薄膜成像

thin mask：薄掩模

threshold：阈值

threshold model：阈值模型

threshold-to-size (THRS)：目标尺寸阈值

TIS：总积分散射

TM polarization：TM 偏振

tonality：色调

top antireflective coating (TARC)：顶部抗反射涂层

top-down nanofabrication：自上而下的纳米制造

top-surface imaging：上表面成像

total integrated scatter (TIS)：总积分散射

TPA：双光子吸收

TPP：双光子聚合

transfer matrix method：传递矩阵法

transmission cross coefficient (TCC)：交叉传递函数

trefoil aberration：三叶像差

trim exposure：修剪曝光

trim mask：修剪掩模

TSI：上表面成像

two-photon absorption (TPA)：双光子吸收

two-photon polymerization：双光子聚合

U

underlayer：底膜

V

variable threshold model：变阈值模型

vector scan：矢量扫描

vertical line-space pattern：垂向线空图形

W

wafer topography effect：硅片形貌效应

wafer track：硅片涂胶显影机

wave：波

  wave aberration：波像差

  wave vector：波矢量

wavefront tilt：波前倾斜

waveguide：波导

  waveguide method：波导法

  waveguide order：波导级次

Weiss rate model：Weiss 速率模型

Wolff rearrangement：沃尔夫重排

X

X-ray proximity lithography：X 射线接近式光刻

Z

Zernike polynomial：泽尼克多项式

附录 2 缩略语中英文对照

1D	one-dimensional	一维
2D	two-dimensional	二维
3D	three-dimensional	三维
AFM	atomic force microscopy	原子力显微镜
AIMS™	Aerial Image Measurement System (Zeiss)	空间像测量装置(Zeiss)
AltPSM	alternating PSM	交替型相移掩模
AMOL	absorbance modulation optical lithography	吸收度调制光刻
AttPSM	attenuated PSM	衰减型相移掩模
BARC	bottom antireflective coating	底部抗反射涂层
CAR	chemically amplified resist	化学放大光刻胶
CD	critical dimension	关键尺寸
CEL	contrast enhancement layer	对比度增强层

CPL chromeless phase shift lithography 无铬相移光刻
CPU central processing unit 中央处理器
CQuad cross-polarized quadrupole with poles along x and y 旋转了 45°的四极照明，照明极在 x、y 轴上
CRAO chief ray angle at object 物方主光线角
CVD chemical vapor deposition 化学气相沉积
DMD digital mirror display 数字微镜阵列
DNQ diazonaphthoquinone 重氮萘醌
DOE diffractive optical element 衍射光学元件
DoF depth of focus 焦深
DoP degree of polarization 偏振度
DPP discharge-produced plasma 放电等离子体
DSA directed self-assembly 导向自组装
DTD dual-tone development 双重显影技术
DUV deep-ultraviolet 深紫外
EMF electromagnetic field 电磁场
EPE edge placement error 边缘放置误差
EUV extreme-ultraviolet 极紫外
FDTD finite-difference time-domain 时域有限差分
FEM finite-element method 有限元法
FIT finite-integral technique 有限积分技术
FLEX focus-latitude enhancement exposure 焦面裕度增强曝光
FMM Fourier modal method 傅里叶模式法
FWHM full width at half maximum 半高全宽
HEBS high-energy-beam-sensitive (glass) 高能束流敏感型玻璃
HMDS hexamethyldisilazane 六甲基二硅氮烷
HSQ hydrogen silesquioxane 氢倍半硅氧烷
IDEAL innovative double exposure by advanced lithography 先进光刻新型双重曝光
ILT inverse lithography technology 反向光刻技术
ISTP intermediate-state two-photon (material) 中间态双光子（材料）
LCD liquid crystal display 液晶显示
LDWL laser direct-write lithography 激光直写光刻
LDWP laser direct-write material processing 激光直写材料加工工艺

LED	light-emitting diode　发光二极管
LELE	litho-etch-litho-etch　光刻 - 刻蚀 - 光刻 - 刻蚀
LER	line edge roughness　线边粗糙度
LFLE	litho-freeze-litho-etch　光刻 - 冻结 - 光刻 - 刻蚀
LPP	laser-produced plasma　激光等离子体
LW	linewidth　线宽
LWR	linewidth roughness　线宽粗糙度
MEEF	mask error enhancement factor　掩模误差增强因子
MEMS	micro-electro-mechanical system　微机电系统
Mo/Si	molybdenum silicon multilayer for EUV mask blanks　用于 EUV 掩模白板的钼硅多层膜
MoSi	molybdenum silicon alloy for DUV mask absorbers　用于 DUV 掩模吸收层的钼硅合金
NA	numerical aperture　数值孔径
NILS	normalized image log slope　归一化像对数斜率
NTD	negative-tone development　负显影
OAI	off-axis illumination　离轴照明
OMOG	opaque MoSi on glass　不透明 MoSi- 玻璃掩模
OOB	out-of-band (radiation)　带外（辐射）
OPC	optical proximity correction　光学邻近效应修正
OPD	optical path difference　光程差
ORMOCER	organically modified ceramic (microresist)　有机改性陶瓷（微纳加工光刻胶）
PAC	photoactive component　光活性成分
PAG	photoacid generator　光酸生成剂
PEB	post-exposure bake　曝光后烘焙
PS-*b*-PMMA	polystyrene-block-poly (methyl methacrylate)　聚苯乙烯 - 聚甲基丙烯酸甲酯嵌段共聚物
PSD	power spectral density　功率谱密度
PSM	phase shift mask　相移掩模
PTD	positive-tone development　正显影
PV	process variation　工艺变化
RCEL	reversible contrast enhancement layer　可逆对比度增强层
RCWA	rigorous coupled-wave analysis　严格耦合波分析

RMS root mean square (error) 均方根（误差）
SADP self-aligned double patterning 自对准双重图形技术
SEM scanning electron microscope 扫描电子显微镜
SMO source mask optimization 光源掩模优化
SOCS sum of coherent systems 相干系统叠加
SPP surface plasmon polariton 表面等离激元
STED stimulated emission depletion 受激发射损耗
TARC top antireflective coating 顶部抗反射涂层
TCC transmission cross coefficient 交叉传递函数
TE transverse electric 横向电场
THR threshold 阈值
THRS threshold-to-size 目标尺寸阈值
TIS total integrated scatter 总积分散射
TM transverse magnetic 横向磁场
TPA two-photon absorption 双光子吸收
TPP two-photon polymerization 双光子聚合
TSI top-surface imaging 上表面成像
UV ultraviolet 紫外
VTRM variable-threshold resist model 变阈值光刻胶模型

作者简介 | 安德里亚斯·爱德曼

国际光学工程学会（SPIE）会士，德国弗劳恩霍夫（Fraunhofer）协会系统集成与元件研究所计算光刻和光学组学术带头人，德国埃尔朗根-纽伦堡大学客座教授。拥有25年以上光学光刻与极紫外光刻研发经验。多次担任国际光学工程学会光学光刻与光学设计国际会议主席，是Fraunhofer国际光刻仿真技术研讨会组织者。为Dr.LiTHO等多款先进光刻仿真软件的研发与发展做出了重要贡献。

译者简介 | 李思坤

中国科学院上海光学精密机械研究所研究员，博士生导师。长期从事半导体光学光刻与极紫外光刻技术研究，主持多项国家科技重大专项、张江实验室、国家自然科学基金、上海市自然科学基金项目/课题/子课题，发表SCI/EI检索学术论文110余篇，获授权发明专利40余项，多项专利已转移至国内集成电路制造装备与软件生产企业，合著出版学术专著2部，参与编著我国首部全工具链《EDA技术白皮书》，多次受邀作国内外邀请/特邀学术报告。